U0149639

材料科学与工程
Materials Science and Engineering

腐蚀试验与监测

Corrosion Testing and Monitoring

林修洲　张远声　窦宝捷　编著

化学工业出版社
·北京·

内 容 简 介

　　《腐蚀试验与监测》为"腐蚀与防护"系列教材之一。全书共分 10 章，主要介绍腐蚀试验的分类、腐蚀试验设计、腐蚀试验的评定方法、实验室常规模拟腐蚀试验、实验室常用加速腐蚀试验、自然环境现场腐蚀试验、腐蚀电化学测试技术、局部腐蚀试验、工业设备腐蚀监测技术、阴极保护检测技术等内容。

　　本书可作为金属材料工程、材料科学与工程专业腐蚀与防护专业方向（或相关专业方向）的本科生及研究生教材，也可作为防腐蚀工程师专业技术资格认证培训教材，并可供从事腐蚀与防护领域的研究人员和工程技术人员阅读参考。

图书在版编目（CIP）数据

　　腐蚀试验与监测 / 林修洲，张远声，窦宝捷编著 . —北京：化学工业出版社，2023.2（2024.7 重印）
　　ISBN 978-7-122-42518-8

　　Ⅰ.①腐…　Ⅱ.①林…②张…③窦…　Ⅲ.①腐蚀试验②腐蚀检测　Ⅳ.①TB304

　　中国版本图书馆 CIP 数据核字（2022）第 208399 号

责任编辑：王　婧　杨　菁　　　　　　　　　文字编辑：孙亚彤
责任校对：宋　玮　　　　　　　　　　　　　装帧设计：张　辉

出版发行：化学工业出版社（北京市东城区青年湖南街 13 号　邮政编码 100011）
印　　装：涿州市般润文化传播有限公司
787mm×1092mm　1/16　印张 19　字数 474 千字　　2024 年 7 月北京第 1 版第 2 次印刷

购书咨询：010-64518888　　　　　　　　　　　售后服务：010-64518899
网　　址：http://www.cip.com.cn
凡购买本书，如有缺损质量问题，本社销售中心负责调换。

定　　价：59.00 元

前　言

四川轻化工大学从 20 世纪 70 年代开始开办腐蚀与防护本科专业， 1999 年本科专业目录调整，该专业更名为材料科学与工程专业， 2019 年入选首批国家级一流本科专业建设点，坚持腐蚀与防护特色，腐蚀试验与监测一直是该专业的专业核心课程。

本书共分 10 章，第 1 章为绪论，主要介绍腐蚀试验与监测的基本概念和腐蚀试验的分类；第 2 章为腐蚀试验设计，主要介绍腐蚀试验的设计原则、方法以及试验条件的控制等；第 3 章为腐蚀试验的评定方法，主要介绍腐蚀试验结果评定方法及数据处理方法；第 4 章为实验室常规模拟腐蚀试验，主要介绍静态浸泡、动态浸泡、薄液膜、氧化、控温、燃气等在实验室进行的模拟腐蚀试验方法；第 5 章为实验室常用加速腐蚀试验，主要介绍盐雾、腐蚀性气体、湿度控制、膏泥、电解等加速腐蚀试验方法；第 6 章为自然环境现场腐蚀试验，主要介绍大气、自然水、土壤等自然环境中的现场腐蚀试验方法；第 7 章为腐蚀电化学测试技术，主要介绍腐蚀电化学测试原理、设备及各种电化学数据的测量技术与数据分析方法；第 8 章为局部腐蚀试验，主要介绍应力腐蚀、晶间腐蚀、小孔腐蚀、缝隙腐蚀、电偶腐蚀、磨损腐蚀等常见局部腐蚀的试验方法；第 9 章为工业设备腐蚀监测技术，主要介绍工业设备腐蚀监测的主要类型、基本原理及相关技术方法；第 10 章为阴极保护检测技术，主要介绍与阴极保护相关的各种试验方法和检测技术。最后，本书以附录表格形式列出了我国国家标准、行业标准以及 ASTM、ISO、NACE 标准中有关腐蚀试验的主要标准清单，供读者查阅参考。

本书是在张远声教授编写的"金属腐蚀试验与监测"讲义的基础上，由林修洲、窦宝捷经过修改、补充完成的，窦宝捷主要编写了第 6、7 章，中国民用航空局测试中心的苏正良研究员参与了第 9 章的编写工作，其他内容由林修洲编写，并对全书统稿。另外，编写过程中研究生羊锋、张润华、付英奎、赵世雄、胡豪、孙翠玲、段松、肖航、魏上雄、张浩宇等给予了大力协助。在编写上也参考引用了国内外一些重要著作的有关内容，在此向这些著作者致以衷心的感谢。鉴于作者水平有限，编写时间仓促，书中难免有疏漏之处，殷切希望读者批评指正。

作　者
2023 年 1 月

目 录

第 4 章　实验室常规模拟腐蚀试验 / 72

第 5 章　实验室常用加速腐蚀试验 / 91

本章简要介绍腐蚀的基本概念，包括腐蚀分类等，然后重点介绍腐蚀试验的基本概念、环节、目的、要求以及类型等，最后简单介绍腐蚀监测的概念。通过本章内容的学习，使学生掌握腐蚀、腐蚀试验、腐蚀监测的基本概念，了解本门课程的主要内容。

1.1 腐蚀

腐蚀是指材料在环境的作用（化学作用、电化学作用、物理作用、微生物作用等）下所发生的破坏。材料抵抗环境腐蚀的能力称为耐蚀性。耐蚀性并不是材料的固有性能，而与环境条件有着密切的关系。

腐蚀破坏总是从材料与环境接触的表面上开始。由于影响腐蚀的因素众多，腐蚀现象十分复杂。

腐蚀破坏的后果是一部分材料转变为腐蚀产物，如可溶性离子或固态化合物，而发生这种破坏性转变的部位、破坏的特征及分布是多种多样的，这就造成了众多的腐蚀类型和术语。

按照腐蚀破坏的部位和形态可以将腐蚀现象分为两大类。

（1）全面腐蚀

全面腐蚀是指在材料和环境接触的整个表面（暴露表面）上都发生腐蚀破坏。如果破坏程度也差不多（其差异比平均腐蚀深度小得多），则称为均匀腐蚀。

（2）局部腐蚀

局部腐蚀是指腐蚀破坏只发生在局部区域，或者局部区域的腐蚀破坏比其他大部分表面的腐蚀破坏要严重得多。

局部腐蚀的种类很多，择其要者列举如下。

① 晶间腐蚀。腐蚀破坏发生在金属的晶粒间界，使金属材料的性质恶化，在腐蚀严重时可造成晶粒脱落，材料强度完全丧失。

② 点蚀（亦称孔蚀）。破坏集中在狭小区域，使金属表面形成腐蚀深孔。

③ 缝隙腐蚀。腐蚀破坏发生在缝隙内（结构上的缝隙、固体沉积物下面等），腐蚀形态有麻点、凹坑等。

④ 电偶腐蚀。在异金属接触部位，活泼金属一侧发生加速腐蚀破坏。腐蚀范围可能比较宽，也可能形成狭窄的沟槽。

⑤ 磨损腐蚀。与高速流动介质接触的金属材料，腐蚀破坏发生在受湍流、冲击或空泡作用的部位，破坏形态有蚀坑、沟槽等。

⑥ 应力腐蚀开裂。在拉应力和特定介质联合作用下，金属材料产生裂纹或裂缝，直至

断裂，裂纹可以是晶间型、穿晶型或混合型。

⑦ 腐蚀疲劳。在交变应力和环境腐蚀的共同作用下，金属材料产生疲劳裂纹，直至断裂。

⑧ 选择性腐蚀。合金中某一组分或某一组织优先被腐蚀，包括成分选择性腐蚀和组织选择性腐蚀，如黄铜脱锌和铸铁石墨化就是常见的成分选择性腐蚀。

腐蚀现象虽然很多，但腐蚀对金属设备造成破坏的形式则可以归结为两个主要方面。

① 金属发生氧化，转变为可溶性离子或固态化合物，从而使金属的量减少，即腐蚀造成了质量损失。如果损失的金属比较均匀地分布在整个暴露表面，其后果是导致设备的壁变薄。

在这种均匀腐蚀情况下，表示腐蚀的程度和速率的方法都是很简单的。一般可使用单位暴露表面上的失重（$\Delta m/S$）或腐蚀深度（Δh）来表示腐蚀破坏的程度，而单位时间内单位表面积的腐蚀量则表示试验时间内的平均腐蚀速率。

如失重腐蚀速率：

$$V^- = \frac{\Delta \overline{m}}{St} = \frac{m_0 - m_1}{St} \tag{1-1}$$

式中　　V^-——失重腐蚀速率，$g/(m^2 \cdot h)$；

　　　　$\Delta \overline{m}$——腐蚀造成的金属质量损失，g；

　　　　m_0——腐蚀前金属试样的质量，g；

　　　　m_1——腐蚀以后经除去腐蚀产物处理的试样质量，g；

　　　　S——试样暴露表面积，m^2

　　　　t——腐蚀的时间，h。

年腐蚀深度：

$$V_p = \frac{\Delta h}{t} \tag{1-2}$$

式中　　V_p——年腐蚀深度，mm/a；

　　　　Δh——试样腐蚀后厚度的减少量，mm；

　　　　t——腐蚀的时间，a。

显然，由 V^- 可以求出 V_p：

$$V_p = 8.76 \frac{V^-}{d} \tag{1-3}$$

式中　　d——金属的密度，g/cm^3。

V_p 用来表示均匀腐蚀对设备的影响，其优点是直观、简单，因而应用最为广泛，腐蚀文献中大多数是这种数据，并且称为腐蚀速率（或腐蚀率）。

当使用中的设备由于腐蚀而使设备壁厚减少到一定限度时就需要更换。均匀腐蚀的危险性较小，这是因为只要知道了金属材料在使用环境中的均匀腐蚀速率，就可以在设计壁厚时按预订使用年限增加"腐蚀裕量"，或者在测量出设备现存壁厚以后估计还可以继续使用多长时间。均匀腐蚀的评定和腐蚀速率的测量也比较容易进行，可以使用的方法很多。

如果金属材料的损失集中在狭小范围，如点蚀、缝隙腐蚀、电偶腐蚀等，其结果是形成深孔、凹坑、沟槽、裂缝，发展下去，设备局部便会穿孔、破裂，而必须修补或更换。

局部腐蚀的危害性比均匀腐蚀大得多，这不仅因为设备发生穿孔、破裂等损失时，设备整个质量损失可能并不大，设备大部分表面的厚度变化也很小，更重要的是许多局部腐蚀有或长或短的孕育期（潜伏期），在孕育期中腐蚀破坏极小，很难发现，而腐蚀一旦发展，其速率是很快的。因此，许多局部腐蚀破坏往往具有突发性，从而造成灾难性后果。

但是，对局部腐蚀的测量和评定远比均匀腐蚀困难。显然，用对整个暴露表面平均算出的失重腐蚀速率不可能恰当地表示腐蚀对设备的影响和危害程度。

② 腐蚀破坏了金属的结合力，使材料的强度大大降低，如晶间腐蚀、分层腐蚀、选择性腐蚀、应力腐蚀等。在这些腐蚀破坏中也有金属的质量损失，但以强度的衰减为主要后果。

对于这种破坏形式和影响程度，自然不能用质量损失来评定，而要用其他测量方法，如金相检查、力学性能试验等。

1.2　腐蚀试验

腐蚀对工业生产的危害极大，为了使生产设备在使用环境中具有足够的耐蚀性，以保证生产安全而正常地进行，我们需要了解制造材料在生产介质中的腐蚀行为，了解各种内外因素对材料腐蚀的影响，所有这些资料都必须通过腐蚀试验来获得。

1.2.1　腐蚀试验的基本环节

腐蚀试验是腐蚀科学技术中一个极为重要的领域，世界上有许多专门从事腐蚀试验的机构，每年进行的腐蚀试验项目成千上万。虽然腐蚀试验种类繁多，各个试验项目的具体环节也有许多差别，但是其基本环节是一样的。

① 将试验材料做成样品、部件或实物。

② 按一定的试验条件暴露在模拟腐蚀环境、规定的腐蚀环境或者实际腐蚀环境中，使样品或部件遭受腐蚀作用。

③ 经过预定的试验时间取出样品、部件或实物，对腐蚀破坏情况进行评定（或在暴露过程中测试电化学数据等），包括观察腐蚀的种类和特征、腐蚀产物的分布和形态，测量腐蚀速率，确定腐蚀对材料各种性能的影响程度，从而得出被试验材料在试验环境中的腐蚀行为和耐蚀能力的结论。

图 1-1 表示腐蚀试验的基本环节。为了使腐蚀试验能够得到有价值的结果，在指导腐蚀科学技术的发展和解决具体生产设备的腐蚀问题中发挥应有的重大作用，腐蚀试验过程中的每一个步骤，包括试验设计、执行、结果处理，都需要认真研究。

图 1-1　腐蚀试验的基本环节

1.2.2　腐蚀试验的目的

① 为计划建造的设备选择适当的耐蚀材料。选材试验是腐蚀试验中的一项重要内容，只有通过试验才能确定候选材料在预定使用环境中是否具有符合要求的耐蚀性。对于选材试

验来说，试验条件应当尽可能接近工厂的实际生产条件。

② 确定现有材料适合使用的环境。这类试验往往由金属材料生产单位或者一些专门从事腐蚀研究的单位进行，并将所得结果编制成各种腐蚀数据手册、图表、资料。利用这些数据资料，结合实际生产使用经验，可以有助于选材试验的进行。对于新研制的合金材料，这种试验的结果指明了材料可能的用途。

③ 研制开发新型耐蚀材料。研究合金成分、热处理制度等冶金因素对材料耐蚀性的影响，为发展新耐蚀合金品种的工作提供依据。

④ 进行材料耐蚀性或环境腐蚀性的控制性试验。这些试验通常是检验产品质量的例行试验，有时候在技术规范中列为验收试验，而与材料以后的使用情况可能并无直接的关系。

⑤ 为生产设备选择有效的防护措施，制定防护技术的最佳使用条件，确定其保护效果。

⑥ 对运行中生产设备的腐蚀情况进行监测，及时发现异常变化，防止突然性的腐蚀破坏。

⑦ 设备腐蚀事故分析，寻找腐蚀破坏的原因。

⑧ 研究金属腐蚀机理以及各种影响因素。

1.2.3 腐蚀试验的基本要求

腐蚀试验的基本要求：一是可靠性，二是重现性。

可靠性是指试验中所得出的腐蚀类型、特征及速率应当与材料在实际使用条件下的腐蚀行为一致，如果差别很大甚至相反，那么这种试验结果也就毫无价值。为了得到可靠的结果，应当根据试验目的选择适当的试验方法。比如选材试验就要求试验条件尽可能重现设备的实际腐蚀环境，二者相差越大，所得结果的可靠性就越差。

重现性是指各次试验的数据要一致。各种试验方法都有其基本理论、试验装置、操作技术，必须对试验有深入了解，精心设计，严格控制试验条件，才能得到重现性良好的结果。

可靠性和重现性密切相关。数据十分分散，重现性很差，甚至相互颠倒的试验结果，难以进行分析和做出肯定性的结论，自然不可能可靠。不过，可靠性和重现性也有相互矛盾的一面。如果为了片面追求重现性而使腐蚀试验体系过于简化，甚至去掉了影响腐蚀过程的重要因素，显然是不恰当的。因为试验结果的重现性虽然改善了，但可靠性却很差了，甚至可能是错误的。在使用腐蚀数据手册上的数据时也要注意这个问题。因为一般手册上列出的腐蚀数据是由简单的浸泡试验得到的，而且只标明了介质的浓度和温度，因此必须十分注意实际腐蚀体系与这种简化腐蚀体系之间环境条件的差异。

为了得到重现性和可靠性都良好的试验结果，既要熟悉金属腐蚀基本理论，又要重视试验技术，而且对金属材料、设备、生产工艺条件都要有所了解，才能制定出正确的试验方案。在试验工作中，要认真对待每一个环节，因为某些细节不当也可能使试验结果的可靠性降低。

最后要指出，腐蚀试验方法的标准化是一个很重要的问题。我国现在已经公布了一些腐蚀试验标准，还有许多国际标准和外国标准可以参考。采用标准试验方法，就能够使不同的研究人员在不同的实验室中所进行的同类型试验得到可以比较的结果。

1.2.4 腐蚀试验的主要类型

根据试验场所和对象不同，腐蚀试验一般可分为实验室试验、现场试验和实物试验三大类。

1.2.4.1　实验室试验

　　实验室试验有许多优点，因而广泛用于腐蚀理论研究、耐蚀材料研制和选择、防护技术开发和筛选、腐蚀事故分析等。大量的腐蚀数据是由实验室试验得出的。

　　实验室试验的主要优点有：试样大小和形状可以自由选择，试验条件和试验时间易于根据试验目的来进行安排，而较少受其他方面的制约和限制，因而试验者在制定试验计划时有较大的主动。其次，影响腐蚀的因素很多，弄清楚各种因素对腐蚀影响的方向和幅度，对于腐蚀研究和腐蚀控制都是重要的。为此，在试验中就要控制其他因素不变，而使被研究的因素按需要变化。实验室试验可以严格地做到这一点。由于条件易于控制，试验结果的重现性较好，便于进行分析。第三，实验室试验可以采用现代化的先进技术，得到更加准确和深入的结果。这些优点对于研究腐蚀机理、分析设备腐蚀破坏原因、开发腐蚀控制技术等试验项目特别重要。

　　实验室试验可分为模拟试验和加速试验两类。

　　（1）实验室模拟试验

　　在实验室中尽可能精确地模拟金属材料在使用环境中所遭遇的腐蚀介质和腐蚀条件，设计小型的试验装置。

　　模拟试验采用小块试样，腐蚀介质可以人工配制，也可以取自生产设备的实际物料。在实验室中要严格重现实际腐蚀环境是很困难的，设计时往往要忽略一些环境因素，而抓住影响腐蚀的主要因素。当然，要做到这一点，就必须通过分析做出准确的判断。

　　实验室模拟试验中应用最多的是浸泡试验。比如要测量碳钢在某种浓度的硫酸中的腐蚀，就用这种碳钢制作试样浸泡在这种浓度的硫酸溶液中（一般还需控制温度）；要研究金属在海水中的腐蚀，就用被研究金属制作试样，浸泡在人工配制的海水或从海洋取来的天然海水中。控制的试验条件主要是溶液的浓度和温度，其他条件则根据实际的腐蚀体系而定。

　　模拟试验是实验室试验中比较可靠的一种方法，所得结果能反映材料在实际使用环境中的腐蚀行为，如腐蚀类型、腐蚀分布，对于均匀腐蚀可以测量腐蚀速率。缺点是试验时间比较长，特别是当腐蚀速率很慢，以及腐蚀有较长孕育期时。有些试验（控制条件要求高的试验、使用现代化测量技术的试验）的费用也比较大。

　　（2）实验室加速试验

　　加速试验是指强化腐蚀环境条件，使材料经受更加苛刻的腐蚀作用，从而促使试样腐蚀加速或者消除孕育期，在较短时间内得出试验结果。显然，制定加速试验方法的一个基本原则是：试验环境就其本性来说应当和相应的实际腐蚀环境相同，通过强化某种占优势的环境因素，使腐蚀过程受到一定的加速作用。因此，强化的因素应当是腐蚀过程中本来存在、起控制作用的因素，而不能引入并不存在的因素，从而使腐蚀机理发生变化。加速试验结果不能完全反映材料在实际使用环境中可能的腐蚀行为，特别是不能得出腐蚀速率方面的数据。

　　加速腐蚀试验的应用范围：一是对几种材料进行比较，测量它们对某种腐蚀的敏感性大小，排出优劣顺序，这主要用于局部腐蚀试验。二是作为检验产品对某种腐蚀的耐蚀性的质量控制试验或验收试验。例如，不锈钢在含氯离子和氧化性金属离子的溶液中容易发生点蚀，为了检验不锈钢发生点蚀的敏感性，采用三氯化铁溶液进行浸泡，就是一种标准的加速试验方法；或者在含氯离子的溶液中（一般用氯化钠溶液）对不锈钢试样进行阳极极化，诱导点蚀的发生，也是一种常用的加速试验方法。又如，为检验金属镀层的耐蚀性，在大气中进行挂片试验可能需要几个月甚至几年时间，而在盐雾箱中用 5%（质量分数）氯化钠溶液连续或间歇喷雾，以强化大气腐蚀条件，可以在几十小时内得到结果，因此已经成为一种标准的加速试验方法。

应当指出，加速试验的具体方法很多，都是根据某种腐蚀的特征和具体试验目的制定的。对于加速试验来说，短期试验结果与材料长期使用性能之间的对应关系（相关性）是极为重要的。一般来说，加速程度越高，试验周期越短，则结果的可靠性越差。

实验室试验的结果应当反映被试材料在预定使用环境中的腐蚀行为。但是，即使设计精巧、控制复杂的实验室试验，也很难完全重现金属设备或结构在实际使用环境中的腐蚀特征，这是因为两者之间存在着各方面的差异。

实验室试验有以下两点局限性。

① 试样和实物的差别。实验室试验中使用的小试样，与实际生产设备有许多差别。当然可以使制造试样的材料在成分和组织方面尽可能与制造生产设备使用的材料相同，但要做到完全一致是很困难的。试样表面可以加工得光滑均匀，而生产设备表面则比较粗糙，可能存在损伤、锈层、污垢等。

为了模拟设备上的焊接接头，实验室试验中采用同样的焊接工艺制作焊接试样，但因试样尺寸小，焊接时受到的温度变化和残余应力的影响要比实际设备大得多。

试样的形状一般很简单，表面各部分与介质的接触比较均匀，而生产设备则可能具有复杂的几何形状。这样，有的部分腐蚀介质不容易达到，有的部分腐蚀产物容易沉淀，各部分之间的相互影响是很难模拟的。有些局部腐蚀发生的概率与试样的暴露面积有关，比如点蚀，在小试样的表面上可能发生破坏的概率很小，而在实际生产设备的大表面上则可能以很大的概率发生破坏。

如果按一定比例缩小制作模拟试样，各种影响因素并非按同样的比例变化，这也是小试样和大设备遭遇的腐蚀条件不同的一个原因。

② 腐蚀介质和实际环境的差别。实际的腐蚀介质几乎都含有多种成分，有些组分的含量虽然少，但对材料的腐蚀行为却可能产生大的影响。而且实际环境条件还可能随时间变化，比如生产溶液的波动就是经常发生的事。因此，实验室配制的溶液不可能完全和实际腐蚀介质一样，这是很显然的。

鉴于以上原因，实验室试验得出的结果有时与材料在使用环境中的耐蚀性相比存在较大的差异，特别当试验条件没有反映出实际腐蚀条件的主要方面时，情况更是如此。所以，一方面要认真对待实验室试验的每一个环节；另一方面，当对腐蚀数据的可靠性有较高要求时，还需要在实验室试验的基础上进行现场试验。

1.2.4.2 现场试验

现场试验是将被试材料制成的试样直接暴露到实际使用环境中进行腐蚀试验，因此现场试验的最大优点是环境的真实性，腐蚀介质和试验条件与实际使用环境条件严格相同。现场试验结果比实验室试验更准确地反映出材料在实际使用环境中的腐蚀行为。至于试样的制备、试验结果的评定，则和实验室试验一样。

现场试验包括两种：一种是工业生产条件下的试验，将试样暴露在工业设备内的物流中进行试验；另一种是自然条件下的试验，就是将试样暴露在大气、水、土壤等自然环境中进行试验。

（1）生产设备挂片试验

将试样安装在试片架上，固定到生产设备内部的某一部位，经受生产介质的腐蚀。在这种试验中，试样和生产设备处于完全相同的环境条件。需要注意的是：

① 要正确地选择挂片的设备和设备内的挂片部位。如果是为既定设备选择材料，自然应当将试样挂在相应的设备内部；如果是为新工艺流程的设备选材，可以在相同工艺条件的设备内挂片。在设备内的挂片部位要有代表性，能反映该设备腐蚀条件的主要特征。但是，有时候这种要求难以满足，因为设备内的空间有限，而且不允许对生产过程带来不利影响。

② 生产过程中工艺参数的波动是难以避免的，影响因素难以控制，更不可能为试验而改变环境条件。因此，挂片试验的结果乃是各种因素的综合，特别易于受种种偶然变化的影响。为了能对试验结果进行有说服力的分析，必须在试验前对挂片设备的情况作全面的调查了解，特别是腐蚀的特征和影响因素，才能抓住主要矛盾，制订出切实可行的试验方案。

③ 在生产设备上进行挂片只有在停工时才能进行，这样就使试验计划的安排受生产设备检修计划的制约。为了解决这样的问题，一种办法是设计插入式试片架，在设备运行期间也可以挂片和取片，而不必等待停工；另一种办法是在设备上安装旁路和模拟装置，使模拟装置内的工艺条件与生产设备内部一样，将试样安装在模拟装置内，挂片和取片时只需切断旁路，而不影响生产装置的运行。

④ 试样在试片架上的安装和试片架在设备上的安装都要牢固，以避免造成试样脱落遗失。

（2）自然环境现场腐蚀试验

大量的生产设备和建筑设施都处于大气、自然水或土壤等自然环境中，承受着自然环境的腐蚀作用，因此开展自然环境现场腐蚀试验有着重要的意义。自然环境现场腐蚀试验主要包括大气曝晒试验、自然水现场腐蚀试验和现场土壤腐蚀试验等。

大气曝晒试验就是将金属试样暴露在露天或室内大气中检验其耐蚀性，专门进行这种试验的场所称为大气腐蚀试验站或大气曝晒站。大气比腐蚀溶液的破坏作用要缓和得多，所以需要的试验周期较长，一般时间在2～3年以上，有的长达十年以上。

自然水现场腐蚀试验就是将金属试样浸泡在自然水（淡水或海水）环境中进行的腐蚀试验，一般在专门建立的自然水腐蚀试验站进行现场挂片。自然水现场腐蚀试验包括全浸和间浸两种方式；前者是将试样完全浸没在自然水中；后者则是将试样固定在适当位置，随着自然水涨落，试样交替地浸入自然水然后从自然水中浮出。

现场土壤腐蚀试验是将试样埋在选定地点的土壤中，经过一定的试验时间后取出，进行腐蚀检查和评定。试验结果可为地下建筑施工和防护（如阴极保护）提供可靠的数据。选取土壤腐蚀试验的埋藏点，应考虑土壤条件和预定的地下建筑物的实际需要。对于埋藏点土壤的物理化学性质和腐蚀性，如透气性、地下水位、酸碱度、可溶性盐的种类及浓度、微生物、杂散电流等，都要调查了解，并向有关部门索取水文、地质和气象资料。埋藏点不宜选在人为影响的区域（如公路、铁路两侧，以及有垃圾和回填土的地区）。

现场试验具有以下三点局限性。

① 腐蚀环境条件变化较大，而且难以控制，也不可能固定一些影响因素而有计划地改变另一些因素。因此，现场试验结果包含了各种因素的综合影响。由于各次试验条件的差异，结果的重现性较差。

② 试验周期较长，试样容易失落。

③ 现场试验虽然在环境条件方面是真实的，但是使用专门制备的试样，和设备相比仍存在种种差异，这在前面已经分析。

1.2.4.3　实物试验

如果实验室试验和现场试验不足以对材料耐蚀性作出肯定的结论，就需要进行实物试验，即用被试金属材料制成实物部件、设备或小型试验装置，暴露在生产条件下进行试验。如热交换器的部分管子以被试金属材料制的管子代替，在原来的泵或阀门旁边并联旁路试验泵或阀门，用新研究的海水用钢制作浮筒、浮标或采油平台。又如我国研制的无镍不锈钢A4，在实验室试验和现场挂片试验中表现出良好的耐尿素介质腐蚀性能，为了进一步考察A4钢在实际使用条件下的性能，还用A4钢制作尿素合成塔内套进行实物试验。在发展新工艺流程时，有时甚至需用试验金属材料制成整套小型试验工厂设备，在运转条件下对材料耐蚀性作进一步考核。

实物试验不仅解决了实验室试验和现场试验中难以全面模拟的条件，而且包括了部件和设备在加工过程中所受的影响，能够比较全面正确地反映出金属材料在使用条件下的耐蚀性。

实物试验的缺点是：不易获得定量的结果，只能对腐蚀状态作定性的评价；试验周期一般较长，短期内不会产生明显的腐蚀破坏；在连续性生产过程中也不可能经常停工对被试设备作腐蚀检查；制作实物所需材料多，费用很大。

以上三类试验各有优点，也有各种局限性，因此要根据不同的试验目的进行选择。实验室试验应用最多，在为设备选材和发展新材料工作中，现场挂片试验是一种有效的手段。在实验室试验和现场试验取得足够的数据之后，才考虑有无必要进行实物试验。

1.3　腐蚀监测

意外的和过量的腐蚀常使工业设备发生各种事故，造成停工停产、设备效率下降、产品污染，甚至发生火灾、爆炸，危及生命安全，造成严重的直接损失和间接损失。针对上述情况，在工厂设备连续运转的条件下，如何检测设备内部的腐蚀状态和掌握腐蚀速率及规律，便成了亟待解决的问题。

腐蚀监测是指对工业设备的腐蚀状态、速率以及某些与腐蚀相关联的参数进行实时测量，进而通过所监测的信息对生产过程相关参量实行自动控制或报警。

腐蚀监测在石油生产和炼制、化学工业及动力工业、食品工业和大量使用冷却水系统的工业部门越来越受到重视，因为这些部门遭受的损失是十分惊人的。有的炼油厂正在努力通过腐蚀监测以延长设备大修周期。显而易见，仅从减少停车时间挽回产量损失一项，其经济效益就极为可观。工业设备的腐蚀检测与监测技术的经济效益尽管由于各种原因而难以具体估算，但一般认为，对工业设备进行成功的腐蚀监测将会带来相当于投资成本的十倍、上百倍甚至更高的经济效益（包括增加利润和节省额外开支）。

腐蚀监测技术是从实验室腐蚀试验方法和工厂设备的污损检测技术发展而来的。

最初的实验室腐蚀研究几乎都是测定给定时间内试样质量的变化或者进行某种等效测定。缩短试验时间并使试验周期反应腐蚀速率随时间的变化，有时候是可行的，但非常不方便。后来，为了测量瞬时腐蚀速率，发展了各种电化学技术，并找到了在大范围内研究金属腐蚀特性的方法。这些技术在使用上方便得多，并且在某些情况下，为了澄清质量损失法试验所得杂乱无章的结果，这些技术显得特别重要。

对工厂设备的腐蚀检测，以前是按照经典的实验室试验模式进行的。这些方法只能在设备停车时装入试样和去除试样，或者在停车时对生产装置的有关部分进行详细检查。在工厂条件下，这种方法比实验室试验要困难得多。首先，试验周期（两次停车之间的间隔）取决于生产需要或维护需要，并且可能与腐蚀试验的合适时间相差甚远；其次，这段生产时间内，某个设备内部的条件可能明显变化，特别是从工艺的观点看，有些因素并不重要，因而没有进行记录，但是这些因素对腐蚀试验可能是极其重要的。因此，过去的工厂腐蚀测量仅仅是在整个试验周期中生产的腐蚀累积量和最终形态。但这段时间可能并不合适，并且在此期间由于条件变化却不能预知，腐蚀速率发生了很大变化。所以，由这种工厂试验所得结果常常难以解释，或者在表面看来相同的生产设备中的试验，两次结果也可能差别很大。

为达到控制试验周期，且不影响生产设备正常运行，采用旁路试验装置或模拟的中试装置，可使试样在设备运行过程中暴露到工艺物料中且又能通过切断旁路随时取出试样。当然，旁路中的条件有时也不一定完全与实际生产条件一致。

超声波测厚法和电阻法可以对运行中的设备进行频繁测量。但是，采用普通的超声法，操作者必须爬到设备上进行定点测量。此外，这两种方法只有在均匀腐蚀情况下才使用，且很难以足够高的灵敏度在短时间内确定腐蚀速率的瞬态变化。

近年来线性极化技术以及其他电化学技术正在成为重要的工业腐蚀监测技术。它们可以快速灵敏地测定金属的瞬时腐蚀速率，可以非常简便地检测和控制设备的腐蚀状态和速率。

利用现有的监测技术，大体上可以检测出有无腐蚀发生，但是要判断腐蚀发生在哪一部位却比较困难。因此，需要进一步开发一些新技术以满足这一要求，例如光学方法等。

许多现行的腐蚀监测技术还不能完全用于运行中的设备。为了及时了解设备的腐蚀状态及变化，应尽可能对设备装置作实时和在线的监测，这是腐蚀监测技术重要的发展方向之一。

近年来，由于电子学及计算机技术的发展，测量技术有了很大的提高。特别是程序控制单元的发展，可以实现许多探头测量及记录。这种控制单元能够接收来自生产装置各部分腐蚀数据的瞬时反馈。这种反馈信号可以输送到该生产装置的控制室和/或计算机，以便对必要的工艺参数进行控制，进而达到控制设备的腐蚀状态及腐蚀速率。因此，计算机在腐蚀监控中的使用则是另一重要发展方向。

第2章
腐蚀试验设计

腐蚀体系是由金属材料设备（部件、结构）与周围腐蚀环境组成的，而腐蚀试验是在某种规定条件下重现该腐蚀体系的腐蚀过程并给予评价。因此，腐蚀试验体系包括金属材料试样（或实物）、腐蚀介质和试验条件几个部分，影响金属腐蚀的因素也是腐蚀试验中要考虑的因素。在每种特定的腐蚀试验中，影响因素虽然众多，但总有一项或几项因素是主要的、起控制作用的，而另外一些因素是次要的、不起控制作用的。腐蚀试验设计的关键是要能抓住主要的控制因素，这样既可以使试验装置和方法简化，又能保障结果的可靠性。

2.1 金属试样

金属试样是腐蚀试验首先要考虑的要素，包括材料化学成分、组织结构、工艺状态以及试样的形状、尺寸、表面制备要求等。

2.1.1 材料

2.1.1.1 成分及杂质

首先要清楚金属材料的化学成分。知道材料的主要成分（如金属种类、合金元素含量等）固然很重要，一般也不会被试验者所忽视。但是，知道材料的次要成分（如杂质的种类和含量）同样重要，同样不应当忽视。杂质虽然很少，但对材料的腐蚀行为可能产生很大影响。所以，有些试验中只知道材料的牌号、额定成分是不够的，还应当进行实际分析。

杂质的影响有如下几个方面。

① 形成第二相，与基体金属组成腐蚀微电池。如果杂质是阴极，一般来说会促进基体金属的腐蚀，而且杂质含量越多，材料腐蚀速率越快。但是，如果去极化剂还原反应（如析氢反应）在杂质上进行更困难，那么杂质的存在将抑制材料的腐蚀。锌中所含杂质对锌在盐酸和稀硫酸中腐蚀速率的影响，就是一个典型的例子。

② 如果金属能够钝化，有利于去极化剂还原反应进行的阴极性杂质的存在，可能会促进金属钝化，将使金属材料的耐蚀性提高。

③ 杂质富集在腐蚀产物膜或钝化膜中，影响表面膜的耐蚀性。

④ 在材料易发生局部腐蚀的体系，杂质可能成为腐蚀反应的活性点。

2.1.1.2 金相组织

金属材料的组织结构与耐蚀性也有密切关系。通过金相显微镜观察可以了解合金中相的数量和分布、杂质或夹杂物的特征、晶粒大小和晶界状态等。

　　一般来说，多相合金的耐蚀性比单相合金差，但当异相存在能促进材料钝化时，材料的耐蚀性则可能改善。

　　晶格缺陷常常成为腐蚀的活性点。晶粒间界可认为是晶格缺陷集中部位，处于不稳定状态。因此，晶界和晶粒本身的腐蚀行为是不相同的。不过，在金属材料处于活性状态、发生全面腐蚀的情况下，晶格缺陷和晶界对腐蚀的影响是不大的；而在局部腐蚀（如晶间腐蚀、点蚀、应力腐蚀）情况下，则常常是重要的。

2.1.1.3　工艺状态

　　金属材料可以处于不同的工艺状态，如铸造、锻造、轧制、挤压等，还可能经受各种热处理。在化学成分确定以后，不同的热处理可以得到不同的金相组织，因而对材料的耐蚀性影响是很大的。比如均匀化退火可以消除物理和化学不均匀性，去应力退火可以消除残余应力，逸氢烘烤热处理可以使材料中的氢气逸出。这些热处理都有利于改善材料的耐蚀性。碳素钢的回火可以使马氏体分解，碳化物沉淀，如果回火温度不当，会使腐蚀速率大大增加。不锈钢受到敏化热处理，晶间腐蚀敏感性会增大。因此，在进行腐蚀试验时了解材料经受的热处理过程也是必要的。

　　一般来说，应按制造设备的材料的实际使用状态选取试样材料。如果设备是锻材制造的，试样最好用锻材；如果设备是铸件，试样最好用铸材。不过铸材和锻材的耐蚀性一般认为相差不大，而铸材制作试样困难较多。

　　用轧制材料制作试样应用最广，因为容易满足要求，切取方法也简便。但要注意：

　　① 轧制面应比切边面大，故从一根圆棒上切取圆饼状试样是不适宜的。

　　② 应注意轧制的方向。试样应全部沿轧制方向的纵向或全部沿横向，而以横向最好，因为这个方向对局部腐蚀更为敏感。

　　如果涉及焊接设备，试样应包括焊缝或焊珠，焊件热处理条件应和生产设备相同。

　　冷加工、焊接、热处理都可能在金属材料内部造成残余应力，这对材料的耐蚀性很不利，特别是可能导致应力腐蚀问题。

2.1.2　试样形状、尺寸和数量

2.1.2.1　形状

　　失重法腐蚀试验应用最多的试样是矩形或圆形的薄板。这种试样的优点是：

　　① 形状简单，便于加工和表面制备，便于精确测量暴露表面积，试验中的平行试样更容易做到一致，试验后也易于除去腐蚀产物。

　　② 暴露表面积与试样质量之比大，这样可以提高测量结果的精确性，又能满足天平称量的限制。

　　③ 边棱面积小，因为边棱部位比轧制表面更易腐蚀，而实际生产设备的边棱很少。边棱效应在加有涂料层的试样上特别明显，对拉伸试样的影响也很大。

　　根据具体试验项目的需要，也可使用圆柱形、细丝、圆管等形状的试样。

　　电阻法腐蚀试验常使用细丝或薄条试样，以满足电阻测量要求（增大试样电阻）。需测量力学性能的试样应按照有关试验标准规定制作。电化学腐蚀试验的试样既要满足腐蚀试验要求，又要满足通入极化电流的要求，其试样制作见第 7 章。

2.1.2.2　尺寸

大试样和小试样各有优点。大试样遇到波动差别的概率比较小，特别是在发生点蚀的情况下，大试样所得结果更接近实际。但小试样加工、制备、处理都比较容易，也更适宜分析天平称量的需要。所以在天然条件下（如外海）挂片时应使用大的试样，而在实验室试验中一般用小试样，同时增加平行试样的数目。

在腐蚀试验的标准中，都对试样尺寸有所规定，如实验室失重腐蚀试验使用的矩形薄板试样，推荐尺寸为 50mm×25mm，厚度 2～5mm。圆形薄板试样尺寸为 Φ30mm×(2～5)mm。

2.1.2.3　数量

为了使试验结果稳定可靠，消除偶然性偏差的影响，需要使用重复试样（平行试样）进行试验。一般来说平行试样的数目越多，试验结果越可靠，测量的准确性越高。

重复试样的多少取决于平均结果需要的精确性以及各个结果可能具有的偏差值。在失重腐蚀试验中，一次试验的平行试样数一般不应少于 3 个，也不多于 12 个。从结果的统计分析考虑，最好用 5 个。在应力腐蚀试验中，一次试验的平行试样数不少于 5 个，一般用 10 个。

如果要研究材料腐蚀随时间的变化，则需要许多组平行试样，某些腐蚀试验还需要空白试样做对比。

2.1.3　试样表面制备

试样表面的均一性、光洁度和清洁程度是影响腐蚀的重要因素。理想情况是：试样的表面状态和生产设备的表面状态一样，但这一般是不可能的。因为工业金属和合金的表面经过生产和制造加工，变化是很大的。所以腐蚀试验中通常使用洁净而均一的金属表面。为了便于和其他试验结果比较，表面状态应当标准。

试样常常是从一块薄板上剪切下来的，其剪切边棱需用锯、锉、磨等方法将变形部分和毛刺除掉，并用热处理方法消除冷加工变形和硬化的影响。在常温试验时，也可以将有剪切应力的部位涂封。

表面制备的方法很多，包括机械加工、喷砂、研磨、抛光等，目的是除去表面一薄层产生了变异的金属。

研磨简单易行，在实验室试验中应用广泛。一般是用砂布或砂纸打磨，粒度从粗到细。失重腐蚀试验的试样最后可用 120 号砂布，这样制备的表面不光滑也不粗糙。如果试样原始表面很粗，或垢层很厚，有明显擦伤、划痕，可以先进行机加工、酸洗，再进行研磨。在某些试验（如预计腐蚀率很低时）以及电化学腐蚀试验中，要求表面光洁度较高，就要用更细的砂布或金相砂纸。在研磨时要注意以下要求：

① 避免过热。一个很好的通则是，研磨过程中一直可以用手拿住试样。对于易加工硬化的材料（如奥氏体不锈钢）应当用湿磨。

② 应当使用清洁的砂布或砂纸，以免金属表面掺进杂质。在研磨结束后可用压缩空气吹扫或用水漂洗，以除去表面残留的砂粒。

③ 同一张砂布不能用来研磨两种不同的金属，例如磨过钢试样的砂布不允许再磨黄铜试样，反之亦然。

④ 软金属（如铅）不宜用砂纸磨，建议用硬橡皮磨，也可以用锋利的刀片削平或精整。

在研磨后试样应清洗，以除去灰尘、油脂、污垢，以免干扰试验结果。严重脏污时可用洗涤剂擦洗、湿布擦拭、用水冲，再用溶剂（如丙酮、无水乙醇）漂洗。一般情况下可以用有机溶剂清洗去油。不锈钢试样不能使用含氯化物的洗涤剂清洗。

制备好的试样用干净纸包好，放在干燥器中。一般规定放置 24h，以保证所有试样都达到稳定的表面状态。

2.1.4　试样标记

在一次试验中使用多个平行试样时，或者同时进行多组试验时，试样必须标记，并保证在腐蚀试验过程中标记不会丧失，以便准确无误地识别试样，否则将造成试验结果大混乱。

2.1.4.1　直接标记方法

① 用钢号码在试样上打印字母或数字进行编号。优点是简便，缺点是容易被腐蚀掉或被腐蚀产物覆盖。打印时产生内应力，故标记应打印在影响较小的部位。

② 用电刻器刻字母和数字。优点是可以减轻内应力，但仍会产生局部状态的差异，并且也容易由于腐蚀而消失。

③ 以一定规律在试样边缘钻孔，与标准试样和试验记录对照就可以确定该试样的成分、状态、试验条件等。此方法适用于长期试验，如我国外海（北海、东海、南海）挂片常用样板是在边缘钻孔说明钢种成分、试验类型、挂片海域、试验周期、平行试样和对比钢种等项内容（图 2-1）。

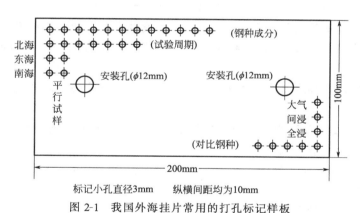

标记小孔直径3mm　　纵横间距均为10mm

图 2-1　我国外海挂片常用的打孔标记样板

④ 在试样边缘切出缺口，也按组合形式表示不同的意义。但在边缘腐蚀严重时切口也可能模糊而难以辨认。

⑤ 化学浸蚀法：用蚀刻技术在试样特定部位浸蚀出标记符号。此法特别适用于应力腐蚀试样，因为不会造成应力集中和缺口效应。

2.1.4.2　间接标记方法

① 在试样支架上加标记。

② 用有机玻璃或聚四氟乙烯标签固定在支架或夹具上。

③ 记录试样的相对位置、试样相对于支架的位置、容器编号。在直接标记的情况下，也应同时采用此法。

④ 在试样处理和腐蚀试验过程中，应当用写有编号的滤纸包住试样进行存放和转移。

2.2　腐蚀介质

进行腐蚀试验的介质有如下几种:

① 进行现场试验的实际腐蚀环境。

② 实验室试验用的生产溶液。

③ 实验室试验用的配制溶液。

④ 实验室加速试验和控制试验用的规定溶液。

对于第①种腐蚀介质的试验,应当测量和记录环境条件的各种参数,特别要注意参数的变化,才能对试验结果进行中肯的分析。第④种腐蚀介质的试验的规定溶液是通过反复试验,并将结果和材料的实际腐蚀行为进行比较而提出的,主要用于质量控制和产品检验。试验时应严格按照标准中的规定进行配制。第②、③种溶液是实验室试验中最常用的。下面讨论试验中需要考虑的环境条件。

2.2.1　介质的组成

介质的种类和组成与金属的腐蚀行为有直接关系。介质的主要成分一般不会被忽视,但要注意在试验过程中介质成分的变化。

实际的生产介质中可能含有某些微量物质(杂质),这些杂质或者来自原料,或者来自工艺水。杂质的含量虽少,但有时可能对金属设备的腐蚀影响很大。有些杂质能够加速金属的腐蚀破坏,如氯离子可引起奥氏体不锈钢的应力腐蚀开裂,含微量水的氯气会对碳钢造成严重腐蚀。有些杂质则可能起缓蚀剂的作用,如液氨中加入微量水可以减轻碳钢容器的腐蚀。

实验室中一般用蒸馏水(或去离子水)和化学纯(或分析纯)试剂配制试验溶液。应当注意:

① 对溶液的主要成分要严格控制。如果是测定金属材料在某种溶液中的耐蚀性,溶液的浓度应当遍及全部可能范围。

② 不应忽视微量组分(杂质)。在配制溶液时可按实际介质中杂质含量加入。如果是从生产现场取溶液进行实验室试验,溶液组成中自然含有杂质。但是要注意当试验周期比较长时,这些杂质可能消耗殆尽,而在实际环境中由于溶液不断更新,杂质可以得到补充。

③ 在试验过程中,溶液可能由于蒸发、稀释、分解、反应而发生变化。因此在试验开始时、试验过程中、试验结束后都要对溶液的组成进行检查分析。如果试验过程中发生了变化,应适当进行补充。

④ 在试验报告中应当尽可能完全而准确地记述溶液成分。

2.2.2　pH值

溶液的pH值取决于氢离子的含量,因此与阴极反应有直接的关系。当pH值较低时,氢离子含量高,氢离子还原反应成为主要的阴极反应,金属发生析氢腐蚀,随着pH值下降,金属的腐蚀速率增大。

pH值对金属腐蚀的另一种影响是改变腐蚀产物的溶解度和形成保护膜的可能性。在pH值适中的环境中,多数工程金属不能发生析氢腐蚀,阴极反应主要是氧的还原。由于溶液中氧的溶解度有限，故金属腐蚀速率取决于氧的极限扩散电流密度，而与溶液 pH 值无关。而且大多数金属在这种 pH 值范围内表面生成的氧化物膜溶解度很小，对金属有一定的保护作用，故金属的腐蚀速率也比较慢。在 pH 值较高时，溶液呈强碱性，有些金属（如镍、镉）的氧化物在碱溶液中不溶解，因而腐蚀速率很慢；而两性金属（如铝、锌）的氧化物能溶于碱溶液，故在高 pH 值范围腐蚀速率又增大。

pH 值下降金属腐蚀速度上升这一结论是有例外的。当 pH 值下降伴随着酸溶液（如硫酸、硝酸）的氧化性增强时，能钝化的金属的腐蚀速率则可能减小。研究表明，金属的阳极溶解反应也与溶液的 pH 值有关。

由此可知，溶液的 pH 值与金属腐蚀关系密切，腐蚀试验必须注意溶液 pH 值的影响，有些试验要在恒定 pH 值的条件下进行。

2.2.3　溶解氧

溶解氧在很多液相介质中存在，是一个对金属腐蚀有重要影响的环境因素。有些实验室腐蚀试验的结果之所以与材料的实际腐蚀行为差异较大，就是因为忽略了溶解氧的影响。

氧的作用是双重的。一方面，氧分子是一种主要的阴极去极化剂，当溶解氧含量增加时，金属腐蚀速率亦增大。如果溶液中氧浓度不均匀，还可能导致局部腐蚀。另一方面，氧又是一种钝化剂，如果金属能够钝化，那么当氧的含量增加，氧分子还原反应产生的电流密度足以使金属钝化时，金属的腐蚀速率就大大降低了。

在溶解氧的影响不可忽视，或需要研究溶解氧对金属腐蚀所起作用时，试验溶液必须考虑通氧或除氧的要求。

2.2.4　离子

离子的种类很多，对金属腐蚀所起作用也各不相同。

① 与腐蚀金属离子形成可溶性络合物，因而直接影响金属阳极溶解反应速率，使腐蚀速率增大。比如 NH_3 和 CN^- 对铜腐蚀的影响。

② 有些离子是强氧化剂，容易发生还原反应，使腐蚀电池的工作加强，因而促进金属腐蚀，如溶液中的 Cu^{2+} 和 Fe^{3+}。

③ 有些离子容易在金属表面吸附，覆盖金属表面的反应活性点，或者改变表面的双电层结构，从而对腐蚀反应产生间接影响。前一种情况，金属腐蚀受到抑制；后一种情况，除去抑制腐蚀的一面，还有促进腐蚀的一面。

④ 溶液中的阴离子可以参加金属阳极溶解反应，如 OH^-，ClO^{4-}、SO_4^{2-} 等，而不同种类的阴离子的作用则不一样。

⑤ 某些阴离子（如 Cl^-）在钝态金属表面上的吸附可以造成钝化膜破坏，导致发生点蚀。

2.2.5　介质的量

腐蚀试验中所用的腐蚀介质（溶液）的量取决于材料的腐蚀速率、试样表面积和试验周期。为了保持介质的腐蚀性不变，溶液的量当然越大越好。但是，实验室试验对溶液的量是有限制的。一般认为，腐蚀溶液的量与试样表面积的比例应为 $20 \sim 200 \text{mL/cm}^2$。下限适用于比较低的腐蚀速率和短期试验，上限适用于比较高的腐蚀速率和长期试验。

在敞露大气的试验中，溶液和气相的界面面积对氧的供应有很大影响。试验表明，当表面积大于 $70cm^2$ 后，腐蚀速率几乎不受溶液界面面积变化的影响。因此，用表面积 $15cm^2$ 左右的试样进行全浸试验时，容器直径应不小于 $10cm$，溶液体积不少于 $500mL$。

2.2.6　腐蚀产物

腐蚀产物的性质和分布常常影响到金属的腐蚀行为。金属腐蚀生成的可溶性离子有改变溶液组成和 pH 值的倾向，而不溶性腐蚀产物覆盖在金属表面上可以发挥抑制腐蚀的作用。

2.3　试验条件的控制

试验条件的控制在腐蚀试验中非常重要，根据试验目的不同，需要重点控制的试验条件也有所不同。对大多数腐蚀试验而言，需要控制的试验条件主要有：试验温度、时间、相对运动、充气状态以及试样的支承、暴露程度等。

2.3.1　温度

2.3.1.1　温度对金属腐蚀的影响

温度是影响金属腐蚀过程的重要因素，提高温度对金属腐蚀的作用主要有以下几个方面：

① 增大化学反应速率。
② 降低气体（特别是氧）在水溶液中的溶解度。
③ 改变某些反应产物的溶解度，从而产生不同的腐蚀产物和改变金属表面状态。
④ 降低溶液黏度，有利于反应粒子的扩散。

金属腐蚀速率随温度的变化情况将取决于以上各种影响的综合。比如铁在敞口水系统中的腐蚀速率在 80℃ 左右达到最大值，就是因为随着温度升高，一方面氧分子还原反应速率增大，另一方面溶解氧含量降低。在 80℃ 以前反应速率增大是主要的，在 80℃ 以后溶解氧减少起了主要作用。又如锌在自来水中的腐蚀速率在 70℃ 左右出现极大值，原因在于 50～90℃ 之间锌表面上形成的腐蚀产物膜保护性能最差。

温度不均匀对金属腐蚀更为有害。金属设备表面各部位温度不一致可以构成温差腐蚀电池；温度不均匀还可引起溶液中各处氧含量的差异而构成氧浓差电池；温度不均匀也可使金属表面各处腐蚀产物生成不均匀，局部应变使腐蚀产物膜部分脱离；温度差异也是引起溶液对流的主要原因。这些都会对金属腐蚀造成影响。

2.3.1.2　温度的控制

腐蚀试验中的温度控制一般是以溶液温度作为控制对象。这是因为在用小试样进行的实验室试验中，可以认为金属表面温度与溶液温度是相同的。这种试验称为等温试验。通常可采用水（油）浴恒温器、空气恒温箱等控制试验温度，有时使用自动控温的浸泡加热器直接插入腐蚀介质也是可行的。当温度较高时，应安装冷凝回流管以保证溶液浓度不变。

实际生产设备在金属材料和介质之间往往有传热过程，因此金属与介质之间的界面温度和介质主体的温度就可能显著不同。比如在锅炉设备和热交换器中，这种温度差异可以导致腐蚀损坏加速。针对这种情况设计的腐蚀试验称为传热面试验。

某些设备处于高温高压腐蚀环境（如锅炉），针对这种使用条件的实验室高温高压试验是在专门设计的高压釜中进行。高压釜既要能承受高温高压的长期作用，又要满足腐蚀试验的要求。试验可以在静态进行，也可以构成循环回路。前者因装置简单、操作容易而得到广泛使用。

2.3.2　相对运动

2.3.2.1　流动速度对金属腐蚀的影响

金属和介质的相对运动对其腐蚀行为有很大影响，增加流速的作用主要有以下几个方面：

① 有利于去极化剂向金属表面的输送，有利于金属离子离开金属表面附近的溶液，从而降低了浓度极化，促进金属腐蚀。

② 流速很大时，特别当形成湍流时，产生很强的磨蚀作用，可造成金属表面膜的局部破坏，导致严重的磨损腐蚀。

③ 在金属可以钝化的情况，流动可以增加氧向金属表面的供应，促进钝化膜形成，对金属起保护作用，使腐蚀速率降低。

④ 流动可以减少固体物质的沉淀，对于停滞条件可能导致点蚀的金属材料（如不锈钢），流动可以减轻点蚀破坏。

⑤ 在使用缓蚀剂的情况下，增加流速有利于缓蚀剂更快更均匀地分散到金属表面上，提高缓蚀效果。

由此可见，流速对金属腐蚀的影响是复杂的，也是难以预测的。增加流速究竟是加速腐蚀还是抑制腐蚀，取决于腐蚀反应的机理以及腐蚀体系的具体条件。

2.3.2.2　产生和控制相对运动的方法

在腐蚀试验中精确地控制流速并研究流速对腐蚀的影响是比较困难的，特别是高流速；零流速（完全静止）同样困难。一般来说，低流速比较容易做到。

在腐蚀试验中，为了实现试样/介质间的相对运动，可根据试验目的设计试样相对于溶液转动，或溶液在试样表面流动，或两者都做相对运动。常用的试验装置有：流体管道系统、搅拌器（叶轮式搅拌器、管式搅拌器、偏心轮搅拌器和电磁搅拌等）、旋转圆盘、旋转圆环、旋转盘-环、旋转环-环和旋转圆筒等。

2.3.3　充气和除氧

当溶液敞露在大气中时，溶液中含有溶解的空气，空气中的氧和二氧化碳等气体对金属腐蚀有很大的影响。因此，溶液的充气情况是影响腐蚀的一个重要因素，也是腐蚀试验要控制的一个环境条件。根据腐蚀试验的目的和要求，有时要向溶液中充气，有时则要除氧。充气一般可以通入空气，也可通入纯氧气，或者通入氧气与惰性气体的混合气体。

① 充气的气泡应当尽量小而弥散，以加速氧的溶解，并避免充气不均。充气的气泡不要直接冲击试样。为此，一般使用烧结陶瓷或烧结玻璃制成的多孔隔膜，或者用盘在试验容器底部的有很多小孔的玻璃管，使气体成弥散状态通入溶液，并在通气管和试样之间设置挡板或套管。图 2-2 是通气方法示意图。

② 充气的气流速度取决于溶液体积、试样面积和金属腐蚀速率。通气量要经常测量，

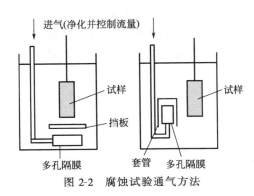

图 2-2　腐蚀试验通气方法

严格控制，使其波动不大于±10%。

③ 如果要研究溶液含氧量对腐蚀的影响，应改变通入气体的组成（即改变通入气体中氧与惰性气体的比例），而不要改变流量。

④ 充入气体应当是纯净的，因此气体流入溶液之前应进行净化处理。在通入空气或氧气时，一般是先使气体通过羊毛或玻璃纤维制成的过滤器，以除去气体中的悬浮微粒，然后通入氢氧化钠溶液洗涤器，吸收气体中的二氧化碳和含硫化合物，最后通过水洗塔使气体吸收一定水分，以免排气时从溶液中带走水分而使溶液的浓度增大。

⑤ 气体通入前，温度应和试验溶液相同，否则将影响温度控制。

有些试验需要除去溶液中的氧，一般是向溶液中鼓入惰性气体（如氩）或不活泼气体（如氮）将氧气驱除，也可以在通惰性气体的同时抽真空。不能通氢除氧（除非是为了使溶液饱和氢）。

除氧处理的要求和充气处理一样。氩气和氮气在通入溶液之前除了要进行净化外，还要通过红热铜屑以除去任何痕迹氧，才能达到彻底除去氧气的目的。

2.3.4　试样的支承

试样在腐蚀介质中的支承方法很多，应根据试验目的、试验装置以及试样形状和大小等方面的具体情况进行选择。

① 支架的形式应不妨碍试样与腐蚀介质的充分接触，支架对试样的屏蔽面积应尽可能小，即只能保持点接触或线接触。

② 支架本身应耐蚀，保证在试验过程中不被腐蚀损坏，也不因腐蚀而污染试验介质。

③ 试样与试样之间，试样与容器之间，彼此不能接触；试样的相对位置应保证所有试样处于同等暴露条件，而不能使有些试样被屏蔽。

④ 试样与支架之间应电绝缘（需通电的试验除外），并避免支架和试样之间的接触处发生缝隙腐蚀。

⑤ 试样的支承应牢固，装取方便，并注意试样的取向（如水平、垂直、斜置）对腐蚀有何影响。

⑥ 一个容器中只能安放同种成分的试样。

实验室试验中最简便的支承方法是在试样上钻一个小孔，用耐蚀非金属材料制作的钩子或丝线（不能用铂或其他金属钩子）悬挂在腐蚀介质中。缺点是钻孔处增加了新的断面，而且脆性材料也不允许钻孔。另一种方法是将试样支承在玻璃或陶瓷支架上，或者用加了绝缘涂层的金属支架。试样与支架之间只能有少数几点接触，图 2-3 是几种试样支承方式。

图 2-3　几种试样支承方式

2.3.5　试样暴露程度

在实验室试验中化学浸泡试验（试样暴露到液体腐蚀介质中）占有很大比例。浸泡方式有三种：全浸、半浸和间浸。

全浸试验是最常用的浸泡试验，将试样完全浸泡在溶液中，通常可以较严格地控制一些影响因素，如温度、流速等，为保证相同的供氧状态，一般要求浸入深度不小于 2cm。

半浸试验对研究水线腐蚀有特殊价值。试验中应维持液面恒定，使水线有固定的位置，尤其要注意保持水线上下金属的面积比恒定。

间浸试验用于模拟材料表面干湿交替的情况。试验按预定的循环变化程序，交替地将试样浸入和提出溶液。每次交变应保证浸入和提出时间不变，并严格控制环境的温度和湿度。

2.3.6　试验时间

研究腐蚀速率随时间的变化情况对于腐蚀控制有着重要的实际意义。腐蚀速率可能随时间增大、减小或保持不变，但保持不变的情况是很少的。通常在暴露初期金属的腐蚀速率最快，随后由于腐蚀产物有一定的保护作用便逐渐降低。在这种情况下，如果简单地把短期试验结果外推到长期应用性能，就会得到过高的腐蚀速率，而将一些本来可用的材料判废。在使用缓蚀剂的体系中，由于缓蚀作用，金属的腐蚀速率也与时间密切相关。因此，腐蚀试验中一个重要的问题就是如何选择试验的持续时间。

如果需要仔细考察金属腐蚀随时间的变化，可以制作腐蚀-时间曲线，即金属试样的腐蚀量与试验持续时间的关系曲线，这就要求在不同的试验时间内测量金属试样的腐蚀量。比如金属高温氧化的膜成长曲线（$\Delta m^+/S$）-t 或 y-t，就是一种腐蚀-时间曲线。为了作出这种曲线，用来分析金属的高温氧化规律，就需要在高温氧化试验中测量一系列试验时间 t 内金属试样质量的增加量（$\Delta m^+/S$）或膜厚 y。

2.3.6.1　计划化的间歇腐蚀试验方法

测量腐蚀-时间曲线相当费时，且需要很多试样，所以只用于研究性试验。为了减少试样数量和试验次数，Wachter 和 Treseder 提出了"计划化的间歇腐蚀试验方法"（分段试验法），用来鉴定腐蚀试验时间对于环境腐蚀性和金属腐蚀速率的影响。使用这个方法安排试验，只需数量不多的试样就可以确定介质的腐蚀性和金属的腐蚀速率随腐蚀过程的变化情况。

计划化的间歇腐蚀试验方法的安排见图 2-4。将相同的试样暴露在同一腐蚀介质中，试验时间分别取 1、t、$t+1$（时间单位可取 d），试样的腐蚀量用 A_1、A_t、A_{t+1} 表示。A_2 是 A_{t+1} 减去 A_t 得到的，表示 t 到 $t+1$ 这段时间间隔内的腐蚀量。在这段时间间隔内用新试样求得腐蚀量 B。在整个试验时间 $t+1$ 之内试验条件应保持恒定。

显然，A_1，A_2，B 都是单位时间间隔内金属的腐蚀量。但 B 和 A_2 介质条件相同而试样经受的腐蚀时间不同，比较 B 和 A_2 可以说明金属腐蚀速率的变化。B 和 A_1 都是新试样但进入介质的时间不同，比较 B 和 A_1 可以说明介质腐蚀性的变化。表 2-1 列出了腐蚀试验中的变化及其判据。

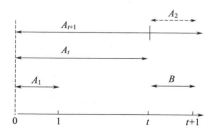

图 2-4　计划化的间歇腐蚀试验安排

表 2-1   腐蚀试验中的变化及其判据

介质腐蚀性	判据	金属腐蚀速率	判据
不变	$A_1 = B$	不变	$A_2 = B$
减小	$A_1 > B$	减小	$A_2 < B$
增大	$A_1 < B$	增大	$A_2 > B$

例如：低碳钢试样浸入 200mL 的 10% $AlCl_3$＋90% $SbCl_2$ 混合液中，向混合液中缓慢通过干燥的氯化氢气泡。压力为 1atm（101325Pa），温度为 90℃，试验时间 $t = 3d$。测出质量损失分别为 $A_1 = 1080mg$、$A_t = 1430mg$、$A_{t+1} = 1460mg$、$B = 70mg$、$A_2 = 30mg$。由表 2-1 可以作出判断，试验溶液的腐蚀性随时间显著减小，金属的腐蚀速率亦随时间减小，观察到试样表面生成保护性表面膜。

计划化的间歇腐蚀试验方法的判据并没有指出介质的腐蚀性和金属的腐蚀速率随时间变化的原因。在实验室中即使没有试样浸入，介质的腐蚀性也可能变化。为了确定是否发生这种情况，可以安排一次完全相同的试验：在 $0 \sim t$ 时间内不放入试样，在 t 时刻开始放入试样，试验进行一个单位时间间隔，然后将所得腐蚀量与 A_1 比较。如果腐蚀量比 A_1 低，则介质腐蚀性的减小显然不是由于腐蚀试验所引起。在工厂现场进行的腐蚀试验一般不存在介质腐蚀性变化的问题，因为溶液是一次性流过的，或者溶液体积与试样表面积之比很大，介质腐蚀性不会因腐蚀过程而变化。为了查明金属腐蚀速率变化的原因，需要进行其他试验。

2.3.6.2   腐蚀试验时间的粗略估计

多数试验目的不需要制作腐蚀-时间曲线，所以选择试验时间是十分重要的。一般来说，长期试验结果比短期试验结果可靠，特别是在材料的腐蚀受表面膜较大影响的腐蚀体系，必须有足够长的试验时间。金属腐蚀速率越慢，进行试验的时间应越。比如，现场大气腐蚀试验需要进行若干年；海水、河水和土壤中的腐蚀试验一般要持续三年以上。在这样长时间的腐蚀试验中，应当在各个不同的时间间隔后逐组取出试样，进行检查和评定。取样的时间间隔逐次增长，公认的规律是：顺序取样的时间间隔每次都加倍。

在实验室试验中，试验时间不可能太长，当试样已腐蚀损坏（如穿孔），自然也不必继续进行试验。对于中等和低的腐蚀速率，需要的最短试验时间可以用式(2-1)粗略估计。

$$试验时间 = \frac{50}{腐蚀速率} \tag{2-1}$$

式中，试验时间的单位为 h；腐蚀速率的单位为 mm/a。但在试验之前并不知道试样腐蚀速率的大小，只能依据相关资料进行推测。试验以后如果所得结果与预测值偏差较大，所取试验时间太短，就需要再安排一次试验。

2.4   正交实验设计

在试验工作中，往往需要考虑多种因素。如果把这些因素的几个具体条件（如不同取值、不同物质、不同处理方式等）都组合起来进行试验，其工作量是很大的。使用正交实验设计可以使工作量大大减少。正交实验设计是安排多因素试验和准确分析试验结果的一种科学方法。

2.4.1　正交表

2.4.1.1　符号的含义

正交实验设计是按正交表来安排试验。表 2-2 是一张典型的正交表（四因素三水平），其符号为 $L_9(3^4)$，各个字母和数字表示的含义如下：

① L 表示正交表。

② L 右下角数字表示表的行数，在安排试验时对应于需要进行的试验次数。故"行号"也可以写为"试验号"。

③ 括号内的数字表示组成表的数字数（表 2-2 中是 1、2、3 三个数字），称为"水平数"，在安排试验时对应于各个因素可以取的具体条件的个数。

④ 括号内右上角的数字表示表的列数，在安排试验时对应于可以包括的影响因素的数目。

表 2-2　正交表 $L_9(3^4)$

行号＼列号	1	2	3	4
1	1	1	1	1
2	1	2	2	2
3	1	3	3	3
4	2	1	2	3
5	2	2	3	1
6	2	3	1	2
7	3	1	3	2
8	3	2	1	3
9	3	3	2	1

2.4.1.2　正交性

从表 2-2 看出，正交表具有两个特点：

① 任何一列的三个数字都出现了 3 次。

② 任何一列的三个数字 1、2、3 与其他任何一列的三个数字 1、2、3 的全部搭配都出现了，而且每种搭配出现的次数都相等。

这种性质称为正交性。正交实验设计正是利用了正交表的这种性质，使我们只需做较少次数的试验，而不会漏掉各种因素对试验结果的影响。如表 2-2 包括 4 个因素，每个因素取 3 个水平，它们所有的组合为 $3^4=81$ 个，而按表 2-2 只需要做 9 次试验即可。

2.4.2　各因素间无交互作用的正交实验设计

当各因素之间彼此独立，没有交互作用时，正交实验设计按以下的步骤进行（以评选缓蚀剂，找出最佳配方为例）。

(1) 确定试验目的及反映试验结果好坏的指标

该试验的评定指标是金属试样的腐蚀速率，腐蚀速率愈小，缓蚀剂的性能愈好。也可以用缓蚀率作为评定指标，缓蚀率愈大，其性能愈好。

（2）确定要在试验中优选的因素和水平

设缓蚀剂有三种组分，分别用 A、B、C 表示。

每种药品都取三个剂量，将水平随机安排。如：

$A_1 = 40mg/L$　　　$A_2 = 50mg/L$　　　$A_3 = 30mg/L$

$B_1 = 10mg/L$　　　$B_2 = 8mg/L$　　　$B_3 = 2mg/L$

$C_1 = 20mg/L$　　　$C_2 = 25mg/L$　　　$C_3 = 30mg/L$

（3）用正交表安排试验

首先选取正交表。组成正交表的数字与水平数相同，列数等于或者大于因素数，行数尽量少，以减少试验次数。如上面的缓蚀剂例子，可以选取正交表 $L_9(3^4)$。将三个因素排到三个列上，各列中的 1、2、3 分别对应该因素的 1、2、3 三个水平。由于正交表的正交性，每个因素的各个水平参加试验的机会是相等的，任何两因素的搭配也是均衡的。

（4）做试验

试验要完全按照正交表中所列条件进行，但做各次试验的先后则不必完全按照表中的顺序，而以随机安排较好。

试验后将每次试验的结果写在正交表中最后填写试验指标的一列。在表 2-3 中，第 1、2、3 列分别安排 A、B、C 三种缓蚀剂组分，指标 x 为试样的腐蚀速率。

表 2-3　试验安排和极差分析

行号＼列号	1 A	2 B	3 C	4 D	腐蚀速率 $x_i/[g/(m^2 \cdot h)]$
1	1	1	1	1	1.9
2	1	2	2	2	2.3
3	1	3	3	3	5.4
4	2	1	2	3	2.3
5	2	2	3	1	2.7
6	2	3	1	2	2.7
7	3	1	3	2	3.5
8	3	2	1	3	1.5
9	3	3	2	1	3.6
$K_1/3$	3.20	2.57	2.03		
$K_2/3$	2.57	2.17	2.73		
$K_3/3$	2.87	3.90	3.87		
极差	0.63	1.73	1.84		
较优水平	A_2	B_2	C_1		
因素主次	CBA				

（5）结果分析（极差分析法）

比较简单的分析方法是直观分析法，或称综合分析法、极差分析法。这种分析方法的基础是正交设计所具有的均衡搭配的特点。

① 分别计算每个因素的各个水平参加试验的平均效果，即把同一水平的几个 x 值相加得到 K 值，再用每个水平的试验次数除。表 2-3 中每个水平的试验次数都是 3，故计算每一

列的 $K_1/3$、$K_2/3$、$K_3/3$，写在该列的下面。其中最小（此例为腐蚀速率最小）者对应于该因素的较优水平。

由表 2-3 得出，A、B、C 的较优水平分别为 A_2、B_2、C_1。

② 确定各因素影响的主次顺序。计算极差 R（平均效果中最大者和最小者之差称为极差）。极差 R 愈大，表明该因素水平变化引起的指标（本例为试样腐蚀速率）变化愈大，即该因素的影响愈重要。

由表 2-3 得出，A、B、C 三种组分影响的主次顺序为：C 最大，B 次之，A 最小。

除计算极差外，还可以作平均效果随因素水平的变化图来进行分析。数据点的变化幅度愈大，该因素的影响愈重要。

由图 2-5 可见三种组分剂量增加对试样腐蚀速率的影响，不仅程度不相同，方向也不相同。随组分 A 剂量增大，腐蚀速率先略有增加，然后降低；而随组分 B 和组分 C 的剂量增加，腐蚀速率都增大。

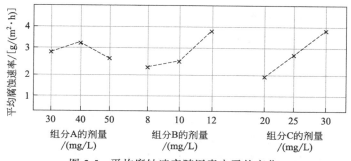

图 2-5　平均腐蚀速率随因素水平的变化

③ 得出结论。各因素的主次顺序为 C、B、A。最佳配方为 $A_2B_2C_1$，即 A 组分 50mg/L、B 组分 8mg/L、C 组分 20mg/L。检查表 2-3，此配方并未包括在已做过的 9 次试验中。所以，使用正交实验设计，可以只做较少次数的试验而不会漏掉最佳结果。必须指出，所谓主和次，是在试验中选择的因素及其水平变化范围内得出的，不能离开考察的具体条件来讨论试验结果。

如果需要，可以安排进一步的试验。图 2-5 表明，A 组分的较优水平是三种剂量中最高的，是否需要再加大剂量。B 组分和 C 组分的较优水平是三种剂量中最低的，可否再降低。上述问题都要根据具体情况考虑是否需要做进一步的试验。而正交实验设计的分析为进一步试验指明了方向。

一般来说，在运用正交试验优选出最佳条件后，还应当进行验证试验，考察是否达到预定的要求。

2.4.3　各因素间有交互作用的正交实验设计

2.4.3.1　交互作用

当两种药品都添加时，试样腐蚀速率的减小可能比它们分别添加时的效果的简单叠加更大，即缓蚀剂组分间可能存在"协同效应"。在其他试验中也表现出因素之间可能有交互作用。在安排正交实验设计时应当考虑因素间的交互作用。

A 因素和 B 因素之间的交互作用用 A×B 表示。

2.4.3.2 表头设计

两个因素间的交互作用在正交表上如何安排？可以查"交互作用表"。当水平数为 2 时，交互作用占另外一列，如正交表 $L_8(2^7)$ 共有 7 列，查 $L_8(2^7)$ 的交互作用表知，第 1、2 列的交互作用应放在第 3 列，第 2、5 列的交互作用应放在第 7 列，等等。当水平数为 3 时，交互作用占另外两列，如正交表 $L_9(3^4)$ 的交互作用表指出，如果把因素 A、B 放在第 1、2 列，则第 3、4 列为 $(A \times B)_1$ 和 $(A \times B)_2$。

2.4.3.3 结果分析（极差分析）

与前面一样，计算每列的各个水平的平均效果，确定较优水平。计算每一列的极差，确定各因素的影响主次顺序。对交互作用列的处理，下面用具体例子说明。

例：缓蚀剂配方由 A、B、C 三组药剂组成，每种药剂取 2 个剂量；另外加一种表面活性剂，以改善其综合性能；还需要考虑组分 B 与 C 之间的交互作用。

选用正交表 $L_8(2^7)$，其安排为：

A：$A_1 = 15mg/L$　　　$A_2 = 10mg/L$

B：$B_1 = 8mg/L$　　　$B_2 = 13mg/L$

C：$C_1 = 10mg/L$　　　$C_2 = 14mg/L$

D：$D_1 = $ 表面活性剂甲（加入量 0.1%）

　　$D_2 = $ 表面活性剂乙（加入量 0.1%）

将 A、B 置于第 1、2 列，C 置于第 4 列，查交互作用表，B×C 应置于第 6 列；将 D 置于第 5 列。表 2-4 列出了试验结果和极差分析。

由表 2-4 可以看出，B 组分和 C 组分的交互作用 B×C 的影响最显著，其较优水平为 $(B \times C)_1$。从表中看出，$(B \times C)_1$ 包括 B_1C_1 和 B_2C_2 两种组合。究竟选取哪一种组合，还应当考虑其他因素。A 因素的影响仅次于因素 B×C，其较优水平为 A_2，在取定 A_2 以后，$(B \times C)_1$ 对应于第 5 号和第 8 号试验。显然，第 5 号试验的指标较优。由此确定取 B_1C_1。另外，D 应取 D_2。最后得出最佳配方：$A_2B_1C_1D_2$。

表 2-4　有交互作用的正交实验设计与极差分析

行号	1A	2B	3	4C	5D	6B×C	7	缓蚀率 x_i/%
1	1	1	1	1	1	1	1	75.8
2	1	1	1	2	2	2	2	60.2
3	1	2	2	1	1	2	2	60.0
4	1	2	2	2	2	1	1	92.1
5	2	1	2	1	2	1	2	98.3
6	2	1	2	2	1	2	1	80.0
7	2	2	1	1	2	2	1	85.2
8	2	2	1	2	1	1	2	90.0
$K_1/4$	288.1/4	314.3/4	311.2/4	319.3/4	305.8/4	356.2/4	333.1/4	
$K_2/4$	353.5/4	327.3/4	330.4/4	322.3/4	335.8/4	285.4/4	308.5/4	
极差 R	16.35	3.25	4.8	0.75	7.5	17.7	6.15	
较优水平	A_2	B_2		C_2	D_2	$(B \times C)_1$		
主次顺序				$(B \times C)$，A，D，B，C				

2.4.4　数据处理中的几个问题

2.4.4.1　简化计算

① 指标数据 x 可以同乘一数，同加一数，即令：

$$x' = k(x+m) \tag{2-2}$$

式中，$k>0$。这样可以使计算简化，而不影响分析的结果。

② 如果各因素的水平数相同，则每个水平参加的试验次数一样，在计算各水平的数据平均值时可以不用试验次数去除，而直接使用 K 值，对分析结果无影响。

2.4.4.2　重复取样和重复试验

为减小试验误差，每次试验同时取几个试样，称为重复取样。每个试样得到的试验结果一般是不同的。在极差分析时，只需对几个重复试样的结果取平均值作为该次试验的指标。

有时需要在每一个试验条件下（正交表中每一个试验号）做几次试验，称为重复试验。一般来说，每次试验的结果也有差别。在数据处理时只需将几次试验的结果进行平均，作为该试验条件下的单一结果，用来进行极差分析。

2.4.4.3　非数量指标

在有些试验中，指标是非数量的。在分析数据时，一般可以采用如下两种方法。

（1）评分法

对非数量指标评分，当作数量指标处理。评分办法和分数等级要根据具体情况确定。

（2）统计合格率（或废品率）法

对于指标是"合格""不合格"两个等级的试验，可以采用统计合格率或者废品率作为数量指标。计算必须从较大批量的试样中进行，故必须重复取样或重复试验，而且重复数较大。

2.4.4.4　多指标试验

当试验结果的评定指标不只一个时，常使用以下两种方法。

（1）综合平衡法

分别对各个指标进行分析，找出各个指标的较优生产条件（如上面例子中的缓蚀剂较优配方），然后将各个指标的较优生产条件进行综合平衡，得出兼顾各个指标都尽可能好的生产条件。当较优条件发生矛盾时，应做进一步的分析，并考虑各个指标的重要性顺序。

（2）综合评分法

对多个指标逐个测量后，按照由具体情况确定的原则，对各个指标综合评分（权重），将多指标化为单指标。

这两种方法各有优缺点。综合平衡法是对各个指标分别进行分析，方法简单，但必须对各个指标的相互关系有深入了解，才能进行综合平衡。综合评分法可以按单指标进行分析，但评分方法必须合理。

2.4.5　方差分析法

在表 2-3 和表 2-4 中，各次试验结果（指标 x）不同。造成数据变化的原因有两个：一是各次试验的条件不同，即各因素的水平变化；二是试验中存在误差。极差分析虽然简单，但它不能把试验条件改变引起的数据变化与误差引起的数据变化区别开来。在确定各个因素的主次顺序时，也没有一个比较标准来判断所考虑的因素的作用是否显著。

使用方差分析法可以解决这两个问题。方差分析法是一种统计分析方法。

2.4.5.1　计算公式

用 x_{ij} 表示试验结果的指标数据，$\overline{x}$ 是其算数平均值。用 m 表示正交表中各个因素的水平数，k 表示每个水平下的重复次数，则数据总和为：

$$T = \sum_{i=1}^{m} \sum_{j=1}^{k} x_{ij} \tag{2-3}$$

$$\overline{x} = \frac{T}{mk}$$

$$S_{总} = \sum_{i=1}^{m} \sum_{j=1}^{k} (x_{ij} - \overline{x})^2$$

式中　T——数据总和；

m——正交表中各个因素的水平数；

k——每个水平下的重复次数；

$\overline{x}$——数据总平均值；

$S_{总}$——总平方和。

因素水平变化引起的数据变动用因素平方和表示：

$$\begin{cases} S_{因} = k \sum_{i=1}^{m} (\overline{x}_i - \overline{x})^2 \\ S_{误} = \sum_{i=1}^{m} \sum_{j=1}^{k} (x_{ij} - \overline{x}_i)^2 \end{cases} \tag{2-4}$$

式中　$S_{因}$——因素水平变化引起的数据变动；

$\overline{x}_i$——同一水平下几次试验数据的平均值；

$S_{误}$——误差引起的数据变动。

$S_{总}$ 和 $S_{因}$、$S_{误}$ 之间有如下关系：

$$S_{总} = \sum S_{因} + S_{误} \tag{2-5}$$

此式称为总变动分解式。

$$f = n - 1$$

$$f_{因} = m - 1$$

$$f_{误} = f_{总} - \sum f_{因} \tag{2-6}$$

$$n = mk$$

式中　f——总自由度；

n——数据总和；

$f_{因}$——因素自由度；

$f_{误}$——误差自由度。

式（2-6）称为总自由度分解式。两个分解式是方差分析的基础。

2.4.5.2　计算示例

在实际计算时，可以采用更为简便的公式。现以表 2-3 为例说明方差分析的过程。

（1）计算总平方和

总平方和按式（2-7）计算：

$$S_{总} = W - P \tag{2-7}$$

$$W = \sum_{i=1}^{m} \sum_{j=1}^{k} x_{ij}^2$$

$$P = \frac{T^2}{mk}$$

式中　W——数据平方之和；

　　　P——数据总和的平方的平均值。

（2）计算单列平方和

第 1 列（表 2-3 中安排因素 A）的平方和按式（2-8）计算：

$$S_1 = Q_1 - P \tag{2-8}$$

$$Q_1 = \frac{1}{k} \sum_{i=1}^{m} \left(\sum_{j=1}^{k} x_{ij} \right)^2 = \frac{1}{k} \sum_{i=1}^{m} K_i^2$$

式中　K_i——在 i 水平下几个数据之和。

第 2 列、第 3 列的平方和计算公式类推。

对于二水平正交表，如 $L_8(2^7)$，使用式（2-9）计算更为简单。

$$S_{因} = \frac{(K_1 - K_2)^2}{mk} \tag{2-9}$$

式中　K_1——第 1 水平下各数据之和；

　　　K_2——第 2 水平下各数据之和。

（3）计算误差平方和

可以将正交表中所有空列（表 2-3 中是第 4 列）的平方和相加作为误差平方和，也可以按总变动分解式计算误差平方和：

$$S_{误} = S_{总} - \sum S_{因} \tag{2-10}$$

两种计算结果应当相同。

对表 2-3 的数据进行计算，结果列于表 2-5。注意：x 已经过简化处理。

$$T = \sum_{i=1}^{m} \sum_{j=1}^{k} x_{ij} = 5.2 \qquad W = \sum_{i=1}^{m} \sum_{j=1}^{k} x_{ij}^2 = 13.86$$

$$P = \frac{T^2}{mk} = 3.004$$

表 2-5　表 2-3 数据的方差分析

行号＼列号	1 A	2 B	3 C	4 D	x_{ij}（原指标－2.3）
1					-0.4
2					0
3					3.1
4					0
5		$L_9(3^4)$			0.4
6					0.4
7					1.2
8					-0.8
9					1.3
K_1	2.7	0.8	-0.8	1.3	
K_2	0.8	-0.4	1.3	1.6	$T=5.2$
K_3	1.7	4.8	4.7	2.3	$W=13.86$
Q	3.607	7.947	8.140	3.180	$P=3.004$
S	0.603	4.943	5.136	0.176	

由表 2-3 中指标数据得各列的 Q 值：

$$Q_1 = \frac{1}{3} \times (2.7^2 + 0.8^2 + 1.7^2) = 3.607$$

$$Q_2 = \frac{1}{3} \times [0.8^2 + (-0.4)^2 + 4.8^2] = 7.947$$

$$Q_3 = \frac{1}{3} \times [(-0.8)^2 + 1.3^2 + 4.7^2] = 8.140$$

$$Q_4 = \frac{1}{3} \times (1.3^2 + 1.6^2 + 2.3^2) = 3.180$$

求各个平方和：

$$S_总 = W - P = 10.856$$

$$S_1 = Q_1 - P = 0.603$$

$$S_2 = Q_2 - P = 4.943$$

$$S_3 = Q_3 - P = 5.136$$

$$S_4 = Q_4 - P = 0.176$$

将第 4 列作为误差，由总变动分解式计算得出：

$$S_误 = S_总 - (S_1 + S_2 + S_3) = 0.174$$

（4）计算自由度

$$f_总 = n - 1 = 8$$

$$f_1 = f_2 = f_3 = f_4 = m - 1 = 2$$

又由总自由度分解式得：

$$f_{误}=f_{总}-(f_1+f_2+f_5)=2$$

与第 4 列（空列）自由度相同。

（5）计算各因素的方差和误差的方差以及各因素的 F 值

$$\sigma^2=\frac{S}{f} \tag{2-11}$$

$$F=\frac{\sigma^2_{因}}{\sigma^2_{误}} \tag{2-12}$$

根据计算结果列出方差分析表（表 2-6）。

表 2-6　方差分析表

因素	平方和	自由度	方差	F 值	显著性
A	0.603	2	0.302	3.43	不显著
B	4.943	2	2.472	28.09	显著
C	5.136	2	2.568	29.19	显著
误差	0.176	2	0.088		

注：$F_{0.01}(2, 2)=99.0$，$F_{0.05}(2, 2)=19.0$。

（6）分析各因素的影响程度

查 F 临界值表。查表时 f_1 为因素自由度，f_2 为误差自由度。将因素 A、B、C 的 F 值与查出的 $F_{0.01}(f_1,f_2)$ 和 $F_{0.05}(f_1,f_2)$ 比较，可知因素 B 和因素 C 影响显著，因素 A 的影响很小，不显著。

（7）选择较优水平

方法与极差分析相同。首先要考虑影响显著的因素，对于影响小的因素（如上例中的 A），可以任取一个水平，从节约出发，可以取剂量较低的水平。

2.4.5.3　方差分析中的几个问题

① 如果某列的方差与误差的方差相差不大，就将该列的平方和、自由度与误差列合并，这样可以提高显著性检验的灵敏度。因为因素的变动中仍然包含着误差的影响，当因素的方差接近误差的方差，就说明该因素的变动主要由于误差的干扰所引起。所谓"相差不大"，可以按"方差不大于误差方差的二倍"来判定。

② 对于有交互作用的正交实验设计，交互作用只占一列时，该列的方差即为该交互作用的方差。当交互作用占两列时，应将该两列的平方和及自由度相加，然后计算该交互作用的方差。

对于表 2-4 中的数据，可以列出方差分析表（表 2-7）。

表 2-7　表 2-4 数据的方差分析表

因素	平方和	自由度	方差	F 值	显著性
A	534.645	1	534.645	10.42	显著
B	21.125	1	21.125		不显著
C	1.125	1	1.125		不显著

因素	平方和	自由度	方差	F 值	显著性
D	112.5	1	112.5		不显著
B×C	626.58	1	626.58	12.22	显著
误	121.725	2	60.8625		不显著
误	256.475	5	51.295		不显著

注：$F_{0.01}(1, 5) = 16.26$，$F_{0.05}(1, 5) = 6.61$。

由于因素 B、C、D 的方差很小，故将其并入误差。因素 B×C 和 A 影响显著。最佳配方取 $A_2B_1C_1$。由于 D 因素的影响小，故表面活性剂甲和乙可以任取一种。

③ 当正交表有空列时，$S_{误}$ 为所有空列的平方和之和，f 误为所有空列自由度之和。与误差的方差 $\sigma^2_{误}$ 相差不大的列可以并入误差，使误差自由度增加，从而提高检测灵敏度。

当正交表没有空列时，可以采取以下几种办法：

a. 由已往的试验确定误差方差的估计值 $\sigma^2_{误}$，用 $\sigma^2_{误}$ 进行分析（自由度取∞）。

b. 取各个方差中最小者近似当作误差的方差。

c. 选用更大的正交表，安排时留出空列。

d. 进行重复试验。

以下说明在重复试验时如何计算误差的平方和及自由度。

第一种计算方法是使用 2.4.5.2 节中的各个公式。只需注意 W 应是所有数据的平方之和。如果在每一个试验号下进行 q 次重复试验，那么数据总数应为 mkq，总自由度 $f_{总} = mkq - 1$，各列的自由度仍等于水平数减 1。

第二种计算方法是将 $S_{误}$ 分为两部分：

$$S_{误} = S_{e1} + S_{e2}$$

$$S_{e2} = \sum_{u=1}^{p} \sum_{u=1}^{q} (x_{uv} - \overline{x}_u)^2$$

$$f_{e2} = p(q-1)$$

$$f_{误} = f_{e1} + f_{e2} \tag{2-13}$$

式中　S_{e1}——空列的平方和；

　　　S_{e2}——重复试验的误差平方和；

　　　p——试验号数；

　　　q——每个试验号下重复试验次数；

　　　f_{e1}——空列自由度；

　　　f_{e2}——重复试验自由度。

无空列时 $S_{e1} = 0$。

两种计算结果应当相同，由此可以检查计算是否正确。

【例】设缓蚀剂由 A、B、C 三种组分组成，每种组分取 3 个水平。在每个试验条件下做三次重复试验。采用 $L_9(3^4)$ 正交表安排试验。数据列于表 2-8。指标为试样的腐蚀速率，为了简化计算，将数据变换为 $x' = 2 \times (x - 6)$。

表 2-8 重复试验的正交实验设计及结果

试验号	1 A	2 B	3	4 C	原指标数据 x（腐蚀速率）			新数据 $x'=2\times(x-6)$			合计
1					6.5	6.0	7.0	1	0	2	3
2					7.0	6.5	6.5	2	1	1	4
3					6.5	7.5	8.0	1	3	4	8
4					5.5	6.0	8.0	−1	0	4	3
5		L₉(3⁴)			5.0	4.5	7.0	−2	−3	2	−3
6					4.0	4.5	4.0	−4	−3	−4	−11
7					9.0	7.5	6.5	6	3	1	10
8					8.5	8.5	8.0	5	5	4	14
9					5.5	7.5	7.0	−1	3	2	4
K_1	15	16	6	4	数据总和 $T=32$						
K_2	−11	15	11	3							
K_3	28	1	15	25							

按第一种计算方法，数据总数等于 27，得自由度：

$$f_{总}=27-1=26$$
$$f_1=f_2=f_3=f_4=2$$

由于第 3 列为空列，故有：

$$f_{误}=26-6=20$$

又：

$$T=32$$
$$W=238$$
$$P=\frac{T^2}{mkq}=\frac{1024}{27}$$

得出：

$$S_{总}=W-P=\frac{5402}{27}$$

注意到每个水平下的试验次数为 9，计算各列平方和：

$$S_1=\frac{1}{9}\times(15^2+11^2+28^2)=\frac{1024}{27}=\frac{2366}{27}$$

$$S_2=\frac{1}{9}\times(16^2+15^2+1^2)=\frac{1024}{27}=\frac{422}{27}$$

$$S_3=\frac{1}{9}\times(6^2+11^2+15^2)=\frac{1024}{27}=\frac{122}{27}$$

$$S_4=\frac{1}{9}\times(4^2+3^2+25^2)=\frac{1024}{27}=\frac{926}{27}$$

所以误差平方和为：

$$S_{误}=S_{总}-(S_1+S_2+S_4)=\frac{1688}{27}$$

按第二种计算方法，有：

$$S_{e1}=S_3=\frac{122}{27}$$

$$S_{e2}=\left(1-\frac{3}{3}\right)^2+\left(0-\frac{3}{3}\right)^2+\left(2-\frac{3}{3}\right)^2+\left(2-\frac{4}{3}\right)^2+\left(1-\frac{4}{3}\right)^2+\left(1-\frac{4}{3}\right)^2+\cdots+$$

$$\left(5-\frac{14}{3}\right)^2+\left(5-\frac{14}{3}\right)^2+\left(4-\frac{14}{3}\right)^2+\left(-1-\frac{4}{3}\right)^2+\left(3-\frac{4}{3}\right)^2+\left(2-\frac{4}{3}\right)^2=\frac{1566}{27}$$

$$S_{误}=S_{e1}+S_{e2}=\frac{1688}{27}$$

得出方差分析表如表 2-9 所示。

表 2-9　表 2-8 试验结果的方差分析

因素	平方和	自由度	方差	F 值	显著性
A	2366/27	2	1183/27	14.02	高度显著
B	422/27	2	211/27	2.5	不显著
C	926/27	2	463/27	5.49	显著
误差	1688/27	20	84.4/27		不显著

注：$F_{0.01}(2,20)=5.84$，$F_{0.05}(2,20)=3.49$。

两种计算方法所得的结果相同。所以，因素 A 的影响高度显著，因素 B 显著。

2.4.6　工程平均及其变动半径

2.4.6.1　工程平均

通过对试验结果的分析我们得出了最佳生产条件（较优水平的组合）。我们还可以预计在一定的生产条件下，特别是在优选出的最佳生产条件下，进行长期稳定生产时指标能达到的数值。在前面所举例子中，我们可以估算：按照对试验数据分析所得出的缓蚀剂配方使用，金属腐蚀速率（或缓蚀效率）可望在什么范围。

（1）因素的效应

因素水平的变化造成指标数据的变化。某个因素在某个水平下的指标数据平均值与数据总平均值之差，称为该因素在该水平下的效应，即效应表示该因素取某一水平时得到的指标数据比总平均值高多少或者低多少。

在表 2-3 的例子中，数据总和：

$$T=25.9$$

数据总平均值：

$$\overline{x}=\frac{25.9}{9}=2.88$$

因素 A 的效应分别为：

$$a_1=\frac{K_1}{3}-\overline{x}=\frac{9.6}{3}-\frac{25.9}{9}=\frac{2.9}{9}=0.32$$

$$a_2=\frac{K_2}{3}-\overline{x}=\frac{7.7}{3}-\frac{25.9}{9}=-\frac{2.8}{9}=-0.31$$

$$a_3=\frac{K_3}{3}-\overline{x}=\frac{8.6}{3}-\frac{25.9}{9}=-\frac{0.1}{9}=-0.01$$

显然，$a_1 + a_2 + a_3 = 0$，这是很容易理解的。

因素 B 和因素 C 的效应分别为：

$$b_1 = -\frac{2.8}{9} = -0.31, \quad b_2 = -\frac{6.4}{9} = -0.71, \quad b_3 = \frac{9.2}{9} = 1.02$$

$$c_1 = -\frac{7.6}{9} = -0.84, \quad c_2 = -\frac{1.3}{9} = -0.14, \quad c_3 = \frac{8.9}{9} = 0.99$$

（2）工程平均

将数据总平均值与某一试验条件下影响显著的因素在相应水平的效应相加，就称为这个试验条件下的工程平均，它表示在所有显著因素都取了相应水平以后，试验数据可望达到的数值。

在表 2-3 的例子中，最佳配方是 $A_2B_2C_1$。由表 2-6 知，B 和 C 属于影响显著因素，A 属于非显著因素。

所以，在最佳条件下的工程平均为：

$$\mu_{A_2B_2C_1} = \bar{x} + b_2 + c_1 = \frac{25.9}{9} - \frac{6.4}{9} - \frac{7.6}{9} = 1.32$$

2.4.6.2 工程平均的变动半径

工程平均是一个统计量，还应计算其变动半径，即在选取的生产条件下试验数据可能的数值范围。

① 计算公式为：

$$\delta_\alpha = \sqrt{F_\alpha(1, \tilde{f}_{误}) \frac{\tilde{S}_{误}}{\tilde{f}_{误}} \frac{}{n_c}} \tag{2-14}$$

$$n_c = \frac{数据总个数}{1 + 显著因素自由度之和}$$

式中　　δ_α——置信概率为 $(1-\alpha)$ 的工程平均变动半径；

　　　　$\tilde{S}_{误}$——$S_{误}$ 与不显著因素的平方和之和；

　　　　$\tilde{f}_{误}$——$f_{误}$ 与不显著因素的自由度之和；

　$F(1, \tilde{f}_{误})$——取置信概率 $(1-\alpha)$ 的 F 临界值；

　　　　n_c——有效重复数。

由此得出：

$$\delta_{0.05} = \sqrt{\frac{0.679}{4 \times \frac{9}{5}} \times 7.71} = 0.85$$

所以，我们有 95% 的把握认为，如果采用 $A_2B_2C_1$ 的缓蚀剂配方，金属试样的腐蚀速率将在 $\mu_{A_2B_2C_1} \pm \delta_{0.05}$ 的范围内，即 0.47～2.17g/(m² · h) 的范围内。

② 在有交互作用列时，只需将交互作用也作为一个因素考虑，来计算工程平均及其变动半径，即将 δ_α 的公式中的"因素"改为"因素和交互作用"即可。

③ 对于作了化简处理的数据 $x' = k(x+m)$，求出工程平均 μ' 后，还要恢复为原数据的工程平均：

$$\mu = \frac{\mu'}{k} - m \tag{2-15}$$

变动半径 δ_α' 求出后，再变为原数据的变动半径：

$$\delta_\alpha = \frac{\delta_\alpha'}{k} \tag{2-16}$$

根据表 2-8 中的数据，可以算出：

$$\overline{x} = \frac{32}{27}$$

显著因素为 A、C，其较优水平为 A_2、C_2；因素 B 不显著。

$$a_1 = \frac{15}{9} - \frac{32}{27} = \frac{13}{27}, a_2 = -\frac{11}{9} - \frac{32}{27} = -\frac{65}{27}, a_3 = \frac{28}{9} - \frac{32}{27} = \frac{52}{27}$$

$$c_1 = \frac{4}{9} - \frac{32}{27} = -\frac{20}{27}, c_2 = \frac{3}{9} - \frac{32}{27} = -\frac{23}{27}, c_3 = \frac{25}{9} - \frac{32}{27} = \frac{43}{27}$$

由此得出配方 $A_2B_3C_2$ 的工程平均：

$$\mu'_{A_2B_3C_2} = \frac{32}{27} - \frac{65}{27} - \frac{23}{27} = -\frac{56}{27}$$

$$\mu_{A_1B_3C_2} = \frac{\mu'}{2} + 6.0 = -\frac{56}{54} + 6.0 = \frac{268}{27} = 4.96$$

变动半径：

$$\delta_{0.05}' = \sqrt{\frac{\dfrac{2110}{27}}{22 \times \dfrac{27}{5}} \times 4.314} = 1.68$$

$$\delta_{0.05} = \frac{1.68}{2} = 0.84$$

所以，我们有 95% 的把握预言，使用 $A_2B_3C_2$ 配方，金属试样腐蚀速率在 $(4.96 \pm 0.84) g/(m^2 \cdot h)$ 的范围。

附：常用正交试验表

$L_9(3^4)$

行号＼列号	1	2	3	4
1	1	1	1	1
2	1	2	2	2
3	1	3	3	3
4	2	1	2	3
5	2	2	3	1
6	2	3	1	2
7	3	1	3	2
8	3	2	1	3
9	3	3	2	1

$L_8(2^7)$

行号＼列号	1	2	3	4	5	6	7
1	1	1	1	1	1	1	1
2	1	1	1	2	2	2	2
3	1	2	2	1	1	2	2
4	1	2	2	2	2	1	1
5	2	1	2	1	2	1	2
6	2	1	2	2	1	2	1
7	2	2	1	1	2	2	1
8	2	2	1	2	1	1	2

L₁₆（4⁵）

行号＼列号	1	2	3	4	5
1	1	1	1	1	1
2	1	2	2	2	2
3	1	3	3	3	3
4	1	4	4	4	4
5	2	1	2	3	4
6	2	2	1	4	3
7	2	3	4	1	2
8	2	4	3	2	1
9	3	1	3	4	2
10	3	2	4	3	1
11	3	3	1	2	4
12	3	4	2	1	3
13	4	1	4	2	3
14	4	2	3	1	4
15	4	3	2	4	1
16	4	4	1	3	2

L₄（2³）

行号＼列号	1	2	3
1	1	1	1
2	1	2	2
3	2	1	2
4	2	2	1

L₈（4×2⁴）

行号＼列号	1	2	3	4	5
1	1	1	1	1	1
2	1	2	2	2	2
3	2	1	1	2	2
4	2	2	2	1	1
5	3	1	2	1	2
6	3	2	1	2	1
7	4	1	2	2	1
8	4	2	1	1	2

第3章
腐蚀试验的评定方法

金属腐蚀是金属材料与周围环境之间的相互作用，腐蚀的结果是使金属发生破坏，同时腐蚀环境中也要发生某些变化。因此，腐蚀试验的评定对象包括金属和环境介质，评定内容是它们的变化，而评定方法则是多种多样的，下面分类列出（其中，前两种评定方法对各种试验都适用）：

① 金属材料的宏观检查，包括肉眼观察和低倍放大检查。
② 溶液变化的观察，包括肉眼观察及使用指示剂观察。
③ 显微观察，包括连续拍照。
④ 金属试样的质量变化，一般是测量失重量，某些情况下测量增重量。
⑤ 测量试样表面析出的氢气量或消耗的氧气量。
⑥ 试样或设备厚度变化。
⑦ 腐蚀活性点测定，如试样上第一个腐蚀活性点出现的时间、腐蚀活性点的密度。
⑧ 腐蚀孔的深度。
⑨ 金属试样的电阻变化。
⑩ 金属试样力学性质的变化，包括抗拉强度、延伸率、韧性、疲劳强度的变化等。
⑪ 金属表面反射能力的变化。
⑫ 溶液定量分析，包括化学分析方法和仪器分析方法。
⑬ 测量腐蚀反应引起的热效应。
⑭ 各种表面分析技术，如电子显微镜、电子衍射、电子微区探针等。
⑮ 声学评定方法，如金属声响变化、声发射技术等。
⑯ 电化学试验方法。

本章介绍腐蚀试验中的常用评定方法，电化学腐蚀试验则列为单独的一章（第7章）来介绍，局部腐蚀试验中一些专门方法将在第8章介绍。

3.1 试验现象观察与记录

腐蚀试验过程中，试样和介质都可能发生一些变化，产生一些现象，这些现象对于后期分析腐蚀机理和腐蚀过程非常重要，因此，在试验过程中实时观察试验现象并做好记录是非常重要的，即使是很精细的定量测定也要同时观察试样和溶液中发生的变化。

3.1.1 试样的变化

腐蚀过程中，试样可能产生各种变化，如颜色变化，表面疏松，形成腐蚀产物，表面产生气泡、腐蚀点、腐蚀坑、吸附某些物质等，试验过程中要仔细观察，并做好记录。

3.1.2　腐蚀介质的变化

腐蚀过程中，由于可溶性腐蚀产物的产生，或者腐蚀介质中某些成分参与反应，腐蚀介质可能发生各种变化，如颜色变化、浑浊、沉淀、分层、气泡、溶液减少等，试验过程中要仔细观察，并做好记录。

3.1.3　腐蚀产物的生成

腐蚀产物是腐蚀过程生成的产物，包括：a. 腐蚀过程中发生化学作用时，在金属表面直接生成的产物；b. 随着腐蚀过程的进行，由于靠近金属表面的液层中组分变化引起的次生反应所产生并黏附在金属表面的产物。这些腐蚀产物往往成膜覆盖在金属表面，而腐蚀过程的许多特点与膜的性质变化有关。致密的膜对金属有保护性，而疏松的膜可能促进腐蚀。

3.2　腐蚀形貌检查

3.2.1　宏观腐蚀形貌检查

宏观腐蚀形貌检查包括肉眼观察和低倍放大观察。肉眼观察虽然简单粗略，但却很有价值，可以用于一切腐蚀试验。

在试验前，应仔细观察试样的表面状态，如表面是否有缺陷（擦伤、裂纹、砂眼等）。在试验过程中也要经常观察，为此，有的研究者设计了便于用放大镜或低倍显微镜在试验过程中进行观察的装置。暴露结束时，在腐蚀产物除去之前和除去之后都要进行仔细的观察。

观察的内容包括：

① 金属表面形态的变化，与未受腐蚀的金属表面形态对比，可排除非腐蚀损坏的缺陷。

② 金属表面上腐蚀产物的形态和分布，以及它们与金属表面的黏附性。

③ 腐蚀介质中腐蚀产物的形态、分布和数量等。

通过观察，可以确定腐蚀是均匀的、选择性的还是局部的；在局部腐蚀情况下，可以确定腐蚀的分布特征、受腐蚀面积在暴露总面积中所占的比例。

用放大镜或双筒实体显微镜进行低倍放大观察，可以获得更准确更详细的信息。

观察到的各种现象应当详细记录在试验报告中，典型的表面变化可以拍照。如果是放大照片，应在照片上标出试样的准确位置和放大倍数，说明腐蚀的性质和程度。

在停工期间对生产设备腐蚀情况的检查中，在设备腐蚀破坏事故的分析中，宏观检查都是必不可少的。

3.2.2　微观腐蚀形貌检查

微观腐蚀形貌检查又叫显微检查，包括表面形貌显微检查和截面形貌显微检查，分析方法所用设备包括金相显微镜、扫描电子显微镜、透射电子显微镜等。

表面形貌显微检查的分析样品包括腐蚀前表面样品、腐蚀后原始状态表面样品以及去除腐蚀产物后表面样品，在研究中根据需要准备样品，分别进行显微检查，对比分析腐蚀前后样品形貌。

截面形貌显微检查的分析样品取腐蚀试样的横断面，经过抛光，在浸蚀之前和浸蚀之后用显微镜进行观察对比，对于局部腐蚀特别有用，如点蚀、晶间腐蚀、应力腐蚀开裂、腐蚀疲劳、磨损腐蚀、选择性腐蚀等。这种研究还可以提供腐蚀的起始发生和随后发展方面的信息。

为了对腐蚀过的试样进行显微观察，试样受腐蚀表面应当尽可能完好地保存下来，这在制备金相样品时要特别注意。因为受腐蚀表面一般都在样品截面外侧（管内腐蚀例外），如果出现了"倒角"和"塌边"，在显微镜下腐蚀产物层和基体金属聚焦不到一个平面，就无法进行观察。因此，制备金相样品时要进行镶嵌，而且最好在腐蚀产物层外侧再加一块与基体金属相同的材料，并注意研磨方法。

金相显微分析在金属腐蚀试验中应用最为广泛，用金相显微镜可以观察金属晶间腐蚀情况，晶间腐蚀试验的一种评定方法就是按晶界被腐蚀的程度来对晶间腐蚀损坏分级的。金相观察也可以用于研究应力腐蚀裂纹的形态和发展，在研制耐蚀合金、设备腐蚀破坏分析中都离不开金相显微分析。

3.2.3　形貌检查结果评定

宏观检查和显微检查所得的结果主要是定性的，根据观察做出的腐蚀形态记述受到人为因素的显著影响，报道观察结果所用的名词术语可能因人而异。如不经过定义说明，就会使不同腐蚀工作者的试验结果之间难以比较，这就降低了试验结果的使用价值。

为了克服这些困难，我们希望建立统一的标准方法来表达观察到的腐蚀情况，目前已有一些方法形成了标准。这些方法要能够把试验人员的主观因素的影响减到最小，又能普遍地适用于各种金属材料及金属覆层的腐蚀试验，使用的专门术语要易于理解。

一些腐蚀工作者提出了若干适用于特定用途的表述方法，比如，F. Champion 提出的方法主要适用于轻金属合金，有时也可以用于其他合金。其做法是将腐蚀试样的形态与标准样图比较，用与这些标准样图对应的标准术语来表述试样的腐蚀形态，并且规定了标准缩写符号可以在记述时代替标准术语。

Champion 将腐蚀形态分为四类，即全面腐蚀、半局部腐蚀、点蚀、破裂，然后再细分，并规定了平均宽度与深度之比。表 3-1 是分类及其缩写符号。

表 3-1　腐蚀形态分类（Champion）

主分类	细分类	缩写符号	平均宽度∶深度
全面腐蚀	均匀	Ge	—
	不均匀	Gu	—
半局部腐蚀	均匀	Le	20
	不均匀	Lu	20
点蚀	宽	W	4
	中等	M	1
	窄	N	1/4
破裂	—	K	—

3.3　质量法

金属腐蚀首先的后果就是造成金属试样的质量变化，因此，评价腐蚀前后试样质量变化是最常用的评定方法之一，一般是测量失重量，某些情况下测量增重量。

3.3.1　失重法

3.3.1.1　原理及基本要求

失重法的原理很简单，将试样经过表面制备、量尺寸、称初重，然后暴露到腐蚀环境中，经过预定的试验时间后取出，除去腐蚀产物，再称腐蚀后的质量，就可以得到由于腐蚀而损失的质量。将腐蚀失重 $\Delta\overline{m}$ 对试样暴露表面积 S 和试验时间 t 平均，就得到失重腐蚀速率：

$$V^- = \frac{\Delta\overline{m}}{St} = \frac{m_0 - m_1}{St} \tag{3-1}$$

$$V_p = 8.76\frac{V^-}{d}$$

式中　V^-——失重腐蚀速率，g/(m^2·h)；

m_0——暴露前试样的质量，g；

m_1——暴露后经除去腐蚀产物所得试样的质量，g；

S——试样暴露表面积，m^2；

t——试验时间，h；

$\Delta\overline{m}$——腐蚀失重，g；

V_p——年腐蚀深度，mm/a；

d——金属密度，g/cm^3。

V_p 的常用单位为 mm/a，在国外文献中，V_p 的单位常用 mpy，即 mil/a，1mil＝10^{-3}in＝25.4×10^{-6}m，可得：

$$1mpy = 0.0254mm/a$$

在工程技术上，V_p 的应用更为广泛，并且就称为腐蚀速率（或腐蚀率）。这是因为 V_p 直接指出了设备壁厚因腐蚀而减小的速率。由 V_p 和预计的设备使用寿命，可以计算需要的腐蚀裕量；反过来，由 V_p 和设备现存壁厚，也可以估计设备还能使用多长时间。

由失重腐蚀速率 V^- 和年腐蚀深度 V_p 的定义显然可以看出，它们的应用有两个条件：

第一，金属的腐蚀是均匀的。因为计算 V^- 时是将腐蚀失重 Δm^- 对整个暴露表面积 S 平均，故当腐蚀破坏集中在狭小的局部区域时，这样得出的腐蚀速率只能是对暴露表面的平均速率，而不能反映金属腐蚀损坏的特征。

第二，腐蚀速率不随时间变化。因为计算中将腐蚀失重 Δm^- 对试验时间 t 平均，所得结果应是金属在整个暴露时间内的平均腐蚀速率。当腐蚀随时间变化较大时，这样的平均腐蚀速率显然与所取的试验时间有关。

如果要用失重法研究金属腐蚀与时间的关系，就需要大量的试样。因为失重法评定需要完全清除腐蚀产物，这会严重破坏腐蚀过程中试样上自然形成的保护膜，改变了腐蚀的性质。所以用一个试样进行连续测量是不可能的（不包括磨损腐蚀试验，详见第 8 章）。在不同的试验时间进行的每次测量都需要一个试样，最好是一组平行试样。

失重法评定腐蚀试验结果的优点是原理简单，结果直观，因为是清除全部腐蚀产物后才称重，所以不管腐蚀产物是可溶的或不溶的，是牢固附着在金属表面或很疏松，甚至全部脱落，这种方法都可以使用。在腐蚀试验中失重法应用广泛，而且往往以失重法所得结果作为校正其他试验方法所得腐蚀速率的标准。

但失重法主要适用于全面腐蚀，对于高度选择性的腐蚀，如晶间腐蚀、成分选择性腐蚀，失重法有很大局限性。对点蚀而言，蚀孔深度和密度是更为重要的参数。失重法也不适用于应力腐蚀。

失重法评定的操作程序比较烦琐，费工费时，特别是需要处理大量试样时更是如此。

机械行业标准 JB/T 7901—2001《金属材料实验室均匀腐蚀全浸试验方法》对操作程序作了具体规定。

3.3.1.2 清除腐蚀产物的方法

清除腐蚀产物的基本要求是：尽可能彻底地除去腐蚀产物，对基体金属的损伤尽可能小。

清除腐蚀产物的方法有三类：机械法、化学法、电化学法。

(1) 机械法

用流水冲洗、木刀刮、毛刷刷、橡皮擦常常可以除去大部分腐蚀产物。当腐蚀产物很厚（失重量大）并与基体金属结合疏松时，机械方法已可满足清除要求。

如果腐蚀产物与基体金属结合较紧，比如生成了致密的表面膜，一般是先用机械法除去疏松的腐蚀产物，再用化学法或电化学法除去表面膜层。

(2) 化学法

化学法的原理是将试样浸入适当的化学溶液中，使表面上的腐蚀产物溶解。比如碳钢制品酸洗除锈就是常见的一种化学清洗方法。

对化学清洗的基本要求是：清洗腐蚀产物快速、完全，对基体金属的浸蚀作用小。大多数清洗剂为无机酸溶液，如盐酸、硫酸，这是因为无机酸具有强烈的溶解金属腐蚀产物的能力，而无机酸溶液对金属基体的溶解则通过加入高效缓蚀剂来抑制。为了确定清洗剂对基体金属的浸蚀作用，必须采用未经腐蚀的试样（空白试样）在相同的清洗条件下进行控制试验。如果空白试样在清洗过程中引起的失重达到腐蚀引起的平均失重的10%以上（即缓蚀剂的缓蚀效率小于90%），这种清洗方法就不能够使用。

显然，用化学法清除腐蚀产物后所得失重，应当减去空白试样的失重，以校正清洗剂对基体金属的浸蚀作用。

表3-2列出了常用的一些化学清洗剂的组成及操作条件，供使用时选择。

表 3-2   常用的化学清洗剂及操作条件

材料	清洗剂组成	时间	温度	备注
铝和铝合金	70%硝酸	2～3min	室温	处理后轻擦，为避免强烈反应引起铝金属腐蚀，处理前应采用机械法除去外来沉积物和大量的腐蚀产物
	20g CrO$_3$＋50mL 磷酸（相对密度 1.69），稀释至 1L	5～10min 或直至清洗洁净	80℃	如果试样浸入上面硝酸清洗液中 1min 氧化膜仍然存在时，可采用这一方法
铜和铜合金	15%～20%盐酸	2～3min 或直至清洗洁净	室温	处理后轻擦，为了避免清洗时金属腐蚀损失，清洗试样前对溶液通纯氮脱气
	10%硫酸			
铅和铅合金	99.5%的乙酸 10mL 稀释至 1L	5min	沸腾	处理后轻擦，可除去氧化铅
	1L 溶液含 50g 乙酸铵	5min	热液	处理后轻擦，可除去氧化铅或硫酸铅

续表

材料	清洗剂组成	时间	温度	备注
铁和钢	20%氢氧化钠 1L 加 200g 锌粉	5min	沸腾	处理后轻擦
	浓盐酸 1L 加 20g 三氧化二锑和 50g 氯化锡	25min 以内或直至清洗洁净	室温	强烈搅拌溶液;处理后轻擦
	硫酸(相对密度 1.84)100mL 稀释至 1L 加 0.5g 若丁	清洗洁净为止	50℃	
不锈钢	10%硝酸	20min 或直至洗净	60℃	防止氯离子带入
	15%柠檬酸	10~60min	70℃	处理后轻擦
镁和镁合金	1L 溶液中含铬酸酐(CrO_3)150g 和铬酸银 10g	1min	沸腾	处理后轻擦
锡和锡合金	1L 溶液中含磷酸二钠 150g	10min	沸腾	
锌	溶液 1:150mL 氢氧化铵(相对密度 0.9)稀释至 1L	数分钟	室温	在溶液 1 中处理后,再在溶液 2 中处理
	溶液 2:1L 溶液中含铬酸酐(CrO_3)50g 和硝酸银 10g	15~20min	沸腾	硝酸银单独溶解,然后加入沸腾铬酸中,配制铬酸溶液时应无硫酸盐

(3) 电化学法

将试样作为阴极浸在适当的电解液中,通入比较大的电流密度,使试样受到强烈阴极极化,表面产生大量的氢气。利用氢气泡析出时的物理作用和阴极极化对腐蚀产物的还原作用将腐蚀产物剥离。因此,这种清除腐蚀产物膜的方法又叫"阴极去膜法"。

图 3-1 是常用的一种阴极去膜法的装置及操作条件,可以用于许多种金属和合金。虽然阴极去膜操作时试样是阴极,但仍可能造成试样基体的腐蚀,表 3-3 中列出了一些金属阴极去膜的基体损失,可以对腐蚀失重进行校正。用铅作阳极的优点是清除腐蚀产物更有效,但是铅有可能沉积在试样表面,引起失重测量的误差。如果试样耐硝酸腐蚀,可以将试样瞬时浸入 1:1 的硝酸溶液中除去表面沉积的铅。

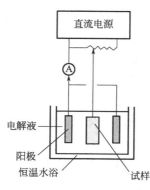

操作条件
电解液:5%(质量分数)硫酸+2mL/L(或0.5g/L)若丁等缓蚀剂
阳极:石墨或铅
阴极电流密度:20A/dm²
温度:74℃
时间:3min

图 3-1　阴极去膜法的装置及操作条件

表 3-3　按图 3-1 阴极去膜导致的基体金属损失

金属	失重/(g/m²)	金属	失重/(g/m²)
铝	0.16	铅	0.60
铜	0.02	纯铁	0.06
镍	0.22	锌	很大
铜镍合金(70-30)	0.00	铸铁	0.44
莫奈尔合金	0.00	软钢	0.08
哈氏合金 A	0.08	不锈钢	0.00

　　另一种适用范围较广的电解液是碱溶液。在碱溶液中清除铁基合腐蚀产物的优点是可以忽略基体金属的损失。

　　电化学方法的缺点是：支架（钩子）与试样之间接触不良会引起金属强烈溶解；易还原的离子（铜、银、锡等的离子）在金属上的二次沉积将引起失重测量的误差；缓蚀剂的分解可能增加金属的溶解损失；腐蚀产物在阴极上还原也可能引起失重误差。为了避免未通电时试样的腐蚀，试样应带电入槽，带电取出，并立即用水冲洗。

3.3.1.3　失重测量的误差

　　在清除腐蚀产物后所得到的金属试样真正的失重应为：

$$\Delta m^- = m_0 - m_1 + m_s - m_m \tag{3-2}$$

式中　m_0——试样腐蚀前的质量；

　　　　m_1——试样经过清除腐蚀产物处理后的质量；

　　　　m_s——未除尽的腐蚀产物的质量；

　　　　m_m——清除腐蚀产物时被除去的基体金属的质量。

　　由此可见，与 $m_0 - m_1$ 相比，$m_s - m_m$ 愈大则失重试验所得结果的误差愈大。$m_0 - m_1$ 取决于金属的腐蚀速率、试样暴露表面积和试验周期。如果金属腐蚀速率快，那么在一定的暴露时间内被腐蚀掉的金属就多，$m_s - m_m$ 对测量结果的影响就比较小。反之，如果金属腐蚀速率很慢，而所取试验周期又短，使金属的失重 $m_0 - m_1$ 很小，那么清除腐蚀产物的效果不良就可能对测量结果带来很大的误差。所以，在失重腐蚀试验中，试样的失重不能太小，而且在清除腐蚀产物时要选择正确的方法并仔细操作，对减小失重腐蚀试验的测量误差、提高结果的精度是十分重要的。

　　天平称量的误差是不大的。在实验室试验中，用分析天平称量的精度可达到 0.1mg，这比 m_m 和 m_s 都要小得多。对于现场挂片试验用的大试样，称量精度达到 10mg 就可以了。

　　为了使试样初始质量较小，在分析天平称量范围之内，而失重较大以减小误差，就要增大试样的暴露表面积，以受到更强的腐蚀作用。因此，使用表面积对质量之比很大的试样是优越的选择，如薄板、细丝。薄板状试样在一般的腐蚀试验后表面积变化不大（只要保证了原来的形状）。因此在计算腐蚀速率时可以不考虑暴露表面积的变化，而用初始表面积。但细丝试样则不然，必须考虑腐蚀试验过程中表面积的改变。

　　失重腐蚀试验的操作过程和清除腐蚀产物的方法还可以参考美国腐蚀工程师协会标准 NACE TM 0169 "Laboratory Corrosion Testing of Metals"，美国材料与试验学会标准 ASTM G1 "Standard Practice for Preparing, Cleaning and Evaluating Corrosion Test Specimens"。

3.3.2　增重法

3.3.2.1　原理及基本要求

增重法的评定方法是将腐蚀试验后的试样连同腐蚀产物一起称重，因此所得质量 m_1' 比试样未腐蚀时的质量 m_0 大。增重腐蚀速率 V^+ 被定义为：

$$V^+ = \frac{\Delta m^+}{St} = \frac{m_1' - m_0}{St} \tag{3-3}$$

式中　m_1'——腐蚀以后试样和腐蚀产物的合重；

　　　V^+——增重腐蚀速率。

显然，进行增重法评定时必须注意以下事项：

① m_1' 中必须包括全部腐蚀产物。当腐蚀产物完全不可溶并牢固地黏附在试样表面上时，使用增重法是适宜的。比如金属的高温氧化，腐蚀产物形成结合紧密的表面膜。如果腐蚀产物部分从试样表面上脱落，应当将脱落的腐蚀产物全部收集起来，经过干燥，然后分别称重，或者和试样一起称重。如果生成的腐蚀产物部分是可溶的，或者不溶性腐蚀产物收集不完全，都会给测量结果造成误差。

② m_1' 中不能包括非腐蚀产物的其他黏附性物质（如灰尘、污垢）。在试验后应将试样放在水中漂洗并经过轻轻刷擦，以除去玷污物质。也可以使用与试样形状相同的、在试验溶液中不发生腐蚀的材料（如酸溶液中使用陶瓷）制作的试样，经历相同的试验过程，陶瓷试样的增重可以认为是由于玷污物引起，因此在金属试样的增重中应扣除陶瓷试样的增重。

③ 增重腐蚀速率和失重腐蚀速率一样，只适用于全面腐蚀，而且腐蚀破坏均匀地分布在试样整个暴露表面上，所求出的腐蚀速率是整个试验期间内的平均值。

④ 增重腐蚀速率对于金属腐蚀损坏的指示是间接的，要得到金属被腐蚀掉的质量还需要经过换算。为了进行换算就必须了解腐蚀产物的组成，但是腐蚀产物的组成有时是相当复杂的。对于多价金属，如铜、铁，可能生成几层化学组成不同的腐蚀产物，各层之间的份额又随试验持续时间而变化。在这种情况下，精确分析往往是很困难的。因此只有在比较简单的情况才能进行这种换算。

3.3.2.2　用热天平连续测量增重

在金属的高温氧化试验中，多数金属表面生成致密的氧化物膜，与基体金属结合牢固，因而常常使用增重法。

如果只需要测量增重腐蚀速率，那么在试验前后各称重一次就行了。这种试验的基本过程是：将试样置于坩埚内的架子上，放入高温炉中加热到试验温度；试验结束后将坩埚盖好，取出冷却，然后称重。

如果需要测量试验过程中试样质量随时间的变化，可以使用图 3-2 所示的热天平。左边天平盘下面装一根铂丝，下端有一个钩子，试样挂在这个钩子上。将试样放入炉中，加上炉盖和挡板，以保护天平不受热空气对流和辐射的影响。预先将系统调到平衡

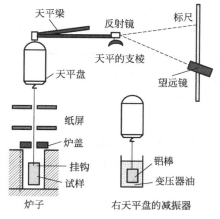

图 3-2　热天平示意图

状态。在试验过程中，随着试样质量增加，天平发生偏转。通过望远镜和反射镜可以读出偏转的大小。质量增加和天平偏转之间的关系需要在试验前标定。为了减小测量时偶然产生的振动影响，可在右侧天平盘下面悬挂一根铝棒，并浸没在变压器油中，构成一个减振器。

图 3-2 所示的热天平只能用于空气中的氧化试验，而且难以控制气氛。为了在控制气氛中研究氧化过程，还设计了其他更精巧的装置，并使测量的灵敏度和准确性大大提高，为研究薄膜生长动力学提供了有力的工具。

3.3.3 质量法的优点与局限

质量法的优点是简单、可靠，作为一种最基本的定量评级方法，它仍是许多电化学的、物理的和化学的现代评定方法鉴定比较的基础。

质量法的缺点是测量的只是某一时间内金属的平均腐蚀速率，掩盖了环境介质的变化、操作程序的改变、金属表面状态的变化及其他因素的影响所导致的腐蚀速率的各种变化。且试验周期若较长，腐蚀产物的清除以及称量的误差等都会影响试验结果的准确性。

3.4 试样厚度及蚀孔深度测量

3.4.1 厚度测量

年腐蚀深度 V_p 在工程技术上更为适用，并被称为腐蚀速率，因为它直观地表示出设备壁厚减小的速率。在实验室试验中，年腐蚀深度 V_p 可以在测量失重腐蚀速率 V^- 后计算出来。当然，这样得到的年腐蚀深度 V_p 是对整个暴露表面的平均值。

也可以使用一些计量工具和仪器装置在清除腐蚀产物后直接测量试样的厚度，如卡钳、游标卡尺、螺旋测微器、带标尺的双筒显微镜、测量试样截面的金相显微镜等。这些测量的精度可达 0.01mm。

不过，对于实验室试验来说，直接测量厚度变化的方法应用不多，因为这种测量并不方便，而且只有薄板试样的两个原始平面完全平行（厚度相同）时，测量的厚度变化才能肯定是腐蚀引起的。厚度测量的精度也低于质量法，比如对于钢铁来说，如果试样表面积为 $20cm^2$，当厚度改变 0.01mm 时，试样的质量损失已达到 156mg，而用分析天平能检测出的质量损失要小得多。

所以测量厚度变化主要用于现场生产设备，如容器、管道等，测量的对象并不直接是厚度，而是厚度变化引起的其他性质变化。

3.4.1.1 超声波测厚

超声波测厚应用最为广泛。将超声波发生器产生的超声波从待测金属设备（如管道）的一侧发射进去，超声波穿过管壁，在另一侧发生反射。根据入射波和反射波的相互关系，就可以测量出管壁的厚度。

根据入射超声波的特性可将超声波测厚法分为两种。

(1) 共振法

共振法使用连续波，改变超声波的频率，在金属中传播的超声波的波长亦改变。当波长正好为金属厚度 d 的 $2/n$ 倍（即金属厚度 d 为超声波半波长的整数倍）时，就出现了共振条件，金属中产生驻波，振幅最大（图 3-3）。由电子振荡器功率输出的峰值可以检测出这种共振状态。出现峰值时的频率读数即为基本的共振频率之一。测定一系列共振频率，那么两个连续的共振频率之差就是基本的共振频率 f。对应于此频率的超声波波长等于金属厚度的 2 倍（图 3-3 左边第一个图形）。因此金属设备的壁厚 d 可以由式（3-4）计算出来：

$$d = \frac{v}{2f} \tag{3-4}$$

式中　d——壁厚；
　　　f——基本的共振频率；
　　　v——超声波在被测金属中的传播速度。

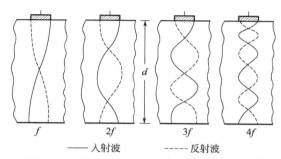

——入射波　　-----反射波

图 3-3　超声波在金属试件中形成的驻波图像

（2）脉冲反射法

将一个超声波短脉冲由探头传送到金属试件内，脉冲在金属试件的另一侧反射，反射脉冲回到探头被接收器接收。对于一定的金属，声波的速度是恒定的，故发射脉冲和反射脉冲之间经过的时间就是被测试件厚度的量度。

脉冲反射法的原理见图 3-4。

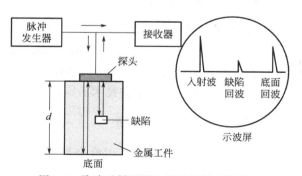

图 3-4　脉冲反射法测金属试件厚度的原理

共振法的优点是精度较高。对于高度平滑的表面，测量精度可达 0.1mm 以下，测量范围约为 0.5～100mm。但共振法要求被测试件两面平行，因此不能用于测量管道壁厚。脉冲反射法并不要求试件两面平行，但测量精度较低，一般为满刻度的 1/50。在要求精度不高的情况，测量范围也可达到 0.1～250mm。由于优点很多，脉冲反射法在超声波测厚中用得最为广泛。国内外都有便携式超声波测厚仪，有的采用数字显示，用起来更为方便。

超声波测厚仪用于测定经过腐蚀以后设备壁厚的变化是很有效的。如热交换器管子外表面检查，原来采用拔出管子点测的方法，对固定管板式热交换器，只能采用抽样管进行点检，工作量大且效果不好。如果采用水浸式超声波检查，只需打开外壳即可进行，既省时又有效。

使用超声波测厚仪还可以在生产照常进行的情况下测量设备的壁厚，以了解关键部位壁厚的变化。但是超声波测厚和失重法测量一样，必须当腐蚀导致的金属损失积累到仪器灵敏度能够分辩的程度，才能检查出来。因此求出的腐蚀速率乃是两次测量之间的平均速率。

使用超声波测厚要注意以下问题：

第一，由于空气和金属的密度，以及超声波在二者之中的传播速度相差很大（表3-4），超声波在金属中传到与空气的交界面时差不多百分之百地反射，几乎不会传到空气中。因此，当探头与被测金属部件之间有空气时，超声波就会完全传不过去。为了使探头与被测金属部件密切接触，在探头与金属部件之间要充满耦合剂（如甘油、机油等透声性能好的液体）把空气排除。

表 3-4　某些物质中的声速及声阻抗

材料	密度 /(g/cm³)	纵波声速 /(km/s)	横波声速 /(km/s)	纵波声阻抗 /[g/(cm²·s)]
钢	7.8	5.9	3.23	4.6×10^6
铝	2.7	6.32	3.08	1.7×10^6
有机玻璃	1.18	2.73	1.43	0.32×10^6
甘油	1.26	1.92		0.24×10^6
水(20℃)	1.0	1.48		0.148×10^6
空气	0.0013	0.34		44

第二，在严重腐蚀的金属表面，很难得到良好的耦合。因此，必须将金属部件表面上的腐蚀产物、涂料等除去。如果表面过于粗糙，还需要用机械方法磨平。

第三，超声波不仅会在底面反射，也会在金属部件内部的缺陷（裂缝、孔洞等）的界面反射。当金属发生点蚀时，对测量结果的干扰也很大。

3.4.1.2　其他测量方法

涡流法、射线照相法是常用的无损探伤技术，主要用于检测材料的缺陷，包括腐蚀损伤。如果试样厚度不均匀，测量结果中也会反映出来。关于这些技术的原理将在第9章介绍。

3.4.2　蚀孔深度测量

当金属发生点蚀时，用整个暴露表面积计算的平均失重和平均腐蚀深度不能反映腐蚀损坏的危害程度。

为了评定点蚀，提出了各种测量方法，如单位面积上的蚀孔数目，最深10个蚀孔的平均深度，最深蚀孔的深度，等等。可见测量蚀孔的深度是评定点蚀的重要手段。

在蚀孔不是很窄，金属足够硬的情况下，可以用一个微米规配一个刚性而细长的探针插入蚀孔直接进行测量。测量时应在蚀孔内和相邻的未腐蚀表面上取读数，二者之差即为蚀孔的深度。图3-5是用于测量蚀孔深度的针尖式指示器。为了保证在连续测量中压力均匀，探针应使用弹簧加载。

图 3-5　测量蚀孔深度的针尖式指示器

对于比较软的金属（如铅、铝），不能用针尖式探针进行测量。为此，有人提出了通电指示型装置。将探针和试样连接在一个电路中，当针尖与蚀孔底部接触时电路接通，由测微计读取蚀孔深度的数值。

如果蚀孔不是很小，可以用显微镜测量其深度。将显微镜先聚焦在未被腐蚀的金属表面上，在物镜的测微螺旋上读数；然后聚焦到蚀孔底部，再读取测微螺旋上的读数，二者之差就是所测蚀孔深度。

当蚀孔不直或蚀孔很窄，可以采取破坏性测量方法，比如将试样表面铣掉，直达蚀孔底部，由铣去厚度确定蚀孔深度。

3.5　气体容量法

3.5.1　基本原理

当金属在电解质溶液中发生电化学腐蚀时，阳极反应是金属的溶解，阴极反应是去极化剂的还原。去极化剂中以氢离子和氧分子最为常见。如果阴极反应是氢离子还原，则称为析氢腐蚀；如果阴极反应是氧分子还原，则称为耗氧腐蚀。在稳态情况下，阳极反应和阴极反应速率之间有着严格的定量关系。因此，测出阴极反应速率后就有可能计算出金属的腐蚀速率。由于析氢腐蚀和耗氧腐蚀的阴极反应都是气体电极反应，测量阴极反应速率比较方便，只需要测量析出的氢气体积或消耗的氧气体积。这种方法称为气体容量法。

以铁在非氧化性酸溶液中的腐蚀来说，阳极反应是铁的氧化反应：

$$Fe \longrightarrow Fe^{2+} + 2e^-$$

如果溶液中不含溶解氧，阴极反应仅仅是氢离子的还原反应：

$$2H^+ + 2e^- \longrightarrow H_2 \uparrow$$

稳态条件下，阳极反应产生的电子应完全被阴极反应所吸收。可知每析出 1mol 氢气，就有 1mol 的铁被腐蚀。测量出单位时间内从试样单位表面积上析出的氢气体积，就很容易计算出铁的腐蚀速率。

容量法的优点是：

① 灵敏度比失重法高。例如锌在酸溶液中发生析氢腐蚀，当我们用容量法测量析氢体积时，如果所用量气管的内径为 10mm，则读数增大 1mm 对应于析出氢气 $7.8mm^3$，由此可以计算出有 $2.3 \times 10^{-7}g$ 锌溶解进入溶液。这样微小的质量损失用普通的分析天平是不可能检测出来的，而用容量法却并不困难。如果使用内径更小的压力计进行测量，灵敏度更高。

② 不用除去试样表面的腐蚀产物或收集腐蚀产物，这就不像失重法那样必须取出试样才能进行测量。因而容量法测量不会干扰被测腐蚀体系，只用一个试样（最好是一组平行试样）就可以测取腐蚀速率-时间曲线。

③ 测量装置简单可靠，测量方法也比较方便。

3.5.2　析氢量的测定

3.5.2.1　测量方法

测定析氢量比较简单。可以在恒压下测量腐蚀体系气相体积的增加量，或直接测量析出的氢气量；也可以在保持气相体积恒定条件下测量气相压力的增加，再换算为析氢量。

图 3-6 是使用量气管直接测量析氢量的简单装置［其中，（a）装置在恒压下测量析出氢气体积，（b）装置既可以在恒压下测量气相体积的变化，也可以在恒容下测量气相压力的变化］。由量气管中液面的变化很容易读取析出的氢气量。为了提高试验开始阶段的测量精度，量气管的上段可以做得很细。在析氢量很小时使用压力计管可以提高读数精度。

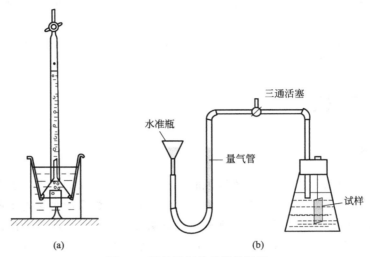

图 3-6　测量析氢量的简单装置

如果需要精确计算析氢体积，应当考虑以下几个影响因素：a. 液面上方的氢气中含有水蒸气，故氢气的分压应是大气压减去饱和水蒸气压力。b. 氢气在水溶液中要溶解一部分。c. 量出的氢气体积应折合为标准状态的体积。

图 3-6 所示的简单装置很难做到温度控制，即使将试验容器放在恒温槽内，也不可能控制量气管的温度。该装置的另一缺点是析出的氢气泡容易附着在量气管的狭窄部位，影响试验正常进行。针对这些问题设计了各种改进型的氢腐蚀计。

在有些金属腐蚀中，还原反应产生的氢原子可能和氧分子反应或者渗透进入金属材料内部，这会使测出的析氢体积偏低。

3.5.2.2　耗氧量的影响

当溶液中含有溶解氧时，金属在发生析氢腐蚀的同时还发生耗氧腐蚀。如果把氢原子还原反应作为唯一的阴极反应，仅仅由析氢体积计算金属的腐蚀速率，就必然比失重法测出的腐蚀速率低。在这种情况下，只有当耗氧腐蚀量在金属总的腐蚀量中所占比例很小时，容量法才能应用。如果耗氧腐蚀量不是很小，使用容量法由析氢体积计算金属腐蚀速率是不适宜的。因为耗氧腐蚀不能忽略，而耗氧腐蚀的影响则是不肯定的，也无法校正。

3.5.3　耗氧量的测定

当阴极过程是氧分子还原反应时，测量阴极反应消耗的氧量（耗氧量）可以作为评定金属腐蚀的一种方法。测量耗氧量的方法和测量析氢量的方法相同，只不过发生耗氧腐蚀时气相的体积不断减小，而析氢腐蚀时气相体积则不断增大。

3.5.3.1　测量耗氧量的两种简单装置

图 3-7 是阿基莫夫使用的测量耗氧量的装置。两个体积相等的容器 A、B 用一根压力计

管子连接起来。一个容器中放置试样，另一个不放试样，但两个容器中都注入同样的溶液。试验开始时用三通活塞将系统与大气隔断。由于放试样的容器中发生腐蚀消耗氧气，有颜色的液柱便在压力计管子中上升。根据管子的直径和液柱上升距离，就可算出消耗的氧气体积。使用两个容器的目的是消除温度变化引起的误差。温度变化在两个容器中引起的体积变化相同，它们对压力计液柱的影响相互抵消。此装置的灵敏度取决于压力计管子的直径。为了使容器中氧的贮量够用一天的时间，溶液上方的气相空间不能太小，而且上部空间中氧的含量在试验过程中的变化不要大于 10%，以免使阴极过程改变。该装置的优点是简单，但当阴极过程中还有析氢反应时，不能校正析氢量。

如果在发生耗氧腐蚀的同时还析出少量氢气（例如铝、铁在中性溶液中发生腐蚀），就需要对析氢量进行校正。图 3-8 是 Evans 使用的装置，在测量耗氧量的同时可以校正析氢量。在试验容器上方焊有铂丝，当接上蓄电池时，铂丝很快灼热，使析出的氢气燃烧成水。假定经 t 时间的试验消耗氧气体积为 $V(O_2)$，析出氢气体积为 $V(H_2)$，则燃烧前压力计读数应为：

$$x_1 = V(O_2) - V(H_2)$$

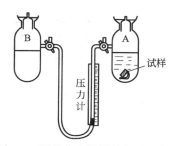

图 3-7　阿基莫夫测量耗氧量的装置

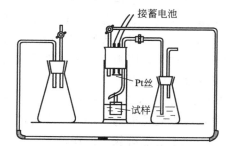

图 3-8　Evans 测量耗氧量的装置

燃烧氢需要氧，消耗氧气体积为氢气体积的一半，所以氢气燃烧后压力计的读数应为：

$$x_2 = V(O_2) + 0.5V(H_2)$$

由两次读数 x_1 和 x_2 便可计算出耗氧量 $V(O_2)$ 和析氢量 $V(H_2)$。

3.5.3.2　容量法用于高温氧化试验

容量法也可以用于金属的高温氧化试验。图 3-9 是用于这种试验的简单装置，试样放在石英管内的石英支架上，石英管放入炉子内加热。放在水套中的量气管用来测量氧化过程中所消耗的氧气体积。量气管中的液体应该具有很低的蒸气压，并且与试验气体不发生作用。在空气气氛下进行试验时，操作比较简单。如果是其他试验气体，必须保证在试验前要用试验气体将系统内的全部空间充满。在炉温升到需要的数值之后，将系统两端的活塞关闭。安全瓶可防止管内试验气体与外部空气接触。

用容量法进行高温氧化试验时，只能有一种气体组分参加反应，因此要求系统内的气体很纯净。腐蚀产物不能是气相，也不能产生其他挥发性物质。整个系统内部的温度变化应当很小。除了在恒定压力下测量气相体积减小，也可在恒定体积下测量反应室中压力的下降。

3.5.4　容量法的局限性

① 这种方法测量金属的腐蚀破坏是间接的。要由所测的析氢速率或耗氧速率求出金属

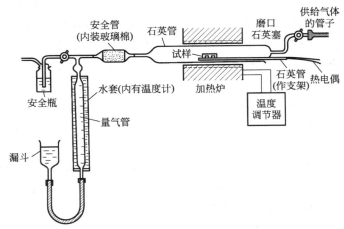

图 3-9　用容量法研究高温气体腐蚀的装置

的腐蚀速率，就必须经过换算。但是，进行换算需要知道腐蚀的阳极过程和阴极过程，知道腐蚀产物的组成。腐蚀过程往往是复杂的，如果研究对象是合金，那么阳极反应涉及几种金属，其原子量、反应价数、参加反应的相互比例都不相同。即使研究的对象是纯金属，也可能有几种价态（如铁、铜、镍）；即使稳定价态只有一种，在腐蚀溶解的反应过程中可能还有低价原子态。这样，阴极反应和阳极反应之间的定量关系就是复杂的，测出了析氢量或耗氧量也难以计算金属的腐蚀量。

② 阴极反应也可能不止一种。前面已提到析氢反应的同时往往就有耗氧反应。其他氧化剂的还原反应也是可能的。如果只考虑阴极反应中的一种（析氢反应或耗氧反应），计算出的金属腐蚀速率必然有较大的误差。

③ 容量法试验要求仪器十分洁净，因此就需要进行蒸煮和反复洗涤（用水或洗液）仪器的玻璃部分，否则细小的氢气泡将附着在器壁上而引起测量误差。装置的密封也很重要，玻璃活塞要优质的，磨口要真空级研磨，注意涂封，以避免漏气。

3.6　力学性能损失及其评定

3.6.1　腐蚀对力学性能的影响

腐蚀可能使金属材料的力学性能变坏，这对于金属设备和结构很重要。某些局部腐蚀（如晶间腐蚀、应力腐蚀开裂）造成的金属质量损失并不大，但集中分布在晶界或裂纹，因而使金属材料的强度大大降低。又如选择性腐蚀（如黄铜脱锌），留下的残体只有很低的强度和延展性；在发生氢损害的情况下，氢原子扩散进入金属材料内部，造成材料脆化，韧性大大降低。显然，了解腐蚀作用对金属材料力学性能的影响，在工程技术上具有重要意义。

这方面的试验一般是测定试样在腐蚀前后力学性质的变化。测定力学性质所用的试样随试验类型而定，一般有矩形、圆棒形、细丝等。图 3-10 是拉伸试验用的试样。试样可以在腐蚀试验后的金属试片上切取加工 ［图 3-10(b)］，也可加工成形后再进行腐蚀试验。只要条件允许，前一种加工方法较好。因为在这样的试片中可以提供金相状态相同的样品，而且可以减小对结果影响很大的边棱腐蚀，使结果的重现性较好。

测量力学性质可以用拉伸试验、弯曲试验、冲击试验、扭转试验等，而以拉伸试验应用最广。将腐蚀前后材料抗拉强度、延伸率和断面收缩率的变化用百分数表示出来，并标明腐蚀试验时间，作为材料力学性能损失的评价。强度损失率 k_s 和延伸率损失率 k_f 为：

$$k_s = \frac{\sigma_b - \sigma_b'}{\sigma_b} \times 100\%$$

$$k_f = \frac{\delta - \delta'}{\delta} \times 100\% \tag{3-5}$$

式中　σ_b——未经腐蚀的试样的抗拉强度；

　　　σ_b'——经过腐蚀的试样的抗拉强度；

　　　δ——未经腐蚀的试样的延伸率；

　　　δ'——经过腐蚀的试样的延伸率。

断面收缩率减小的百分数常称为氢脆系数 I：

$$I = \frac{\psi - \psi'}{\psi} \times 100\% \tag{3-6}$$

式中　ψ——未经腐蚀的试样的断面收缩率；

　　　ψ'——经过腐蚀的试样的断面收缩率。

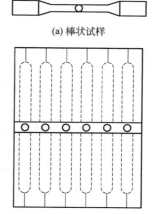

(a) 棒状试样

(b) 腐蚀试验后切取拉伸试验试样

图 3-10　拉伸试验用的试样

3.6.2　抗拉强度变化的含义

设试样初始截面积为 S_0，材料抗拉强度为 σ_b。此时破坏载荷应为 $P_0 = \sigma_b S_0$。在经过时间 t 的腐蚀后，试样的截面积减小为 S'，减小量 $\Delta S = S_0 - S'$。如果未被腐蚀的金属没有任何变化，那么抗拉强度 σ_b 亦不会改变。此时破坏载荷应为：

$$P' = \sigma_b S' = \sigma_b(S_0 - \Delta S) \tag{3-7}$$

$$P_0 = \sigma_0 S_0$$

$$\Delta S = S_0 - S'$$

式中　S_0——试样初始截面积；

　　　σ_b——材料抗拉强度；

　　　P_0——破坏载荷；

　　　S'——试样减小后的截面积。

因为在拉伸试验中只测定 P_0、P' 及 S_0，所以腐蚀后的抗拉强度 $\sigma_b' = P'/S_0$ 乃是虚构的，它实际上表征试样腐蚀后横截面积的减小。因此，在材料的抗拉强度 σ_b 不改变的情况，拉伸试验只不过是测量试样横截面积减小量的间接手段而已，即：

$$\Delta S = S_0 \left(1 - \frac{\sigma_b'}{\sigma_b}\right) \tag{3-8}$$

$$\sigma_b' = \frac{P'}{S_0}$$

式中　σ_b'——腐蚀后的抗拉强度。

不过试验表明，即使在没有发生晶间腐蚀，而且试样表面腐蚀相当均匀的情况下，腐蚀以后材料的抗拉强度也是有变化的。另外，用 P'/S_0 表示的腐蚀以后抗拉强度 σ_b' 自然也表征出腐蚀的不均匀性，因为断裂总是发生在试样截面最小的地方。所以，在腐蚀前后进行力学性能测量，对于全面腐蚀仍然是有意义的。

如果试样除全面腐蚀外还发生晶间腐蚀和选择性腐蚀，它们能强烈地改变金属的组织结构。在发生晶间腐蚀损坏的区域，材料的抗拉强度已大大降低。晶间腐蚀引起的抗拉强度变化 $\Delta\sigma_b$ 愈大，遭受晶间腐蚀的区域面积愈大，则晶间腐蚀在虚构的抗拉强度 σ_b 总的减小中所起的作用愈大。所以力学性能测量在晶间腐蚀试验中是很重要的。

3.6.3　拉伸试验的注意事项

① 全部试样应当沿金属板材的同一方向切取。对于轧态金属板材，或者是全取纵向，或者是全取横向，最好是全取横向。因为晶间腐蚀等选择性腐蚀对这种方向的试样更为敏感。

② 全部试样应受到相同的加工条件和热处理条件，以保持相同的组织状态和表面状态。

③ 腐蚀引起的力学性能变化与试样的尺寸（特别是横截面积）有很大关系。试样的初始横截面积愈大，由于晶间腐蚀和全面腐蚀引起的初始抗拉强度的变化就愈小。为了在相同基础上进行比较，全部试样的尺寸一定要相同。在进行拉伸试验时，未经腐蚀和经受腐蚀的试样的抗拉强度都是相对于试样的原始横截面的，因此试样的宽度和厚度（或直径）应在腐蚀试验前仔细测量。

④ 腐蚀的不均匀性对力学性能测量有很大影响。点蚀、晶间腐蚀、选择性腐蚀可以使延伸率强烈下降。如果腐蚀很均匀，延伸率的变化是不大的。同时，试样的表面缺陷（擦伤、鼓泡、铸造气孔等）对力学性能的测量也有显著影响，尤其是对延伸率的影响很大。因此，制作试样时要十分注意。

⑤ 腐蚀对力学性能的作用中可能包括时效的作用。为了区分腐蚀引起的变化和时效引起的变化，应当准备若干组次空白试样，在与腐蚀试验相同的温度条件下不受腐蚀地贮存相同的时间。这对长达数年的腐蚀试验的结果评定是十分重要的。

⑥ 由于力学性能的波动是不可避免的，为使测量结果具有广泛代表性，应当安排重复试验。腐蚀试样和空白试样的重复数应在 3 个以上。

3.6.4　受应力试样的腐蚀试验

实践表明，在相同的腐蚀条件下，受应力的试样和不受应力的试样的行为不相同。在拉应力和特定腐蚀环境的共同作用下，金属材料可能发生危害极大的应力腐蚀开裂，在交变应力和腐蚀环境的共同作用下，材料可能发生腐蚀疲劳。

因此，评定金属材料对应力腐蚀的敏感性，进行应力腐蚀试验有很大的实际重要性。应力腐蚀试验的原则是使试样同时受到应力（拉应力或循环应力）和腐蚀介质的共同作用，测定试样的破坏情况。施加应力的方法有多种，评定方法也有多种。

关于应力腐蚀试验的介绍见第 8 章。

3.7　电阻法

3.7.1　基本原理

金属试样的电阻与其几何尺寸有关系。在金属试样经受介质腐蚀，其部分被破坏以后，几何尺寸改变了，因而试样的电阻也就改变了。可见，测量试样腐蚀前后电阻的变化，就可以评定金属遭受腐蚀的程度。

在一般情况下，测量结果可以用电阻变化率 K_e 表示：

$$K_e = \frac{R_0 - R_t}{R_0} \times 100\% \tag{3-9}$$

式中　R_0——腐蚀前试样的电阻；

　　　R_t——经腐蚀以后试样的电阻。

如果金属的腐蚀是均匀的，在试样具有简单形状时，可以由电阻变化计算出试样的尺寸变化，从而求出腐蚀速率。

3.7.1.1　矩形长条试样

设矩形长条试样横截面的宽和厚分别用 a 和 b（单位为 mm）表示，则初始横截面积 S_0 为：

$$S_0 = ab \tag{3-10}$$

经过时间 t（单位为 h）的腐蚀，试样的宽和厚都减小了，如果用 Δh（单位为 mm）表示腐蚀深度，那么试样的横截面积 S_t 为：

$$S_t = (a - 2\Delta h)(b - 2\Delta h) \tag{3-11}$$

试验时使试样的长度 l 保持不变，因为电阻与横截面积成反比，即有下式：

$$\begin{aligned} \frac{R_t}{R_0} = \frac{S_0}{S_t} &= \frac{ab}{(a - 2\Delta h)(b - 2\Delta h)} \\ &= \frac{ab}{ab - 2(a+b)\Delta h + 4\Delta h^2} \end{aligned} \tag{3-12}$$

式中　R_0——试样未受腐蚀时的电阻；

　　　R_t——试样经过时间 t 的腐蚀以后的电阻。

由上式可以解出 Δh：

$$\Delta h = \frac{1}{4}\left[(a+b) - \sqrt{(a+b)^2 - 4ab\left(\frac{R_t - R_0}{R_t}\right)} \right] \tag{3-13}$$

因为 a、b、R_0 都是已知常数，所以 Δh 和 R_t 构成一一对应的函数关系，测量出 R_t 就可以计算出 Δh，然后计算腐蚀速率：

$$V_p = 8760 \frac{\Delta h}{t} \tag{3-14}$$

式中　V_p——试样腐蚀速率，mm/a。

3.7.1.2　丝状试样

使用截面为圆形的丝状试样，可以得到更为简单的公式：

$$\Delta h = r_0 \left(1 - \sqrt{\frac{R_0}{R_t}} \right) \tag{3-15}$$

式中　r_0——试样原来的截面半径。

3.7.2　温度补偿

金属的电阻率随温度而变化，一般是温度升高时电阻率增大，并有如下的关系：

$$\rho_T = \rho_0(1 + \alpha T) \tag{3-16}$$

式中 ρ_0——0℃时的电阻率;

$\qquad \rho_T$——温度为 T 时的电阻率;

$\qquad \alpha$——温度系数。

对于软钢试样来说,温度系数 α 约为 0.0033;如果温度升高 10℃,电阻率增大 ρ_0 的 3.3%。在横截面积不改变的情况下,试样的电阻亦增大 3.3%左右,这相当于在温度不变的情况下试样截面积减小了 3.3%左右,这个影响是很大的。

为了消除温度波动对电阻测量的影响,一个方法是维持测量系统温度恒定。在实验室试验中可以这样做,但要使温度波动范围在±0.05℃以内也是困难的。另一个常用的方法是进行温度补偿,即制作与被测试样材质和尺寸都相同的温度补偿试样,与被测试样暴露在同样的环境中。但补偿试样表面涂覆耐蚀涂料,因而不受腐蚀。被测试样和补偿试样始终处于同一环境,因而它们的温度是相同的,经受的温度变化亦相同。在测量时采用一定的方式就可以消除温度变化的影响。

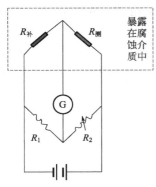

图 3-11 电阻法测量中用于温度补偿的桥式电路

在图 3-11 中,补偿试样和被测试样连接成桥式电路。R_1 是固定电阻,调节电阻 R_2 的大小使检流计 G 指零,此时电路达到平衡,应有等式:

$$\frac{R_{测}}{R_{补}} = \frac{R_2}{R_1} \tag{3-17}$$

补偿试样和被测试样的材质、尺寸相同,故电阻率温度系数相同。在经受相同的温度变化时,电阻的变化亦成比例,即在温度 T 时两个试样电阻之比应等于 0℃时电阻之比:

$$\frac{(R_{测})_T}{(R_{补})_T} = \frac{(R_{测})_{0℃}}{(R_{补})_{0℃}} \tag{3-18}$$

所以 $R_{测}$ 与 $R_{补}$ 的比值不受温度变化的影响。而 $R_{补}$ 不受腐蚀介质的作用,在温度不变时 $R_{补}$ 亦不改变,即 $R_{补}$ 与试验时间无关。于是可以得出:

$$\frac{R_0}{R_t} = \frac{\left(\dfrac{R_{测}}{R_{补}}\right)_0}{\left(\dfrac{R_{测}}{R_{补}}\right)_t} = \frac{\left(\dfrac{R_2}{R_1}\right)_0}{\left(\dfrac{R_2}{R_1}\right)_t} \tag{3-19}$$

这样,用电阻比值的测量来代替电阻的测量,就解决了温度波动的影响问题。

3.7.3 电阻法测定金属管或金属板的壁厚变化

电阻法除了用于实验室腐蚀试验外,也可以用于生产现场测量金属管(或板)的壁厚。图 3-12 是测量原理图。在 C_1、C_2 两个接触点之间通入恒定的电流 I,用电压表测量与 C_1、C_2 在同一直线上的两个接触点 P_1、P_2 之间的电压 U,根据欧姆定律,P_1、P_2 之间管子的电阻 $R = U/I$。因为 P_1、P_2 之间金属管的电阻与壁厚成反比,而电流是恒定的,故 P_1、P_2 之间的电压 U 亦与金

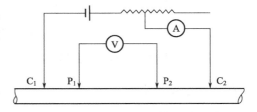

图 3-12 电阻法测量金属管壁厚的原理

属管壁厚成反比。根据测量的电压 U 和标定曲线便可以求出金属管的壁厚。周期地测量壁厚，就可以大致估计设备的腐蚀情况。

这种测量方法即使管内有水或其他液体时也是可用的，因为这些液体的电阻率比金属的电阻率高得多，因而通过液体的电流比通过金属管的电流小得多，对测量几乎无影响。

3.7.4　电阻法研究金属的高温氧化

电阻法也可以用于金属的高温氧化试验，图 3-13 是这种试验的装置。试样是螺旋状金属丝，作为反应器的石英管放在加热炉中，金属丝通过石英盖上的两个管子，并用高温黏接剂密封。试验气体通过上部管子进入反应器，由下部管子排出。试验可以关掉活塞在恒定体积下进行，也可以在缓慢气流中进行。

由于在高温下金属的电阻率与室温下的电阻率差别很大，所以进行一段时间的高温氧化试验后，应当将温度降低到室温再进行电阻测量。如果需要继续进行氧化试验，可以再升高温度，试验后仍需降低到室温测量试样的电阻。当然，如果已知被试金属材料的电阻率随温度变化的关系，也可以用试验温度下测量的电阻换算为室温下的电阻。

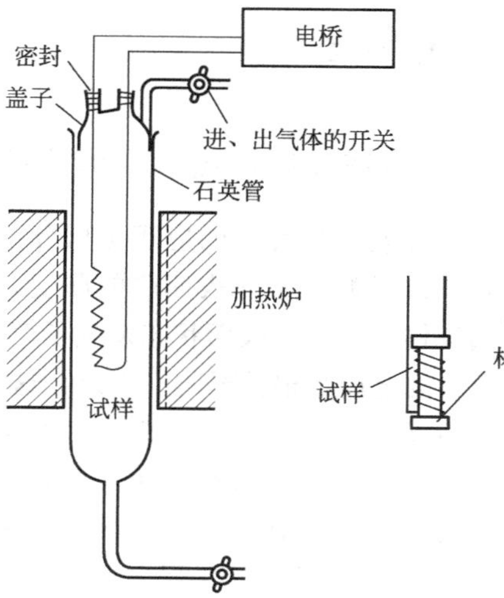

图 3-13　用电阻法研究金属高温氧化的试验装置（试样为螺旋状金属丝）

3.7.5　电阻法的优点与局限

3.7.5.1　优点

① 不受腐蚀介质的限制，气相、液相、电解质溶液、非电解质溶液都可以使用。

② 进行测量时不必像质量法那样要取出试样和清除腐蚀产物，因此可以连续进行测量和记录，用一个试样（最好是一组平行试样）就可以做出腐蚀-时间曲线。

③ 灵敏度较高，可以测量出几微米的厚度变化。

④ 可以用于生产设备的腐蚀监测。

3.7.5.2　局限性

① 电阻法对均匀腐蚀的测量是准确可靠的，因此也主要用于测量均匀腐蚀。但实际上腐蚀往往是不均匀的。如果试样各段截面减小程度不同，用电阻法测得的是最细截面的电阻变化，即腐蚀最严重部位的电阻变化。而失重法得到的质量损失是对整个暴露表面的平均值。所以电阻法求出的腐蚀速率往往比失重法所得的数据大。腐蚀不均匀程度愈大，二者的偏差愈大。如果试样上发生了点蚀，在蚀孔处截面积减小很大，因而可能得到很高的电阻变化信息。

② 为了提高电阻法测量的灵敏度，试样的截面积必须很小（薄片或细丝）。这样，在腐蚀深度相同时，电阻的变化才足够大，能够被测量出来。另外，试样的组织结构和初始尺寸要尽可能均匀，内部和外部的缺陷尽可能少，以减轻除腐蚀以外的其他影响电阻变化的因素。因此，用于电阻法测量的试样，制备要求严格，加工比较困难。

③ 虽然使用截面很小的试样,但当腐蚀速率很低时,仍要较长时间才能测出电阻的变化,因此所得腐蚀速率仍是两次测量之间的平均速率。

④ 附着在试样上的腐蚀产物如果有较大的导电性(如硫化物),就会导致错误的测量结果。

⑤ 温度补偿试样上有保护涂料,这种涂料要满足耐蚀性、导热性、电绝缘性能的要求。虽然如此,补偿试样对温度波动(特别是温度快速变化)的反应仍然比测量试样滞后,这也会带来测量误差。

3.8　光学法

3.8.1　光学法在腐蚀试验研究中的应用

光学法在腐蚀研究中的应用可以分为三个方面:一是观察金属表面经过腐蚀以后反射能力的变化,二是测量金属表面膜的厚度,三是分析腐蚀溶液的变化、腐蚀产物的组成。

金属试样在腐蚀后表面状态发生了变化,因而反射能力也改变了,这对于用作反射器和某些建筑材料的金属是很重要的。不过,这种试验主要用于大气腐蚀的初始阶段(失去光泽)。

光谱分析是定性和定量分析中一种重要的工具,也可以应用于腐蚀溶液分析和腐蚀产物分析。比如红外光谱法具有操作简单,分析快速,样品用量少,对气态、液态、固态样品都可使用等优点,故得到了广泛的应用。在腐蚀研究上主要用于固态腐蚀产物或进入溶液的腐蚀产物分析、表面膜的研究等。

红外光是指波长在 $0.7 \sim 500 \mu m$ 之间的光,一般分为红外、中红外和远红外三个区域。当用一束具有连续波长的红外光照射一种物质时,该物质就要吸收一部分光能。因此,如将透过物质的光进行色散,就可以得到一个带暗条的谱带。如果以波长(或波数)为横坐标,以吸收率(或透射率)为纵坐标,把谱带记录下来,就得到该物质的红外光谱。每种物质都有自己特有的红外光谱图,这就是红外光谱分析的依据。

原子吸收光谱技术、穆斯堡尔(Mössbauer)谱学法在腐蚀试验研究上也得到了许多应用。

光学法测量金属表面氧化膜厚度,其主要基础是干涉现象。下面简单介绍一下几种测量膜厚的光学法,而以偏振光分析法为重点。

3.8.2　测量膜厚的光学法

3.8.2.1　干涉色

将擦亮的金属条(如镍、铁)一端加热,金属表面上就会生成一种楔形的氧化物膜,愈靠近热端,膜愈厚。在金属条的中间部分呈现出一组美丽的色带。如果试验进行得仔细,可以得到若干组这样的色带(图 3-14)。在各种金属上得到的色带的色序都近乎相同,这表明这种颜色不是氧化物本身的特性,而是取决于氧化膜的厚度。光线入射在表面有膜的金属上,其中一部分在空气与膜的界面上反射,另一部分折射入膜中,在膜与金属的界面上反射,然后折射进入空气。这两束光将发生干涉现象。当两部分光的光程差正好为某种波长的光的半波长的奇数倍时,这种色光因干涉而抵消,该处膜便呈现出这种色光的补色。因此,根据干涉色可以估计金属上氧化物膜的厚度。

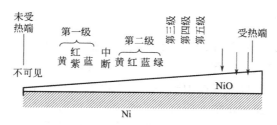

图 3-14　镍表面氧化物膜呈现的色带

3.8.2.2　干涉仪

在金属试样的一半上产生膜而另一半保留金属表面（无膜），或是把试样表面的膜通过溶解除去一部分，从而制备出相当于膜厚的台阶 ［图 3-15(a)］。用单色光垂直入射到试样表面，观察形成的干涉条纹。根据在金属表面的台阶上干涉条纹间隔的偏移，就可以计算出膜厚。在镀金属部分，膜厚 d 为：

$$d = \frac{\lambda \Delta l}{2l} \tag{3-20}$$

式中　l——干涉条纹的间隔；

　　　Δl——台阶上干涉条纹的偏移；

　　　λ——入射光的波长。

在图 3-15(c) 中，条纹位移数为 6，所使用入射光的波长为 535nm，可以算出氧化膜厚度 $d = 1605$nm。图 3-15(b) 是双光束干涉仪的光路图，双光束干涉仪用于测较厚的膜（$d > 300$nm），用多光束干涉仪可以测较薄的膜。

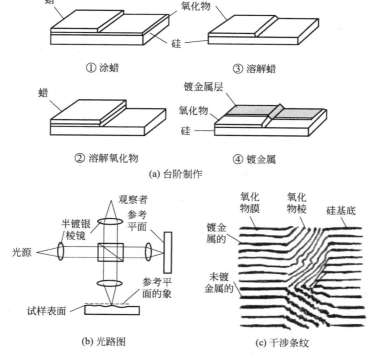

图 3-15　用干涉仪测量表面氧化膜厚度

3.8.2.3　分光光度计

入射到金属表面的光，一部分在膜表面反射，一部分折射进入表面膜，在膜与金属界面上反射，然后折射进入空气。两部分光发生干涉，其强度取决于两部分光的相位差。当相位相同时强度为极大，相位相反时强度为极小。使用单色光的分光光度计测定反射强度随膜厚变化而变化的极值，或者使用白色光的分光光度计测定反射光为极值时的波长，就可以计算膜的厚度。如果显示干涉极大的波长在可见光区域内，就可看到膜上呈现有干涉色。有了干涉色与厚度关系的比色分级标准，根据直接比较干涉颜色也可估计表面膜的厚度。

3.8.3　偏振光分析法（椭圆术）

偏振光分析法是一种研究界面性质的光学方法，在金属表面钝化膜的研究工作中，由于其具有独特优点而受到很大重视，应用日益广泛。将偏振光分析法与电化学测量技术结合起来，可以取得更有价值的结果。

3.8.3.1　测量原理

将一束椭圆偏振光投射到有表面膜的金属试样表面，反射光的偏振状态与入射光不一样。偏振状态的变化与金属表面膜的厚度 d 和折射率 n 有关。因此，测量反射光与入射光偏振状态的变化就可以计算出表面膜的厚度，研究膜的性质。

图 3-16 是椭圆偏振光分析仪（椭圆仪）的光路图及主要部件。激光管产生单色光，经过起偏器转变为线偏振光，再经过 1/4 波片成为椭圆偏振光，入射到金属试样上。椭圆偏振光可以分解为两个光矢量相互垂直的线偏振光，其中一个振动方向在入射面内，称为 P 波分量；另一个的振动方向垂直于入射面，称为 S 波分量。

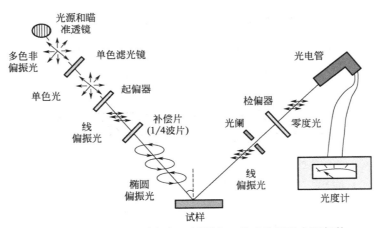

图 3-16　椭圆偏振光分析仪（椭圆仪）的光路图及主要部件

入射光在表面膜上下两个分界面上发生多次反射和折射（图 3-17），总反射光由多束光所合成。由于发生干涉，因而反射光的偏振状态与入射光不同，反射光中 P 波分量和 S 波分量的振幅和相位取决于各相干光束的相位差，后者则取决于与入射角 φ_1、膜厚 d，膜的折射率 n 有关的光程差。因此，测量椭圆偏振光反射前后的偏振状态，就能够计算膜的厚度 d 和折射率 n。

在偏振光分析法中，采用相对振幅衰减 ψ 和相位移动差 Δ 来描述反射时偏振状态的变化，其定义是：

$$\tan\psi = \frac{\left(\dfrac{A_P}{A_S}\right)_{反}}{\left(\dfrac{A_P}{A_S}\right)_{入}} \tag{3-21}$$

$$\Delta = (\beta_P - \beta_S)_{反} - (\beta_P - \beta_S)_{入}$$

式中　A_P，A_S——P 波和 S 波的振幅；

　　　β_P，β_S——P 波和 S 波的相位。

可以合写成：

$$\tan\psi \cdot e^{i\Delta} = \frac{R_P}{R_S} \tag{3-22}$$

式中　R——总反射系数；

　　　ψ——相对振幅衰减；

　　　Δ——相位移动差。

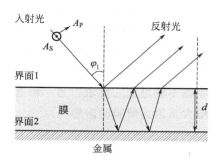

图 3-17　椭圆偏振光在带膜金属
表面的反射

R、ψ 和 Δ 都是入射波波长、入射角、膜厚以及空气、膜及基底金属的折射率的函数。ψ 和 Δ 是试验中进行测量的量，测量方法是：转动起偏器，在某个位置使入射光成为线偏振光，然后调整检偏器达到消光状态。此时由起偏器的方位角可得到 Δ 值，由检偏器的方位角可得到 ψ 值。

测出 ψ 和 Δ 值，然后计算膜厚 d 和膜的折射率 n。计算十分繁复，现在一般用计算机求数值解。

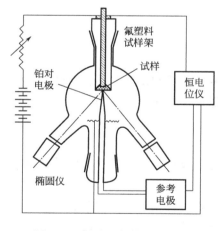

图 3-18　用椭圆仪研究电化学
极化金属表面的电解池

3.8.3.2　偏振光分析法的优点

① 灵敏度高，可以测量厚度为零点几纳米到几百纳米的表面膜，测量精度比干涉法高一个数量级。

② 非破坏性测量，可以直接在腐蚀过程中进行研究而不干扰腐蚀反应。

③ 可以进行连续性观测，这样就能研究膜的生长规律。

④ 可以与其他测量技术一起使用。如在水溶液中与电化学测量技术同时进行，一边观察膜的生长，一边测量和控制电化学参数（电位或电流），图 3-18 是进行这种测量的电解池。

⑤ 测量过程简单快速。

3.8.3.3　偏振光分析法在研究金属钝化中的应用

在测量钝化膜厚度、研究钝化膜生长规律和生长过程中的结构变化中，偏振光分析法是一种非常有用的工具。下面举几个试验例子进行说明。

（1）钝化膜的生长规律

将单晶铁试样浸没在 0.1mol/L NaNO₂ 溶液中，用椭圆仪测量铁表面钝化膜厚度，同时用电化学方法测量金属试样的电位。由图 3-19 可见，钝化膜生长服从对数规律，当膜厚从 1.5nm 改变到 2.0nm 时，铁试样的电位发生跳跃式正移。

（2）金属钝化的机理

将铁试样用超高真空技术处理，制得无膜的清洁表面。测取无膜时的相位移动差 Δ，然后引入 0.1mol/L NaNO₂ 溶液，测量相位移动差Δ 及金属电位随时间的变化。由图 3-20 看出，金属电位随时间正移几百毫伏，表明铁试样表面转变为钝态。相位移动差 Δ 开始时增大，然后减小并趋于稳定。为什么Δ 开始时增大？有人认为这说明钝化初始阶段金属表面上形成氧的吸附膜，因为Δ 增大对应于膜的折射率小于溶液折射率，而铁的任何氧化物或固体产物都不满足这一要求。另一种意见认为在引入 NaNO₂ 溶液时铁试样表面已形成薄膜，Δ 的增大是因为薄膜的溶解。

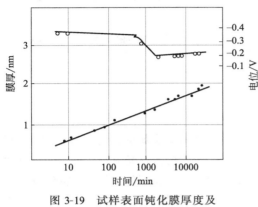

图 3-19　试样表面钝化膜厚度及
金属电位随时间的变化

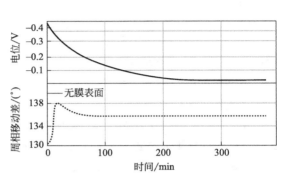

图 3-20　周相移动差 Δ 和金属
电位 E 随时间的变化

3.9　腐蚀介质与腐蚀产物分析

腐蚀介质的成分和浓度、缓蚀剂的含量以及腐蚀产物的组成和浓度等是腐蚀试验中的重要数据，金属腐蚀会造成这些数据的变化，因此腐蚀试验中需要进行必要的测试和分析。

3.9.1　化学分析

化学分析利用物质的化学反应为基础，根据样品的量、反应产物的量或所消耗试剂的量及反应的化学计量关系，通过计算得待测组分的量。化学分析是重要的定量分析方法，常被用于分析腐蚀介质的成分和浓度、缓蚀剂的含量以及腐蚀产物的组成和浓度等。

常规化学分析主要包括滴定分析和质量分析。根据滴定所消耗标准溶液的浓度和体积以及被测物质与标准溶液所进行的化学反应计量关系，求出被测物质的含量，这种分析被称为滴定分析。根据物质的化学性质，选择合适的化学反应，将被测组分转化为一种组成固定的沉淀或气体形式，通过钝化、干燥、灼烧或吸收剂的吸收等一系列的处理后，精确称量，求出被测组分的含量，这种分析称为质量分析。

如果金属的腐蚀产物完全溶解于介质中，即生成的离子全部进入溶液，而且不会因为二次反应而生成沉淀，那么可用化学分析的方法检测出溶液中的金属离子。定性分析常可获得关于腐蚀原因或特征方面的资料，而定量分析则可以计算金属的腐蚀速率，并有可能通过实时检测获得腐蚀量-时间关系曲线。

如果腐蚀产物固着于金属表面或者沉积于容器底部，那么可以用剥离或过滤的方法制取样品，对腐蚀产物进行分析。

除了使用常规化学分析方法之外，还可以使用各种仪器分析技术，例如原子吸收光谱可以用于分析腐蚀产物的成分、腐蚀介质的变化以及溶液中金属离子的含量。

3.9.2　离子选择电极

离子选择电极是一种新型分析工具，它可以将溶液中某一种离子含量的测量转变为相应电位的测量，这样就使测量溶液中离子含量的工作十分简单方便，而且可以快速连续地进行。

实际上，测量溶液 pH 值的玻璃电极就是最早使用的离子选择电极。玻璃电极只对氢离子有响应，所以，用离子选择电极测量溶液中某种离子的浓度，其关键就在于制造出只对这种特定离子有响应的薄膜。现在已经有几十种阳离子和阴离子可以用适当的离子选择电极测量它们在溶液中的含量，就像用玻璃电极测量溶液中氢离子含量一样。

按照能斯特方程，溶液中某种离子发生电极反应的平衡电位 E_e 与该离子的活度 a 的对数成线性关系，在 25℃时：

$$E_e = E^{\ominus} + \frac{0.059}{n} \lg a \tag{3-23}$$

式中　$E^{\ominus}$——该电极反应的标准电极电位；

n——电极反应中转移的电子数。

在溶液中总的离子强度保持不变时，活度系数 γ 是常数，因此有：

$$E_e = E^{\ominus} + \frac{0.059}{n} \lg c \tag{3-24}$$

式中　c——该离子的浓度。

即 E_e 与该离子的浓度的对数成线性关系。

为了测量平衡电位 E_e，必须使用参比电极（如标准氢电极、饱和甘汞电极）与离子选择电极组成原电池，用高阻抗电压表测量电池的电动势。这个电动势就是相对于所用参比电极的电位。

离子选择电极测量仪器所用电压表必须有很高的输入阻抗（$10^8 \Omega$）、很高的精度（0.1mV），以保证溶液组分受到的影响可以忽略不计以及浓度测量的误差小于 1%。为了使测量标准化，仪器要有定位测量系统，以消除温度的影响。

先用已知浓度的对比溶液进行测量，可以作出标定曲线。根据未知浓度溶液所测得的电动势，在标定曲线上就可以求出被测离子的浓度。

3.9.3　极谱分析

极谱法是电化学研究中一种极为有用的手段，在腐蚀试验中，可以用极谱法分析溶液中被腐蚀金属的离子含量。

利用面积很小的滴汞电极作为阴极，用面积很大的液汞电极（或甘汞电极）作为阳极，在待测溶液中组成电解池（图 3-21）。通过外加电流，测量外加电压与极化电流之间的"分解电压曲线"，根据所得曲线就可以对待测溶液中的物质进行定性和定量分析。

滴汞电极有许多优点。首先，重现性好。其次，由于滴汞电极是"微电极"，通过电解池的电流往往很小，可以不考虑因电解而引起的电极活性物质的浓度变化（除非电解时间特别长，或溶液体积特别小）。此外，滴汞电极比辅助电极（液汞）面积小得多，故电解时只有滴汞电极上出现极化。如果溶液中的欧姆电势降很小，则可以认为外加电压的变化全部用于极化滴汞电极。在这种情况下，"分解电压曲线"实际上与滴汞电极的"极化曲线"完全一致，即辅助电极亦可作为参比电极。

被测金属离子在滴汞电极上发生还原反应，当反应完全被浓度极化控制而达到稳态时，滴汞电极的电位为：

$$E = E_{1/2} + \frac{2.3RT}{nF} \lg \frac{i_d - i}{i} \qquad (3-25)$$

式中　i_d——极限扩散电流密度；

　　　i——极化电流；

　$E_{1/2}$——当极化电流 $i = i_d/2$ 时的极化电位，称为半波电位；

　　　R——气体常数；

　　　T——温度；

　　　n——电极反应中转移的电子数；

　　　F——法拉第常数。

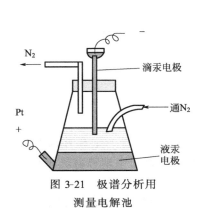

图 3-21　极谱分析用
测量电解池

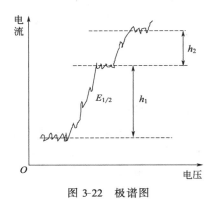

图 3-22　极谱图

极化曲线的形式如图 3-22 所示，一般称为极谱图。每一个"∫"形式的曲线段称为一个极谱波，其对应的电位即为半波电位 $E_{1/2}$，h 称为波高，对应于被测离子还原反应的极限扩散电流密度。

当温度和支持电解质一定时，半波电位完全由还原物质的本性所决定，而与其浓度无关（表 3-5）。而且当溶液中存在几种可被还原的物质时，极谱图上也会相应显示各个极谱波。因此，半波电位是极谱定性分析的基础，依据极谱图上的半波电位值就可以鉴别溶液中所含离子的种类。

表 3-5　离子还原反应的半波电位　　　　　　　　　　　　　　单位：V

离子	在中性或酸性溶液中	在 1mol/L 碱性溶液中	在 1mol/L KCl 溶液中
Ca^{2+}	−2.23	−2.23	—
Na^+	−2.15	−2.15	—
K^+	−2.17	−2.17	—

续表

离子	在中性或酸性溶液中	在 1mol/L 碱性溶液中	在 1mol/L KCl 溶液中
NH_4^+	-2.07	-2.17	—
Fe^{2+}	-1.33	-1.56	—
Zn^{2+}	-1.06	-1.53	—
Co^{2+}	-0.63	-0.80	-1.15
Pb^{2+}	-0.46	-0.81	-0.74
Ni^{2+}	-1.09	—	-1.42
H^+	-1.6	—	—

极谱波的波高是极谱定量分析的基础，按照伊尔科维奇方程，极限扩散电流密度 i_d 与溶液本体中被测离子的浓度 c 成正比：

$$i_d = kc \tag{3-26}$$

比例常数 k 既与还原离子的扩散系数有关，又与滴汞流入的速度和滴落时间有关。显然，测出了极谱波的波高，就可以求得溶液中被测离子的浓度，具体作法则有好几种。

3.9.4　腐蚀产物的检查

在腐蚀试验中，检查腐蚀产物是一项重要内容，特别是金属的高温氧化和钝化研究，检查腐蚀产物更是必不可少的。这对于弄清腐蚀机理、探索腐蚀规律、发展新型耐蚀材料、制定腐蚀控制措施都有重大意义。

检查腐蚀产物的目的有：

① 鉴定腐蚀产物的组成。

② 观察腐蚀产物的形态。

一般来说，不同试验目的要求使用不同的技术。不过有些技术可以给出这两方面的信息。

表 3-6 列出了检查腐蚀产物的一些技术，在试验工作中究竟选择什么样的技术，要根据需要的资料、腐蚀产物的性质、可以利用的手段而定。在很多情况下，可能要使用一种以上的技术。

表 3-6　检查腐蚀产物的技术

鉴定组成	观察形态
化学分析	光学显微镜
X 射线衍射	硬度测量
高能电子衍射	透射电子显微镜
低能电子衍射（LEED）	扫描电子显微镜
X 射线荧光分析	场发射显微镜
电子探针显微分析	场离子显微镜
X 射线光电子能谱分析	X 射线衍射和电子衍射
质谱技术	
穆斯堡尔效应	

在表面膜研究中，试验目的的确定以后，技术的选择一般来说取决于膜的厚度。对于很薄的膜，可使用场离子显微镜、低能电子衍射、掠射角高能电子衍射等技术研究膜的组成、取向等等。对于稍厚一点的薄膜，高能电子衍射、场发射显微镜、透射电子显微镜可以提供需

要的资料。比较厚的膜，很多技术都可满足要求。

对于研究工程材料腐蚀行为的大多数试验人员来说，他们的对象属于厚膜范围。要对腐蚀产物进行足够完整的检查，可以用光学显微镜与扫描电子显微镜研究氧化物形态，用 X 射线衍射鉴定大块化合物，用电子显微探针分析研究氧化物内和金属-氧化物界面上组成的变化。化学分析则可为 X 射线及电子技术的鉴定目标提供指示。

3.10 腐蚀数据处理

腐蚀试验通常都需要进行一定数量的平行试验，因此所得数据也需要进行必要的处理，常用方法主要有统计处理法和回归处理法。

3.10.1 统计处理

3.10.1.1 误差

在各种试验工作中，被测量的实测值与真实值之间的差异叫做误差。造成误差的原因很多，按误差的性质可以分为系统误差、偶然误差和粗大误差三类。

系统误差是由固定不变的或者按确定规律变化的运算造成的。在相同条件下测量时，系统误差的绝对值和符号保持不变；试验条件改变时，系统误差按确定规律变化。

粗大误差（粗差）是指由于测量人员读错数或者测量条件意外改变而造成的、明显歪曲测量结果的误差。包含粗差的测量值必须剔除，否则将影响试验结果。

在相同的试验条件下，多次测量同一量时，其绝对值和符号都以不可预定的方式变化的误差叫做偶然误差（或称随机误差）。偶然误差可能由测量装置、环境和操作人员几个方面的原因造成。偶然误差的出现虽然不能预计，但其总体具有统计规律性。

下面主要讨论偶然误差。

大多数的偶然误差都服从正态分布。用 δ 表示偶然误差，$f(\delta)$ 表示偶然误差的分布密度，其函数关系为图 3-23 表示的曲线，数学表示式为：

$$f(\delta) = \frac{1}{\sigma\sqrt{2\pi}}\exp\left(-\frac{\delta^2}{2\sigma^2}\right) \tag{3-27}$$

由分布函数和图 3-23 知，偶然误差的特点是：绝对值小的误差出现次数多，随着 $|\delta|$ 增大，出现次数减少；正负误差的分布是对称的，因而具有抵消性。

式(3-27) 中的 σ 称为标准差，或称均方根误差，它决定了分布曲线的形状。如果 σ 较小，则分布曲线高而陡，即绝对值小的误差占很大优势，测量精度较高。如果 σ 较大，则分布曲线低而平，误差分布变宽，测量精度较低。

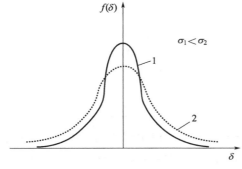

图 3-23 偶然误差的正态分布曲线

3.10.1.2 算数平均值和标准差

失重腐蚀试验都要用几块平行试样，虽然严格控制试样和介质条件相同，但由于存在偶然误差，得到的失重腐蚀速率是不同的。用 $x_1, x_2, x_3 \cdots x_n$ 表示几个测量值，则算数平均值为：

$$\overline{x} = \frac{\sum\limits_{i=1}^{n} x_i}{n} \tag{3-28}$$

用式(3-28)求出的腐蚀速率与真实的腐蚀速率最为接近。当试样无限增多时,算数平均值 $\overline{x}$ 趋向于真实值。

每个测量值的剩余误差(或称残差)为:

$$v_i = x_i - \overline{x}(i = 1, 2, 3, \cdots, n) \tag{3-29}$$

因为真实值是未知的,而实际的测量值总是有限的,因此,只能由测量值对算数平均值的剩余误差来估算单次测量的标准差。这样算得的标准差常用 s 表示,即:

$$s = \sqrt{\frac{\sum_{i=1}^{n} v_i^2}{n-1}} \tag{3-30}$$

它表示在这 n 个测量值中,单次测量不可靠性的大小。式中,$n-1$ 为自由度。

算数平均值的标准差 $s_{\overline{x}}$ 比单次测量的标准差 s 小 $\sqrt{n}$ 倍,故:

$$s_{\overline{x}} = \frac{s}{\sqrt{n}} = \sqrt{\frac{\sum_{i=1}^{n} v_i^2}{n(n-1)}} \tag{3-31}$$

$s_{\overline{x}}$ 表示算数平均值的不可靠性。可见测量次数愈多,算数平均值就愈接近真实值。

3.10.1.3　置信限

正态分布曲线下的全部面积等于 1(即全部误差出现的概率),而偶然误差在 $-\delta$ 到 $+\delta$ 范围内的概率为:

$$P(\pm\delta) = \int_{-\delta}^{+\delta} f(\delta) \mathrm{d}\delta = \frac{1}{\sigma\sqrt{2\pi}} \int_{-\delta}^{+\delta} \exp\left(\frac{\delta^2}{-2\sigma}\right) \mathrm{d}\delta \tag{3-32}$$

计算可得,$\pm\sigma$ 范围内误差的概率为 0.683,在 $\pm2\sigma$ 范围内误差的概率为 0.954,$\pm3\sigma$ 范围内误差的概率为 0.977,即超出 $\pm3\sigma$ 的误差只占 0.3%。所以,通常可以取 3σ 为误差极限。

引入新变量 t:

$$t = \frac{\delta}{\sigma}, \delta = t\sigma \tag{3-33}$$

经变换,得出:

$$P(\pm\delta) = \frac{2}{\sqrt{2\pi}} \int_0^t \exp\left(-\frac{t^2}{2}\right) \mathrm{d}t = 2\varphi(t) \tag{3-34}$$

取定 t 值,就可以得到偶然误差在 $-t\sigma$ 到 $+t\sigma$ 范围内的概率 $2\varphi(t)$,或误差超出这个范围的概率 $\alpha = 1 - 2\varphi(t)$。α 称为显著度,P 称为置信概率,t_α 称为显著度等于 $1-P$ 的置信系数。取定 α,根据自由度 $n-1$ 可以由专门的 t 分布表查到 t_α 的数值。

于是,算数平均值 $\overline{x}$ 的不确定度 δ_{lim}(又称为置信限)用 t_α 和标准差 $s_{\overline{x}}$ 的乘积计算:

$$\delta_{\mathrm{lim}} = t_\alpha s_{\overline{x}} \tag{3-35}$$

最后测量结果表示为:

$$x = \overline{x} \pm \delta_{\mathrm{lim}}$$

$$= \overline{x} \pm t_\alpha \frac{s}{\sqrt{n}} = \overline{x} \pm t_\alpha \sqrt{\frac{\sum_{i=1}^{n} v_i^2}{n(n-1)}} \tag{3-36}$$

这就是说,x 的测量值落在 $\overline{x} - \delta_{\mathrm{lim}}$ 到 $\overline{x} + \delta_{\mathrm{lim}}$ 范围内的概率为 P。

由 t 分布表可知，取 P 等于 0.99，当自由度较大（即测量次数 n 较大）时，t 小于 3 而接近于 3，故可以近似取 $t=3$，所以上面的 δ_{lim} 即误差极限。

如果已知标准差 s 的数值，也可以根据要求的 δ_{lim} 估计所需要的平行试样个数。

3.10.1.4 系统误差和粗大误差

(1) 系统误差的鉴别

系统误差往往较大，必须消除系统误差，才能有效地提高测量精度。观察测量值的剩余误差，可以判断是否存在系统误差。如果剩余误差大体上是正负相间，且无显著变化规律，则一般不存在系统误差。如果剩余误差有规律地递增或递减，且测量开始与结束时误差符号相反，则存在线性系统误差。如果剩余误差有规律地逐渐由负变正再由正变负，且循环交替地重复变化，则存在周期性系统误差。系统误差也可能同时表现出线性变化和周期变化。

将剩余误差分为前后两个部分（如果 n 为偶数，取两部分相等；如 n 为奇数，取前部分多一个）。如果前后两部分剩余误差之和的差值 Δ 显著不为零，那么应怀疑测量值存在系统误差。当判断测量值存在系统误差时，就应当采取措施予以消除。

(2) 粗大误差的剔除

粗大误差的数值比较大，会对测量结果产生明显的歪曲。含粗大误差的测量值称为坏值（或者异常值），应当鉴别出来，并剔除掉。

判断粗大误差的最简单准则是将剩余误差 v_i 和 3σ 比较，如果某个测量值的剩余误差满足：

$$|v_i| > 3\sigma$$

那么该测量值 v_i 含有粗大误差，是坏值。

较精细的判断方法是 Grabbs 准则，在计算出 n 个测量值的算数平均值和标准差 s 以后，将各个测量值按大小顺序排列起来，最小者记为 $x(1)$，最大者记为 $x(n)$，计算：

$$g(1) = \frac{\overline{x} - x(1)}{s}$$

$$g(n) = \frac{x(n) - \overline{x}}{s}$$

取定显著度 α（一般为 0.05 或者 0.01），由表查出临界值 $g_0(n, \alpha)$，将 $g(1)$ 和 $g(n)$ 中较大的一个 $g(i)$ 与 $g_0(n, \alpha)$ 比较，当 $g(i) \geq g_0(n, \alpha)$，则该测量值包含粗大误差，是坏值，应当予以剔除。剩下的 $n-1$ 个测量值再计算算数平均值和标准差，按上述步骤进行比较，直到把含有粗大误差的坏值全部剔除。

Q 检验法也是一个常用的简便方法。

3.10.1.5 函数的误差

在间接测量中，需要用直接测量的量的误差表示间接测量的量的误差。设 y 是 x_1，$x_2, \cdots, x_m$ 的函数：

$$y = f(x_1, x_2, \cdots, x_m) \tag{3-37}$$

则有：

$$dy = \frac{\partial f}{\partial x_1} dx_1 + \frac{\partial f}{\partial x_2} dx_2 + \cdots + \frac{\partial f}{\partial x_m} dx_m \tag{3-38}$$

(1) 系统误差

设 $\Delta x_1, \Delta x_2, \cdots, \Delta x_m$ 分别是测量 $x_1, x_2, \cdots, x_m$ 的系统误差。用 Δx 代替微分 dx，得

到 y 的系统误差 Δy：

$$\Delta y = \frac{\partial f}{\partial x_1}\Delta x_1 + \frac{\partial f}{\partial x_2}\Delta x_2 + \cdots + \frac{\partial f}{\partial x_m}\Delta x_m \tag{3-39}$$

此式称为系统误差传递公式。

（2）偶然误差

设 $x_1, x_2, \cdots, x_m$ 的标准差为 $s_1, s_2, \cdots, s_m$，而且这些标准差是相互独立的，且测量次数比较大，则 y 的标准差 s_y 可以由式（3-40）计算：

$$s_y^2 = \left(\frac{\partial f}{\partial x_1}\right)^2 s_1^2 + \left(\frac{\partial f}{\partial x_2}\right)^2 s_2^2 + \cdots + \left(\frac{\partial f}{\partial x_m}\right)^2 s_m^2 \tag{3-40}$$

同样，如果 $x_1, x_2, \cdots, x_m$ 的极限误差为 $\delta_{\lim}(x_1), \delta_{\lim}(x_2), \cdots, \delta_{\lim}(x_m)$，则 y 的极限误差为：

$$\delta_{\lim}^2(y) = \left(\frac{\partial f}{\partial x_1}\right)^2 \delta_{\lim}^2(x_1) + \left(\frac{\partial f}{\partial x_2}\right)^2 \delta_{\lim}^2(x_2) + \cdots + \left(\frac{\partial f}{\partial x_m}\right)^2 \delta_{\lim}^2(x_m) \tag{3-41}$$

式（3-40）和式（3-41）称为偶然误差的传递公式。

3.10.2 回归分析

3.10.2.1 一元线性回归

设变量 x 和 y 之间服从线性关系式：

$$y = ax + b \tag{3-42}$$

但 a 和 b 是未知的，需要通过试验测量 x、y 的数值来确定。

进行 n 次测量，得到一系列数据：

$$x_1, x_2, \cdots, x_n$$
$$y_1, y_2, \cdots, y_n$$

按最小二乘法，a、b 的最佳值应满足偏差平方和最小的条件。

偏差平方和 Q 为：

$$Q = \sum(y - ax - b)^2 \tag{3-43}$$

（注意：上式中的 $\sum$ 表示对 i 从 1 到 n 求和，x 和 y 的下标 i 省略了。以下相同，不再说明。）

使 Q 最小的条件是 $\dfrac{\partial Q}{\partial a} = 0$，$\dfrac{\partial Q}{\partial b} = 0$。由此得出：

$$\begin{cases} a\sum x + nb = \sum y \\ a(\sum x^2) + b\sum x = \sum xy \end{cases} \tag{3-44}$$

解此联立方程，得到 a 和 b 的最佳值：

$$\begin{cases} a = \dfrac{n\sum xy - (\sum x)(\sum y)}{n\sum x^2 - (\sum x)^2} \\ b = \dfrac{(\sum x^2)(\sum y) - (\sum x)(\sum y)}{n\sum x^2 - (\sum x)^2} \end{cases} \tag{3-45}$$

引入 x、y 的算数平均值 $\overline{x}$、$\overline{y}$，上面的结果可以写成：

$$\begin{cases} a = \dfrac{\sum(x - \overline{x})(y - \overline{y})}{\sum(x - \overline{x})^2} \\ b = \overline{y} - \overline{ax} \end{cases} \tag{3-46}$$

使用符号：

$$
\begin{cases}
L_{xx} = \sum (x - \bar{x})^2 = \sum x^2 - \dfrac{1}{n}(\sum x)^2 \\[2mm]
L_{yy} = \sum (y - \bar{y})^2 \\[2mm]
L_{xy} = \sum (x - \bar{x})(y - \bar{y}) = \sum xy - \dfrac{1}{n}(\sum x)(\sum y)
\end{cases}
\tag{3-47}
$$

则可以将 a 的计算式简写为：

$$
a = \frac{L_{xy}}{L_{xx}}
\tag{3-48}
$$

3.10.2.2 非线性方程回归

一些非线性方程可以通过变量代换转变为线性方程，比如金属高温氧化的抛物线方程：

$$
h = kt^{\alpha}
\tag{3-49}
$$

式中，h 为氧化膜厚度；t 为试验时间；k 和 α 为参数。需要通过测量一系列时刻 t 的 h 值来确定参数 k 和 α。方程两边取对数，并令：

$$
y = \lg h, \quad x = \lg t
\tag{3-50}
$$

得到线性方程式：

$$
\begin{aligned}
y &= ax + b \\
a &= \alpha \\
b &= \lg k
\end{aligned}
\tag{3-51}
$$

按上段的方法进行线性回归，可以求出 a 和 b，再换算得到 k 和 α。

又如"两点法"求腐蚀电流的公式：

$$
i_{\mathrm{cor}} = \frac{i_+ |i_-|}{i_+ - |i_-|}
\tag{3-52}
$$

两边取倒数，并令：

$$
x = \frac{1}{i_+}, \quad y = \frac{1}{|i_-|}
\tag{3-53}
$$

得到线性方程式：

$$
\begin{aligned}
y &= ax + b \\
a &= 1 \\
b &= \frac{1}{i_{\mathrm{cor}}}
\end{aligned}
\tag{3-54}
$$

使用线性回归方法可以求出 a 和 b，由 b 得到腐蚀电流密度 i_{cor}，由 a 的数值可以判断腐蚀体系是否符合"两点法"的前提。

另一些非线性方程不能用变量代换转变为一元线性方程式，比如：

$$
y = ax^2 + bx + c
\tag{3-55}
$$

偏差平方和为：

$$
Q = \sum (y - ax^2 - bx - c)^2
\tag{3-56}
$$

由 $\dfrac{\partial Q}{\partial a} = 0$，$\dfrac{\partial Q}{\partial b} = 0$，$\dfrac{\partial Q}{\partial c} = 0$，可以得出：

$$\begin{cases} a\sum x^4 + b\sum x^3 + c\sum x^2 = \sum x^2 y \\ a\sum x^3 + b\sum x^2 + c\sum x = \sum xy \\ a\sum x^2 + b\sum x + cn = \sum y \end{cases} \qquad (3\text{-}57)$$

这是关于系数 a、b、c 的线性方程式。计算出 $\sum x$、$\sum x^2$、$\sum x^3$、$\sum x^4$、$\sum y$、$\sum xy$、$\sum x^2 y$，解此线性方程式，可以求出 a、b、c。

3.10.2.3　回归方程的方差分析

在上面计算回归直线的过程中，并不要求 x 和 y 之间一定要有线性关系。即对 x、y 的一系列测量数据，利用最小二乘法都可以拟合一条直线，使测量点对回归直线的偏差平方和最小。因此，在作出回归直线以后，还需要分析 x 和 y 之间线性关系的密切程度。另外，还需要确定所得回归直线的精度。

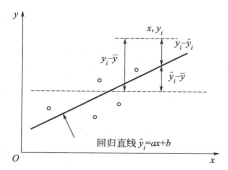

图 3-24　y 的离差的分解

如图 3-24 所示，设 x 的测量值是精确的，y 的测量值 y_i 对算数平均值 $\overline{y}$ 的离差（$y_i - \overline{y}$）的平方和为：

$$S = \sum (y_i - \overline{y})^2 \qquad (3\text{-}58)$$

由于：

$$y_i - \overline{y} = (y_i - \widehat{y}_i) + (\widehat{y}_i - \overline{y}) \qquad (3\text{-}59)$$

故平方和 S 可以分为两个部分：

$$S = \sum (\widehat{y}_i - \overline{y})^2 + \sum (y_i - \widehat{y}_i)^2 \qquad (3\text{-}60)$$

其中：

$$\widehat{y}_i = ax_i + b \qquad (3\text{-}61)$$

$\widehat{y}_i$ 是对应于 x_i 用回归直线计算的 y 值，故式(3-60)中后一项即为偏差平方和（或者称为剩余平方和）：

$$Q = \sum (y - \widehat{y})^2 = \sum (y - ax - b)^2 \qquad (3\text{-}62)$$

Q 反映测量点对回归直线的偏差大小，即回归直线的精度。Q 相当于正交设计中的 $S_{误}$。前一项为：

$$U = \sum (\widehat{y} - \overline{y})^2 = \sum (ax + b - \overline{y})^2 \qquad (3\text{-}63)$$

U 称为回归平方和，反映当 x 变化时由于 y 和 x 的线性关系而引起的 y 的变化，即反映 y 与 x 之间线性关系的密切程度。

引用前面的符号，可得：

$$S = L_{yy} \qquad (3\text{-}64)$$
$$U = a^2 \sum (x - \overline{x})^2 = a^2 L_{xx}$$
$$Q = L_{yy} - a L_{xy}$$

因为测量点的数目为 n，故 S 的自由度为 $n-1$；y 和 x 中只有一个自变量，故 U 的自由度为 1；Q 的自由度为 S 和 U 的自由度之差，即 $n-2$。

方差（也称均方）定义为平方和 S 与自由度的比值，即标准差的平方。所以，U 和 Q 的方差分别为：

$$\text{回归方程 } \sigma^2(U) = U$$

$$剩余方差 \ \sigma^2(Q) = \frac{Q}{n-2} \tag{3-65}$$

前面已指出，x 和 y 之间是否存在线性关系需要进行检验，检验的方法有：F 检验和相关系数检验。

(1) F 检验

计算统计量 F：

$$F = \frac{\sigma^2(U)}{\sigma^2(U)} = (n-2)\frac{U}{Q} \tag{3-66}$$

再查 F 分布表中的临界值 $F_\alpha(f_1, f_2)$。α 为显著性水平（或置信水平），f_1、f_2 分别为 U 和 Q 的自由度，即 1 和 $n-2$。

当 $F \geqslant F_{0.01}(1, n-2)$，则线性关系高度显著。

当 $F_{0.01}(1,n-2) > F \geqslant F_{0.05}(1,n-2)$，则线性关系显著。

当 $F_{0.05}(1,n-2) > F \geqslant F_{0.1}(1,n-2)$，则线性关系比较显著。

当 $F < F_{0.1}(1,n-2)$，则线性关系不显著。

所以，F 检验法的实质是将 x 改变引起的 y 的变化与试验误差引起的 y 的变化分解开并进行比较，从而确定线性关系的显著程度。

(2) 相关系数检验

计算相关系数：

$$R^2 = 1 - \frac{\sum(y-\hat{y})^2}{\sum(y-\overline{y})^2} = 1 - \frac{Q}{S}$$

$$= \frac{aL_{xy}}{L_{yy}} = \frac{L_{xy}^2}{L_{xx}L_{yy}} \tag{3-67}$$

$|R|$ 愈接近于 1，说明线性关系愈显著。当 $|R| = 1$，说明所有数据点在一条直线上。同样，查相关系数临界值，可以判断线性关系的显著程度。

【例】 金属试样高温氧化试验数据列于表 3-7，求氧化膜生长曲线方程式。

表 3-7　镁在 503℃ 的氧化实验数据

氧化时间/h	10	20	30	40	50	60	70
试样增重/(mg/cm²)	0.50	1.15	1.40	2.00	2.35	3.15	3.35

以氧化时间为自变量 x，试样增重量为因变量 y，按上述公式计算得出：

$$L_{xx} = 2800 \qquad L_{xy} = 135 \qquad L_{yy} = 6.599$$
$$a = 0.048 \qquad b = 0.057$$

所以，x 和 y 之间可以用线性方程式表示：

$$y = 0.048x + 0.057 \tag{3-68}$$

F 和 R 值为：

$$F = 363.05 \qquad R = 0.993$$

查 $F_{0.01}(1,5) = 16.26$，$R_{0.01}(2,5) = 0.874$，知 x 与 y 之间的线性关系高度显著，即镁在 503℃ 高温氧化符合线性规律。

3.10.2.4 多元线性回归

如将一元线性方程写成：

$$y = A_0 + A_1 x \tag{3-69}$$

记：

$$\begin{cases} L_{00} = L_{yy} = \sum (y - \overline{y})^2 \\ L_{11} = L_{xx} = \sum (x - \overline{x})^2 \\ L_{01} = L_{xy} = \sum (x_1 - \overline{x}_1)(y - \overline{y}) \end{cases} \tag{3-70}$$

则计算 A_0、A_1 的公式改写为：

$$A_1 = \frac{L_{01}}{L_{11}}, A_0 = \overline{y} - A_1 \overline{x}_1 \tag{3-71}$$

对多元线性方程：

$$y = A_0 + A_1 x_1 + A_2 x_2 + \cdots + A_m x_m \tag{3-72}$$

$$\begin{cases} L_{00} = \sum (y - \overline{y})^2 \\ L_{0i} = \sum (x_i - \overline{x}_i)(y - \overline{y}) \quad (i = 1, 2, \cdots, m) \\ L_{ij} = \sum (x_i - \overline{x}_i)(x_j - \overline{x}_j) \quad (i = 1, 2, \cdots, m; j = 1, 2, \cdots, m) \end{cases} \tag{3-73}$$

计算得线性方程组：

$$\begin{cases} L_{11} A_1 + L_{12} A_2 + \cdots + L_{1m} A_m = L_{01} \\ L_{21} A_1 + L_{22} A_2 + \cdots + L_{2m} A_m = L_{02} \\ \cdots\cdots \\ L_{m1} A_1 + L_{m2} A_2 + \cdots + L_{mm} A_m = L_{0m} \end{cases} \tag{3-74}$$

解此线性方程组可得 $A_1, A_2, \cdots, A_m$。

A_0 由下式计算：

$$A_0 = \overline{y} - \sum_{k=1}^{m} A_k \overline{x}_k \tag{3-75}$$

回归平方和：

$$U = \sum_{k=1}^{m} A_k L_{0k} \tag{3-76}$$

剩余平方和：

$$Q = \sum (y - \hat{y})^2 = L_{00} - U \tag{3-77}$$

利用 U 和 Q 计算 F 值和 R 值的公式同一元线性方程。

$$F = \frac{U(n - m - 1)}{Qm}$$

$$R^2 = \frac{U}{L_{00}} \tag{3-78}$$

第4章
实验室常规模拟腐蚀试验

实验室模拟腐蚀试验方法主要包括静态浸泡腐蚀试验、动态浸泡腐蚀试验、薄液膜腐蚀试验、氧化腐蚀试验、控温腐蚀试验以及燃气腐蚀试验等，适用于不同的试验用途。本章主要介绍各种腐蚀试验的基本原理、试验装置、试验方法及数据处理方法等。

4.1　静态浸泡腐蚀试验

4.1.1　全浸腐蚀试验

全浸腐蚀试验是将试样完全浸泡在腐蚀溶液中。这种试验简单，控制温度、流速、充气状态等影响因素都比较容易，不仅适用于全面腐蚀，也适用于局部腐蚀，因此应用最多。

图 4-1 是全浸腐蚀试验中安放试样的几种方式。试样可以斜放、平放、垂直悬挂，也可以作为容器的底。平放的优点是可以用水浸物镜配合显微镜观察试验过程中试样表面的变化，但上下表面处于不同的暴露条件。垂直悬挂的方法简单。有的试验者在容器侧壁安装平面玻璃窗，以便用显微镜观察。

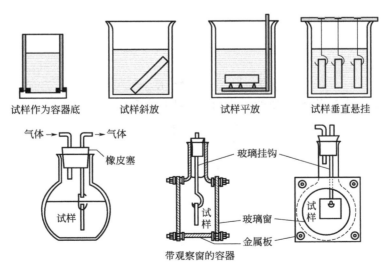

图 4-1　全浸腐蚀试验中安放试样的方式

全浸腐蚀试验中控制温度、流速、充气情况的方法已如第 2 章所述，具体试验条件则应当根据试验目的和腐蚀体系情况而定。

在金属腐蚀受溶液中氧扩散控制的体系中，试样浸泡深度是一个重要的影响因素。安放试样时应注意各试样浸没深度应相同，且在液面下的最小深度应不低于2cm。

4.1.2　半浸腐蚀试验

半浸腐蚀试验中试样只有一部分浸没在溶液中，另一部分暴露在气相中。半浸腐蚀试验对研究水线腐蚀有特殊价值。水线腐蚀在实际生产设备中是很普遍的，如贮存液体的容器、海洋中的钢桩等构件，都发生水线腐蚀问题。

半浸腐蚀试验时必须保持液面恒定，从而使试样的水线位置固定不变。如果溶液因蒸发而减少，应进行补充。在一般试验中，可以用人工添加蒸馏水（或去离子水）进行调节。在某些试验中要求比较精确地控制液面，已设计了各种自动添加溶液、保持液面恒定的装置。在图4-2中，当活塞8关闭时，空气通过玻璃管进入下口瓶，借助管下端特殊的端部使瓶中的蒸馏水以恒定压力供给腐蚀试验容器。这种补充是自动的，并且腐蚀容器的液面始终控制在玻璃管端头弯勾的水平面上。虹吸管的开口端口径应尽量小，以减小腐蚀溶液向总管线的扩散。

另外，水线上下两部分试样的面积之比应当保持恒定，试样的支承点最好安排在溶液外面，这样可避免接触处造成加速腐蚀破坏。图4-3是美国腐蚀工程师协会NACE推荐的多用途浸泡试验装置。通过专门设计的试样支架可以同时或分别进行全浸、半浸、气相腐蚀试验。至于温度、相对运动、充气或除氧等暴露条件，可根据试验要求而定。

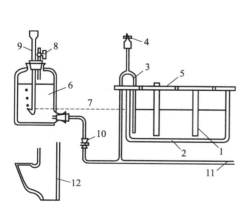

图 4-2　恒定液面固定装置

1—试样；2—试验容器；3—虹吸管；4,8,10—活塞；
5—盖子；6—下口瓶；7—溶液平面；9—玻璃管；
11—连接其他容器的管子；12—管端头

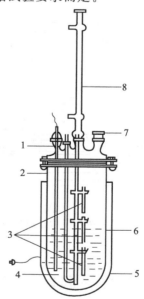

图 4-3　多用途浸泡试验装置

1—热电偶孔；2—烧瓶；3—试样；
4—进气管；5—加热套；6—液面；
7—备用接口；8—回流冷凝器

4.1.3　间浸腐蚀试验

间浸腐蚀试验是将试样在腐蚀溶液中交替地浸入和浮出。这种试验的目的是模拟处于干湿交替状态的设备所遭遇的腐蚀条件，比如容器或贮槽中液面升降时就发生这样的干湿交替变化。间浸腐蚀试验中必须合理设计浸入周期和浮出周期。一旦选定后就应当在连续试验中保持不变。同时，温度和湿度也要恰当，使试样在连续循环中有恒定的干燥速度，从而在浮出后暴露于大气的周期中有恒定的湿润时间和干燥时间。改变浸入和浮出时间的长短就可以控制试样表面的干湿变化。有时在浮出周期中使用加热方法促进试样干燥。浸入和浮出时间的比例应根据试验目的而定，一般在 1∶1～1∶10 的范围。

　　实现间浸的装置可分为两种。一种是试验溶液不动，而将试样安装在吊钩上或者适当的框架中，用机械传动的方法使试样交替地上升和下降，旋转鼓型间浸试验装置就是其中的典型。在图 4-4 中，非金属圆盘上的径向沟槽供安装窄条形试样，或安装陶瓷的试样支架（应力腐蚀试验）。下方是盛腐蚀液的贮槽。当鼓架转动时，试样便交替地浸入溶液然后从溶液中浮出。这个装置的缺点是试样底部的湿润时间较长，因而表面腐蚀不均匀。由于溶液和腐蚀产物的滴落将造成试样彼此之间的影响。

　　另一种方法是试样固定不动，而使腐蚀试验溶液交替地上升和下降，这对于某些较为复杂的试验更方便。图 4-5 是一个例子，图中腐蚀溶液容器内安装应力腐蚀试验试样，腐蚀溶液装在贮存器内。空气泵产生的空气压力使腐蚀溶液上升到腐蚀容器内；切断空气泵后空气压力通过毛细管分压器泄放，腐蚀溶液再回到贮存器内。用定时钟控制空气泵的开启和切断，就可以达到使试样交替浸没的要求。

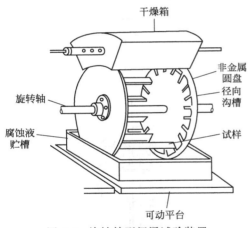

图 4-4　旋转鼓型间浸试验装置

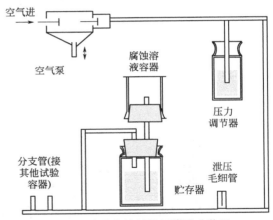

图 4-5　移动腐蚀剂的间浸试验装置

4.2　动态浸泡腐蚀试验

　　在强腐蚀体系中，由于腐蚀剂消耗过快或是腐蚀产物积累过多；或者在缓慢腐蚀体系中，由于一些微量组分浓度发生变化；或者是模拟实际情况，考察腐蚀介质和金属材料间相对运动及充气、去气等对腐蚀的影响，往往要求腐蚀过程中不断更新溶液或者是使试样-溶液界面产生相对运动。为此发展了动态浸泡试验。

4.2.1　溶液一般流动腐蚀试验

　　图 4-6 为最简单的连续更新溶液的装置，它是利用水位差的原理使高位槽中的溶液连续而缓慢地流过试验容器，从而使试验溶液不断得到更新。由此还可以发展出各种改型装置，

从而控制流速快慢、计量流速等。图 4-7 所示装置通过泵和管道将一个大容量贮液槽和试验容器连接起来，调整阀的排液流量可使试样处于不断更新的新鲜溶液环境中。

图 4-6 利用水位差原理更新溶液的腐蚀试验装置

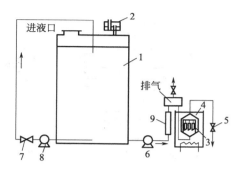

图 4-7 控制排液流量更新溶液的腐蚀试验装置
1—试验液槽；2—空气调整装置；3—试样；4—恒温器；5，7—流量调整阀；6—进水泵；8—搅拌泵；9—流量计

4.2.2 溶液循环流动腐蚀试验

为了计量试样表面的溶液流速，往往把试样固定在管道中，或者直接用试验材料制成管路系统中的一段管子，利用泵使溶液在其中循环流过。当只能用有限量溶液进行较长时间试验时，也经常采用循环溶液的试验。

最简单的方法是用注流泵使溶液循环流动（图 4-8）。注流泵在运行时，空气泡随同试验溶液一起被吸入低压容器中，从而使溶液不断充气。这种情况适用于中性或弱酸性敞开溶液体系，它可以不改变腐蚀过程的机理而加速腐蚀。

循环溶液试验需注意，如果溶液流速太大，可能会出于流体吸收了泵的搅动能而使液温显著升高；而且在泵的转子、流量阀及法兰处也容易产生空泡腐蚀。当用待试验材料管子构成循环回路时，不同

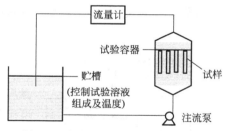

图 4-8 溶液循环流动腐蚀试验装置

材料的管段之间需绝缘隔开，这种管路系统也便于进行电化学测量。

4.2.3 溶液高速流动腐蚀试验

由于海水的高速冲刷，或金属结构件（如舰艇）在海水中高速运动，经常会遇到高速流动溶液造成的腐蚀破坏，其他腐蚀介质也有这种情况。高速转动金属试样的试验只能实现试样与溶液之间的高速相对运动，但其表面腐蚀形态甚至腐蚀机理都可能与纵向液流引起的结果不同。为直接研究高速流动溶液的腐蚀作用，可用图 4-9（a）中的试样支架，把试样放在一个固定尺寸的水道中并与喷嘴相连接，支架可用尼龙制造，用泵提供高压海水。若在试样上钻一小孔，就能在孔的下游处产生空泡作用，从而使比较软的金属产生空泡破坏。因此这种方法可以用于定性比较材料的抗空泡腐蚀性能。另外，也可把若干个这样的装置平行地连接在同一歧管上进行对比试验。

如图 4-9(b) 所示，在一个歧管上组合安装一系列具有不同尺寸小孔的试验小室，歧管为各个试验小室提供相同的恒定压力，改变小孔直径可在试样表面获得不同的流速。这种高流速在整个试样表面基本上是均匀分布的，速度差异效应很小。

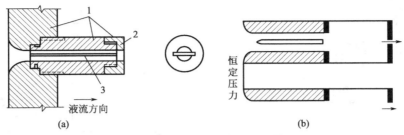

图 4-9　高速流动溶液试验的试样和支架（a）及试验不同流速作用的机构（b）
1—尼龙；2—试样固定环；3—试样

由于不同试验方法产生的流速作用不同，不可能在腐蚀速率与溶液流速之间找到一种绝对的相互关系。为了评定具有一定流速的流体对材料的作用，试验应能再现或模拟实际的流动状态。因此，最可靠的还是实物试验，可将试验材料直接制成泵、管子或阀在实际生产系统中试验。但为了缩短试验周期、节约费用，往往首先进行模拟试验，为此发展了各种用途的模拟装置。

4.2.4　转动金属试样的试验

溶液静止、试样旋转也是一种常用的产生相对运动的方法，转动金属试样的试验使用紧凑而容易操作的装置，可以获得很高的相对速度，在有限的试验溶液中就可实现高流速试验。

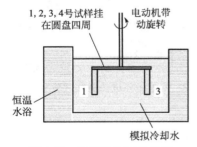

图 4-10　旋转挂片试验装置

这种试验有两类安装试样的结构，其一是旋转挂片试验装置（图 4-10），把普通试样安装在可以高速转动的圆盘周沿，电动机带动圆盘旋转，试样与溶液的相对运动速度由转速和圆盘直径决定。评定循环冷却水水处理剂常用旋转挂片试验。其二是旋转圆盘试验装置（图 4-11），将圆盘或圆柱试样与驱动轴垂直配置，并与心轴作同心圆周运动。根据转动轴和溶液液面的相对位置，两类装置试样的结构都可分为水平轴和垂直轴两种情况。

对于把试样安装在圆盘周沿的情况，水平轴转轮往往用于间浸腐蚀试验，通过改变轴线与液面的距离调整大气暴露与浸入时间的比例；垂直轴转轮可用于间浸和全浸腐蚀试验，由蜗轮蜗杆来调整干湿比。两者都通过改变转速来控制各个循环周期的总暴露时间。

对于旋转圆盘试样，借高速转动的心轴，可在圆盘端面距中心不同距离处得到不同的相对运动速度。改变旋转速度和圆盘直径可在圆盘试样上建立一系列不同的圆周速度。因此圆盘的旋转角速度及圆盘直径对试验结果有显著影响。角速度可影响溶液在周向和径向的流动，而离心力则影响到腐蚀产物的状态。但是，腐蚀破坏与旋转半径和角速度所决定的运动速度之间并无简单的定量关系。使用相同尺寸的圆盘试样和同样的旋转速度可以相对比较金属材料的耐蚀性，但要求试样足够大，以便能观察到临界速度范围。

旋转圆盘法在研究电极过程动力学和腐蚀机理方面得到了广泛应用。在电化学试验中，除旋转圆盘电极，还有旋转圆环电极、旋转圆盘-圆环电极等。

4.3　薄液膜腐蚀试验

在大气环境中，当可溶性盐粒与其他杂质经凝聚或吸附水分子等作用在金属表面聚集，并逐渐形成一层很薄的电解质层（薄液膜）时，金属在薄液膜层下的腐蚀行为与其完全浸入电解质下的腐蚀行为具有很大差异，甚至比全浸腐蚀程度更强。

4.3.1　薄液膜腐蚀试验装置

由于传质过程的差异，薄液膜条件下的电化学行为（特别是阴极还原行为）与本体溶液中存在明显的区别。除了传统电化学试验需要考虑的常规因素，如温度、压强、湿度等，精确控制电解池中的

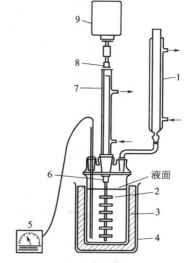

图 4-11　旋转圆盘试验装置

1—冷凝器；2—试样；3—加热套；4—不锈钢烧杯；5—液温高温计；6，8—聚四氟乙烯轴承；7—聚四氟乙烯冷凝器；9—电动机

液膜厚度和形状是薄液膜腐蚀试验的首要条件，薄液膜腐蚀试验装置应该满足能够测量和调整金属表面液膜厚度在微米以及更低范围的要求。另外，液膜非常薄（通常在几十到几百微米），极高的欧姆电势降和电极表面不均匀的电流分布等问题，很大程度上限制了电化学测试技术在薄液膜腐蚀研究中的应用。许多薄液膜腐蚀试验装置被设计并应用在大气腐蚀的研究中。这些装置可以大致分成两大类：大气腐蚀电池和受限制的薄层电池。

Stratmann 设计的薄液膜腐蚀试验装置如图 4-12 所示，用于测量电解质层厚度的铜针缓慢穿过气相、气液界面、液相直至接触到金属电极，同时采用电阻表测试探针和金属之间的电阻。若铜针接触液面，电阻突然从无穷大降至一个较高值；而当铜针接触到金属时，电阻值会再次下降。根据此原理来确定液膜厚度，精确度为 $\pm 1\mu m$。采用此装置，Stratmann 成功地将开尔文（Kelvin）探针应用于薄液膜的测试中，解决了参比电极引起的欧姆电势降问题。

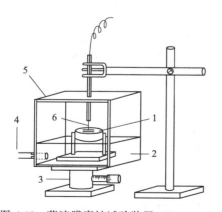

图 4-12　薄液膜腐蚀试验装置（Stratmann）

1—嵌入环氧树脂中的电极；2—与电极表面上的电解质层相同的溶液；3—具有千分尺的 Z-基座；4—溶液入口（出口）；5—腔室；6—用于测量电解质层厚度的铜针

Szunerits 在液滴中的腐蚀研究第一次使用了微米级的辅助电极和参比电极（$\phi = 250\mu m$），如图 4-13 所示。工作电极用 PTFE（聚四氟乙烯）包裹，Pt 辅助电极和参比电极相隔 0.5cm 嵌入填充环氧树脂的玻璃管中，留出 1cm 裸金属；通过三维定位系统精确控制辅助电极和参比电极嵌入液滴的位置；采用密封电解池和池底保留电解液来控制测试装置的温度和气氛。Remita 采用图 4-14 所示的测试装置，完成了金属在薄液

膜下的腐蚀研究，通过可吸水的聚乙烯膜来控制液膜厚度，装置允许气体向静态液膜扩散，可以测试浸泡不同液膜厚度的 K_2SO_4 溶液中圆盘状 316L 不锈钢的稳态阴极极限电流。此外，Katayama 通过控制大气腐蚀箱中的湿度比实现了在金属样品表面直接沉积固定的液滴（图 4-15），进行液滴下的薄液膜腐蚀试验。

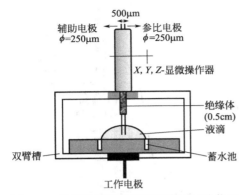

图 4-13　使用微液滴的薄液膜腐蚀试验装置
（Szunerits）

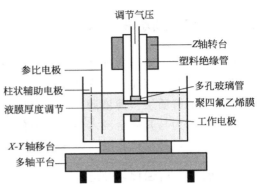

图 4-14　使用吸水膜的薄液膜腐蚀试验装置
（Remita）

　　国内浙江大学曹楚南院士和张鉴清教授团队、北京科技大学李晓刚教授团队、华中科技大学郭兴鹏教授团队、中国海洋大学王佳教授团队等也各自建立了薄液膜腐蚀试验装置，对多种金属及涂层在薄液膜下的腐蚀电化学行为进行了系统研究。这些装置大多采用螺旋测微器和电阻法实现液膜厚度和形状的控制，如图 4-16 所示。

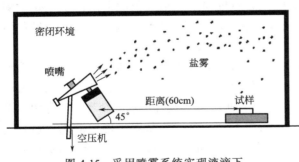

图 4-15　采用喷雾系统实现液滴下
薄液膜腐蚀试验装置（Katayama）

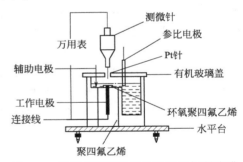

图 4-16　使用螺旋测微器和电阻法控制液膜
厚度和形状的薄液膜腐蚀试验装置（Cheng）

4.3.2　薄液膜腐蚀研究方法

　　薄液膜腐蚀的本质仍然是电化学性质，电化学原理、测量技术和数据处理方法原则上都可以应用。但是，传统电化学方法必须根据薄液层体系特点进行适应性改型才能获得可靠准确的数据。为了使少量的电解质均匀覆盖在电极工作表面，主要改进集中于减小工作电极、参比电极和辅助电极尺寸和距离，采用液膜覆盖的平整电极等以及发展非接触电位测量技术。其主要进展体现在大气腐蚀监测仪、Kelvin 探头参比电极技术、电化学阻抗谱技术、电化学噪声技术等。

（1）大气腐蚀监测仪

　　大气腐蚀监测仪（ACM）主要有两种类型：原电池 ACM 和电解池 ACM。原电池 ACM

由不同金属组成电偶电池，主要是测量 ACM 金属表面润湿时间和电偶腐蚀电流及评价大气环境腐蚀性；电解池 ACM 由 2 组或 3 组相同金属电极组成，用外部电源进行极化，可测量极化曲线和电化学阻抗谱等。

双电极电偶型 ACM 的测量是基于腐蚀电化学的原电池原理，通过测定薄液膜层下电化学电池的电偶电流信号即可反映金属的瞬时腐蚀速率。

尽管 ACM 技术在大气腐蚀润湿时间测量、大气腐蚀影响因素分析和大气腐蚀监测方面取得了较多成果，但在薄液膜下金属腐蚀基础研究方面取得的成果不多，主要原因是薄液膜的溶液电阻影响、电流和电位不均匀分布影响，液层组成随液膜厚度同时变化导致数据分析困难。

（2）Kelvin 探头参比电极技术

在 Kelvin 探头参比电极技术中，通常使用振动电容的方式，利用探头振动测定得到金属表面自由能，该技术也叫非接触参比电极或是振动电容技术。它可以对金属或者半导体采用原位无接触的方式检测到表面分布的腐蚀电位，它能够有效地检测出体系界面状态发生的细微改变，提供部分区域信息，优于其他的电化学测试方法。

（3）电化学阻抗谱技术

电化学阻抗谱是在稳定常态的电极反应过程中测量得到的阻抗谱，它在一定频率的范围内采用小振幅的正弦交流信号来扰动电解池，在稳态时对整个体系随着扰动的变化情况进行观察，同时对电极的交流阻抗进行测试。

（4）电化学噪声技术

随着电化学动力系统的演化，电极电位、电流密度等电学状态参照量发生了无规律的、非平衡变化的现象称为电化学噪声。该检测方法能够进行原位检测，且在检测过程中具有无损无干扰等特点，当材料存在均匀腐蚀或者局部腐蚀时，均可以利用电化学噪声技术进行在线监测，并且该技术还在几种常见的腐蚀监测中拥有较大的优点。

4.4　氧化腐蚀试验

高温抗氧化性能是材料的一项重要性能指标。对于某些在高温条件下使用的材料，如炉料、炉棍、电炉加热元件、内燃机汽缸活塞、燃气轮机叶片和叶轮等，除了要求具有合适的高温力学性能外，还要求具有一定的高温抗氧化性能。广义地讲，金属在高温下和环境介质中的氧、硫、卤素、水蒸气、二氧化碳等发生反应并被氧化的过程都可以称为高温氧化。

测定氧化过程的恒温动力学曲线（即 Δm-t 曲线）是研究氧化过程动力学最基本的方法。它不仅可以提供许多关于氧化机理的资料，如氧化过程的速率限制性环节、膜的保护性、反应的速率常数及激活能等，而且还可作为工程设计的依据。氧化过程的恒温动力学曲线大体可分为直线、抛物线、立方、对数及反对数五种类型。

为研究氧化动力学过程和氧化机理，评定合金抗氧化性能或发展抗氧化新材料，通常采用质量法、容量法、压力计法、电阻法及水蒸气氧化等方法。

4.4.1　质量法氧化腐蚀试验

质量法是最简单、最直接的测定氧化速率的方法。进行氧化试验所需的设备包括：一台测量准确的天平、一台可控制温度的加热炉以及气体控制装置。气体控制装置的作用在于控制气相成分、气相流速和气相分压。根据试验体系的不同，可分别采用质量损失法或质量增加法。如果试验过程中产生大量氧化物并且很容易剥落，应采用质量损失法；如果氧化过程相当缓慢，氧化产物不多，且难以从金属表面除去，应采用质量增加法。

为了获得试样质量随时间变化的曲线，可使用间断称量法或连续称量法。所谓间断称量法，就是将称量以后的试样放入高温区（通常是在马弗炉中进行）氧化，保持一定时间后取出冷却、称量；然后再放入炉内氧化，冷却，再称量。如此循环可测得不同时刻的试样质量变化。也可将若干试样同时置于同一高温条件下氧化，分别在不同的时间间隔取出、冷却、称量。这样，通过适当数量的试验数据就可以得到一条试样质量随时间变化的氧化曲线。间断称量法只能用一个试样得到一个数据，或者经过一次加热冷却循环得到一个数据，而且操作繁复、耗用试样多，冷却过程中氧化膜开裂对下一次循环过程有很大影响。而连续称量的氧化试验法可以克服上述缺点。

所谓连续称量是用专门设计的可连续称量或连续指示质量变化的装置，在整个试验过程中连续不断地记录试样质量随时间变化的方法。常用装置有电子热天平、石英弹簧天平、钼丝弹簧天平和真空铝丝扭力微天平等。图 4-17 所示为一台高温氧化试验天平，它可在一台可控制气氛的炉子中不必取出试样进行连续称量。此装置精度较高，可同时进行 6 个试样的试验。为了研究氧化过程，使用石英或钼丝弹簧天平，挂在弹簧上的试样氧化后使弹簧伸长，根据弹簧的伸长量就可得出相应的质量变化。例如用直径 0.2mm 的钼丝制成直径 10mm、总共 200 圈的钼丝弹簧天平，称量载荷可达 4g，测量精度为 ±0.0001g。为了研究氧化薄膜生长动力学，还发展出灵敏度更高的真空微天平。图 4-18 为一种真空钨丝扭力微天平的示意图。由熔融的透明石英棒加工成的天平骨架上，焊着一根直径为 0.025mm 的退火钨丝，作为天平横梁的石英棒就架在钨丝上，这样构成的全石英天平安置在全玻璃真空系统中。天平一端悬挂试样，另一端配以与试样同样质量的砝码。试验时先抽真空到 133×10^{-6}Pa，用纯氢还原金属表面的初始氧化膜，然后在恒定温度下进行氧化试验。也可以充以其他气体进行气体腐蚀试验，试验压力可从很低的低压直到 101325Pa。用微米尺和显微镜观察天平梁的位置变化。为避免干扰，天平不应暴露在电场、磁场或热场之中。因此，加热线圈应是无感应的。

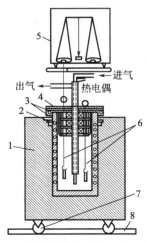

图 4-17　可控制气氛高温氧化试验天平

1—立式炉；2—陶瓷套管；3—轴承；4—炉盖；
5—天平；6—铂丝；7—滑轮；8—道轨

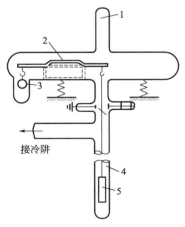

图 4-18　真空钨丝扭力微天平

1—直径 25.4mm 的玻璃管；2—钨丝；
3—砝码；4—石英管；5—试样

4.4.2　容量法氧化腐蚀试验

容量法是在恒定压力下测量因氧化而被消耗的氧的体积的高温氧化试验方法。图 4-19 是一种简化的用容量法研究高温氧化腐蚀试验的装置。石英管 2 的一端连接磨口石英盖 3，安装在石英盖上的细石英管用作试样支架 4，且从一端装入热电偶 5。量气管 9 用于测量氧化过程中吸收的气体体积。调整漏斗 11 的高度可使量气管中的液面重新达到它的初始水平。量气管中的液体应该具有很低的蒸气压，并和试验气体不起作用。若试验气体溶于这种液体，则应在气体入口 6 事先用试验气体使液体饱和。填有玻璃棉 7 的管置于量气管 9 和石英管 2 之间。安放试样 8 的全部空间在试验前必须充满试验气体，升高漏斗尽量提高量气管中的液面，几乎充满上端的球泡，以逐出量气管中所有的空气。然后连续通入试验气体，把低气管中的液面降到零点位置。调节变压器 12 使加热炉 1 的温度升到所需温度。关掉活阀 13 和 14。由标尺 10 读取排气管的读数。

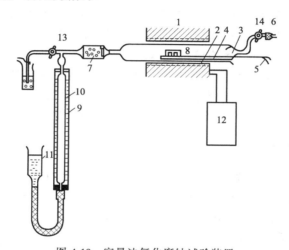

图 4-19　容量法氧化腐蚀试验装置

1—加热炉；2—石英管；3—石英盖；4—支架；5—热电偶；6—气体入口；
7—玻璃棉；8—试样；9—量气管；10—标尺；11—漏斗；12—变压器；13，14—活阀

大多数容量法试验是在 13332～93324Pa 的纯氧中进行。容量法的灵敏度比质量法大得多，这种方法在相当低的压力下特别灵敏，甚至一点点氧化也会导致压力显著变化。采用这种方法，可由一个试样获得完整的氧化-时间曲线。主要的误差来源是温度变化，系统温度变化 1℃ 在 26664Pa 压力下将引起约 0.01mmol 氧的误差。对于生成挥发性产物的体系，不宜采用这种方法。总之，如果很仔细地使用容量法，结果还是相当可靠的。当温度控制在 ±0.25℃ 时，容量法和质量损失法的结果只相差 ±2%。

4.4.3　压力计法氧化腐蚀试验

压力计法是测量在恒定体积下氧化过程中反应室内的压力下降的腐蚀试验方法。试验装置由加热反应管、压力计和供气系统组成。此方法由于简单而用得比较普遍。图 4-20 为简化的压力计法氧化腐蚀试验装置。试样置于反应管中，反应管通过三通活塞分别与压力计和大气相通。在压力计上可读出氧化试验时所消耗的氧。旋转三通活塞可以补充消耗掉的空气。如果需要得到气体消耗的绝对值，还需测定装置的容积。

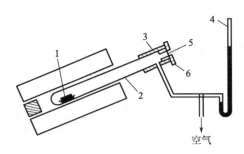

图 4-20　压力计法氧化腐蚀试验装置

1—试样；2—反应管；3—黄铜套环；4—压力计；
5—玻璃窗；6—黄铜塞

压力计法最适合用于单一组分气体的氧化试验，如果反应气体为空气或其他混合气体，就会出现一些问题。不同的气体对金属腐蚀破坏的速率不一样，例如对于空气来说，氧的消耗往往比氮快得多，空气中所含的水分由于反应也改变它的浓度。即使时时补充新鲜空气，试验管中仍会出现氮的富集。为了减小这种作用，装置的容积与反应消耗的气体体积之比应当很大，可这又会降低这种方法的灵敏度。

即使使用单组分试验气体，由于反应室和压力计处于不同温度之下，或者由于试验压力很低（如小于 133Pa），为准确测量压力，仍需对这些因素进行校正。反应区的温度必须严格保持恒定，任何温度变化都会显著改变反应管中的压力。金属试样的表面必须完全洁净，因为任何表面玷污物的挥发都会影响试验结果。凡是试验过程中会发生二次气体反应的体系都不能应用此法。如钢-氧体系，800℃ 以上钢将会发生脱碳，有 CO 气体产生。如果试样中可能有溶解气体存在，则应事先进行除气处理。

如果考虑了上述这些限制和预防措施，压力计法与质量法相比还是有许多优点的，例如可以连续读数、装置简单和很灵敏等。图 4-20 的装置还可作各种改进，如在低于 1333Pa 压力下试验时，应将压力计置于恒温浴中，以减少温度波动的影响等。

4.4.4　电阻法氧化腐蚀试验

在某些情况下，也可用金属丝的电阻变化来测量由于氧化引起的金属横截面面积的减小。只有在电阻的增加完全是由于横截面面积的减少引起的情况下，这种方法才有效。因此要求材料的电阻在高温氧化状态下不会由于热处理而变化，以区别氧化对横截面面积的影响。此外要求合金的组分不会产生选择性氧化，以免由于合金组分比例发生改变引起电阻变化的影响。

图 4-21 为用电阻法研究高温氧化腐蚀试验的装置。试样是一个螺旋金属丝，作为反应器的石英管放在加热炉中。金属丝的两端通过磨口石英盖上的两个小孔引出，用耐温黏接剂密封。分别通过上下两个活塞引入和排出气体。试验时可关掉活塞（恒定体积），或在缓慢气流中进行。由于试样的电阻不仅受氧化的影响，而且受电阻率温度系数的影响，试验应按下列方式进行：在室温下先测定未氧化试样的电阻，然后把试样加热到规定的温度氧化，保持一定时间后冷却到室温，再一次测量试样的电阻。接着再升高温度继续下

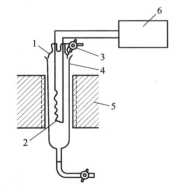

图 4-21　电阻法氧化腐蚀试验装置

1—石英盖；2—试样；3—活塞；
4—石英管；5—炉子；6—电桥

一个阶段的氧化，冷却到室温再测电阻，如此循环直至试验结束。取单位时间内相对氧化前初始电阻的变化就可测定氧化速率，根据各个试验点作出氧化-时间曲线。

4.4.5　水蒸气氧化腐蚀试验

奥氏体不锈钢因过热水蒸气引起的氧化，主要是针对火力发电用锅炉过热器和原子能发

电用材料在使用时所出现的问题提出的。随着锅炉的发展，火力发电锅炉过热器管或再热器管上使用的不锈钢所承受的蒸汽温度可达 570℃以上，金属的温度还要比之高 30～50℃。不锈钢管被高温水蒸气氧化，内壁生成具有双层结构的氧化皮。氧化皮生长到某个厚度，其外层发生剥离。剥离的氧化皮堆积在管道的 U 形部位，成为启动时过热喷泄事故的原因。

　　通常水蒸气氧化试验用的不锈钢为 10mm×30mm×2mm 的长条形试样，经 1000℃/15min 退火，以调整其晶粒度，然后酸洗供试验使用。

　　图 4-22 为实验室水蒸气氧化试验装置。试验炉为 Φ110mm×1000mm 的镍铬丝炉。为了使温度均匀性好，在炉内插入 Φ90mm×450mm 的钢管作为试验室。管内吊以试样，两端密封使其保持在所定温度。管中间 250mm 的范围内，可调节温度使其保持在 600℃±5℃。

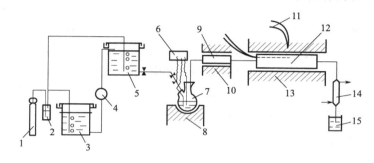

图 4-22　实验室水蒸气氧化试验装置

1—氩气；2—苯三酚；3—水槽；4—泵；5—贮水槽；6—水位调节器；7—蒸汽发生器；

8，10，13—加热炉；9—预热室；11—热电偶；12—试验室；14—冷凝器；15—水封

　　水槽中的水通以纯氩气脱氧，可使水中溶解氧降低到 0.1μL/L 以下。脱气后的水保存在贮水槽中，从管道流入烧瓶进行加热，加热沸腾后的水蒸气经过预热室流入试验室，最后在冷凝器中被冷却凝结。

　　通常试验是在 600～650℃范围内进行，试验时间为 500～2000h。试验后的试样在 NaOH＋$KMnO_4$ 溶液中去除氧化皮后，测定其质量损失。此外，也可用金相显微镜观察试样断面，用电子探针分析氧化皮的成分。

　　氧化皮的剥离试验可用图 4-23 所示的装置来进行。竖插在电炉中的不锈钢管试样因加热、冷却的温度变化而剥落下来的氧化皮，可在下面的玻璃容器中观察到。

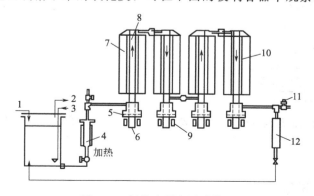

图 4-23　氧化皮剥离试验装置

1—给水泵；2—气体出口；3—氩气；4—蒸发器；5—接头；6—玻璃容器；

7—加热炉；8—试验用钢管；9—带式加热器；10—热电偶；11—放气阀；12—冷凝器

为了使实验室试验所选定的钢材实用化，可将其制成实物大小的钢管试样，将其插到实际锅炉的部分区域中进行现场试验，以评价材料的使用可能性。

4.5 控温腐蚀试验

4.5.1 等温腐蚀试验

等温腐蚀试验中控制温度恒定是容易做到的，将装试验溶液的容器放在恒温槽内，恒温槽可以采用直接加热，也可以采用间接加热，而以用电热丝直接加热最普遍。为了使恒温槽内温度均匀，热水（或油）要搅拌。由水银接触点温度计和电子继电器组成的温度控制器可以使溶液温度保持在要求的数值。在一般的应用性试验中，控制精度±1℃就可以了。当温度较高时，应安装冷凝回流管以保证溶液浓度不变（图 4-24）。除了注意溶液的温度外，也要注意试验溶液中的温度梯度，特别是在静态试验中。因为温度梯度可能引起对流，从而改变腐蚀剂的输送和腐蚀产物的分布。在试验报告中应当记述试验温度及控制范围，在室温下进行的试验最好说明室温是多少摄氏度。

4.5.2 传热面腐蚀试验

实际生产设备在金属材料与介质之间往往有传热过程，因此金属与介质之间的界面的温度和介质主体的温度就可能显著不同。比如在锅炉设备和热交换器中，这种温度差异可以导致加速的腐蚀损坏。针对这种情况设计的腐蚀试验称为传热面腐蚀试验。

传热面腐蚀试验的温度控制比较复杂。已经设计了各种传热面腐蚀试验装置，在实验室试验中可以用电烙铁作为热源设计出简单的传热面腐蚀试验装置（图 4-25）。

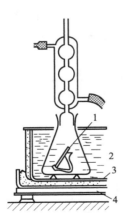

图 4-24　带回流冷凝器的加热全浸腐蚀试验装置
1—试样；2—恒温器；3—砂浴；4—加热板

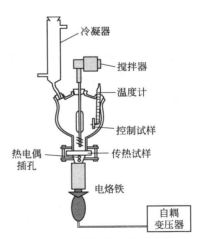

图 4-25　用电烙铁作热源的
传热面腐蚀试验装置

4.5.3 温差腐蚀试验

模拟温差电池腐蚀试验装置可减少腐蚀产物积累，试验装置如图 4-26 所示，可采用流动溶液。为防止形成氧化膜，可将溶液完全除氧。为了保证试验过程中没有从金属试样向溶液的传热过程，试验装置由两个独立的回路组成。两个电极室的温度不同，溶液通过烧结的玻璃膜实现电解接触，但两室溶液间不互混。

4.5.4　高温高压釜腐蚀试验

某些设备处于高温高压腐蚀环境（如锅炉、反应堆等），针对这种使用条件的实验室高温高压腐蚀试验需要在专门设计的高压釜中进行。对高压釜的基本要求是：密闭性好，不能渗漏液体和气体；同时，高压釜内壁直接接触腐蚀介质，因此必须耐腐蚀；并有足够的强度，可承受长期高压作用；为试验安全并满足多种试验要求，应附设一些必要的装置，如温度和压力的控制及测量装置、电化学测量接口等。

高温高压釜腐蚀试验可以在静态进行，也可以构成循环回路，前者因装置简单、操作容易而得到广泛使用。由于高压釜内壁与试样一起遭受腐蚀，其腐蚀产物可能污染溶液而影响试验结果；同时由于高压釜的密闭性，腐蚀过程中氧的消耗和可能产生的氢都使静态高压釜腐蚀试验的环境控制难度增大。循环回路高压釜试验装置虽然较复杂，操作也比较困难，但可模拟循环流动转台，通过外置净化系统也可控制溶液中的腐蚀产物污染。

为了观察和拍摄腐蚀过程中试样的表面状态，可采用图 4-27 所示的带观察孔的高压釜。为防止玻璃受高温水腐蚀，可采用透光性良好的石英玻璃并辅以冷却技术，以便对试样进行观察和照相。

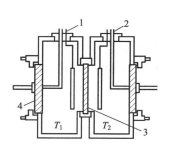

图 4-26　温差腐蚀试验电池

1—辅助电极；2—卢金毛细管；
3—多孔玻璃圆盘；4—软钢工作电极

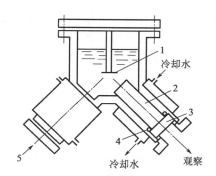

图 4-27　附有观察孔的高压釜

1—试样；2—石英玻璃；3—硬质玻璃；
4—PTFE 垫圈；5—照明

4.6　燃气腐蚀试验

煤、重油等燃料燃烧后所产生的热气体混合物，以及悬浮于热气流中的灰分，对金属材料具有不同程度的腐蚀，一般统称为燃气腐蚀。燃气腐蚀通常又分为低温腐蚀（露点腐蚀）和高温腐蚀（熔融腐蚀）两类。

4.6.1　低温露点腐蚀试验

燃料中的硫通过燃烧生成 SO_2，由于燃烧室中有过量的氧气存在，部分 SO_2 进一步与氧化合生成 SO_3。SO_2 转化为 SO_3 的量与过量空气系数及燃料含硫量有关，含硫量越多，过量空气系数越大，SO_3 的生成量就越多。高温烟气中的 SO_3 气体不腐蚀金属，当烟气温度降到 400℃ 以下时，SO_3 将与烟气中的水蒸气结合生成硫酸，当硫酸蒸气在烟气露点温度以下的金属表面上凝结时就会发生低温腐蚀。露点温度是 150～170℃，低温腐蚀一般指酸露点腐蚀。

4.6.1.1　硫酸浸泡试验

从现象上看，硫酸露点腐蚀是由于生成的硫酸使钢产生腐蚀。按理说，可由硫酸的气液平衡图出发，找出相应的温度、浓度进行浸泡试验，对材料的耐蚀性进行评价。但是，这种方法的试验结果和锅炉现场试验结果的对应性并不好。其原因是，在锅炉低温部位凝聚的硫酸与金属表面积相比是很小的（称为比液量小），作为腐蚀产物的硫酸铁很容易在金属表面沉积；燃烧产物堆积在金属表面上也对腐蚀性有一定影响。现已确定，金属表面的堆积物中，未燃烧的碳是主要成分，而在硫酸浸泡试验中是没有这些情况的。

节油器钢管表面燃烧和腐蚀的堆积物质分析表明，外层为易剥离的黑色沉淀物，主要成分是未燃烧的碳，混有少量 Fe(Ⅱ) 和 Fe(Ⅲ) 的硫酸盐；内层为白色的腐蚀产物，主要是 $FeSO_4 \cdot H_2O$ 和 $Fe_2(SO)_4$ 的混合物。而钢在硫酸浸泡试验中得到的腐蚀产物是 $FeSO_4 \cdot H_2O$，并无碳和 $Fe_2(SO)_4$，因此试验结果不相对应是正常的。以上情况促使人们提出了新的试验方法。

4.6.1.2　硫酸-活性炭试验

与现场试验相关性较好的硫酸露点腐蚀试验装置如图 4-28 所示。将预先制备好的试样浸入硫酸与活性炭的糊状混合物中，于加热炉中在 $SO_2 + H_2O +$ 空气的气流下进行试验。用粉末活性炭与各种浓度的硫酸混合，其比例为 1g 活性炭比 3.3mL 硫酸，以模拟实际炉中的比例。送入反应室的气体流量控制在 1000mL/min，其中 SO_2 含量为 3%，而水分与空气的比例根据坩埚混合物中的硫酸浓度进行调整。在规定温度下反应 24h，用质量法评定腐蚀试验结果。

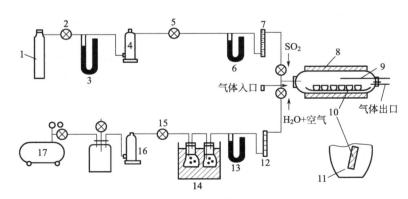

图 4-28　硫酸露点腐蚀试验装置

1—液态 SO_2；2，5，15—针阀；3，6，13—水银压力计；4，16—硅胶；7，12—流量计；8—加热炉；
9—热电偶；10—试样；11—H_2SO_4＋活性炭混合物；14—恒温槽；17—空气压缩机

试验结果表明，浓度为 80% 或 85% 的硫酸与活性炭混合（按上述固定比例）得到的结果与现场试验相关性很好。例如，在实验室中用 80% H_2SO_4＋活性炭混合料，于金属表面温度为 110℃ 试验 24h 的结果相当于实际锅炉金属表面温度为 70～110℃ 燃烧 4008h 的结果；在实验室中用 85％H_2SO_4＋活性炭混合料，于金属表面温度为 110℃试验 24h 的结果相当于实际锅炉表面温度为 120～160℃燃烧 4008h 的结果。上述结果证明，基于活性炭催化作用的机理而设计的试验装置和方法模拟了实际情况，因此相关性很好，并且也可看作硫酸露点腐蚀的加速试验方法。

4.6.2　高温熔融腐蚀试验

当燃气中含有 V_2O_5、Na_2SO_4、K_2SO_4 等灰分时，它们可能沉积在金属表面生成各种低熔点物质，在高温下以熔融状态存在并破坏金属的保护膜而造成腐蚀，这种腐蚀称为燃气高温腐蚀或热腐蚀。钒蚀和碱性硫酸盐熔融腐蚀是热腐蚀的两种形式。钒蚀主要发生在烧含钒油的热装置内，钒在石油中以有机物"卟啉"的形式存在，经燃烧后转变为 V_2O_5。它的熔点只有 670℃，所以在较低温度下就以熔融相存在。它是酸性氧化物，可以破坏金属氧化膜，在金属-氧化物的界面上生成钒的低价氧化物。而这种低价氧化物被空气中的氧再次氧化成高价氧化物 V_2O_5，这种高价氧化物的气体或液体再次转移到金属表面，继续对金属腐蚀。如果环境中有碱金属或硫存在，则腐蚀更为加速，这是因为 V_2O_5 与 Na_2O、Na_2SO_4 形成低熔点的共晶和复合氧化物。

当燃气中含有 SO_2 时，某些金属氧化物（如 Fe_2O_3 或 NiO）可作为触媒使其氧化成 SO_3。SO_3 进一步与金属氧化物化合成硫酸盐，并与烟灰中的 K_2SO_4 起反应生成低熔点复盐，如 $K_3Fe(SO_4)_3$（在 600～700℃温度范围内存在），它穿过腐蚀产物层，到达金属表面，与金属反应生成硫化物与氧化物，从而引起碱性硫酸盐熔融腐蚀，即通常所谓的热腐蚀。

4.6.2.1　碱性硫酸盐熔融腐蚀试验

含盐海洋空气和燃料中的硫反应，在金属表面形成一层硫酸盐膜（主要是 Na_2SO_4），往往是造成燃气轮机叶片或其他部件损坏的原因。关于碱性硫酸盐熔融腐蚀的试验方法很多，简述有如下几种。

（1）坩埚法

在坩埚中放入一定比例的 Na_2SO_4＋NaCl 或其他组成的混合盐，NaCl 含量通常在 0.1％～25％之间。按全浸或半浸状态放入试样，于空气中在规定温度下加热一定时间。在试验前应仔细清洗试样和称量，试验后电解去除氧化皮，测定质量损失及腐蚀深度，并进行金相检查等。

坩埚法的优点是：设备简单，试验成本低；可准确控制温度；在一个加热炉中可同时放若干个坩埚进行试验。它的缺点是与燃气轮机的实际运行条件（如燃气组成、流速和环境压力等）相差太多。由于坩埚中过量熔融盐很容易把腐蚀产物溶解掉，所以试验条件显得过于苛刻。此外用这种方法难以比较相近合金的优劣。

（2）涂盐法

在试样表面喷饱和 Na_2SO_4 或 Na_2SO_4＋NaCl 组合的水溶液，干燥后即在试样表面沉积一层 Na_2SO_4 膜，然后放在热天平的加热炉中，于氧气气氛中进行试验。或者在不锈钢管中加热试样，在流动的 SO_2＋空气的气氛中进行试验，定时称量质量。

涂盐法的优点是能够准确控制温度，试验简单易行。但它与燃气轮机的实际运行条件仍相差很远。试验结果受到试样上所涂盐量的限制，误差较大。有一种与涂盐法相似的试验方法是在试样上钻一小孔，里面放一定数量的盐进行热腐蚀试验。

（3）淋盐法

试样在垂直炉管中以规定速度转动，从炉管顶部每小时数次加入一定量事先配制好的混合盐（16～20目），在一定温度下腐蚀一定时间，对材料的抗热腐蚀性能进行比较。这种方法与坩埚法相近。

（4）连续供盐凝聚法

电炉分段加热，在莫来石炉管中放入盛有 Na_2SO_4 的容器和试样，容器和试样分别置于不同的温度区。为了使 Na_2SO_4 能凝聚沉淀在试样上，容器中的熔盐温度应高于试样温度，例如前者约为 1050℃，后者约为 950℃。在炉管一端通入 1atm（101325Pa）的氧气，流速约为 235L/min，可在试样上不断地凝聚沉积出 Na_2SO_4 盐膜。

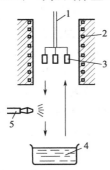

图 4-29　盐膜热振法装置示意图
1—试样支架；2—加热炉；3—试样；
4—沸腾溶液（75%Na_2SO_4+25%NaCl）；
5—压缩空气喷嘴

这种方法虽然与燃气轮机的实际运行有很大差别，但也有一些优点：温度控制严格；适于研究大剂量 Na_2SO_4 沉积时的热腐蚀情况；便于研究硫酸盐的存在状态对合金热腐蚀行为的影响。

（5）盐膜热振法

试样固定在耐热合金支架上（图 4-29），按照规定的时间程序，由电动机带动试样支架使试样下行至压缩空气喷嘴处，通过程序控制喷出压缩空气使试样冷却到 200℃左右，然后试样支架再下行直至试样完全浸入含 75% Na_2SO_4+25%NaCl 沸腾溶液的烧杯中，在溶液中停留 2s 使试样表面附着一层液膜。然后电动机逆转，将试样提升出液面，试样上的余热使水蒸发而留下一薄层均匀的盐膜。带盐膜的试样继续提升至加热炉高温区进行热腐蚀试验（如 1h）。然后再按照上述程序将试样下行至压缩空气喷嘴处。如此循环往复，以达到加速热腐蚀历程的目的。

（6）化学试验法

在坩埚中配入 Li-Na-K 的硫酸盐，控制恒定的温度使盐熔化，通过一定比例的 O_2+SO_2 混合气体吹到熔盐表面。插入铅参比电极，铂坩埚本身作为辅助电极，对试样进行腐蚀电位测定和极化测量，进而可确定腐蚀电流。测量数据的重现性较好。

（7）常压喷烧试验

为了估计合金材料的使用寿命，需要能够再现发动机环境的试验装置，即通常所谓的单管燃烧装置。这是一种以液体或天然气作为燃料，把燃气流直接喷射到试样上的喷烧试验，燃气流的速度一般在 100m/s 左右。图 4-30 是一种常压喷烧试验装置（单管器）的示意图。把燃料定量送入燃烧喷嘴，经雾化喷出，在陶瓷燃烧室中燃烧；海水或其他盐溶液也定量送入另一喷嘴，经雾化喷入燃烧区域。海水、空气和燃气在燃烧室中混合。在转动台上放置试样（可直接模拟叶片形状），以一定转速旋转，并暴露在燃烧过程的产物中。试验温度由燃烧气体的热量和缠绕的电阻丝提供的补充热量来保证。试验后测定质量损失、腐蚀深度，并进行金相检查。

（8）高压喷烧试验

基本装置与常压喷烧试验相同，燃气流速在 340m/s 左右，压力在 303975～2533125Pa。这种试验的特点是：与实际燃气轮机热交换相近；比常压喷烧试验的条件要严苛得多；可以研究迅速加热和冷却时的热冲击对腐蚀的影响。

各种喷烧试验的差别主要在于燃料的选择、硫的产生方法、试样的暴露方法（是静止的还是转动的，是垂直的还是 45°倾斜的）以及气流速度、喷燃室压力和温度等。

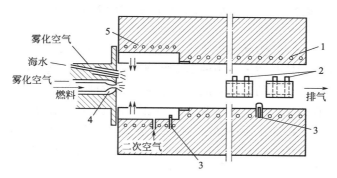

图 4-30　常压喷烧试验装置（单管器）

1—主加热器；2—试样；3—热电偶；4—单管头；5—二次空气加热器

上述几种试验方法都可用于筛选材料和研究腐蚀机理，而要估计使用寿命则需用喷烧试验。因为后者的条件更接近燃气轮机的实际情况，但这种模拟试验的费用很高。由于试验参数不同，常压和高压喷烧试验的结果是不同的。坩埚法中盐的活度比喷烧试验的高，而氧的活度则低，所以二者的试验结果也不同。由于二者作用机理不同，若单纯追求加大盐浓度来缩短试验时间，不一定能反映实际情况。

4.6.2.2　钒腐蚀试验方法

(1) 钒腐蚀实验室试验方法

钒腐蚀实验室试验方法主要有合成灰涂敷试验、合成灰埋置试验、杯型试验、交替浸泡加热试验、浸泡断裂试验、氧消耗量测定试验、电化学试验等方法。但以上试验方法均不能很好地重现实际情况，一般只能用于材料的相互比较。最终的评价还得在实际装置上进行试验。

① 合成灰涂敷试验：先设定重油燃烧时所生成的灰分的成分，然后将 V_2O_5 用水和丙酮之类的有机试剂进行调合，把混合物涂敷在试样上，用电炉进行高温加热。也可以再混入 MoO_3、Bi_2O_3、WO_3 和 Na_2SO_4 等物质进行试验。

加热一般在大气中进行，但也有的在氧气中或空气＋水蒸气＋S＋O_2 的介质中进行。最后根据质量法来评价材料的耐蚀性。

② 合成灰埋置试验：将试样放在二氧化硅制的坩埚中，加入 V_2O_5 或 V_2O_5＋Na_2SO_4 的混合灰，然后在高温下加热。试样可全埋或半埋，对于后者可以看到试样界面区的剧烈腐蚀。

耐蚀性可用去除氧化皮后的质量损失或试样厚度的减少及外观变化等方法来评价。去除氧化皮的溶液有 HCl＋HF、HN＋HF、熔融 NaOH＋1‰$KMnO_4$ 溶液等。

③ 杯型试验：将试验材料加工成杯型试样，杯中放入合成灰，然后在高温下进行加热。杯型试样可设计成各种形状。

合成灰的成分有 V_2O_5 或 V_2O_5＋Na_2SO_4 等，试验温度在 650～843℃ 范围内。

杯型试样去除氧化皮后，测定其侵蚀深度或质量变化，以评价其耐蚀性。同时还可用显微镜进行观察。

④ 交替浸泡加热试验：考虑到试样浸泡在熔融合成灰中的状态与实际条件不同，所以将浸泡和大气加热交替进行，这就是交替浸泡加热试验方法。例如，在温度为 925℃ 时每隔

15min 浸泡和加热交替进行一次。该法并不是广泛使用的方法，耐蚀性根据去除氧化皮后的质量变化来评定。

⑤ 浸泡断裂试验：将大气中蠕变断裂试验装置加以改进，试验介质为合成灰，在全浸状态下进行试验。试验的结果与大气中的蠕变断裂相比较，若断裂寿命缩短，则认为是合成灰腐蚀影响所致。此外，也有的是将合成灰在水中调制成糊状涂敷在蠕变断裂试样上，然后加热进行试验。耐蚀性是用空气中和在灰分中的蠕变断裂寿命之比来评价。

⑥ 氧消耗量测定试验：考虑到灰分腐蚀有加速氧化现象，所以该法通过测定密闭容器中氧的消耗量来评价腐蚀性。试样置于电炉中的石英管里，并与合成灰反应，氧的消耗量可由其体积的变化来测定。

⑦ 电化学试验：将试样浸泡在熔融合成灰中，以测定合金的电位-电流曲线来评价其耐蚀性。此外，也可采用在试样浸泡时通以阳极电流来加速腐蚀的方法；还有的是测定合成灰的电导率，以研究其与腐蚀的关系。

(2) 燃烧装置试验

采用燃烧装置试验，合成灰不用与合金接触，而是在实验室将油燃烧，试样放在油中来进行试验的方法。这是模拟实际情况的试验法，具有可任意改变各种影响因素的优点。

(3) 实际装置试验

在实验室试验中要对耐蚀性做正确的评价是困难的，所以要在实际装置中进行试验，以便对实验室结果加以确认。这种方法可正确地把握现象，以评价耐蚀材料的优劣和确定防蚀方法。但该法只是一种综合评价方法，不能具体地分析每个重要影响因素的作用。

虽然随着装置的大型化，试验费用也要提高，但最终还得采用这种方法来评价材料的耐蚀性。

第5章
实验室常用加速腐蚀试验

为了在较短时间内获得有效的腐蚀试验结果，常常需要在实验室设计一些加速腐蚀试验，常见的有盐雾加速腐蚀试验、腐蚀性气体加速腐蚀试验、湿度控制加速腐蚀试验、膏泥腐蚀试验、电解加速腐蚀试验等，本章主要介绍各种腐蚀试验的基本原理、试验装置、试验方法及数据处理方法等。

5.1 盐雾加速腐蚀试验

盐雾是指大气中由含盐微小液滴所构成的弥散系统，是人工气候环境"三防"（湿热、盐雾、霉菌）系列中的一种。盐雾加速腐蚀试验是一种利用盐雾试验设备所创造的人工模拟盐雾环境条件来考核产品或金属材料耐蚀性的环境加速腐蚀试验。与天然环境相比，人工模拟盐雾环境的氯化物浓度可以是一般天然环境盐雾含量的几倍或几十倍，使腐蚀速度大大提高，对产品进行盐雾加速腐蚀试验，得出结果的时间也比天然暴露环境大大缩短。如在天然暴露环境下对某产品样品进行试验，待其腐蚀可能要 1a，而在人工模拟盐雾环境条件下试验，只要 24h 即可得到相似的结果。人工模拟盐雾试验又包括中性盐雾试验、乙酸盐雾试验、铜加速乙酸盐雾试验等。

5.1.1 盐雾腐蚀试验装置

盐雾试验箱为人工气候环境"三防"（湿热、盐雾、霉菌）试验设备之一，是研究机械、国防工业、轻工电子、仪表等行业各种环境适应性和可靠性的一种重要试验设备。

依据标准和试验用途，盐雾试验箱可分为：中性盐雾试验箱、乙酸盐雾试验箱、铜加速乙酸盐雾试验箱等三大类。

用得最多的盐雾箱是顶部开口型，其体积从 0.25m³ 到 4.5m³（或更大）。盐雾箱应该足够大，以便同时试验足够多的工件。盐雾箱的壳体通常是衬塑料的钢板，有时也可采用塑料。盐雾箱由下列主要部件构成：

① 具有自动水平控制的空气饱和塔。
② 具有自动水平控制的盐溶液储槽。
③ 塑料喷嘴，喷嘴在喷雾塔中受到适当的阻挡，以便使盐雾均匀地降落到试样上。
④ 试样支架。
⑤ 盐雾箱加热装置。
⑥ 空气饱和塔的控温装置。

5.1.2 中性盐雾试验

中性盐雾试验是一种广泛应用的人工加速腐蚀试验方法，适用于检验多种金属材料和涂镀层的耐蚀性。将试样按规定暴露于盐雾试验箱中，试验时喷入经雾化的试验溶液，细雾在自重作用下均匀地沉降在试样表面。

试样在盐雾箱内的位置应使其主要暴露表面与垂直方向成 15°～30°角。试样间的距离应使盐雾能自由沉降在所有试样上，且试样表面的盐水溶液不应滴落在任何其他试样上。试样间不构成任何空间屏蔽作用，互不接触且保持彼此间电绝缘。试样与支架也须保持电绝缘，且在结构上不产生任何缝隙。

喷雾量的大小和均匀性由喷嘴的位置和角度来控制，并通过盐雾收集器收集的盐水量来判断。一般规定喷雾 24h 后，在 $80cm^2$ 的水平面积上每小时平均应收集到 1～2mL 盐水，其中的 NaCl 浓度应在 5％±1％的范围内。

由于试验的产品、材料和涂镀层的种类不同，试验总时间可在 8～3000h 范围内选定。国标规定试验应采用 24h 连续喷雾方式；有时按照试验的具体情况酌变，如采用 8h 喷雾后停喷 16h 为一周期。国家标准 GB/T 10125《人造气氛腐蚀试验　盐雾试验》详细规定了中性盐雾试验的要求和方法。

具体试验要求和方法如下。

（1）试验溶液

将化学纯的氯化钠溶于蒸馏水或去离子水中，其浓度为（50±5）g/L。用酸度计测量溶液的 pH 值，也可以用经酸度计校对过的精密 pH 试纸作为日常检测。溶液 pH 值可用化学纯的盐酸或氢氧化钠调整，使试验箱内盐雾收集液的 pH 值为 6.5～7.2。为避免喷嘴堵塞，溶液在使用之前必须过滤。

（2）试样准备

① 试样的类型、数量、形状和尺寸应根据被试覆盖层或产品标准的要求而定。若无标准，可同有关方面协商决定。

② 试验前试样必须充分清洗，清洗方法视试样表面状况和污物性质而定。不能使用会侵蚀试样表面的磨料和溶剂。试样洗净后，必须避免沾污。

③ 如果试样是从工件上切割下来的，不能损坏切割区附近的覆盖层。除另有规定外，必须用适当的覆盖层，如油漆、石蜡或黏结胶带等，对切割区进行保护。

（3）试样的放置

试样放在试验箱内，被试面朝上，让盐雾自由沉降在被试面上，被试面不能受到盐雾的直接喷射。试样放置的角度是重要的，平板试样的被试面与垂直方向成 15°～30°，并尽可能成 20°。表面不规则的试样（如整个工件），也应尽可能接近上述规定。试样不能接触箱体，也不能相互接触。试样之间的距离应不影响盐雾自由降落在被试面上。试样上的液滴不得落在其他试样上。试样支架用玻璃、塑料等材料制造。悬挂试样的材料不能用金属，须用人造纤维、棉纤维或其他绝缘材料。支架上的液滴不得落在试样上。

（4）试验条件

① 喷雾箱内温度为（35±2）℃。

② 盐雾沉降的速度为经 24h 喷雾后，每个收集器（就 $80cm^2$ 而言）所收集的溶液应为 1～2mL/h；含氯化钠浓度为（50±10）g/L，pH 值为 6.5～7.2。

③ 通过试样区的雾液不得再使用。

（5）试验周期

试验的时间，应按被试覆盖层或产品标准的要求而定；若无标准，可经有关方面协商决定。推荐的试验时间为：2h、6h、24h、48h、96h、168h、240h、480h、720h、1008h。在规定的试验周期内，喷雾不得中断。只有当需短暂观察试样时，才能打开盐雾箱。如果试验终点取决于开始出现腐蚀的时间，试样需要经常检查。因此这些试样不能同已有预定试验周期的试样一起试验。对预定周期的试验，可按周期进行检查。但在检查过程中，不能破坏试面。开箱检查试样的时间应尽可能短。

（6）试样试验后的清洗

试验结束后，取出试样。为减少腐蚀产物的脱落，试样在清洗前，放在室内自然干燥0.5～1h。然后用不高于 40℃的清洁流动水轻轻清洗，除去试样表面盐雾溶液的残留物，然后立即用吹风机吹干。

（7）实验结果评价

为了满足不同的试验目的，可以采用不同的评价标准对结果进行评价，如质量变化、显微镜观察、力学性能等。通常试验结果的评价标准应由被试覆盖层或产品标准提出。就一般试验要求而言，常规记录仅需考虑如下几方面：

① 试验后的外观。

② 去除腐蚀产物后的外观。

③ 腐蚀缺陷如点蚀、裂纹、气泡等的分布和数量。

④ 开始出现腐蚀的时间。

5.1.3　乙酸盐雾试验

为了进一步缩短试验时间以及模拟城市污染大气和酸雨环境，发展了乙酸盐雾试验方法。乙酸盐雾试验也被用于检验无机和有机涂层，但特别适用于研究和检验装饰性镀铬层（Cu-Ni-Cr 或 Ni-Cr）以及钢铁或锌压铸件表面的镍镀层。除溶液配制及成分与中性盐雾试验不同外，试验的方法和各项要求均相同。

试验溶液为在 5%NaCl 溶液中添加冰乙酸，将 pH 值调节到 3.1～3.3。溶液中总固体含量不超过 200mg/L，应严格控制试剂盐中的杂质种类和含量。试验温度控制在（35±1）℃。乙酸盐雾试验的周期一般为 144～240h，有时根据试验需要可缩短至 16h。国家标准 GB/T 10125《人造气氛腐蚀试验　盐雾试验》对试验方法和要求作了具体规定。

5.1.4　铜加速乙酸盐雾试验

铜加速乙酸盐雾试验适用于工作条件相当苛刻的锌压铸件及钢铁件表面的装饰性镀铬（Cu-Ni-Cr 或 Ni-Cr）等的快速检验耐蚀性，也适用于检验经阳极氧化、磷化或铬酸盐处理的铝材等。方法的可靠性、重现性及精确性依赖于对某些试验因素的严格控制。

试验溶液的配制：取每份 3.8L 的 5% NaCl 溶液中加入 1g 氯化铜（CuCl·2H$_2$O），溶解并充分搅拌。用冰乙酸将溶液 pH 值调节到 3.1～3.3。试验温度控制在（49±1）℃。此法的试验周期一般为 6～720h。试验的方法和其他各项要求与中性盐雾试验相同。国家标准 GB/T 10125《人造气氛腐蚀试验　盐雾试验》详细规定了试验的方法和要求。

5.1.5　其他盐雾试验方法

为了在更接近某种特殊用途的条件下进行试验，近些年来发展了许多新的盐雾试验方法。例如循环酸化盐雾试验、酸化合成海水盐雾试验、盐/二氧化硫喷雾试验。循环酸化盐雾试验和酸化合成海水盐雾试验主要用于各种铝合金生产中对热处理制度的控制，防止剥蚀损坏。盐/二氧化硫喷雾试验主要用于检验各种铝合金和其他有色金属材料、钢铁材料及涂镀层在含 50g 的盐雾气氛条件下的耐剥蚀性能。

5.2　腐蚀性气体加速腐蚀试验

腐蚀性气体加速腐蚀试验是利用二氧化硫、二氧化氮、氯气、硫化氢等气体，在一定的温度和湿度的环境下对材料或产品进行加速腐蚀，重现材料或产品在一定时间范围内所遭受的破坏程度；也常用于相似防护层的工艺质量比较，零部件、电子元件、金属材料、电工电子等产品的防护层以及工业产品在混合气体中的腐蚀能力。

5.2.1　单一气体腐蚀试验

腐蚀性气体加速腐蚀试验把控制湿度试验与引入一定量的腐蚀性气体相结合，以模拟较严苛的腐蚀环境。ASTM B735 和 ASTM B799 分别采用硝酸或亚硫酸/二氧化硫蒸气检测金属镀层的孔隙度。在 ASTM B765 和一些文献中还给出了其他一些检测孔隙度的方法。这些试验使用了较高浓度的腐蚀性气体。因为试验设计者并不准备利用这些试验预测镀层在真实使用环境中的性能，而仅仅是为了测量镀层中孔隙的数量。这类试验的优点是试验周期短，因此适用于产品质量控制。

进行潮湿二氧化硫试验的目的在于产生类似于在工业环境中发生的腐蚀形态。在 40℃、相对湿度为 100％ 的条件下，将试样在气体浓度分别为 0.06％（体积分数）和 0.6％（体积分数）的条件下进行循环暴露。这种试验方法被用于检测防护涂层中的孔洞或其他薄弱位置，但其试验结果并不能反映试验材料在所有环境中的耐蚀性。欧洲开发的这类试验使用了高浓度的 SO_2，这种试验条件对某些金属和合金（如铜锌合金）可能腐蚀性过强。

5.2.2　流动混合气体腐蚀试验

最复杂的气体腐蚀试验是流动混合气体腐蚀试验（ASTM B27）。将十亿分之几的污染物（如氯气、硫化氢、二氧化氮、二氧化硫等）引入控制温度和湿度的试验箱，测定试样的腐蚀程度，试验中要注意补充空气使污染物水平保持恒定。

流动混合气体腐蚀试验广泛用于电子工业，这种试验与实际服役在腐蚀机理方面存在相关性。对于大多数腐蚀，流动混合气体试验的加速倍数在 100～150 之间。试验中需使用铜和银控制试样，以确保暴露期间能维持正确的条件。

铜片试样与试验样品一同进行暴露腐蚀试验，以证实试验与标准所规定的各种限定参数的符合性。铜片试样质量的增加将作为这种符合性的度量。

腐蚀性气体加速腐蚀试验有时可在实验室内用比较简单的装置进行。一种小容量的试验方法是将试样暴露在冷凝的含硫气氛中，这种方法称为 C.R.L. 烧杯法或 C.R.L. 二氧化硫法。试验时将 300mL 含有 SO_2 的溶液放在 3L 的烧杯中加热，温度用恒温调节器控制。每只烧杯用塑料盖很好地密封，冷凝管置于每只烧杯的上部，试样用玻璃支架悬挂在烧杯的上半部。溶液中的 SO_2 含量没有明确规定，但以 0.3％ 较为合适。这种方法比较简单，对钢铁上的有机涂层及金属镀层的试验结果与城市及工业气氛中的腐蚀结果有较好的相关性。纯 SO_2 的水溶液对铝很少腐蚀，可改用 0.85％SO_2 和 0.01％盐酸的水溶液进行试验。

对于镀锌件还可用一种手工操作方法进行循环试验：试样悬挂于盛放热水的衬铅的试验箱内，空气温度保持 55℃，然后将 94%空气、5%CO_2 和 1%SO_2 的混合气体通过热水表面，使混合气体温热并饱和水分后与试样接触 5～10h，而后用水清洗 1～2h，移去箱盖让试样干燥 18h 或 12h。这种方法与城市及工业气氛中的现场结果之间有一定的相关性。

在室内环境条件下贮存或工作期间，电工电子产品的腐蚀会受到气候（如温度、相对湿度、空气流速以及温湿度变化速率等）的影响。此外，气态污染物会严重地影响腐蚀速率以及不同腐蚀机理的相对发生率。表面污染物（如灰尘、油和塑料）释放出来的化合物会影响腐蚀速率和腐蚀机理。

5.3　湿度控制加速腐蚀试验

由于潮湿或温度变化，往往会使空气中的水分在材料表面凝结成水膜，从而引起材料腐蚀或腐蚀加剧。湿度控制加速腐蚀试验主要用于模拟热带地区的大气条件，在高温高湿条件下能加速电偶腐蚀，所以此法适用于产品组合件综合性能的鉴定。但湿热试验的试验周期较长，试验的腐蚀性不是很苛刻，因此较少应用于对镀层耐蚀性的检验。一般采用的湿度控制加速腐蚀试验有两种：恒温恒湿腐蚀试验和循环湿热腐蚀试验。

5.3.1　恒温恒湿腐蚀试验

恒温恒湿腐蚀试验经常被用于评价材料的耐蚀性或污染物的影响。ASTM 标准中部分恒温恒湿腐蚀试验方法如表 5-1 所示。其中 ASTM D1611 用来评价接触金属的皮革的耐蚀性，ASTM D1748 常被电子工业部门用来评价残留污染物的作用和油、缓蚀剂抑制腐蚀的效能。

表 5-1　ASTM 标准中恒温恒湿腐蚀试验方法

标准号	名称
ASTM D1611	Standard Test Method for Corrosion Produced by Leather in Contact with Metal
ASTM D1743	Standard Test Method for Determining Corrosion Preventive Properties of Lubricating Greases
ASTM D1748	Standard Test Method for Rust Protection by Metal Preservatives in the Humidity Cabinet

在某些恒温恒湿腐蚀试验的基础上，有时在被试验的材料表面施涂某些化学物质，用于某些特定的用途。例如 Corrodkote 方法就是先在电沉积层上涂敷腐蚀膏泥，然后再将试样暴露在恒温恒湿腐蚀试验湿热箱中。有许多组织和公司的腐蚀标准把在湿热箱中暴露作为试验方法的一个组成部分。

对于恒温恒湿腐蚀试验，除非相关规范规定，试验温度、相对湿度应从表 5-2 中选择。

表 5-2　试验温度、相对湿度对照表

温度/℃	相对湿度/%
30±2	93±3
30±2	85±3
40±2	93±3
40±2	85±3

注：推荐的持续时间为 12h、16h、24h、2d、4d、10d、21d 或 56d。

考虑到测试时的绝对误差、温度渐变以及工作空间内的温差，规定温度容差为±1K。为了维持试验箱内的相对湿度在规定的容差范围内，必须保持试验箱内的任意两点在任何时间内其温度差异尽可能小。若温差超过1K，则不能达到所需的湿度条件。短期的温度波动也必须保持在±0.5K范围内以维持所要求的湿度条件。

试样初始检测：按有关标准的规定对试验样品进行外观检查，对其电气和力学性能进行检测。

试验条件：除非有特殊规定，将无包装、不通电的试验样品在"准备使用"状态下置于试验箱内，试验箱和试验样品均处于标准大气环境条件下。在特定的时候，允许试验样品在达到试验条件时放入试验箱内，且应避免样品产生凝露，对于小型样品可通过预热方式达到该项要求。调整试验箱内温度到达所要求的严酷等级，且使样品达到温度稳定（GB/T 2421—2020对温度稳定的定义进行了规定，温度变化的速率不超过1K/min，达到温度稳定的平均时间不超过5min，且在这一过程中不应产生样品凝露现象）。在这一过程中，可以通过不提高箱内的绝对湿度来避免样品冷凝现象的发生。在2h之内，通过调整箱内的湿度达到规定的试验严酷等级。样品暴露在按规定试验等级要求的试验条件下，待工作空间内的温度和相对湿度达到规定值并稳定后，开始计算试验持续时间。相关规范规定了试验条件及试验持续时间。试验后应进行恢复阶段。

具有冷凝作用的湿度试验不同于恒湿度试验，前者对试样表面具有清洗作用。一般来说，这种试验的苛刻程度要比在100%湿度下进行的试验低一些，因为一些污染物会从试样表面被冲洗掉。但是在不存在污染物的情况下可能会出现相反的情况，因为会使表面始终处于湿润。这种试验对有机涂层具有浸出作用，造成涂层降级，因此经常用于评价有机涂层，有时还加上紫外光照射（ASTM G53）。

5.3.2　循环湿热腐蚀试验

循环湿热腐蚀试验用以模拟热带高温高湿环境。这种试验通过温度和湿度循环控制冷凝和干燥的周期，它还能通过一个部分封闭的容器为湿气提供"呼吸"作用。循环湿热腐蚀试验通常用于电子行业。当把循环湿热腐蚀试验与腐蚀性浸渍结合起来时，可用于模拟汽车环境，这种方法已被标准化（ASTM G60）。

循环湿热腐蚀试验通常是在可以控制温度和湿度的湿热箱中进行。用于材料试验的湿热箱可控制温度为0～65℃（也有些设备可控制在-40～85℃），湿度从20%到100%变化。湿热箱控制湿度是通过使回流空气通过水、泡罩塔、沸腾的水或超声水槽上方并根据内置的湿泡响应实现的。湿热箱还具有加热、冷却装置。程序控制器可维持试验条件恒定或在不同的试验条件间进行循环。GB/T 2423.4—2008规定了循环湿热腐蚀试验的方法和要求。

在实验室中有时可以用简单的方法控制温度和湿度恒定，例如可以把盛有水溶液的干燥器或其他容器置于实验室的烘箱中。这种方法虽然非常简单，但应注意避免悬浮物或飞溅物对试样的污染以及气相中的氧或其他还原性物质的消耗减少。

5.4　膏泥腐蚀试验

鉴于中性盐雾试验方法对电镀汽车零件在各实验室的结果不能重现，并且与实际使用性能也没有联系，所以从20世纪60年代起发展了膏泥腐蚀试验法和铜加速乙酸盐雾试验法。

膏泥腐蚀试验方法主要适用于 Cu-Ni-Cr、Ni-Cr 和铬镀层的加速腐蚀试验，模拟汽车上的电镀件经含有尘埃、盐类等泥浆溅泼后遭受的腐蚀情况。此法具有如下优点：对 Cu-Ni-Cr 镀层试验结果重现性好，试验过程快速，与室外大气试验具有良好相关性。装饰性铬镀层经过 20h 膏泥腐蚀试验后，其腐蚀程度和外貌与在室外工业大气条件下暴露一年的情况相似，并相当于在海洋大气中暴露 8~10 个月的结果。ASTM B368 已将其列为装饰性多层镀铬的腐蚀试验标准。我国制定的相应国家标准为 GB/T 6465—2008《金属和其他无机覆盖层　腐蚀膏腐蚀试验（CORR 试验）》。

膏泥中含有铜盐和三价铁盐。铜盐对镀层具有强烈的腐蚀性，会引起剥落、裂纹和点蚀等；三价铁盐也有强烈的腐蚀性，能诱发产生应力腐蚀等。

膏泥可在玻璃杯中配制：将 0.035g 试剂级硝酸铜［$Cu(NO_3)_2 \cdot 3H_2O$］、0.165g 试剂级三氯化铁（$FeCl_3 \cdot 6H_2O$）和 1g 试剂级氯化铵（NH_4Cl）投入 50mL 蒸馏水中，然后拌入水洗过的陶瓷级高岭土，随即用玻璃棒充分搅拌，静置 2min，使高岭土饱和。膏泥在使用前须再次充分搅拌。

膏泥的另一种配制方法是：称量 2.5g 硝酸铜［$Cu(NO_3)_2 \cdot 3H_2O$］倒入 500mL 容量瓶中，用蒸馏水溶解并稀释至 500mL 刻度；另称 2.5g 三氯化铁（$FeCl_3 \cdot 6H_2O$）放在另一个 500mL 容量瓶中，用蒸馏水溶解并稀释至满刻度；再称 50g 氯化铵（NH_4Cl）置于第三只 500mL 容量瓶中，也用蒸馏水溶解后稀释至满刻度。然后取出 7mL 硝酸铜溶液、33mL 三氯化铁溶液和 10mL 氯化铵溶液放入同一个玻璃杯中，加入 30g 高岭土拌匀。注意，三氯化铁溶液应置于阴暗处，保存期应不超过两周。

试验前用乙醇、乙醚、丙酮等溶剂清洗金属（或金属镀层）试样，然后用干净刷子沿圆周的方向将膏泥涂在试样上，将表面完全覆盖住。然后按一个方向用刷子轻轻刷过，使膏泥表面光滑。涂过膏泥的试样，放在室温及相对湿度低于 50% 的空气中干燥 1h，然后放入潮湿箱内进行试验。试样与试样应互不接触，已涂膏的试样表面与试样架也不要接触。

潮湿箱内的试验温度为 38℃，相对湿度为 80%~90%，试样表面不应产生凝露。通过箱内风扇使温度和湿度均匀。

试验的持续时间以 20h 作为一个周期。所谓持续时间是指潮湿箱关闭时的连续操作时间。一般短暂的中断，如放入或取出试样的时间不计在内。试验周期的多少应视试验目的和计划而定，但每一周期都应涂新鲜膏泥。

试验结束后将试样从潮湿箱内取出，用水冲洗，用粗布将膏泥全部抹去，再用硅藻土等软磨料将试样表面的黏着物擦去。这样可能会将腐蚀产物擦掉，对此可根据盐雾试验法在盐雾箱中暴露 4h，或在 38℃、相对湿度 100% 的潮湿箱内再暴露 24h，使锈蚀重新出现。上述程序完毕，立即小心地检验试样的腐蚀形貌和程度，或测定其他类型腐蚀破坏。

5.5　电解加速腐蚀试验

5.5.1　电解腐蚀试验（EC 试验）

电解腐蚀试验适用于钢铁件和锌压铸件上的 Cu-Ni-Cr 或 Ni-Cr 多层镀层的加速腐蚀试验，它具有快速、准确的特点。其原理是使镀层不连续处（裂纹、针孔等）暴露出的镍层在电解液中发生阳极溶解，从而获知镀铬层的完整性状况。

把试样用氧化镁浆液揩擦及温水冲洗后，浸入表 5-3 所示的 A 液或 B 液中。其中 A 液适用于基材为锌压铸件和钢铁件的试样，B 液用于基材为钢铁件的试样。用恒电位仪将试样电位控制在 ±0.3V(vs. SCE)，试样进行阳极电解。先连续电解（60±2）s，停止 2min，以此作为一个周期。总试验周期数视试验目的而定。研究表明，如此循环两个周期的作用相当于汽车有关零件在美国底特律市使用一年。

表 5-3　试验溶液 A、B 及指示剂 C、D 的组成

试验溶液及指示剂的组成	浓度			
	A	B	C	D
NaNO₃/(g/L)	10	10	—	—
NaCl/(g/L)	1.3	1.0	—	—
HNO₃（浓）/(m/L)	5	5	—	—
1,10-盐酸菲咯啉/(g/L)	—	1.0	—	—
KSCN/(g/L)	—	—	3	3
冰乙酸/(m/L)	—	—	2	2
喹啉/(m/L)	—	—	8	—
H₂O₂(30%)/(m/L)	—	—	—	3

$$NaNO_3, NaCl, HNO_3, H_2O_2$$

试样腐蚀程度可通过用光学显微镜测定蚀坑的直径和深度，或用指示剂法检查镀层的穿透深度而判定。指示剂的选择应根据基体金属而定。如果基材为钢，可用表 5-3 中的 B 液检验是否有 Fe^{2+} 存在。另一种方法是把试样从试验溶液中取出，放入指示剂中，锌压铸件用指示剂 C，钢件用指示剂 D。指示剂遇基体金属发生反应，在钢材镀层蚀坑中将呈现红色，在锌材镀层蚀坑中产生白色沉淀。此法检验镀层比铜加速乙酸盐雾试验方法更快，重现性也更好一些。其局限性是必须把部件制成标准化试样表面。国家标准 GB/T 6466—2008《电沉积铬层　电解腐蚀试验（EC 试验）》规定了电解腐蚀试验的方法和要求。

5.5.2　阳极氧化膜的腐蚀试验

5.5.2.1　阳极氧化膜的 FACT 试验

FACT 试验是汽车工业对阳极氧化铝的一种快速定性试验。试样为电解池的阴极，铂丝作阳极，电解池是一个内径为 6.35mm 的玻璃管，管端用橡胶垫圈密封，试样在溶液中暴露的圆面积直径为 3.18mm，如图 5-1(a) 所示。电解质为 5% NaCl（质量分数）溶液，内含二氧化铜 1g/3.8L，用乙酸调整 pH 值至 3.1。装置线路示意图如图 5-1(b) 所示。

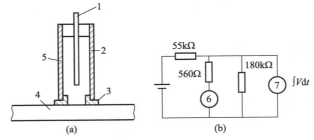

图 5-1　FACT 试验的电解池（a）及线路（b）
1—铂丝；2—玻璃管；3—橡皮垫；4—试样；5—电解质；6—电解池；7—电压积分器

通过电阻器对试样施加高达 34V 的电压，在表面膜局部缺陷处发生阴极反应，产生 NaOH，使阳极氧化膜溶解，从而导致电池电流增加，有效电阻下降。FACT 值是将 3min 内通过电池的电流进行电压积分而得。FACT 值的范围很小，从无膜、封闭质量差的膜到优质膜，其值分别为 600V·s、650V·s 和 750V·s。因此用这种方法测定膜是否完好并不太可靠。此值与膜的质量确有一定对应关系，对于厚膜或封闭质量好的膜，其 FACT 值相应也高。它与实际使用结果也有对应关系，因而已广泛应用于定性测定。这种试验方法的其他缺点是：试验温度对结果有较大的影响，温度越高，FACT 值越低；且被测定的部位很小，要检查试样整个表面的质量有困难。

5.5.2.2　阳极氧化膜的阴极破坏试验

阴极破坏试验也是阳极氧化膜的一种快速检验方法。试验电解质为 5% NaCl 溶液（质量分数），用盐酸调整 pH 值至 3.5。放入试样后，用恒电位仪将试样电位控制在 -1.6V（vs. SCE），历时 3min。膜上任何薄弱处都会产生局部高阴极电流密度，膜色变白并发生点蚀。

评定方法是将试验后的试样冲洗、干燥后，统计被破坏的膜上蚀孔密度。质量好的膜，蚀孔密度为 1~5 个/dm²；蚀孔密度 25~50 个/dm² 为合格；而未封闭的膜每平方分米内可达几千个点孔。

如果膜的厚度增加或封闭的质量改善，则此法的灵敏度也可相应提高。此法与其他加速试验方法有一定对应关系。

5.5.2.3　阳极穿透试验法

阳极穿透试验法通过在金属-电解质界面间施加一个电位，加速铝的阳极氧化壁垒层的破坏，实现表面的电化学活化，并根据流过试样的总电量评价阳极氧化膜的耐蚀性。图 5-2 是阳极穿透试验所用的电解池和夹紧装置的示意图。电解池是一个无底的空心塑料圆筒，试样可置于空心圆筒和试验板之间，构成电解池的底。一个 O 形环与一个夹具对电解池起密封作用，防止溶液渗漏。电解池采用经典的三电极系统，经氧化的铝试片作为工作电极，辅助电极为 304 不锈钢，饱和甘汞电极用作参比电极，被置于卢金毛细管中。试验所用的电解液为硼酸和 NaCl 溶液，用 NaOH 将 pH 调整为 10.5。在 25℃ 下，对试样外加 600mV 的电位，恒电位保持一定时间。对于表征经阳极氧化的铝的穿透破坏，恒电位下保持 7min 是合适的；但对于保护性较差的氧化层（如经化学氧化得到的氧化层），可适当缩短氧化时间，在外加电位期间监测流过试样的电流，把电流数据积分作为评价阳极氧化壁垒层破坏的定量参数。也可以把阳极电流看作金属溶解或腐蚀的电流，并用法拉第定律将其转换成腐蚀速率。

$$v = \frac{1.1 i_k M}{d} \tag{5-1}$$

式中　v——腐蚀速率，$\mu m/a$；

　　　i_k——腐蚀电流密度，$\mu A/cm^2$；

　　　M——被氧化元素的摩尔质量，g/mol（对铝合金是 26.98g/mol）；

　　　d——被氧化元素的密度，g/cm^3（对铝来说是 2.669g/cm³）。

大量试验结果表明，由阳极穿透试验所得出的结果与传统的盐雾试验结果以及工艺控制参数之间存在一定的相关关系：

① 测得的腐蚀速率低于 2.5$\mu m/a$ 的试件，将能通过盐雾试验。

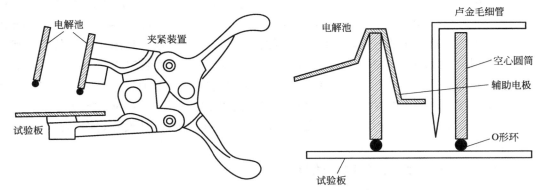

图 5-2　阳极穿透试验电解池和夹紧装置

② 如果腐蚀速率在 2.5～15μm/a 之间，说明阳极氧化工艺正在恶化，须提出警示并采取矫正措施。在这种条件下处理得到的试样可通过盐雾试验的 90%。

③ 当腐蚀速率超过 15μm/a，要求立刻采取工艺矫正措施；如果腐蚀速率超过 25μm/a，工件应重新处理；腐蚀速率在 15～25μm/a 之间时，根据用途决定是否要重新进行处理。

④ 封闭时间最佳化：对新鲜去离子水来说，最佳的封闭时间是 8min，而对已放置一个月的封闭溶液来说，封闭时间可能要延长到 15min。

⑤ 封闭溶液温度的最佳化：如发现封闭溶液温度较低，生产的试件腐蚀速率较高时，应修订规范，封闭溶液的最低温度应不低于 90℃。

第6章
自然环境现场腐蚀试验

自然环境包括大气、自然水、土壤等。大多数工业设备和工程设施均是在自然环境中运行。在三类典型的自然环境中，腐蚀特点因环境和腐蚀介质的改变而不同，但在原理上，金属在自然环境中的腐蚀属于电化学腐蚀范畴，腐蚀过程基本遵循电化学规律。

6.1 大气腐蚀试验

大气腐蚀是金属腐蚀中最常见，也是最普遍的一种。大气腐蚀不是一种腐蚀形态，而是一类腐蚀的总称。大气腐蚀主要以均匀腐蚀为主，还可以发生点蚀、缝隙腐蚀、电偶腐蚀、应力腐蚀和腐蚀疲劳等。

大气暴露试验有静态试验和动态试验两类。静态试验是最常用的大气暴露试验方法，它是将试样曝晒架和试样支承装置安装在固定位置，试验在固定地点暴露预定的周期。动态试验是将试样安放在汽车上，暴露于从路面溅起的泥水环境中，用以模拟汽车的服役条件。对于其他机械、设备也可以根据实际工况设计动态试验。

6.1.1 试验场地

大气暴露试验一般在大气曝晒试验站进行，试验站应建立在具有代表性的地区，如农村（新鲜大气）、城市（污染大气）、工矿区（工业大气）、海岸附近或海岛（海洋大气）以及湿热地区、干燥地区等，以适应大气腐蚀规律的复杂性。试验站一般建立在平地上，也可以建立在厂房平台上。为了使试验站内的大气能代表当地大气的典型条件，不受各种人为因素的影响，试验站的四周要完全开敞，并保持当地的自然状态，不允许有建筑物或其他大型物体形成自然条件变化的障碍，以便试样充分遭受大气（包括空气、日光、雨、露、雾、风、雪、臭氧、腐蚀气体）的侵袭，因此，曝晒站的围墙应以铁丝网或稀疏的竹篱制作。曝晒站应选择在当地主导风的下风处或按特殊规定选择。试验站附近不能有散发大量二氧化碳、二氧化硫、烟尘等的建筑设施。

由于金属设备除在露天使用外，也有相当一部分是在厂房内使用，为了检测实验室内大气对金属材料的腐蚀，需要在厂区内建立大气腐蚀试验样品棚。样品棚可建成仓库式或仿工厂实验室形式。样品棚要多开窗口，棚顶忌用铁皮，以免吸收阳光产生热辐射，使棚内温度升高。

试验站所在地的气象和环境等因素很多，包括温度、湿度、降水日数、降水量、日照时数、风向、风速、大气中污染成分等。试验站必须测量和记录各种气象条件，或者直接利用当地气象台的观测资料。

我国于1983年起，逐步建立了较完整的大气腐蚀试验站（表6-1），这些试验站基本上包含了我国主要气候区，为我国材料大气腐蚀基础数据提供科学依据。

表 6-1　我国主要材料大气腐蚀试验站

序号	站名	气候区带	大气环境	序号	站名	气候区带	大气环境
1	沈阳		中温带亚湿润城市气候	8	武汉		北亚热带湿润城市大气
2	北京		南温带亚湿润半乡村大气	9	江津	亚热带气候	中亚热带湿润酸雨大气
3	青岛		南温带湿润海洋大气	10	广州		南亚热带湿润城市大气
4	敦煌	温带气候	南温带干旱沙漠大气	11	景洪		北热带湿润雨林大气
5	库尔勒		南温带干旱盐渍沙漠大气	12	琼海	热带气候	南亚热带湿润乡村大气
6	漠河		北温带亚湿润半乡村大气	13	万宁		北热带湿润海洋大气
7	拉萨	高原气候	高原亚干旱大气				

6.1.2　材料与试样

　　为了确定环境对所评价的材料的腐蚀影响，大气暴露试验通常要进行数月，有的甚至数年。因此，选择标准的或参考的材料（控制试样或材料）很重要，它们将与我们的待评定材料、合金或涂层一起进行大气暴露试验。控制材料在大气暴露试验中的腐蚀数据已经记录，它们对于比较和监测试验地点腐蚀性的变化是很有作用的。比较理想的控制材料为低碳钢、工业纯铝、工业纯锌和工业纯铜。

　　大气暴露试验的试样尺寸要求根据美国材料与试验协会（ASTM）和国际标准化组织（ISO）的有关标准执行（表 6-2）。暴露试验前后试样表面的处理、清洗和评价方法可参照 ASTM、NACE 和 ISO 给出的建议（表 6-3）。

表 6-2　大气腐蚀试验试样设计建议

试样类型		典型尺寸	标准
平板试样		黑色金属：100mm×150mm 有色金属：100mm×200mm	ASTM G50
应力腐蚀试样	U 形弯曲试样	3mm×15mm×130mm×32mm（直径）	ASTM G30
	弯梁试样	3 点：1mm×5mm×65mm（跨距） 2 点：25mm（宽）×180mm（跨距）	ASTM G39
	C 形环试样	12mm（宽）×25mm（直径）	ASTM G38
	直接拉伸试样	试样尺寸主要取决于试验产品尺寸	ASTM G49
	焊接试样	试样的厚度和尺寸应该代表实际结构件	ASTM G58
电偶腐蚀试样	盘状试样	36mm（直径）×1.6mm，33.5mm（直径）×1.6mm 30mm（直径）×1.6mm，25mm（直径）×1.6mm	ASTM G149
	板状试样	90mm×150mm×2mm，70mm×25mm×2mm 45mm×90mm×2mm，25mm×70mm×2mm	ISO/TC 156/WG3/N11
	敞开螺旋（金属丝）试样	直径 2～3mm，长 1000mm 的金属丝卷绕成螺旋，并用尼龙或金属支架固定	ISO/DP 9226

表 6-3　大气暴露试验准则

方法或准则	协会或组织		
	ASTM	NACE	ISO
Standard Practice for Conducting Atmospheric Corrosion Tests on Metals	G50		DP 8565（a）
Standard Practice for Recording Data from Atmospheric Corrosion Tests of Metallic-Coated Steel Specimens	G33	RP 02 81	
Standard Practice for Rating of Electroplated Panels Subjected to Atmospheric Exposure	B537		
Standard Practice for Preparing，Cleaning，and Evaluating Corrosion Test Specimens	G1		
Standard Terminology Relating to Corrosion and Corrosion Testing	G15		
Standard Guide for Applying Statistics to Analysis of Corrosion Data	G16		
Standard Guide for Examination and Evaluation of Pitting Corrosion	G46		
Standard Practice for Making and Using U-Bend Stress-Corrosion Test Specimens	G30		
Corrosion of metals and alloys. Determination of bimetallic corrosion in atmospheric exposure corrosion tests			7441
Corrosion of metals and alloys—Corrosivity of atmospheres —Classification，determination and estimation			9223
Corrosion of metals and alloys—Corrosivity of atmospheres —Measurement of environmental parameters affecting corrosivity of atmospheres			9225
Corrosion of metals and alloys—Corrosivity of atmospheres —Determination of corrosion rate of standard specimens for the evaluation of corrosivity			9226

　　由于大气暴露试验时间较长，因此需要有适当的方法来区分试样：对于耐蚀性较强的材料，可以使用钢印直接在样品表面打上编号；对于耐蚀性较差的材料，可以根据试样情况在试样的一定部位上钻孔或在边棱上开缺口；使用塑料标签，用非金属丝将其拴在试样上或支架上，并根据实际情况绘制试样在支架上的具体位置，以便在编号或标签掉落的情况下根据试样位置来区分试样。

　　试验所用的试样数量取决于具体的试验设计和试验条件，即进行长期连续试验还是多组次间断试验，是定性比较还是定量比较。对于表观检测评定，一般每次只需 2 块试样；如果是失重比较或其他破坏性试验，则需要 3～5 块平行试样；对于特殊的局部腐蚀试验，则需要更多的平行试样。试样不能进行二次试验，因为试样表面状态已经发生变化。

6.1.3　暴露试验

（1）室外暴露试验

　　室外暴露试验通常是将试样固定在试样架上，试样架由角钢或木材制成，架子距离地面高度一般为 0.8～1.0m，架面与水平面的角度应该相当于试验站所在地的地球纬度（ASTM G50 中建议试样架与水平面的夹角为 30°，欧洲规定为 45°）。如暴露试验要求试样最大限度暴露在阳光下，保证试样在大气中充分受到大气的腐蚀，则试样架应放置在宽敞的开阔场地，避免建筑物和树木的遮挡，以及植物落叶对试样暴露面的影响。试样架应安装牢固，足以承受狂风暴雨的冲击和最大积雪量的重压。试样架上配备陶瓷（或塑料）绝缘子，确保试样安置时试样与试样架之间电绝缘。另外，暴露试验场地应设置明显标志，做好防护措施，避免试样架遭到人为或牲畜破坏。

（2）百叶箱试验

在百叶箱试验中，箱内空气与箱外大气相通，试样与百叶箱内部空气充分接触，与室外暴露试验不同的是，试样不受风吹雨淋。

标准百叶箱的体积为 $1m^3$，呈双层百叶状，并有防水檐。箱内壁应安装孔径为 0.3mm 的耐蚀网帘，箱内基座上设有水槽，其大小为 685mm×830mm×1300mm。水槽上设有试样架，其位置应使试样下端距水面 100mm。试样架间距 100mm。板状试样倾斜放置，与垂直方向夹角 15°，箱体应正面朝南放置。

（3）库内试验

库内试验是指将试样置于试验库内进行储存试验。试验库内的空气不与外界空气流通，并不受阳光照射和雨、雪、风的侵袭。库内不配备加温调湿通风装置，一般为水泥地面。由于温度、湿度与户外有差别，因而必须配备有自动记录温度和湿度的气象仪器，并定期统计数据资料。库内试验可用实物试验，也可用试样试验，放置方式无特殊要求，板状试样可垂直悬挂，外形复杂的零件可按顺序摆在木制试样架上。

6.1.4 结果评价

试验结果的评定方法有外观检查、质量损失、力学性能变化、腐蚀深度、腐蚀速率、腐蚀类型等。通常采用试样表面形态的变化、质量变化和力学性能变化作为材料抗大气腐蚀的耐蚀性判据。通过比较试验前后试样的表面形态，可以定性地比较金属材料或涂层的耐蚀性，所以必须详细记录试样试验前后的表面状态。表 6-4 给出了部分大气腐蚀试样的评价技术。

表 6-4 大气腐蚀试样评价技术

技术	目的
摄影	试样清洗前后的照片可以给出在特定大气环境中材料性能的永久记录
腐蚀产物分析和表面沉积物	取样时,大气腐蚀试样表面通常有腐蚀产物和空气中的沉积物,含有许多与材料腐蚀相关的信息
质量损失	对于均匀腐蚀,这种方法简单易行,且可以转换出材料的腐蚀速率
点蚀和局部腐蚀	可以得到材料对局部腐蚀的敏感性。点蚀程度常以平均点蚀深度或最大点蚀深度表示,它们通常是用深度千分尺或微调显微镜测定。在可能的情况下,点蚀数据应进行统计处理。当局部腐蚀是主要腐蚀形态时,不应用质量损失来计算腐蚀速率
锈或锈蚀	数据揭示材料生锈倾向和锈蚀程度。如果原始外观保持不变,通过清洗可以确定
拉伸试验和其他物理试验	可以得到有关大气对材料强度、开裂行为等影响的信息
外观	环境作用后对外观、色泽等的影响

6.2 自然水腐蚀试验

接触自然水的金属结构和设备很多，如各种舰船、水上水下金属建筑物、海上采油设备等，这些金属结构和设备都受到自然水的腐蚀作用。因此，开展自然水腐蚀试验，研究自然水腐蚀的规律，尤其是海水腐蚀规律，寻找有效的腐蚀控制方法，对于开发海洋、巩固国防、发展水上运输以及建设水上金属建筑物都有着重大的意义。

不同区域自然水的物理化学性质（温度变化范围、透明度等）、腐蚀性质（含氧量、含盐量等）、生物活动情况及气候特征都存在差异，故不同区域都需要建立自然水腐蚀试验站。

自然水腐蚀试验站站址的选择要能代表本区域典型的水文气象情况，试验站内的自然水不受人为条件（如船只污染、港口污水、江水、污物排入）的影响。

根据自然水类型不同，自然水腐蚀试验可分为海水腐蚀试验和淡水腐蚀试验。

6.2.1 海水腐蚀试验

海洋占地球表面积的 70%，海水成分复杂，几乎包含了自然界中所有元素，pH 值在 7.2～8.6 之间，呈微碱性；电导率高，是腐蚀性非常强的天然电解质；海水中还繁殖着大量微生物，严重影响金属腐蚀。因此，海水腐蚀是典型的电化学腐蚀，且影响因素很多，包括：盐度、pH 值、碳酸盐饱和度、含氧量、温度、流速、生物性因素等。海水腐蚀试验可分为表层海水腐蚀试验、深海腐蚀试验、流动海水腐蚀试验等。

6.2.1.1 表层海水腐蚀试验

在表层海水中的暴露试验已被标准化，如 ASTM G52，标准中所指海水通常是在海湾、海港、海峡等处所见到的天然表层海水。方法包括全浸区、潮汐区和飞溅区的暴露试验。海洋大气试验可在海洋大气暴露试验站进行。

标准方法被推荐用于评价暴露在禁止海水（或局部潮水）流动条件下材料的腐蚀行为和结污行为。方法未涉及材料在高速海水和被输送海水中的行为，但某些部分可能适用于在不断提供新鲜表层海水的罐槽中的试验，有些部分可能使用于深海试验。

标准试验的周期由试验目的决定，但通常要求暴露时间不少于 6 个月或 1 年，以尽可能减少由于季节或地理位置变化而引起的环境变化的影响。合适的取样周期为半年、1 年、2 年、5 年、10 年和 20 年。当不了解一种合金的耐蚀性时，采用较短的试验时间可能是合适的，计算得出的腐蚀速率可用来估计较合适的暴露周期。

当试验材料为板材时，ASTM G52 推荐的试样标称尺寸为 100mm×300mm。对于一些有特殊要求的试验，也可以采用较大（或较小）的试样。为评价材料的电偶腐蚀行为，可参照 ASTM G82 和 ASTM G71 标准构建电偶对和进行暴露试验。ASTM G78 可用于评价铁基、镍基不锈合金在海水中的缝隙腐蚀行为。静止加载应力的试样，如 U 形弯曲试样、C 形环试样和弯梁试样（可分别参见 ASTM G30、ASTM G38 和 ASTM G39），适用于在海水中进行原位应力腐蚀开裂（SCC）试验。此外，可用 ASTM G58 所介绍的焊接试样评价焊件的耐 SCC 性能。畸形试样（如螺栓、螺母、管子等）、实际部件和装置等也可进行试验。对于涂装试样的海水试验则应注意：①试样必须无孔；②试样基材的棱角必须磨圆，必要时可增加此处的涂层厚度；③涂装基材表面须经喷砂处理；④每个试样只能试验一种涂料。

试样的总数量取决于试验的实践和中途取样的次数。为了得到可靠的结果，应有足够数量的平行试样，以便在每个暴露周期回收。对于每个暴露周期，一般有三个平行试样就可满足需要。考虑到海水环境的多变性，试验中应包括一定数量的控制试样，控制试样材料在海水中的耐蚀性或抗污性应该是人们所熟知的。

海水腐蚀试验的试样制备可参照 ASTM G1 进行。由于海水腐蚀试验试样的数量比较大，因此可靠有效的试样标记方法必不可少。可采用试样边棱部位预制切口、钻孔或打印数码作标记，或在试样上牢固挂上用耐蚀材料制作的标识牌等方法。注意，所有试样必须按统一的规则作标记。

试验地点应选在能够代表试验材料可能使用的天然海水环境的地方。该地点应有清洁的、未被污染的海水，并具有进行飞溅区、潮汐区和全浸区试验的设施。海水腐蚀试验通常可在专门的试验站进行，这种试验站往往建在受到良好保护的海湾中。例如根据我国各海域的海洋环境特点，目前已在黄海、东海和南海建立了青岛、舟山、厦门和榆林等实海暴露试验站。在试验站，应定期观察和记录有关海水的一些关键参数，如水温、盐度、电导、pH值、氧含量和流速等。如要了解试验地海水质量，还可以定期地测定氨、硫化氢和二氧化碳的含量。

试样架的材料可选用钢铁材料，也可以用 Ni-Cu400 合金，它在海水中有良好的耐蚀性，但不建议用于铝合金试样的支承。带涂层的合金框架（6061-T6 或 5086-H32）也具有不错的耐海水腐蚀性。此外，还可以使用由增强塑料或经过处理的木材制成的非金属框架。试样与试样架之间必须保持电绝缘，避免发生电偶腐蚀，因此可以使用由陶瓷、塑料等非金属材料制成的绝缘子。试样架上的螺栓应采用与试样架材质相匹配的材料，避免发生电偶腐蚀。海水腐蚀试验中还应该注意避免铜或铜离子对铝合金试样或框架的加速腐蚀作用。

试样安装完毕后，除检查试样标签或标记是否完好清晰外，还应制备并保存试样的位置分布图，以便在腐蚀过程中标签腐蚀、掉落等给试样区分带来困扰。在进行海水腐蚀试验之前对安装好试样的试样架进行拍照是一种方便且有效的方法。

暴露试验开始时，应用耐海水和紫外光的绳索（如尼龙、聚酯或聚丙烯绳索）将试样架悬挂到预定位置，应避免使用钢丝绳。试样架上试样的主平面应垂直于水流方向，并尽量避免泥沙和有机物残渣在试样表面沉积。在浅海试验中，应避免牵引绳可能由于海生生物附着造成质量增加而伸长，从而使试样架与海底接触的情况 。如果是按周期取样，最好将不同周期的试样分别放在不同的试样架上，避免取样对其他周期的试样带来影响。

试样评价时，对取出的试样用塑料或木质刮刀去除试样表面附着的海生物，参照 ASTM G1 标准去除腐蚀产物并清洗试样，然后再次称量试样。当需要对腐蚀产物进行分析时，还需要将去除的腐蚀产物保存。拍摄去除腐蚀产物前后的试样表面形貌也是评价金属材料腐蚀的有效方法。从暴露试验前后试样的质量可以确定每个试样的质量损失，计算出相应的腐蚀速率。当发生局部腐蚀（缝隙腐蚀和点蚀）时，可以通过测定腐蚀前后的力学性能变化来评定。

需要注意的是，在不同深度暴露的小尺寸的孤立试样，其腐蚀行为与之前提到的长尺寸钢带试样不同，因为后者处于海水不同区域，包含了充气差异电池和可能存在氧浓差腐蚀微电池的作用。因此，在必要的情况下可进行长尺寸试样的暴露试验，或将小尺寸的孤立试样置于不同深度海域通过电连接进行试验。

6.2.1.2 深海腐蚀试验

为确定与深度有关的环境变量对材料腐蚀行为的影响，可进行深海腐蚀试验。为了确定环境变化所造成的影响，应选择环境有显著变化的试验地点。为了将深海试验结果和在表面海水中的试验结果进行比较，经常使用平行试样在深海和表面海水中进行试验。

深海腐蚀试验试样的结构和制备类似于表层海水腐蚀试验。大型的多框架组件可同时放置多种试样，试验框架组件的设计取决于所选择的配置和回收方法。在深海试验中，海生物结污要比近表面海水中少很多，所以可以使用篮式框架。为避免试样的腐蚀产物污染其他试样，可以对试样进行分组，把类似的试样单独放在一个框架上。应特别注意试样的垂直位置，例如铝合金试样应放置在铜合金试样的上方，避免铜合金的腐蚀产物污染铝合金试样。为便于按不同时间周期取样，可采用平行框架组件。也可以设计这样一种框架组件，利用远程操作的传输装置或潜艇可以单独移动框架，甚至试样。在组装好的框架运往试验点的过程中，为防止试样的腐蚀，小型框架可以放在甲板以下运输，大型框架可用塑料薄膜覆盖。

进行深海试验成本很高，放置和回收深海试样需要许多海洋工程学科（如导航、船舶驾驶、吊装、海洋学、地质学等）的协调配合，而且需要制定周密的计划。

6.2.1.3 流动海水腐蚀试验

材料在流动海水中的腐蚀可以在海水中进行现场和实物试验。对于材料在高速海水中的腐蚀试验，多采用动态海港挂片试验，即定期将试样从浮筏中取出，装在甩水机中在海水中高速转动一段时间，然后再放回浮筏中去。更有将试样做成船型以模拟船只航行与停泊的情况。还可以将材料制成小型或原有尺寸的系统，例如利用泵入的海水评价冷凝管和管路系统，进行非标准的腐蚀试验。

材料在流动海水中耐磨蚀、空泡腐蚀和冲击腐蚀的试样可以在海洋中进行，但通常是将海水泵入罐槽，使流动的海水流过固定的试样。在有的流槽中，海水的流速可高达 2m/s，更高流速下的试验基本是在连续或间断更新的海水中进行的实验室试验。ASTM G32 和 ASTM G73 分别是在更新海水中进行空泡腐蚀和冲击腐蚀试验的标准。

6.2.2 淡水腐蚀试验

淡水一般指河水、湖水、地下水等含盐量少的天然水。表 6-5 列出了世界河水溶解物的平均值。淡水的腐蚀性比海水弱，其腐蚀原理、研究方法及预防措施与海水腐蚀有许多共同之处。

表 6-5 河水溶解物的平均值

组分	CO_3^{2-}	SO_4^{2-}	Cl^-	NO^-	Ca^{2+}	Mg^{2+}	Na^+	K^+	$(Fe,Al)_2O_3$	SiO_2	其他	总计
含量/%	35.15	12.14	5.68	0.90	20.39	3.14	5.76	2.12	2.75	11.57	0.40	100.00

淡水的现场腐蚀试验基本上与海水腐蚀试验相同，可采用一般试样，也可采用考察缝隙腐蚀、接触腐蚀或应力腐蚀的专门试样，还可直接购买实物作为试样。淡水腐蚀试验可在专门试验站进行，也可依傍水闸或桥梁设点挂片。进行不同部位的暴露试验，可根据试验设计及要求设计专门试验支架。因河流和湖泊的河床较浅，一般只考察水线、全浸及河床底部三个区域的腐蚀行为。所以对试样、框架、操作及试验记录和评定的要求均与海水腐蚀试验相同。

6.3 土壤腐蚀试验

土壤是由土粒、水溶液、气体、有机物、胶粒和黏液胶体等多种组分构成的极为复杂的不均匀多相体系。由于水中溶有各种盐类，故土壤是一种腐蚀性电解质，金属在土壤中的腐蚀属于电化学腐蚀。由于土壤的组成和性能的不均匀，不同土壤的腐蚀性差别很大，极易构成氧浓差电池，使地下金属设施遭受严重的局部腐蚀。土壤中还有大量微生物，对金属腐蚀能起加速作用。影响土壤腐蚀性的因素很多，包括物理、化学、生物学几个方面，主要因素有含水量、含盐量、pH 值、电阻率等。金属构筑物在土壤中的腐蚀类型很多，主要有全面腐蚀、氧浓差电池腐蚀、杂散电流腐蚀、微生物腐蚀等。

6.3.1 土壤腐蚀试验的基本要求

土壤腐蚀试验通常有两个目的：一是确定金属材料在指定土壤中或一组类似的土壤中的耐蚀性；二是确定一系列不同土壤对指定金属或一组金属的腐蚀性。

在进行土壤腐蚀试验前，应预先对土壤的腐蚀作用有初步的估计；在分析现场试验结果时，也应以土壤的特性为基础。因此，应该调查和了解与土壤腐蚀性有关的因素，它们通常包括：①埋置试验点的水文地质数据和气象数据；②土壤的物理、化学性质，如电阻率、pH 值、含水率、含气率、氧化还原电位、有机质含量、含盐总量、氯离子含量及微生物的状态等；③土壤类别。

在进行土壤腐蚀试验时，还应考虑到腐蚀微电池和宏观电池在性质上的差别。小的埋地金属构件主要受微电池作用的影响，此时土壤腐蚀性并不取决于它的电阻，而是取决于金属的阴极极化率和/或阳极极化率。但是对于延伸相当距离（或深度）的大型埋地金属结构，由于充气差异电池和其他不均匀电池的作用，在金属表面形成了宏观电池腐蚀，土壤的电阻率将对此起决定性作用。因此，从若干小试验片获得的土壤腐蚀试验结果并不能完全表征大构件的情况。在土壤埋置试验中一般包括小试片试验和长尺寸试件试验。

6.3.2　土壤腐蚀性特征参数测量

影响土壤腐蚀性的因素很多，但表征这些影响的特征参数与土壤的腐蚀性之间并没有简单的对应关系，故一些学者将这些参数设置进行加权处理，力求得一个综合的评价指标。由于特征参数及相应的测量方法很多，本节择其主要的予以简述。

（1）土壤电阻率测量

以土壤的电阻率来划分土壤的腐蚀性是各国通用的方法（表 6-6），这对大多数情况是适用的，但有些场合也违反这一规律。

单位：Ω·m

表 6-6　按土壤电阻率判断土壤腐蚀性

国家	低	较低	中等	较高	高	特高
中国	＞50		20～50		＜20	
英国	＞35		15～30		＜15	
美国	＞50		20～50	10～20	7～10	＜7
苏联	＞100		20～100	10～20	5～10	＜5
日本	＞60	45～60	20～45		＜20	
法国	＞100	50～100	20～50		＜20	

常用的土壤电阻率测试方法有四极法和双极法，国内基本上都采用四极法。四极法操作简单，不需要挖掘土方，但在地下金属构筑物较多的地方误差较大。双极法在地下金属构筑物较多的地方测试的准确度要高于四极法，但土方工作量大，必须挖掘与测深同等深度的探坑，而且在一般情况下的测试准确度比四极法低。详细的土壤电阻率测量方法参见 10.2 节。

（2）土壤氧化还原电位测量

测定土壤的氧化还原电位有助于判别土壤中微生物腐蚀的活性。用铂电极及饱和甘汞电极构成现场探测氧化还原电位的探针，将现场实际测得的电位 $E_{实测}$ 按下式换算成 pH＝7 标准氢电极氧化还原电位 E_h：

$$E_h = E_{实测} + E_{SCE} + 0.59(pH_{实测} - 7)$$

式中　E_{SCE}——饱和甘汞电极相对于标准氢电极的电位。

E_{SCE} 随实际测量时的温度略有变化，25℃时为 0.2476V。换算成 pH＝7 时的 E_h 是为了统一便于进行比较。

6.3.3　金属埋置试验

　　一般来说，金属在未经人类活动扰动的土壤中的腐蚀速率是非常低的，而且与土壤的特征无关，但在被扰动的土壤中其腐蚀受土壤环境的强烈影响。虽然土壤的特征参数可在某种程度上说明土壤的腐蚀性，但比较可靠的方法还是进行金属埋置试验。

　　金属埋置试验最主要的目的是得到金属在土壤中的腐蚀速率的有关数据。但是，金属的服役条件不同，监测的重点也有所差异。对于用于容器或管道的材料，点蚀生长率可能更为重要；对于承受应力的金属和合金，应力腐蚀和氢脆是监测重点。因此，试验方法的选择以及试样的设计都是依据试验目的和所需数据的类型来决定的。例如，为了研究管道在土壤中的腐蚀，试样就应选择管材。为了避免内壁腐蚀，除了要在管内壁涂防锈漆外，还应严密封闭管端。研究槽型容器的土壤腐蚀时，一般使用板材制备试样。对于焊接件，则应选用焊接试样。如果有异金属接触，则需制备电偶试样。对于应力腐蚀或氢脆研究，可能需要加载应力的 U 形弯曲或 C 形环试样。如果在埋置期间要进行电化学测量，应用绝缘导线与试样连接，并引伸到地表。当评价涂层的作用或研究应力腐蚀行为时，除涂装的样品或加载应力的样品外，还应有不加涂层或不加载应力的参考试样。

　　埋设试样通常是在待考察的土壤中挖一条足够长的沟，其深度相当于使用状态，将按要求制备的试样放置在各规定的水平深度处，然后按技术要求将土回填。试样的埋置间距要满足互不影响，即一个试样的腐蚀电流及腐蚀产物不会影响到另一个试样的腐蚀过程，这与试样的大小和土壤电阻率有关，一般认为试样的间隔距离至少应是其直径（或宽度）的两倍。土壤腐蚀试验周期一般较长，为满足考察金属腐蚀随时间的变化规律，应埋置足够多的试样，便于按试验设计分批地取出试样。同一取样批次的试样应集中埋置。为获得可靠的数据，每一批次试样应埋设适量的平行试样，通常为 3～12 个。埋设试样时，可使用小直径（3mm）的尼龙绳将同组试样拴在一起，方便取样。土壤腐蚀试验的总周期及两次取样的时间间隔取决于试验的目的和性质。对于钢铁试样通常每隔 1～2a 取样一次，总持续时间为15～20a，甚至更长。

　　为了正确区分试样，试样埋设前应对试样做好标记。一般采用在试样上打印标记或开缺口的方式；为防止试样因严重腐蚀而损坏标记，还可以在试样上拴上塑料标签作为辅助标记。试样埋设后，可用木桩标出试样的埋设位置，一般将木桩放在一组试样的端点位置，还可以将连接试样的尼龙绳拴在木桩上。在不能使用木桩的地方，可用略低于地面的金属桩标出试样的位置，用金属探测器可以发现它们所处的位置。在完成试样埋置后，应画出试样的区域分布图，便于区分试样。

　　土壤埋置试验的结果评价一般是在达到规定的时间周期后从土壤中取出试样进行综合评价，但有时也可在埋置过程实施原位测量。如在现场可利用极化电阻技术测定试样的瞬时腐蚀速度。还可用牺牲阳极向试样提供阴极电流，并监测两个电极间流过的电流和偶对相对于参比电极的电位。

　　埋设试样到达试验规定的周期后，就可以取回试样。取样时，表面土壤可以用动力机械挖掘，但靠近试样几厘米以内的土壤则应小心地用铲子去除，避免损坏试样或破坏识别标志。取样过程中，可粗略地观察试样和拍照，并做好相应记录。最后将试样取回，在实验室中对试样进行详细的检查、处理和评价。对于发生全面腐蚀的试样，可通过称量、计算质量损失，计算得出平均腐蚀速度。对于点蚀试样，则应测定点蚀分布、最大点蚀深度，并计算最大点蚀生长率。至于其他类型的局部腐蚀，可根据相关试验方法予以评价。

第7章
腐蚀电化学测试技术

金属腐蚀大多数为电化学腐蚀过程，采用电化学测试技术可对电化学腐蚀过程进行系统的研究。与其他物理或化学测试技术相比，腐蚀电化学测试技术是一种快速测量的方法，测试的灵敏度也较高，当使用精密的检测仪器时，可测出微安甚至纳安数量级的电流变化。电化学方法测定的都是瞬时的腐蚀状况，能够测出腐蚀金属电极在外界条件影响下瞬时的变化情况，并且电化学测试方法能够连续测定金属电极表面腐蚀状况的连续变化。另外，它还是一种"原位"测量技术，能体现金属电极表面的实际腐蚀情况。

7.1 腐蚀电化学测试原理

7.1.1 腐蚀金属电极在极化电流作用下的等效电路

金属-电解质溶液电极系统的相界区形成双电层，两侧出现异号的剩余电荷。在最简单的情况下，可以将双电层看作一个平板电容器。同时，电极界面上有电极反应发生。当向电极系统通入外加电流 i 时，外电流的一部分用于改变电极反应速率，这部分电流称为法拉第电流 i_f，外电流的另一部分用于对双电层充（放）电，使电极系统的电位改变，这部分电流称为非法拉第电流 i_{nf}，即：

$$i = i_f + i_{nf} \tag{7-1}$$

因此，相界区犹如一个漏电的电容器一样。在外加极化电流 i 作用下，腐蚀金属电极的响应行为可以用图 7-1 的等效电路来模拟。图中 C 为包括双电层电容在内的电极表面电容（有时简单讲是双电层电容），Z_f 为法拉第阻抗，取决于电极反应的阻力。在腐蚀金属电极上，至少有一对共轭反应同时进行，即金属的阳极溶解反应和去极化剂的阴极还原反应，Z_f 是阳极反应和阴极反应的总阻力。

因为将双电层看作平板电容器，故非法拉第电流 i_{nf} 与极化值 ΔE 的关系为：

$$i_{nf} = C \frac{d\Delta E}{dt} \tag{7-2}$$

法拉第电流 i_f 使电极反应速率改变。i_f 与金属阳极溶解反应速率 i_a 和去极化剂阴极还原反应速率 i_c 之间的关系为电流加和原理：

$$i_f = i_a + i_c \tag{7-3}$$

当外加电流为阳极电流（电流由外电路流入电极，即电子由电极流出），电极受到阳极极化，i_a 增大而 i_c 减小；反之，当外加电流为阴极电流（电子由外电路流入电极），电极受到阴极极化，i_c 增大而 i_a 减小。电极反应速率 i_a、i_c 及法拉第电流 i_f 与极化值 ΔE 的关系则由极化动力学方程式确定。

由式(7-2)知，双电层充电电流（非法拉第电流 i_{nf}）随时间成指数函数关系减小，当双电层充电完毕，非法拉第电流 $i_{nf}=0$，ΔE 达到稳态极化值 ΔE_S，此时 $i=i_f$，外加极化电流完全用于改变电极反应速率，阳极反应速率和阴极反应速率都达到与 ΔE_S 对应的稳态数值，这就是"稳态"的含义。

微极化区（极化值 ΔE 很小）的极化动力学方程式可以用一个线性公式 $\Delta E=i_f R_p$ 近似表示，式中 R_p 为极化电阻（线性极化电阻）。在这种情况下，图 7-1 中的 Z_f 可以用 R_p 代替，即用 C 和 R_p 的并联电路作为腐蚀金属电极在微极化作用下的等效电路（图 7-2）。这种等效电路在电化学腐蚀文献中十分常见，但必须注意这种简化的等效电路的适用条件：外加极化很小，即 ΔE 在微极化范围。至于微极化区的大小则取决于腐蚀体系的动力学参数以及容许的误差。

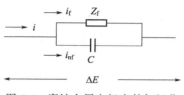

图 7-1　腐蚀金属电极在外加极化
电流作用下的等效电路

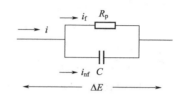

图 7-2　腐蚀金属电极在微极化
作用下的等效电路

7.1.2　电化学测量的原理电路

电化学试验中的测量对象包括：腐蚀电极的电位 E、外加极化电流 i 以及时间 t。试验的基本内容是对腐蚀金属电极通入外加极化电流，测量其电位的变化。因此，尽管各种试验的电路具体形式不同，繁简情况各异，但其试验的原理电路都由两部分组成：极化电流回路和电位测量回路。前者提供需要的极化电流，后者测量腐蚀电极的电位。至于时间的测量可以用人工进行，也可以包含在测量仪器中。

在图 7-3 中，极化电流回路由腐蚀金属电极（亦称研究电极、工作电极、试样，用 WE 表示）、辅助电极（用 AE 表示）、极化电源和电流表组成。电位测量回路由研究电极、参比电极（也叫参考电极，用 RE 表示）、盐桥和电位测量仪表（高阻电压表 V）组成。电位测量仪表测量 WE 相对于 RE 的电位差，即研究电极的电位（相对于所用参比电极）。

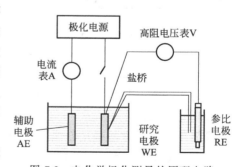

图 7-3　电化学极化测量的原理电路

由图 7-3 看到，在研究电极 WE 和参比电极 RE 之间有电解质溶液，极化电流 i 在这部分溶液的欧姆电阻 R_s 上产生电压降 iR_s，这个电压降也包含在用电位测量仪表测量的 WE 与 RE 之间的电位差中。而测量腐蚀电位时不通极化电流，腐蚀电位测量值中不包含 iR_s，故实测的极化值 $\Delta E'$ 与真正的极化值 ΔE 之间有如下关系：

$$\Delta E'=\Delta E+iR_s \tag{7-4}$$

因此，对试验测量来说，在图 7-1 和图 7-2 的等效电路中还应加上 R_s 与并联电路串联。

由于溶液欧姆电阻 R_s 的存在，影响到极化电位的测量，也使对极化数据的分析处理变得困难，所以在极化试验中应采取措施消除 R_s 对极化电位测量的影响，比如进行补偿。补偿以后实测极化值 $\Delta E'$ 就与真正的极化值 ΔE 相同。

极化电源提供试验所需极化电流。极化方式可分为两类：控制电流测量和控制电位测量。

在控制电流测量中，极化电流 i 按某种规律变化，包括：

① $i = \mathrm{const}$，即极化电流保持恒定，不随时间变化，而腐蚀电极的电位随时间改变，直至达到与极化电流对应的稳态值。这种极化方式称为恒电流测量，应用十分广泛。

② $i = kt$，即极化电流随时间线性增大，这种极化方式称为动电流测量。

③ $i = i_0 \exp(-t/\tau)$，称为指数衰减极化电流。

④ $i = i_0 \sin\omega t$，即极化电流按正弦函数形式变化，用在交流阻抗测量中。

后三种极化电流需要使用信号发生器作为极化电源提供，极化也不可能达到稳态。

在控制电位测量中，腐蚀电极的电位 E（极化值 ΔE）按某种规律变化，包括：

① $\Delta E = \mathrm{const}$，即保持电位恒定，不随时间改变，而极化电流则随时间变化，直至达到与极化电位对应的稳态值。这种极化方式称为恒电位测量，提供极化电流的电源称为恒电位仪。恒电位测量在电化学试验中应用十分普遍。

② $\Delta E = kt$，即极化电位随时间线性变化。这种极化方式称为动电位扫描测量，因其测量重现性较好而且便于自动化，在极化曲线测量中应用很多。

③ $\Delta E = \Delta E_0 \sin\omega t$，即使极化电位成正弦规律变化，也用于交流阻抗测量。

后两种极化方式同样需要使用信号发生器与恒电位仪结合起来作为极化电源，同样也不可能达到稳态。需要注意，在控制电位测量中，控制的对象是实测极化电位，其中包含了 iR_s，只有采取了消除 R_s 影响的措施，才能使真正的极化值 ΔE 按要求的规律变化。还有其他一些极化方式，需要相应的极化电源。

7.2 腐蚀电化学测试设备

7.2.1 研究电极（试样）

与失重法试验一样，电化学试验所用试样也需要测量与腐蚀介质接触的工作表面积，需要将工作表面磨光、清洗。不同的是，电化学试验中要向试样通入电流，因而必须在试样上连接导线。为了使电流完全集中在工作面上，试样表面的其余部分、导线连接接头都要用绝缘材料封闭起来（封样）。封样技术的好坏对测量结果有重大影响。

(1) 封样方法

最简单的封样方法是用石蜡、油胶、绝缘漆等材料将工作表面以外的部分涂覆。涂覆材料应具有足够的耐蚀性、不玷污试验介质、耐热性较高。这种封样方法简便易行。缺点是在涂层固化时容易在边缘脱离，从而产生缝隙，这就造成了不可控制的腐蚀因素，对试验目的产生很大干扰，甚至所得结果完全错误。

另一种封样方法是用热固性塑料或热塑性塑料镶嵌试样。试样做成方块形或圆形，背面焊上导线。然后将非工作面用环氧树脂包封，或者将试样压入预热的氟塑料套管中。导线外面用玻璃管或塑料管套起来。这种封样方法也要注意避免缝隙。

美国材料与试验学会（ASTM）推荐使用聚四氟乙烯塑料垫片压紧封样夹具。试样做成圆柱形，底面和侧面为工作表面，上端面贴在聚四氟乙烯塑料垫圈上，旋紧螺母使玻璃管将塑料垫圈压紧。这种封样方法效果很好，可完全避免缝隙。聚四氟乙烯具有良好的耐蚀性和耐热性。缺点是机械强度较差，使用几次后端部易变形。

对于不锈钢材料试样，可以先进行表面钝化处理，使试样表面生成一层氧化物膜。工作表面可以在钝化处理时留出，或者在钝化处理后将工作表面的氧化物膜擦去。钝化处理后用石蜡等绝缘材料进行涂封，仅留出工作表面及其四周的狭条氧化物膜。

图 7-4 是几种封样方法的示意图。

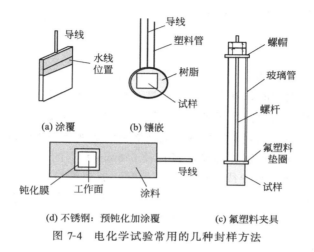

图 7-4 电化学试验常用的几种封样方法

（2）封样方法对试验的影响

封样方法多种多样，文献中不同作者报告的封样方法也各不相同。有人曾用几种不同的封样方法制作试样，然后进行阳极极化曲线的测量。结果表明，所测出的极化曲线有很大的差别，原因就在于缝隙腐蚀。

由图 7-5 中的阳极极化曲线可以看出，封样后试样上形成缝隙时（如采用冷固化环氧树脂封样），钝化区的阳极电流密度比无缝隙试样（如采用热固化环氧树脂封样，氟塑料垫片压紧封样）要高 100 倍，这是缝隙中极高的腐蚀速率造成的。

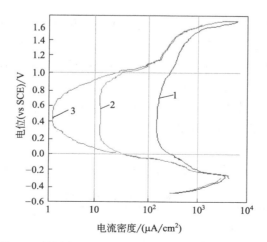

图 7-5 封样方法对试验测出的阳极极化曲线的影响

1—冷固化环氧树脂涂层；2—酚醛塑料、聚甲基丙烯酸酯；

3—Stern-Makrides 压紧垫片、热固化环氧树脂，醇酸清漆

所以，各种封样方法的基本原则是一样的，封样效果要好，封样材料与试样间不产生缝隙。了解了基本要求，就可以根据试验目的和试验条件进行选择和设计。

研究电极工作表面积的大小，既要考虑到试验过程对溶液组成的影响（溶液中腐蚀剂成分的消耗），又要考虑处理数据的方便和极化电源的输出功率。为了避免试验过程中溶液组成发生大的变化，一般每平方厘米的电极工作表面积要求 50mL 以上的溶液。要得到同样的极化电流密度，电极工作表面积愈大，需要的极化电流强度愈大。很大的极化电流不仅会造成很大的溶液欧姆电压降而影响电位测量的精度，而且有时还会使溶液温度升高。

7.2.2 辅助电极

辅助电极亦称对电极，其作用是构成极化电流回路。当进行阴极极化测量时，辅助电极是阳极。测量阳极极化曲线时，辅助电极是阴极。因为辅助电极也浸泡在试验溶液里，在测量阴极极化曲线时还要受到很强的阳极极化。所以要求辅助电极材料有足够的耐蚀性，比较纯净，溶解速率极小，不会因表面发生的反应使溶液组成变化而影响测量结果。辅助电极一般采用铂丝、铂片。铂丝电极制作容易，将直径 0.5mm 左右的铂丝一端封入玻璃管中，在玻璃管内装少许汞，再插入铜导线，以构成电接触，玻璃管口用石蜡封死。为制作铂片电极，可取 10mm×10mm 的铂片与一段铂丝焊在一起，然后如上法将铂丝封入玻璃管中。对要求不高的试验，也可以用石墨棒作为辅助电极。

7.2.3 参比电极

参比电极也称为参考电极，是测量电位的基本工具，参比电极 RE 与研究电极 WE 所组成的电池的电动势，被定义为研究电极相对于所用参比电极的电位。

参比电极应当具有稳定的电位值，重现性好，温度系数小，不易极化（交换电流密度大），以保证测量的电位值的准确性。

最基本的参比电极是标准氢电极（SHE），其电位规定为零，即待测电极与标准氢电极组成的电池的电动势，就等于该电极相对于标准氢电极的电位，称为氢标电位，并用 SHE 注明。

但标准氢电极是气体电极，制备困难，使用不便。因此，常用其他参比电极进行测量，如甘汞电极、氯化银电极、硫酸铜电极等。这些电极相对于标准氢电极的电位已经精确地测量过，当测出研究电极相对于这些参比电极的电位值以后，很容易换算为对标准氢电极的电位值，或者不进行换算，只在电位后面注明所用参比电极即可。比如某个研究电极相对于饱和甘汞电极（记为 SCE）的电位差是 +0.502V，而饱和甘汞电极在 25℃时相对于标准氢电极的电位是 +0.244V，那么可以将结果记为：$E = +0.502V$（vs SCE）或者 $E = +0.746V$（vs SHE）。

几种常用参比电极的电位值列于表 7-1。参比电极可以自制，或购买市售产品。

表 7-1 几种常用参比电极的电位值

电极名称	结构	电位/V	温度系数/mV
标准氢电极	$Pt(H_2)_{1atm} \mid H^+ (a=1)$	0.000	
饱和甘汞电极	$Hg(Hg_2Cl_2) \mid$ 饱和 KCl	0.244	−0.65
饱和氯化银电极	$Ag(AgCl) \mid$ 饱和 KCl	0.196	−1.10

电极名称	结构	电位/V	温度系数/mV
1mol/L 氧化汞电极	Hg(HgO)｜1mol/L NaOH	0.114	—
饱和硫酸铜电极	Cu(CuSO$_4$)｜饱和 CuSO$_4$	0.316	0.02

注：1. 电位值是 25℃时相对于标准氢电极的电位，温度系数指温度变化 1℃时电位变化的值。
　　2. 1atm＝101325Pa。

在生产设备上进行现场测量时，因金属材料坚固、方便，常被用制作参比电极，如铅、铋、铜、不锈钢等，直接浸没在生产介质中。在选择制作材料时，要求其电位（该金属材料在生产溶液中的腐蚀电位）波动小，不容易极化，因为这种参比电极也处于腐蚀溶液中，还要求有较好的耐蚀性。

在线性极化测量中，试样的极化值只有几毫伏，使用一般的可逆电极（如 SCE）作参比电极时，因为试样的腐蚀电位大多在几百毫伏，这就要求电位测量仪表的量程有 1000mV，同时又要能准确读出几毫伏的变化。因此必须使用昂贵的五位数字电压表。为了降低对电位测量仪表的要求，也为了便于应用到现场生产设备，在线性极化技术的发展过程中提出了同种材料电极系统，即用与研究电极相同的金属材料制作参比电极，并且使两个电极的大小、形状、表面状态都相同。这样，在相同的腐蚀溶液中，它们的腐蚀电位应当相近。当研究电极受到极化，偏离了腐蚀电位，研究电极与参比电极之间的电位差就是我们要测量的研究电极的极化值。因此，电位测量仪表有几十毫伏的量程就够了。

7.2.4　盐桥与卢金毛细管

当被测溶液和参比电极溶液不同时，常用盐桥连接参比电极和研究电极。盐桥的作用是：①尽量消除或减小溶液的液体接界电位；②严防参比电极的溶液和试验溶液相互污染。

盐桥溶液的浓度要大，而且其中阴离子和阳离子的扩散速度相差愈小愈好。这样，在界面上主要是盐桥溶液向对方扩散。加之阴离子与阳离子的扩散速度接近相等，因此研究电极和参比电极之间的液体接界电位可以忽略不计。最经常使用的盐桥溶液是氯化钾。如果溶液中含有银离子，用氯化钾可能产生氯化银沉淀，此时可以使用硝酸铵溶液。

图 7-6 是常用的盐桥形式。在饱和氯化钾溶液中加入 2%～3%的琼脂，加热溶化后装入盐桥玻璃管中，冷却后形成不流动的凝胶。这种盐桥使用方便，但不能用于对琼脂发生作用的溶液（如强碱溶液）中，试验温度也不能太高，以免琼脂熔化。

带旋塞的盐桥可以用于任何溶液，使用时将玻璃管的一支插入试验溶液，并将试验溶液吸入玻璃管；另一支插入放置参比电极（如 SCE）的容器，并使玻璃管中吸满氯化钾溶液。然后关闭旋塞，用夹子夹紧乳胶管。在使用后应将两支玻璃管都洗净。

由于盐桥的电阻很高，电位测量仪表应具有很高的输入阻抗。

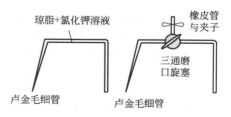

图 7-6　电化学测量中常用的两种盐桥

在进行电化学试验时，研究电极与参比电极之间的溶液中有极化电流通过，因而在这段溶液的电阻上产生电压降。为了减小溶液欧姆电压降对电位测量的影响，常常把盐桥插入试验溶液的一端玻璃管做成毛细管（称为卢金毛细管），并使卢金毛细管的管口靠近研究电极的工作表面，但不能靠得太近，以免对电极表面的电力线产生屏蔽和影响该处溶液的对流情况。一般来说，毛细管尖端到研究电极表面的距离应略大于毛细管口径，即 1mm 左右。

7.2.5 电解池

电解池又称为极化池或试验槽，是盛装电解质溶液和试验电极的容器。电解池的结构和试验电极的安放对电化学测量有很大的影响，因此正确设计和合理选择十分重要。

一般采用多口烧瓶作为电解池。电解池的结构要方便研究电极、辅助电极和参比电极的安装固定，而且还要考虑下列因素：

① 电解池的容积适当，与电极工作面积相配合。

② 当需要控制试验溶液的温度时，通常把电解池放入恒温水浴或油浴内，以达到温度恒定，并在电解池中插入温度计以便于测量。也可以用水套加热。

③ 当试验温度较高，可能因蒸发而造成溶液组成改变时，要有冷凝回流管，保证在试验过程中溶液浓度不改变。

④ 如果需要使溶液产生相对运动，一般可以在电解池内安装搅拌器。

⑤ 在需要向电解池内通入气体的情况下，可以在电解池内安装通气管。

⑥ 如果要求避免辅助电极上的反应物影响研究电极，可以使用双室或三室电解池，用玻璃微孔隔板或素烧瓷隔板将研究电极区和辅助电极区分隔开。

图 7-7 是美国材料与试验协会（ASTM）推荐使用的电解池。图 7-8 的电解池更精巧一些，卢金毛细管像医用注射器一样可以伸缩，以调节合适的位置。

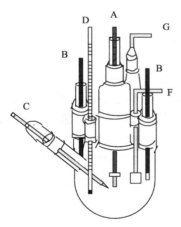

图 7-7　ASTM 推荐使用的电解池
A—研究电极；B—辅助电极；C—盐桥；
D—温度计；F—进气管；G—出气管

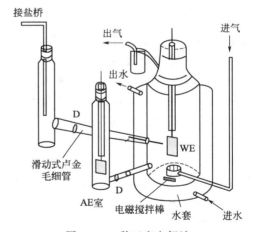

图 7-8　一种三室电解池
D—防止溶液污染的半透膜或陶瓷隔板

7.2.6 极化电源

极化电源是提供极化电流的仪器。根据试验需要的不同，有各种类型的极化电源。

从极化电流的性质看，有的试验需要极化电源提供直流电流，有的试验则需要交流电流。测量的控制方式有两种：一种控制极化电流，一种控制极化电位。前者以极化电流为主变数，控制极化电流按选定的规律变化，测量试样的极化电位随极化电流的变化。后者以极化电位为主变数，控制试样的极化电位按选定的规律变化，而测量极化电流随电位的变化。

（1）恒电流法测量

在控制电流法测量中，使用最多的是恒电流法，保持极化电流在某个恒定数值，待试样的极化电位达到稳态值后，读取极化电位的数值。然后再将极化电流调节到下一个恒定值，读取稳态极化电位值。继续测量，便可以得到一系列稳态极化数据（i，E）。试样电位达到稳态值所需时间取决于恒电流充电的时间常数。一般来说，试样的腐蚀速率愈大，时间常数愈小，读取稳态极化电位需要等待的时间愈短。

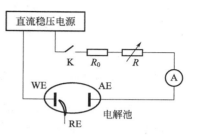

图 7-9 最简单的恒电流测量电路

通入恒定极化电流后立即开始测量试样极化电位随时间的变化，便可以得到恒电流充电曲线数据，这种方法属于暂态测量方法范畴。

能提供恒定电流的极化电源称为恒电流仪。恒电流仪要能够控制输出电流保持恒定，又要能够按我们的选择调节输出电流。最简单的恒电流仪可由直流电源（干电池、蓄电池、直流稳压电源均可）和一组可变电阻构成，如图 7-9 所示。根据欧姆定律，极化电流回路中的电流应为：

$$I = \frac{V}{R + R_c + R_x} \tag{7-5}$$

式中 V——电源的输出电压；

$\quad R_c$——电解池系统的等效电阻（包括阴极和阳极反应电阻、试验溶液电阻）；

$\quad R_x$——线路电阻（导线、仪表接头等）；

$\quad\ R$——可变电阻（一般使用电位器），用于调节输出电流的大小。

在试验装置连接好以后，R_x 不会改变，而在试验过程中 R_c 是要发生变化的。如果 $R \gg R_c + R_x$，则 R_c 的变化对电路总电阻的影响很小，极化电流基本上由 R 的大小所决定。所以，为了达到恒定电流的目的，R 必须很大，因此电源的输出电压也要很大。

图 7-9 的装置不可能使极化电流完全恒定，现代恒电流仪是使用电子电路对输出电流进行自动调节。

（2）恒电位法测量

在控制电位测量中，使用最多的是恒电位法，使用一定的方法将研究电极的电位恒定在某个选定数值，待极化电流达到稳态值后，读取极化电流的数值。然后再将试样的极化电位调节到下一个给定值，读取稳态极化电流值。继续测量，便可以得到一系列稳态极化数据（E，i）。极化电流达到稳态值所需时间取决于恒电位充电的时间常数。前面已指出，对同一个试验腐蚀体系，恒电位充电的时间常数小于恒电流充电的时间常数。当研究电极 WE 与参比电极 RE 之间的溶液欧姆电阻 R_s 很小时，使用恒电位法测量可以很快达到稳态。

能够使研究电极的电位恒定在选定数值的极化电源称为恒电位仪。恒电位仪不仅能够控制研究电极相对于参比电极的电位保持恒定不变，而且能够按需要选择和调节给定电位值。

现代恒电位仪都使用电子线路。图 7-10 是差分输入式恒电位仪的原理图。差分输入的高增益电压放大器的同相输入端接基准电压，可以按需要调节；反相输入端接参比电极，研究电极接地。在取定基准电压 V_2（可选择的给定电位）后，控制电路便不断地将研究电极对参比电极的电压 V_1 与基准电压 V_2 比较。如有差异存在，误差电压 V_e 经过电压放大，去控制功率放大器，从而调节通过电解池的极化电流，使研究电极的电位回复到给定的数值。

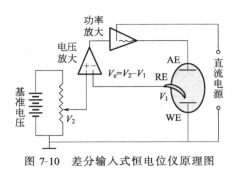

图 7-10　差分输入式恒电位仪原理图

恒电位仪应具有控制精度高、输入阻抗大、频率响应快、输出功率较高、温漂和时漂较小等性能。

恒电流法测量的优点是仪器简单，操作容易，在强极化区电位范围读数精度较高。但当试样的极化电位不是极化电流的单值函数时，比如阳极钝化腐蚀体系的阳极极化曲线，同一极化电流可能对应几个极化电位。如果用恒电流法测量，就得不出完整的极化曲线。因此必须使用恒电位法进行测量。

（3）动电位扫描法测量

在控制电位测量中，动电位扫描法也得到广泛应用。动电位扫描法是使研究电极的电位 E（极化值 ΔE）随时间成线性变化，即 $\Delta E = vt$，v 称为电位扫描速度。

使用动电位扫描测量可以在记录仪上自动描出极化曲线。

图 7-11 是动电位扫描法测量极化曲线的电路图。动电位扫描法测量的极化电源由信号发生器和恒电位仪组成。信号发生器产生线性电压信号，用作恒电位仪的基准电压（外给定）。由于基准电压随时间线性变化，如果恒电位仪的响应足够快，那么研究电极对参比电极的电压也会按同样规律变化。将研究电极 WE 与参比电极 RE 之间的电压输入 X-Y 函数记录仪的 Y 轴输入端；将极化电流在采样电阻 R_N 上的电压输入 X-Y 记录仪的 X 轴输入端。在测量时首先调节扫描电压与被测试样的腐蚀电位相同，打开恒电位仪的极化电流开关，此时极化电流应等于零。然后启动扫描电位，试样的电位按选定的扫描速度随时间线性变化，极化电流也随之变化，X-Y 记录仪便自动画出极化曲线。因为 R_N 是已知的，由 X-Y 记录仪 X 轴的灵敏度和试样工作表面积就可以标定电流密度的数值。如果在电位扫描范围内极化电流的变化达到几个数量级，或者为了直接描绘 E-$\lg i$ 半对数关系，就需要在极化电流回路中接入一个对数转换器。

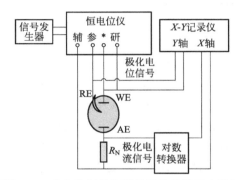

图 7-11　动电位扫描法测量极化曲线的电路图

显然，动电位扫描法测量的极化曲线与电位扫描速度有密切关系。只有当电位变化很慢时，才能和稳态法测量结果一致。因此，在进行动电位扫描法测量极化曲线时，应注意扫描速度的选用。如果有试验标准，可以按标准方法规定的扫描速度（如动电位扫描法测定金属点蚀电位的试验就在标准中规定了扫描速度）。如果没有标准或者进行试验研究工作，则应在报告试验结果时说明使用的电位扫描速度。

（4）其他测量

在线性极化技术测量中，特别是工业生产装置用于腐蚀监测的线性极化仪中，普遍使用交流方波极化电源。如果是控制电流测量，则为恒电流方波；如果是控制电位测量，则为恒电位方波。因为方波是交流信号，方向周期性改变，试样受到反复的阳极极化和阴极极化，对电极的扰动比单方向直流极化要小，而且得到的是双方向线性极化电阻。又因为方波顶部是平台，只要频率适当，方波宽度满足读取稳态数据的要求，便可以得到稳态极化数据。

电化学阻抗谱技术使用正弦波极化电源，极化电流按正弦波变化（控制电流测量），或者试样的电位按正弦波变化（控制电位测量）。另外，还有指数衰减极化、三角波极化等。

在上述电化学试验中，极化电源都要使用信号发生器。如果是控制电流测量，将信号发生器的输出端分别与研究电极 WE 和辅助电极 AE 连接，就可以得到要求规律的极化电流，如图 7-11 所示（注意信号发生器输出功率）。如果是控制电位测量，将信号发生器产生的电压信号作为恒电位仪的外给定电压，而研究电极、辅助电极、参比电极分别与恒电位仪上相应接线柱连接，就可以实现研究电极的电位按要求规律变化。

7.2.7　电位测量仪表

电位测量仪表的作用是测量研究电极 WE 与参比电极 RE 之间的电位差。因为普通电压表的内阻小，测量时有较大电流通过电位测量回路。这不仅使研究电极的电位改变，而且参比电极也会发生极化，这样就使所得测量结果不准确。因此，普通电压表是不能使用的。由此可知，对电位测量仪表的基本要求是输入阻抗高，以保证通过参比电极的电流十分微小。

在直流极化试验中，电位测量仪表可以用电位差计、直流数字电压表、晶体管电压表等。电位差计采用补偿法测量，平衡时没有电流通过电位测量回路。但电位差计不能直接读数，手动调节式电位差计使用不方便。直流数字电压表输入阻抗大于 $500M\Omega$，使用方便，但价格较贵。晶体管电压表和液晶显示数字万用表有足够高的输入阻抗，价格便宜，许多试验可以满足要求。在充电曲线和电位衰减曲线测量中，可以使用函数记录仪自动记录电位随时间的变化，画出充电曲线和电位衰减曲线。也可以使用联机测试系统自动采集数据并进行处理。

7.2.8　恒电位仪

恒电位仪又称恒电势仪。恒电位仪不仅可以用于控制电极电位为一定值，以达到恒电位极化和研究恒电位暂态等目的，还可以用于控制电极电流为定值（实际上就是控制电流取样电阻上的电位降），以达到恒电流极化和研究恒电流暂态等目的。配以信号发生器后，可以使电极电位（或电流）自动跟踪信号发生器给出的指令信号而变化。例如，将恒电位仪配以方波、三角波和正弦波发生器，可以研究电化学系统各种暂态行为。配以慢的线性扫描信号或阶梯波信号，则可以自动进行稳态（或接近稳态）极化曲线测量。

恒电位仪实质上是利用运算放大器经过运算使得参比电极（若为二电极系统，则为辅助电极）与研究电极之间的电位差严格地等于输入的指令信号电压。用运算放大器构成的恒电位仪，在连接电解池、电流取样电阻以及指令信号的方式上有很大的灵活性。可以根据测试上的要求来选择适当的电路。

作为理想的恒电位仪应具有如下特性：①电压放大倍数无限大，即电压误差为 0；②输出阻抗为 0，即输出特性不因负载而变化；③输入阻抗无限大，即不影响电化学体系；④响应速度无限快；⑤输出功率高；⑥温漂和时漂均为 0，不产生噪声。

不同的试验对恒电位仪性能的要求不同，可根据试验要求选择不同性能的恒电位仪。以上列出的这些性能指标间互有制约，很难同时达到各种高指标，如稳定性和响应速度是相互矛盾的，在一般情况下，响应速度越快，意味着恒电位设定能力的稳定性越不好。

7.2.9　电化学工作站

由计算机控制的电化学测试仪通常称为电化学工作站。利用计算机可以方便地得到各种复杂的激励波形，这些波形以数字阵列的方式产生并存于储存器中，然后这些数字通过数模转换器（DAC）转变为模拟电压施加在恒电位仪上。在数据获取及记录方面，电化学响应，诸如电流或电位，基本上是连续的，可通过模数转换器在固定时间间隔内将它们数字化后进行记录。

电化学工作站的主要优点是使试验变得智能化，可以储存大量的数据，常常是以复杂的自动化方式操作数据以及将数据以更加方便的方式进行展示。更为重要的是，几乎所有商品化的电化学工作站都具有一系列数据分析的功能，如数字过滤、重叠峰的数值分辨、卷积、背景电流的扣除、未补偿电阻的数字校正等，对于一些特定的分析方法，不少仪器制造公司都设计了专门的软件对数据进行复杂的分析和拟合，如极化曲线的分析拟合、电化学阻抗谱的分析拟合等。

7.2.10 扫描探针中的电化学测试单元

(1) 扫描隧道显微镜

扫描隧道显微镜（STM）是一种可以精确显示材料表面结构的分析仪器。它利用了量子隧道效应，分辨率在水平方向可达 0.1nm，垂直方向可达 0.01nm。与其他表面结构分析仪器不同，它不受真空测试环境的限制，可以在大气、溶液、惰性气体甚至反应性气体等各种环境中直接观察导体和半导体表面的亚微观和微观结构，工作温度可以从绝对零度到几百摄氏度。

若以金属针尖为一电极，被测固体样品为另一电极，当它们之间的距离小到 1nm 左右时，就会出现隧道效应，电子从一个电极穿过空间势垒到达另一电极形成隧道电流。

在电化学条件下进行 STM 测定，必须保证法拉第电流远小于隧道电流。为了消除流过针尖的法拉第电流的影响，设计了专门用于 STM 的电化学电解池。电解池中除样品、探针以外，通常还有参比电极和对电极，用以独立控制样品与参比电极间的电位和样品与探针间的隧道偏压。这种装置称为电化学扫描隧道显微镜（ECSTM）。

图 7-12 示出电化学扫描隧道显微镜的基本结构，工作电极水平安装在配有辅助电极和参比电极的小电解池（图 7-13）底部，扫描探针位于工作电极的上方，工作电极和探针的电位由双恒电位仪分别独立控制。ECSTM 也被用来研究有机功能分子的自组装、金属表面电沉积和金属表面缓蚀剂的沉积。

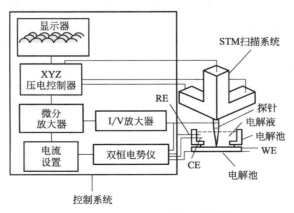

图 7-12　ECSTM 系统的基本结构

（2）原子力显微镜

原子力显微镜（AFM）是利用一个对力敏感的探针探测针尖与样品之间的相互作用力来实现表面成像的。将一个对微弱力极敏感的弹性微悬臂一端固定，另一端的针尖与样品表面轻轻接触。当针尖尖端原子与样品表面间存在极微弱的作用力时，微悬臂会发生微小的弹性形变。AFM 的应用范围比 STM 更为广阔，而且 AFM 试验也可以在大气、超高真空、溶液以及反应性气氛等各种环境中进行。

1991 年，Manne 等研制成功第一台现场电化学原子力显微镜（ECAFM）。此后，ECAFM 被广泛应用于电化学领域。通常将 AFM 与恒电位仪连接，悬臂探针置于石英电解池中，同时配有对电极、参比电极，构成电化学体系。ECAFM 电解池示意图如图 7-14 所示。

图 7-13　ECSTM 用电解池

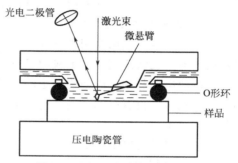

图 7-14　ECAFM 电解池示意图

ECAFM 已成功应用于现场电化学研究，主要集中在界面结构表征、界面动态学和化学材料及结构三个研究方向。例如，观察和研究单晶、多晶的局部表面结构、表面缺陷和表面重构、表面吸附物种的形态和结构，金属电极的氧化还原过程，金属或半导体的表面电腐蚀过程，有机分子的电聚合，以及电极表面上的沉积，等等。

7.2.11　微区扫描电化学综合测试系统

微区扫描电化学综合测试系统是一个建立在电化学扫描探针的设计基础上，进行超高测量分辨率及空间分辨率的非接触式微区形貌及电化学微区测试系统，它为电化学及材料测试以及高空间分辨率提供了一个测试平台。

微区扫描电化学综合测试系统主要包括扫描电化学显微镜（SECM）系统、扫描振动电极（SVET）系统、局部电化学阻抗谱（LEIS）系统和扫描开尔文探针（SKP）系统等。

SECM 将定位系统、两台恒电位仪和锥形抛光的超微电极探针整合为一体。SECM 多样化的技术提供了高空间分辨率，可进行逼近曲线试验，包含"反馈"模式和"发生-采集"模式两种成像模式，可应用于反应动力学、生物传感器、催化剂和腐蚀机理等研究。

SVET 整合了定位系统及锁定放大器技术、压电振动模块、电位计和单丝探针等。SVET 技术测量溶液中的电压降，这个电压降是样品表面的局部电流导致的。SVET 可应用于不均匀腐蚀、点蚀、焊接和电耦合等方面的研究。

LEIS 整合了定位系统、恒电位仪及差分电压选项、静电计、双探头探针等。LEIS 技术通过测量施加于样品的交流电压和由探针所测量的溶液中交流电流的比值来计算局部阻抗，可进行固定频率/扫描位置的数据成像和固定位置/扫描频率的 Bode 图或 Nyquist 图。LEIS 应用于有机涂层、裸露的金属腐蚀和所有增加的交流技术相关的研究。

SKP整合了定位系统及锁定放大器技术、压电振动模块、电位计和钨丝探针等。SKP技术测量探针和样品表面位置的相对功函差。这是一个非破坏的技术，可运行于环境气氛、潮湿气氛和无电解液情况下。相对功函已经被证实与腐蚀电位（E_{corr}）相关。SKP可应用于材料、半导体、金属腐蚀甚至这些材料上的涂层。

7.3 电极电位测量与分析

7.3.1 电极电位的测量

浸在电解质溶液中并在其界面发生电化学反应的导体称为电极。当金属与电解质溶液接触时，在金属-溶液界面处将产生电化学双电层，双电层两侧的金属相与溶液相之间的电位差称为电极电位。至今无论是用理论计算还是试验测定，都无法得到单个电极上双电层电位差的绝对值，即还无法测定单个金属的绝对电极电位值。

但是，电池电动势是可以精确测定的，只要将研究电极与另一选定的参比电极构成原电池，测量其电动势，也就是测量两个绝对电极电位之差，通过比较的方法，就可确定所研究金属的相对电极电位。

只要参比电极的电极电位已知且稳定不变，就可以测定所研究金属的电极电位及其随时间的变化，也可以相对比较不同金属在同一电解质溶液中或同一金属在不同电解质溶液中的电极电位。

电极电位测量一般有两类：①测量腐蚀体系无外加电流作用时的自然腐蚀电位及其随时间的变化；②测量金属在外加电流作用下的极化电位及其随电流或随时间的变化。

电极电位测量比较简单，但技巧性强。除了研究电极外，需要一个参比电极和一个电位测量仪器，以及一个装有试验电解质溶液的电解池。测量电位时必须保证由研究电极和参比电极组成的测量回路中无电流流过，或流过的电流小到可以忽略的程度，否则将会由于电极本身的极化和溶液内阻上产生的欧姆电压降而引起测量误差。因此，应选用高输入阻抗的电位测量仪器，以保证电位测量精度。

选用一个稳定可靠合适的参比电极是保证准确测量电位的另一个重要条件。与高输入阻抗仪表连接的参比电极必须使用屏蔽线。参比电极与研究电极之间的溶液电阻上产生的欧姆电压降将会给电位测量带来误差，应注意消除其影响。

可选作电极电位测量的仪表有直流数字电压表、运算放大器构成的高阻电压表、各种晶体管高阻电压表、直流电位差计。此外，pH计和各种离子计也可用于测量电位。

7.3.2 腐蚀电位-时间曲线

金属试样浸入电解质溶液后，在金属-溶液的相界区形成双电层，同时在相界区有电极反应进行：金属的阳极溶解反应和去极化剂的阴极还原反应。两个电极反应相互极化，使腐蚀电极界面处于某一混合电位，称为（自然）腐蚀电位E_{cor}。腐蚀电位属于稳定电位，即阳极反应的速度与阴极反应的速度相等（对均相电极而言）。腐蚀电位又叫做开路电位，是因为没有外加极化电流通入。

金属试样浸入电解质溶液后，需要一段时间才能建立起稳定的腐蚀电位。由于各种因素的影响，腐蚀电位还会随时间波动。不同的腐蚀体系建立稳定的腐蚀电位所需的时间有很大差别，这可以从一个方面反映出体系的腐蚀行为，因此测量腐蚀电位-时间曲线乃是腐蚀试验中一项重要内容。

图 7-15 是腐蚀电位-时间曲线的几个例子，体系 1 和 2 的腐蚀电位随时间负移，而体系 3 和 4 的腐蚀电位随时间正移。

不过，腐蚀电位取决于金属表面上阳极反应和阴极反应极化的结果。腐蚀电位的高低不仅与金属和电解质溶液的种类有关，而且和金属试样的表面状态、应力和形变的大小、溶液中氧化剂的浓度、通气情况、温度、相对运动等因素有关。

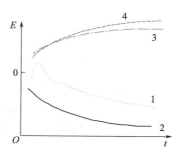

图 7-15　几个腐蚀体系的腐蚀电位-时间曲线
1—铁在自来水中；2—铁在 1mol/L 硫酸中；
3—铁在 0.02mol/L 重铬酸钾溶液中；
4—18-8 型不锈钢在自来水中

正因为如此，在一般情况下要利用腐蚀电位-时间曲线对金属材料的腐蚀行为进行有说服力的分析是很困难的。特别是当金属的腐蚀电位与腐蚀速率之间并无确定的关系的，具有相近腐蚀电位的两个腐蚀体系，其腐蚀速率可以相差很大。图 7-16 用 Evans 极化图说明了这种情况。腐蚀电位正移也并不一定对应着腐蚀速率小。阳极极化增强或者阴极极化减弱都可能导致腐蚀电位正移，但在前一种情况下，腐蚀速率减小；在后一种情况，腐蚀速率反而增大。

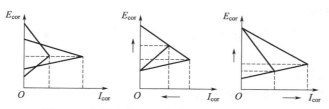

图 7-16　腐蚀电位 E_{cor} 与腐蚀电流 I_{cor} 的关系

测量腐蚀电位或腐蚀电位-时间曲线主要应用于金属表面可能生成保护膜的腐蚀体系。当金属表面生成保护膜时，腐蚀电位的变化常常反映出表面保护膜的变化。因此，分析腐蚀电位-时间曲线就可以了解膜的形成、破坏、修复等过程。一般来说，电位随时间正移反映出表面膜形成和保护效果改善，图 7-15 中的曲线 3 和 4 就是如此。相反，当电位随时间向负方向变化时，说明表面膜被破坏而使腐蚀加剧，如图 7-15 中的曲线 1 和 2 就是这种情况。表面膜生长到一定程度可能由于内应力而破裂，此时可观察到电位的突然负移；随着膜的修复，电位又会向正方向移动。

图 7-17 是碳钢和铝铸铁在氨水中的腐蚀电位-时间曲线和腐蚀失重-时间曲线。电位是在室温和静态条件下测量的，失重是在 55℃ 和 340r/min 搅拌条件下测量的。从腐蚀电位-时间曲线看出，铝铸铁的电位开始时向负方向移动，说明空气中形成的表面氧化物膜受到氨水破坏，15min 后试样完全活化；但是经过一段时间，电位又正移了，这是由于表面形成了新的保护膜。而碳钢则不同，空气中形成的氧化物膜一旦被氨水破坏就再不能形成，因此电位负移后一直保持失重测量的结果。

腐蚀电位和腐蚀电位-时间曲线的另一个应用领域是局部腐蚀试验和监测，如晶间腐蚀、

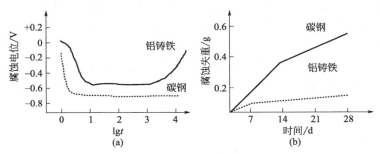

图 7-17　碳钢和铝铸铁在氨水中的腐蚀电位-时间曲线（a）和腐蚀失重-时间曲线（b）

点蚀、缝隙腐蚀、应力腐蚀开裂、腐蚀疲劳等。这些局部腐蚀的发生和发展往往与体系的电位有密切关系，有的局部腐蚀存在所谓临界电位。因此，在这些局部腐蚀试验中可以将电位变化作为局部腐蚀发生的指示，而在设备腐蚀监测中可以将电位作为监测对象。

7.4　极化曲线测量与分析

极化曲线是极化动力学方程式的图形表示，即电位与电流密度的关系的图形表示，是分析腐蚀速率和腐蚀电化学行为的重要数据。

7.4.1　极化曲线的测量

7.4.1.1　极化曲线

极化曲线有两类：真实极化曲线（又称理论极化曲线）和实测极化曲线。前者指电位与电极反应速率之间的关系，后者指电位与极化电流密度之间的关系。

（1）活化极化控制腐蚀体系

如果腐蚀体系的阳极反应和阴极反应都受活化极化控制，称为活化极化控制腐蚀体系。由电化学腐蚀理论知，电极反应受活化极化控制，当过电位 η 的绝对值较大时，电极反应速率与过电位之间应服从 Tafel 方程。对阳极反应和阴极反应分别有：

$$i_a = i_0^a \exp\left(\frac{\eta_a}{\beta_a}\right) = i_0^a \exp\left(\frac{E - E_{ea}}{\beta_a}\right)$$

$$|i_c| = i_c^0 \exp\left(-\frac{\eta_c}{\beta_c}\right) = i_c^0 \exp\left(-\frac{E_{cor} - E_{ec}}{\beta_c}\right) \tag{7-6}$$

对于均相的腐蚀金属电极，阳极反应与阴极反应耦合，金属处于腐蚀电位 E_{cor}。如果腐蚀电位 E_{cor} 离两个电极反应的平衡电位 E_{ea}、E_{ec} 都比较远，即 $E_{ea} \ll E_{cor} \ll E_{ec}$，则腐蚀电流密度 i_{cor} 可以表示为：

$$i_{cor} = i_0^a \exp\left(\frac{E_{cor} - E_{ea}}{\beta_a}\right) = i_c^0 \exp\left(-\frac{E_{cor} - E_{ec}}{\beta_c}\right) \tag{7-7}$$

当通入外加极化电流 i 时，金属试样的电位偏离腐蚀电位 E_{cor}，而达到极化电位 E。由电流加和原理可以写出极化电流密度 i 与极化电位 E 之间的关系式：

$$i = i_a + i_c = i_a - |i_c|$$
$$= i_{cor}\left[\exp\left(\frac{E - E_{cor}}{\beta_a}\right) - \exp\left(-\frac{E - E_{cor}}{\beta_c}\right)\right]$$

$$= i_{cor} \left[\exp\left(\frac{\Delta E}{\beta_a}\right) - \exp\left(-\frac{\Delta E}{\beta_c}\right) \right]$$

$$= i_{cor} \left[\exp\left(\frac{2.3\Delta E}{b_a}\right) - \exp\left(-\frac{2.3\Delta E}{b_c}\right) \right] \tag{7-8}$$

式中，$\Delta E = E - E_{cor}$ 是极化值。在阳极极化时，$\Delta E > 0$，极化电流 i_+ 为正值；阴极极化时，$\Delta E < 0$，极化电流 i_- 为负值。式(7-8) 即为活化极化控制腐蚀体系的基本动力学方程式 [且满足 $E_{ea} \ll E_{cor} \ll E_{ec}$，以后除有必要，不写出这个条件，凡使用式(7-8) 即已包含这一条件]，也是实测极化曲线的数学表达式。

图 7-18 是在 $E\text{-}\lg|i|$ 坐标系中所作的极化曲线图。图中①和②分别为阳极反应速率 i_a、阴极反应速率 $|i_c|$ 与极化电位 E 的关系曲线，称为真实极化曲线。由式(7-6) 知，在 $E\text{-}\lg|i|$ 坐标系中，在电位偏离平衡电位较大以后，真实极化曲线是直线。两条真实极化曲线的交点决定腐蚀体系的腐蚀电位 E_{cor} 和腐蚀电流密度 i_{cor}。在满足 $E_{ea} \ll E_{cor} \ll E_{ec}$ 的条件下，交点处于两条极化曲线的直线段上。

图 7-18 中③和④分别表示外加极化电流 i_+、$|i_-|$ 与极化电位 E 之间的关系，称为实测极化曲线。由图可见，当极化值较大时，实测极化曲线与对应的真实极化曲线分别重合。比较式(7-6)、式(7-7) 和式(7-8) 很容易得出这个结果。实测极化曲线上这个与真实极化曲线重合的直线段称为 Tafel 区或 Tafel 直线段。在 $E\text{-}\lg|i|$ 坐标系中，其斜率即 Tafel 斜率 b_a 和 b_c。b_a、b_c 与 β_a、β_c 的关系是：

$$b_a = \beta_a \ln 10 = 2.3\beta_a$$
$$b_c = \beta_c \ln 10 = 2.3\beta_c \tag{7-9}$$

在以后使用动力学方程式(7-8) 进行数学推导时，一般情况都用 β_a、β_c；而在实际处理数据时，一般情况都用 b_a、b_c，因为更常见。只要注意二者的关系，是很容易进行变换的。

(2) 阳极反应受活化极化控制，而阴极反应受去极化剂扩散速度控制的腐蚀体系

这种腐蚀体系是很多的，如发生吸氧腐蚀的体系多属于这种类型。因为在扩散控制电位区间阴极反应电流密度（腐蚀电流密度）等于极限扩散电流密度：

$$|i_c| = i_d = i_{cor} \tag{7-10}$$

所以，真实极化曲线出现垂直段。图 7-19 是吸氧腐蚀体系的极化曲线图，①为阳极反应的真实极化曲线，阳极反应受活化极化控制，真实阳极极化曲线同图 7-18。②为阴极反应（氧分子还原反应）的真实极化曲线，在扩散控制电位区间为垂直线；电位继续负移达到析氢反应平衡电位以后，阴极反应中包括析氢反应，极化电流再增大。

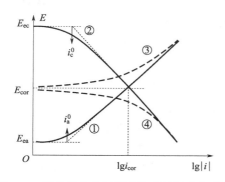

图 7-18　活化极化控制腐蚀体系的极化曲线图

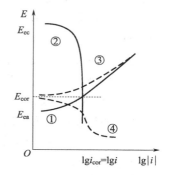

图 7-19　吸氧腐蚀体系的极化曲线图

在阴极反应扩散控制电位区间，$|i_c|=i_d$，可以在形式上取阴极反应的 Tafel 斜率 $\beta_c=\infty$，因而极化动力学方程式可简化为：

$$i=i_{cor}\left[\exp\left(\frac{\Delta E}{\beta_a}\right)-1\right]=i_{cor}\left[\exp\left(\frac{2.3\Delta E}{b_a}\right)-1\right] \tag{7-11}$$

图 7-19 中③和④分别为实测阳极极化曲线和实测阴极极化曲线。可见，实测阳极极化曲线上有 Tafel 区，与真实阳极极化曲线重合，而实测阴极极化曲线上则不出现 Tafel 区。

(3) 钝化金属体系

如果金属在环境中处于钝态，在钝化区内金属阳极反应速率是恒定的，即 $i_a=i_{cor}$，因此极化动力学方程式(7-8) 简化为：

$$i=i_{cor}\left[1-\exp\left(-\frac{\Delta E}{\beta_c}\right)\right]=i_{cor}\left[1-\exp\left(-\frac{2.3\Delta E}{b_c}\right)\right] \tag{7-12}$$

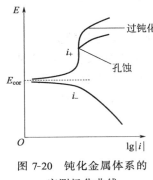

图 7-20　钝化金属体系的
实测极化曲线

这种腐蚀体系的实测极化曲线见图 7-20。在阳极极化时，从腐蚀电位开始，电位正移，极化电流逐渐增大；到某个数值后电流变化很小，直至过钝化再迅速增大。这段电流变化很小的极化曲线对应于钝化控制电位区间。

制造设备所用的金属材料由于表面存在的种种不均匀性，应是复相电极。但是在发生均匀腐蚀的情况下，表面微阳极区和微阴极区是大量的，变化不定的，因此可以按照均匀电极处理，用电极整个工作表面积计算电流密度，即认为阳极反应和阴极反应都发生在整个电极表面。

上面的动力学方程式中不含有时间变数 t，极化电流 i 和极化电位 E 应是稳态数值，即极化电流 i 与法拉第电流 i_f 相同。极化曲线可以用稳态极化数据描绘，也可以用动电位扫描法进行测量和自动记录。

7.4.1.2　极化曲线的应用

(1) 测量金属的均匀腐蚀速率

利用稳态极化曲线上的各个区段（强极化区、微极化区、弱极化区）的数据，都可分析求取金属均匀腐蚀速率，具体方法见后续章节（第 7.4.2～7.4.6 节）。

(2) 确定电化学保护的基本参数

① 阴极保护

当金属试样受到外加电流阴极极化时，阳极反应速率减小，阴极反应速率增大。故阴极极化时金属腐蚀受到抑制，这称为阴极保护效应。一般说来，对同一腐蚀体系，外加阴极极化电流愈大则金属腐蚀速率减小得愈多。但在同样的极化电流作用下，不同腐蚀体系的腐蚀速率减小的相对量却可能有很大的差别。

使金属腐蚀速率减小到零（称为完全保护）所需要的外加极化电流密度一般称为最小保护电流密度 i_{pr}，金属达到的极化电位称为保护电位 E_{pr}。

只有通入较小的极化电流密度就可得到较大程度的阴极保护效果时，这种防护技术才有实用价值。为了满足这一要求，体系的阴极极化性能必须很大，只要通入不大的极化电流密度就可引起金属电位迅速负移，即阴极极化曲线要陡。由图 7-21 可见，阴极反应受活化极化控制的腐蚀体系，其阴极极化率低，为了使阳极反应速率降低到零，需要通入很大的极化电流密度（比腐蚀电流密度大得多）。而对于阴极反应受氧扩散过程控制的腐蚀体系，在扩散控制电位区间，阴极极化曲线很陡，几乎是垂直的，电位负移快，只需要通入比腐蚀电流密度稍大的极化电流，就可以使金属的腐蚀速率大大降低，因此这种腐蚀体系可以有效地应用阴极保护技术。

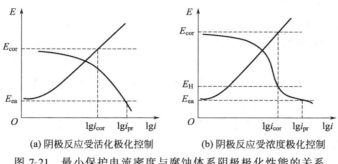

(a) 阴极反应受活化极化控制　　　(b) 阴极反应受浓度极化控制

图 7-21　最小保护电流密度与腐蚀体系阴极极化性能的关系

由电化学腐蚀理论知，只有将金属的电位极化到阳极反应的平衡电位 E_{ea}，才能使金属腐蚀完全停止。但是，当阳极反应的平衡电位 E_{ea} 比该溶液中析氢反应平衡电位 E_H 更负时［图 7-21(b)］，如果极化到阳极反应的平衡电位，就会引起大量析氢，这不仅使所需极化电流密度大大增加，而且可能造成对金属材料的不良影响。因此，在这样的情况下，往往牺牲部分保护效果而将保护电位取在析氢电位附近，即阴极极化曲线上电流开始迅速增大的转折点附近，就可以达到既不析氢又获得尽可能大的保护效果。

由此可见，为了判断一个腐蚀体系是否适宜于采用阴极保护技术，确定阴极保护的基本参数（最小保护电流密度 i_{pr} 和保护电位 E_{pr}）、测量阴极极化曲线是必不可少的试验工作。

② 阳极保护

在阳极极化下能够钝化的腐蚀体系的阳极极化曲线具有图 7-22 所示的典型形状。当阳极极化超过了致钝电位 E_p 之后，阳极极化电流迅速下降。在钝化区 $E_{pp} \sim E_{tp}$ 之内，阳极极化电流保持很小的数值。由于金属表面生成致密的保护膜，因而腐蚀速率大大降低，耐蚀性有了很大的提高。显然，对于这样的腐蚀体系，通入阳极极化电流将金属的电位正移到稳定钝化区，就可以达到减小腐蚀保护金属的目的，这就是阳极保护的基本出发点。

由图 7-22 可见，表明一个钝化体系能够经济而有效地实施阳极保护的参数有三个：致钝电流密度 $i_致$、维钝电流密度 $i_维$、钝化区电位范围 $E_{pp} \sim E_{tp}$。致钝电流密度 $i_致$ 表明使金属进入钝态的难易程度，因而是实施阳极保护在经济上是否可行的量度。维钝电流密度 $i_维$ 的高低不仅反映出阳极保护的效果，而且也决定阳极保护的日常电耗。钝化区电位范围 $E_{pp} \sim E_{tp}$ 表明金属钝态的稳定性，这个电位范围愈宽，则实施阳极保护时控制电位愈容易。

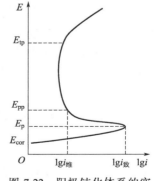

图 7-22　阳极钝化体系的实
测阳极极化曲线

测量腐蚀体系的阳极极化曲线（用恒电位极化测量），便可以清楚地看出该体系是否可以采用阳极保护这种防护技术，而且可以从极化曲线上确定三个基本的保护参数，为阳极保护设计提供可靠的依据。

（3）判断缓蚀剂的作用机理和评选缓蚀剂

在环境中加入少量缓蚀剂能够减缓或抑制金属腐蚀。根据缓蚀剂对电极过程的影响，可以将缓蚀剂分为如下三种类型：①阳极型缓蚀剂，能够阻滞阳极反应，使阳极反应速率减小，结果是阳极极化增强；②阴极型缓蚀剂，能阻滞阴极反应进行，使阴极极化性能增强；③混合型缓蚀剂，对阳极反应和阴极反应都有抑制作用。

图 7-23 说明缓蚀剂对腐蚀体系极化曲线的影响。阳极型缓蚀剂阻滞阳极反应，使阳极反应速率减小，腐蚀体系的阳极极化曲线向左上方移动（3→3′），阴极极化曲线变化不大，结果是腐蚀电流密度 i_{cor} 减小，体系的腐蚀电位正移（$E_{cor} \rightarrow E_{cor}'$）。阴极型缓蚀剂能阻滞阴极反应，使阴极反应速率减小，腐蚀体系的阴极极化曲线向左下方移动（4→4″），阳极极化曲线变化很小，结果是腐蚀电流密度 i_{cor} 减小，体系的腐蚀电位负移（$E_{cor} \rightarrow E_{cor}''$）。混合型缓蚀剂对阳极反应和阴极反应都有抑制作用，结果是腐蚀电流密度 i_{cor} 减小，体系腐蚀电位变化不大（$E_{cor} \rightarrow E_{cor}'''$）。

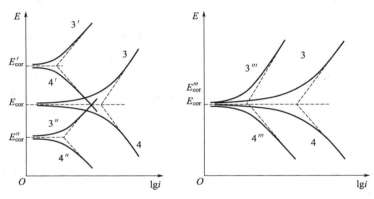

图 7-23 缓蚀剂作用机理示意图

3，4—未加缓蚀剂时腐蚀体系的阳极和阴极极化曲线；3′，4′—加入阳极型缓蚀剂后腐蚀体系的阳极和阴极极化曲线；
3″，4″—加入阴极型缓蚀剂后腐蚀体系的阳极和阴极极化曲线；3‴，4‴—加入混合型缓蚀剂后腐蚀体系的阳极和阴极极化曲线

可见，测量缓蚀剂添加前后腐蚀体系的极化曲线，根据极化曲线的变化就可以研究缓蚀剂的作用机理，并求出缓蚀率。

缓蚀剂作为一种防护技术在许多工业部门得到广泛应用，缓蚀剂的保护效果与腐蚀环境的各种参数（温度、缓蚀剂浓度、流速等）都有密切关系，在应用中具有严格的选择性。为了选择适当的缓蚀剂，确定最佳使用条件（剂量、溶液 pH 值等），需要进行大量的筛选工作。如果用失重法，工作量很大。电化学方法（特别是线性极化技术）可以发挥重要作用。

用电化学方法测量缓蚀剂的缓蚀率 η，按如下的定义式：

$$\eta = \frac{i_{cor} - i_{cor}'}{i_{cor}} \times 100\% \tag{7-13}$$

式中 i_{cor}——加入缓蚀剂前金属的腐蚀电流密度；

i_{cor}'——加入缓蚀剂后金属的腐蚀电流密度。

按线性极化方程式 $i_{cor} = B/R_p$，可以得出用极化电阻 R_p 计算缓蚀率的公式：

$$\eta = \left(1 - \frac{R_p}{R_p'}\right) \times 100\% \tag{7-14}$$

式中　R_p——加入缓蚀剂前测量的极化电阻；

　　　R'_p——加入缓蚀剂后测量的极化电阻。

注意，在上面的推导中假定了加入缓蚀剂后线性极化方程式中的常数 B 不改变，因此，只有缓蚀剂不改变腐蚀过程基本特征的情况下才能应用极化电阻来计算缓蚀率。

（4）用阳极极化曲线评定金属材料的点蚀倾向

点蚀因为外形很小，又常被腐蚀产物所覆盖，不容易检查出来。如果在设备的关键部位出现几个蚀孔，就会造成腐蚀破坏事故。对耐蚀性比较好的金属材料如不锈钢，点蚀往往是造成腐蚀破坏的主要原因之一，其危害是很大的。引起点蚀的主要有害离子 Cl^- 是常见的介质，不锈钢在含氯离子的环境中就容易发生点蚀破坏。

点蚀试验方法有两类。一类是化学方法，将金属试样在规定的腐蚀介质中浸泡一段时间，然后测量蚀孔的数目和分布、蚀孔的深度以及试样失重。另一类是电化学方法，由阳极极化曲线确定点蚀特征电位来评定金属的点蚀倾向。

对于在腐蚀介质中能够钝化的金属材料，在阳极极化时，钝化区内的电流密度很小。当极化电位达到 E_b 时，极化电流密度很快增大，表明钝化膜被局部破坏，点蚀发生了。用显微镜观察金属表面可以证实这一点。E_b 一般称为击穿电位（或点蚀电位）。极化电流密度达到 i_1 后，将电位向负方向退回（回扫），电流密度的变化并不和电位正移时重合，必须负移到 E_{rp} 时（$E_{rp} < E_b$）电流密度才重新变得很小。E_{rp} 称为点蚀保护电位（或再钝化电位）。这样，便得到了一个环状极化曲线，即"滞后环"（图 7-24）。

因此，环状阳极极化曲线乃是发生点蚀的腐蚀体系的特征。一般认为，在 E_b 以上的电位范围，金属材料将发生点蚀；在 $E_b \sim E_{rp}$ 之间的电位区间，新的蚀孔不形成，但已形成的蚀孔可继续发展；在 E_{rp} 以下的电位，蚀孔完全愈合，金属处于稳定钝态。

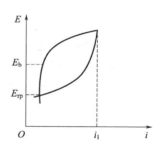

图 7-24　表征金属点蚀行为的阳极极化曲线滞后环

由此可见，E_b 愈正，E_b 与 E_{rp} 的差别愈小，则金属发生点蚀的倾向愈小。测量阳极极化曲线，确定点蚀特征电位 E_b 和 E_{rp}（特别是 E_b），已经成为评定金属材料耐点蚀性能的有效方法。测量环状阳极极化曲线常用动电位扫描法，用动电位扫描法确定的特征电位不仅与电位扫描速度有关，而且与回扫时的电流密度 i_1 有关，在国家标准中对试验条件有具体规定，如果采用其他的试验条件，应在试验报告中注明。

（5）研究冶金因素对材料耐蚀性的影响，评定和发展耐蚀合金新品种

合金的优良耐蚀性能不仅表现在使用环境中的均匀腐蚀速率很低，更重要的是对局部腐蚀的抵抗力要高。研究合金元素种类、添加量、处理条件对阳极极化曲线的影响，可以分析合金钝化性能的改善状况，极化曲线的测量也可用于评定合金对晶间腐蚀、点蚀、缝隙腐蚀、电偶腐蚀、应力腐蚀等局部腐蚀的敏感性。因此，极化曲线测量为筛选合金材料、发展耐蚀合金新品种等工作提供了一个有效而简便的试验手段。

7.4.2　强极化区测量技术（Tafel 区外延技术）

7.4.2.1　原理与方法

强极化是指极化电位偏离腐蚀电位较远，即极化值 ΔE 的绝对值很大。在这种情况，极化动力学方程式(7-8) 可以化简，其中一项与另一项相比可以忽略。

阳极极化时有：

$$i_+ = i_{cor} \exp\left(\frac{\Delta E}{\beta_a}\right) = i_{cor} \exp\left(\frac{2.3\Delta E}{b_a}\right) \tag{7-15}$$

阴极极化时有：

$$|i_-| = i_{cor} \exp\left(-\frac{\Delta E}{\beta_c}\right) = i_{cor} \exp\left(-\frac{2.3\Delta E}{b_c}\right) \tag{7-16}$$

或者写成对数形式：

$$\lg i_+ = \lg i_{cor} + \frac{E - E_{cor}}{b_a} \quad \text{(阳极极化)}$$

$$\lg |i_-| = \lg i_{cor} - \frac{E - E_{cor}}{b_c} \quad \text{(阴极极化)} \tag{7-17}$$

在 E-$\lg|i|$ 坐标系中所画的实测极化曲线中，当 ΔE 较大时，是直线段，即图 7-25 中的 Tafel 区。在 Tafel 区，实测极化曲线与真实极化曲线重合。因此，如果我们将试验测出的两条极化曲线的 Tafel 区延长相交，交点确定腐蚀体系的稳定腐蚀状态（即自然腐蚀状态），其电位为腐蚀电位 E_{cor}，电流为腐蚀电流密度 i_{cor}。这种由实测极化曲线上的 Tafel 区延长相交来确定体系腐蚀电流密度的方法，称为 Tafel 区外延法。

显然，使用这种方法时并不要求测出两条实测极化曲线的 Tafel 区，因为腐蚀电位 E_{cor} 可以直接测量，故只需测出一条实测极化曲线的 Tafel 区，然后延长到腐蚀电位 E_{cor}，就可以求出腐蚀电流密度 i_{cor}。图 7-25(a) 是由两条实测极化曲线的 Tafel 区延长相交确定腐蚀电流密度，图 7-25(b) 是由实测阴极极化曲线的 Tafel 区延长到腐蚀电位确定腐蚀电流密度。对阴极反应受扩散控制的吸氧腐蚀体系，只能由实测阳极极化曲线用 Tafel 区外延法确定腐蚀电流密度；而对于钝化金属体系，则只能由实测阴极极化曲线用 Tafel 区外延法确定腐蚀电流密度。

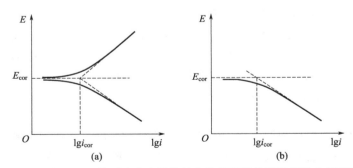

图 7-25 用 Tafel 区外延法确定活化极化控制腐蚀体系的腐蚀电流密度

7.4.2.2 优点和局限

Tafel 区外延法的优点是不仅可以求出腐蚀电流密度，而且可以同时测出腐蚀体系的动力学参数 b_a 和 b_c。当我们研究缓蚀剂作用时，通过测量较宽范围内的极化曲线，既能够根据添加缓蚀剂后腐蚀电流密度的变化来计算缓蚀效率，又能够分析添加缓蚀剂前后极化曲线的形状和位置，了解缓蚀剂对电极过程的影响（图 7-23）。

由于实测极化曲线的 Tafel 区与真实极化曲线的直线部分重合，将 Tafel 区外延，就得到了真实极化曲线的直线部分。如果已知阳极反应和阴极反应的平衡电位，那么将 Tafel 区直线段延长到平衡电位还可以确定电极反应的交换电流密度。

但是，这种方法也有局限性。首先，腐蚀体系的极化曲线必须具有明显的 Tafel 区直线段，这就要求在较宽电位范围内浓度极化可以忽略不计。金属阳极溶解反应一般来说受活化极化控制，浓度极化影响较小。但阳极极化时电极过程易受干扰，对电极表面制备和溶液配制要求较高。金属在酸性溶液中的腐蚀，阴极过程是氢离子还原反应。由于氢离子活度大，扩散速度快，浓度极化很小，Tafel 区可以跨越几个数量级的极化电流密度。而在中性溶液中，阴极过程是氧分子还原反应。由于氧的溶解度很小，氧分子扩散慢，扩散过程往往成为电极反应速率控制步骤。在腐蚀电位 E_{cor}，阴极过程的浓度极化已有明显影响，甚至阴极过程完全受到扩散控制。所以实测阴极极化曲线上不出现 Tafel 区。Tafel 区外延法一般用于金属-酸性溶液腐蚀体系。

为了测出 Tafel 区直线段，需要较大的极化值，以阳极极化为例：

$$i_+ = i_{cor}\left[\exp\left(\frac{\Delta E}{\beta_a}\right) - \exp\left(-\frac{\Delta E}{\beta_c}\right)\right] \tag{7-18}$$

前已指出，实测极化曲线上的 Tafel 区对应于极化动力学方程式中的一项与另一项相比可以忽略不计。在阳极极化时，应是上式中第二项可以忽略，即阴极反应速率与阳极反应速率相比可以忽略。假定"可以忽略"是指第二项仅为第一项的 1%，由：

$$\frac{\exp\left(-\dfrac{\Delta E}{\beta_c}\right)}{\exp\left(\dfrac{\Delta E}{\beta_a}\right)} = \exp\left(-\frac{\beta_a\beta_c}{\beta_a+\beta_c}\Delta E\right) = 0.01$$

可以得出需要的极化值：

$$\Delta E = \frac{b_a b_c}{b_a + b_c} \tag{7-19}$$

对于铁在非氧化性酸溶液中的析氢腐蚀，Tafel 斜率的常见数值是 $b_c = 120\text{mV}$、$b_a = 40\text{mV}$，由此可得 $\Delta E = 60\text{mV}$，即阳极极化值需要达到 60mV（阴极极化时阴极极化值亦相同）才能出现 Tafel 区。因为 $b_a = 40\text{mV}$、$b_c = 120\text{mV}$，阳极极化电流密度越过一个幂次，电位移动 40mV；阴极极化电流密度越过一个幂次，电位移动 120mV。这就是说，为了测出足够长的 Tafel 直线段，极化电位已偏离腐蚀电位 100~180mV 以上。

在这样强极化条件下，电极反应受到很大扰动，使极化电位下的动力学参数很可能和腐蚀电位下的数值有了很大的差别。这是因为极化电流大，电位移动大，因而电极表面状态、溶液层的成分都会发生变化，甚至电极反应的控制步骤也可能改变，或者有新的电极反应发生。

当极化电流很大时，在参比电极 RE 和研究电极 WE 表面之间的溶液部分产生的欧姆电压降就比较大，这就给电位测量带来较大的误差。对于这个问题，一是采取措施消除欧姆电压降（如采用卢金毛细管、对欧姆电压降进行补偿等），二是要求溶液导电性良好。

7.4.3　微极化区测量技术（线性极化技术）

7.4.3.1　线性极化方程式

对于活化极化控制腐蚀体系，且满足 $E_{ea} \ll E_{cor} \ll E_{ec}$ 时，极化动力学方程式为式(7-8)：

$$i = i_a - |i_c| = i_{cor}\left[\exp\left(\frac{\Delta E}{\beta_a}\right) - \exp\left(-\frac{\Delta E}{\beta_c}\right)\right]$$

将 i 对 E 求导数，并取腐蚀电位 E_{cor} 处的数值：

$$Y_p = \left(\frac{\partial i}{\partial E}\right)_{E=E_{cor}} = \left(\frac{\partial i_a}{\partial E}\right)_{E=E_{cor}} - \left(\frac{\partial |i_c|}{\partial E}\right)_{E=E_{cor}} = i_{cor}\left(\frac{1}{\beta_a} + \frac{1}{\beta_c}\right) \tag{7-20}$$

如果在 $E\text{-}i$ 坐标系中作实测极化曲线，则极化曲线在腐蚀电位 E_{cor} 处的切线斜率：

$$\left(\frac{\partial E}{\partial i}\right)_{E=E_{cor}} = R_p = \frac{1}{Y_p} \tag{7-21}$$

R_p 具有电阻的因次，一般称为极化电阻（因为 i 是极化电流密度，这样定义的 R_p 对应于单位电极表面积，单位为 $\Omega \cdot m^2$，故有时称为极化电阻率）。相应地，将 Y_p 称为极化电导。将式（7-21）和式（7-20）结合，可以得出极化电阻 R_p 与腐蚀电流密度 i_{cor} 之间有如下关系：

$$R_p = \frac{1}{Y_p} = \frac{\beta_a \beta_c}{\beta_a + \beta_c} \times \frac{1}{i_{cor}} = \frac{b_a b_c}{2.3(b_a + b_c)} \times \frac{1}{i_{cor}} \tag{7-22}$$

这就是线性极化方程式，也称为 Stern-Geary 方程式。只要腐蚀体系符合前面提出的两个条件，即极化动力学方程式为式（7-8），式（7-21）都是正确的。

线性极化方程式（7-22）的核心是腐蚀体系的极化电阻与腐蚀电流密度成反比。而极化电阻 R_p 是 $E\text{-}i$ 坐标系中所作极化曲线在腐蚀电位 E_{cor} 处的切线斜率。虽然式（7-22）是在一定的限制条件下导出的，但这样一种反比关系反映了电化学腐蚀过程的普遍规律。

7.4.3.2 线性极化方程式适用条件的扩大

① 如果腐蚀电极的阴极反应速率受活化极化和浓度极化的共同影响，按照电化学腐蚀理论的分析，阴极反应电流密度应为：

$$|i_c| = \frac{i_c^0 \exp\left(-\dfrac{E - E_{ec}}{\beta_c}\right)}{1 + \dfrac{i_c^0}{i_d}\exp\left(-\dfrac{E - E_{ec}}{\beta_c}\right)} = \frac{i_{cor}\exp\left(-\dfrac{\Delta E}{\beta_c}\right)}{1 - \dfrac{i_{cor}}{i_d}\left[1 - \exp\left(-\dfrac{\Delta E}{\beta_c}\right)\right]} \tag{7-23}$$

$$\left(\frac{\partial |i_c|}{\partial E}\right)_{E=E_{cor}} = -\left(1 - \frac{i_{cor}}{i_d}\right)\frac{i_{cor}}{\beta_c}$$

对于一个给定的腐蚀体系，腐蚀电流密度 i_{cor} 和去极化剂极限扩散电流密度 i_d 有固定的数值，令：

$$\left(1 - \frac{i_{cor}}{i_d}\right)\frac{1}{\beta_c} = \frac{1}{\beta_c'}$$

则有：

$$\left(\frac{\partial |i_c|}{\partial E}\right)_{E=E_{cor}} = -\frac{i_{cor}}{\beta_c'}$$

线性方程式成为：

$$R_p = \frac{\beta_a \beta_c'}{\beta_a + \beta_c'} \times \frac{1}{i_{cor}} = \frac{b_a b_c'}{2.3(b_a + b_c')} \times \frac{1}{i_{cor}} \tag{7-24}$$

式中，$b_c' = 2.3\beta_c'$，式（7-24）形式上与式（7-22）一样，区别在于 β_c' 和 b_c' 不再是 Tafel 斜率，而只是一个常数而已。

② 当阴极反应完全受浓度极化控制时，线性极化方程式具有更简单的形式。由 $\beta_c \to \infty$

（$b_c \to \infty$），可以将式（7-22）化简为：

$$R_p = \frac{\beta_a}{i_{cor}} = \frac{b_a}{2.3 i_{cor}} \tag{7-25}$$

③ 对于钝化金属腐蚀体系，其阳极反应受钝化控制，阴极反应受活化极化控制，由 $\beta_a \to \infty$（$b_a \to \infty$），可以得出：

$$R_p = \frac{\beta_c}{i_{cor}} = \frac{b_c}{2.3 i_{cor}} \tag{7-26}$$

④ 如果腐蚀电位 E_{cor} 距阳极反应和阴极反应的平衡电位不远，即 $E_{ea} \ll E_{cor} \ll E_{ec}$ 不成立，那么线性极化方程式（7-22）应当修正。设腐蚀电位 E_{cor} 接近阳极反应的平衡电位 E_{ea}，即 $\Delta E_1 = E_{cor} - E_{ea}$ 很小，那么在 E_{cor} 附近阳极反应不受到强极化，阳极反应电流密度应为：

$$i_a = i_a^0 \left[\exp\left(\frac{E - E_{ea}}{\beta_a}\right) - \exp\left(-\frac{E - E_{ea}}{\overleftarrow{\beta_a}}\right) \right] \tag{7-27}$$

式中，$\overleftarrow{\beta_a}$ 是金属离子还原反应的 Tafel 斜率。上式中第一项为氧化方向反应速率，第二项为还原方向反应速率。

$$i_{cor} = i_a^0 \left[\exp\left(\frac{E_{cor} - E_{ea}}{\beta_a}\right) - \exp\left(-\frac{E_{cor} - E_{ea}}{\overleftarrow{\beta_a}}\right) \right]$$

$$\left(\frac{\partial i_a}{\partial E}\right)_{E=E_{cor}} = i_a^0 \left[\frac{1}{\beta_a}\exp\left(\frac{E_{cor} - E_{ea}}{\beta_a}\right) + \frac{1}{\overleftarrow{\beta_a}}\exp\left(-\frac{E_{cor} - E_{ea}}{\overleftarrow{\beta_a}}\right) \right]$$

$$= i_{cor} \frac{\frac{1}{\beta_a}\exp\left(\frac{E_{cor} - E_{ea}}{\beta_a}\right) + \frac{1}{\overleftarrow{\beta_a}}\exp\left(-\frac{E_{cor} - E_{ea}}{\overleftarrow{\beta_a}}\right)}{\exp\left(\frac{E_{cor} - E_{ea}}{\beta_a}\right) - \exp\left(-\frac{E_{cor} - E_{ea}}{\overleftarrow{\beta_a}}\right)} \tag{7-28}$$

因为 $\Delta E_1 = E_{cor} - E_{ea}$ 很小，可以将指数函数展开为幂级数，并忽略二次以上的项，即使用近似式 $e^x = 1 + x$，则有：

$$\left(\frac{\partial i_a}{\partial E}\right)_{E=E_{cor}} = i_{cor} \frac{\frac{1}{\beta_a} + \frac{1}{\overleftarrow{\beta_a}} + \left(\frac{\Delta E_1}{\beta_a^2}\right) - \left(\frac{\Delta E_1}{\overleftarrow{\beta_a}^2}\right)}{\left(\frac{1}{\beta_a} + \frac{1}{\overleftarrow{\beta_a}}\right)\Delta E_1} \approx \frac{i_{cor}}{\Delta E_1} \tag{7-29}$$

因此，线性极化方程式的形式应为

$$\frac{1}{R_p} = \left(\frac{\partial i_a}{\partial E}\right)_{E=E_{cor}} - \left(\frac{\partial |i_c|}{\partial E}\right)_{E=E_{cor}} = i_{cor}\left(\frac{1}{\beta_c} + \frac{1}{E_{cor} - E_{ea}}\right)$$

$$R_p = \frac{\beta_c \Delta E_1}{\beta_c + \Delta E_1} \times \frac{1}{i_{cor}} = \frac{b_c \Delta E_1}{b_c + 2.3\Delta E_1} \times \frac{1}{i_{cor}} \tag{7-30}$$

同样，当腐蚀电位 E_{cor} 接近阴极反应平衡电位 E_{ec}，可以得出：

$$\frac{1}{R_p} = i_{cor}\left(\frac{1}{\beta_a} + \frac{1}{E_{ec} - E_{cor}}\right)$$

$$R_p = \frac{\beta_a \Delta E_2}{\beta_a + \Delta E_2} \times \frac{1}{i_{cor}} = \frac{b_a \Delta E_2}{b_a + 2.3\Delta E_2} \times \frac{1}{i_{cor}} \tag{7-31}$$

式中，$\Delta E_2 = E_{ec} - E_{cor}$。可见在上面五种腐蚀体系中，极化电阻 R_p 都与腐蚀电流密度 i_{cor} 成反比：

$$R_p = \frac{B}{i_{cor}} \qquad (7\text{-}32)$$

只不过对不同的腐蚀体系，系数 B 是不同的。式(7-32) 是线性极化方程式的一般形式。

根据线性极化方程式(7-32)，只要测量出极化电阻 R_p，并知道常数 B，就可以计算出腐蚀电流密度 i_{cor}。求极化电阻 R_p 的准确方法是在 $E\text{-}i$ 坐标系中描绘实测极化曲线 $E = f(i)$，并在腐蚀电位 E_{cor} 处作切线，由切线斜率得出极化电阻 R_p。这种方法又称为极化电阻技术。但是，作切线求极化电阻的方法不仅费工费时，也容易造成人为误差。

7.4.3.3　线性极化电阻

Stern 和 Geary 在推导线性极化方程式时，认为在腐蚀电位 E_{cor} 附近 $\pm 10\text{mV}$ 的范围内极化曲线可以看作直线，即极化曲线存在一个"线性区"，并由直线的斜率定义极化电阻。

$$R'_p = \frac{\Delta E}{i} \qquad (7\text{-}33)$$

由此推导出线性极化方程式：

$$\frac{\Delta E}{i} = \frac{b_a b_c}{2.3(b_a + b_c)} \times \frac{1}{i_{cor}} \qquad (7\text{-}34)$$

既然在腐蚀电位附近极化曲线是直线，只需要测量一点就可以确定极化电阻 R'_p，而不需要测出完整的极化曲线，这就使测量工作大大简化了，并为仪器进行自动测量和记录创造了条件。将腐蚀电位附近的极化曲线看作直线，用"一点法"进行测量的技术又叫做"线性极化技术"或"线性化方法"，所得到的 R'_p 称为线性极化电阻。所有市售腐蚀速率测试仪都以这种技术为基础，用这种仪器进行测量，快速而且灵敏，可以用在工厂现场监测生产设备关键部位的腐蚀情况。

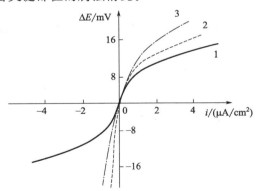

图 7-26　三个腐蚀体系的理论极化曲线

（腐蚀电流密度 $i_{cor} = 10\mu\text{A/cm}^2$）

1—$b_a = b_c = 30\text{mV}$；2—$b_a = 30\text{mV}$，
$b_c = 120\text{mV}$；3—$b_a = 30\text{mV}$，$b_c = \infty$

但是，进一步的分析表明，所谓"在腐蚀电位附近 $\pm 10\text{mV}$ 范围内极化曲线可以看作直线"这种说法是近似的。腐蚀电位附近极化曲线的形状与腐蚀体系的动力学参数 b_a 和 b_c 有密切关系，图 7-26 是对三组取定的 b_a 和 b_c 数值所画的理论极化曲线。可以看出，当 $b_a = b_c$ 时，在腐蚀电位（图中 $\Delta E = 0$）附近极化曲线的确可以看作直线；而另两个腐蚀体系的 b_a 和 b_c 相差较大，极化曲线向一边凹，在原点附近极化曲线的形状与直线明显不同。因此，用线性极化电阻 R'_p 代替真正的极化电阻 R_p 必然给测量带来误差：

$$\delta = \frac{R'_p - R_p}{R_p} \times 100\% \qquad (7\text{-}35)$$

δ 称为线性极化电阻的理论误差。对于试验工作来说，我们要知道这个理论误差与哪些因素有关，在测量中如何减小这个误差。

对于活化极化控制，且满足 $E_{ea} \ll E_{cor} \ll E_{ec}$ 的腐蚀体系，比较 R_p 和 R'_p：

$$R_{\mathrm{p}}=\frac{\beta_{\mathrm{a}}\beta_{\mathrm{c}}}{\beta_{\mathrm{a}}+\beta_{\mathrm{c}}}\times\frac{1}{i_{\mathrm{cor}}}$$

$$R'_{\mathrm{p}}=\frac{\Delta E}{i}=\frac{\Delta E}{i_{\mathrm{cor}}\left[\exp\left(\dfrac{\Delta E}{\beta_{\mathrm{a}}}\right)-\exp\left(-\dfrac{\Delta E}{\beta_{\mathrm{c}}}\right)\right]}$$

将分母中的指数函数展开为幂级数，并只取一次项，即使用近似式 $\mathrm{e}^{x}=1+x$，可以得出：

$$R'_{\mathrm{p}}=\frac{\Delta E}{i_{\mathrm{cor}}\left(\dfrac{1}{\beta_{\mathrm{a}}}+\dfrac{1}{\beta_{\mathrm{c}}}\right)\Delta E}=\frac{\beta_{\mathrm{a}}\beta_{\mathrm{c}}}{\beta_{\mathrm{a}}+\beta_{\mathrm{c}}}\times\frac{1}{i_{\mathrm{cor}}}$$

与 R_{p} 完全相同。可见，R'_{p} 偏离 R_{p} 的误差取决于 R 的大小：

$$R=\left(\frac{1}{\beta_{\mathrm{a}}^{2}}+\frac{1}{\beta_{\mathrm{c}}^{2}}\right)\frac{\Delta E^{2}}{2!}+\left(\frac{1}{\beta_{\mathrm{a}}^{3}}+\frac{1}{\beta_{\mathrm{c}}^{3}}\right)\frac{\Delta E^{3}}{3!}+\cdots \tag{7-36}$$

R 愈小，则用 R'_{p} 代替 R_{p} 造成的理论误差 δ 愈小。由于在腐蚀电位 E_{cor} 附近进行测量，$\dfrac{\Delta E}{\beta}<1$，所以在 R 中以二次项最大。如果 $\beta_{\mathrm{a}}=\beta_{\mathrm{c}}$，则 R 中的二次项等于零（所有偶次项均为零），这表示在腐蚀电位 E_{cor} 处极化曲线的曲率为零，那么在 E_{cor} 一侧极化曲线向上凹，在 E_{cor} 另一侧向下凹。这说明两个 Tafel 斜率愈接近，线性极化电阻 R'_{p} 愈接近真正的极化电阻 R_{p}。

但 β_{a} 和 β_{c} 是腐蚀体系的固有参数，一般情况下二者并不相等。在极化值 ΔE 取定时，β_{a} 和 β_{c} 相差愈大的体系 R 值愈大，R'_{p} 偏离 R_{p} 也愈大。

显然，对于一个固定的腐蚀体系，测量时所取极化值 ΔE 愈小，即 $\Delta E/\beta$ 愈小，则 R 愈小，用 R'_{p} 代替 R_{p} 造成的理论误差也愈小。

Stern 在推导线性极化方程式时，假定了 $b_{\mathrm{a}}=b_{\mathrm{c}}=120\mathrm{mV}$，这是一个很好的条件。当 $\Delta E=10\mathrm{mV}$ 时，$\dfrac{\Delta E}{\beta}=0.19$。在这种情况下，将 $\Delta E=\pm10\mathrm{mV}$ 以内的极化曲线看作直线，用 R'_{p} 代替 R_{p} 不会造成较大的误差，但实际上能满足这样条件的腐蚀体系是很少的。

由图 7-27 可见，极化电阻 R_{p} 是极化曲线在腐蚀电位 E_{cor}（图中坐标原点）的切线斜率，它与极化值 ΔE 无关，只取决于腐蚀体系的参数 b_{a}、b_{c} 和 i_{cor} 的数值。而线性极化电阻 R'_{p} 则是在极化曲线上取定 ΔE 的一点与原点之间所作割线的斜率。显然，R'_{p} 不仅与极化曲线的形状有关，而且与作割线的方式和所取 ΔE 的大小有关。从图中看出，ΔE 愈小，则所作割线愈接近切线，即 R'_{p} 愈接近 R_{p}。

用 R_{a}、R_{c} 分别表示阳极极化和阴极极化所得到的线性极化电阻，即：

$$R_{\mathrm{a}}=\frac{\Delta E_{+}}{i_{+}}\qquad R_{\mathrm{c}}=\frac{|\Delta E_{-}|}{|i_{-}|} \tag{7-37}$$

它们相对于真正的极化电阻 R_{p} 的误差 $\delta_{R_{\mathrm{a}}}$ 和 $\delta_{R_{\mathrm{c}}}$ 的绝对值都随 $\Delta E/\beta$ 的增大而增大。如果取阳极与阴极极化值相等，即 $\Delta E_{+}=|\Delta E_{-}|$，当 $b_{\mathrm{a}}=b_{\mathrm{c}}$ 时，$|\delta_{R_{\mathrm{a}}}|=|\delta_{R_{\mathrm{c}}}|$，当 $b_{\mathrm{a}}<b_{\mathrm{c}}$，则 $|\delta_{R_{\mathrm{a}}}|<|\delta_{R_{\mathrm{c}}}|$。

进行一次阳极极化，一次阴极极化，定义"双方向线性极化电阻"为：

$$R_b = \frac{\Delta E_+ + |\Delta E_-|}{i_+ + |i_-|} \tag{7-38}$$

在图 7-27 上，R_b 是阳极极化对应 A 点和阴极极化对应 B 点之间所作割线的斜率。

如果用控制电流的测量方法，取 $i_+ = |i_-| = i$，则：

$$R_b = \frac{\Delta E_+ + |\Delta E_-|}{2i} = \frac{R_a + R_c}{2} \tag{7-39}$$

如果用控制电位的测量方法，取 $\Delta E_+ = |\Delta E_-| = \Delta E$，则：

$$R_b = \frac{2\Delta E}{i_+ + |i_-|} = \frac{2R_a R_c}{R_a + R_c} \tag{7-40}$$

可以证明，在相同的 ΔE（或 i）条件下，R_b 相对于 R_p 的误差比 R_a 和 R_c 都小，即 R_b 更接近于 R_p。从图 7-27 很容易看出这个结果。

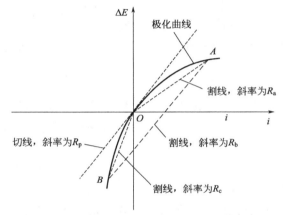

图 7-27　真正的极化电阻 R_p 与线性极化电阻

由此可见，"±10mV"的说法并无特殊的意义。使用线性极化技术时，ΔE 应取多少适宜，须由腐蚀体系的具体特征而定。为了减小误差，ΔE 取小些更好，比如最好取 5mV。但是，ΔE 太小会因腐蚀电位变化而引入较大的测量误差。从上面的分析知，在要求满足某个给定误差（如 $|\delta| < 5\%$）时，双方向线性极化电阻可以取较宽的极化范围，以减小测量误差。

7.4.3.4　线性极化方程式中的常数 B

测出极化电阻 R_p（或线性极化电阻 R_a、R_c、R_b）以后，要用线性极化方程式计算腐蚀电流密度 i_{cor}，必须要知道线性极化方程式中的常数 B。

(1) 极化曲线分析法

对于活化极化控制且满足 $E_{ea} \ll E_{cor} \ll E_{cc}$ 条件的腐蚀体系，阳极反应受活化极化控制、阴极反应受浓度极化控制的腐蚀体系，以及钝化金属体系，常数 B 由 Tafel 斜率构成，知道了 Tafel 斜率的数值也就可以得到常数 B 的数值。

获取 Tafel 斜率的基本途径是测量极化数据，包括强极化到 Tafel 区，由 Tafel 直线段的斜率确定 b_a 和 b_c；由弱极化区极化数据计算 b_a 和 b_c；以及曲线拟合法、校正因子法等。

对于阳极反应和阴极反应都受活化极化控制的腐蚀体系，可以测出两条极化曲线的 Tafel 区分别确定 b_a 和 b_c；也可以只测出一条完整的极化曲线，来得到这两个参数。图 7-28

是由实测阴极极化曲线求 Tafel 斜率的示意图。图中的④是实测阴极极化曲线，由其 Tafel 区的斜率可以确定阴极反应的 Tafel 斜率 b_c。

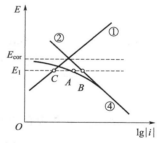

图 7-28　由实测阴极极化曲线确定 Tafel 斜率 b_c 和 b_a

为了得到阳极反应的 Tafel 斜率 b_a，需要利用阴极极化曲线的弯曲部分（弱极化区）。在这个电位范围内取电位 E_1，过 E_1 作水平线，与④的交点 A 对应外加阴极极化电流密度 $|i_-|$，与真实阴极极化曲线②的交点 B 对应阴极反应电流密度 $|i_c|$。根据电流加和原理，外加极化电流是阳极反应与阴极反应电流密度之差，在阴极极化时：

$$|i_-| = |i_c| - i_a \tag{7-41}$$

由此便可得出对应于电位 E_1 的阳极反应电流密度 $i_a = |i_c| - |i_-|$，对应于图中 C 点。取几个电位 E_1，分别求得对应的 i_a，标记在图上（电流应取对数），再连接起来，就得到真实阳极极化曲线的直线部分①，其斜率即阳极反应 Tafel 斜率 b_a。

这种方法求 Tafel 斜率的优点是直观，缺点主要是前面介绍的强极化对腐蚀体系的严重干扰。当腐蚀体系不完全受活化极化控制时，从 Tafel 区所得到的斜率 b_a 和 b_c 不一定与线性极化方程式中的常数相同。另外，用强极化方法求得 Tafel 斜率的同时，腐蚀电流密度 i_{cor} 已经很容易得到。

Mansfeld 提出的曲线拟合法是将实测的极化曲线和计算的标准曲线比较。因为标准曲线是按各种 b 值组合画出来的，所以由实测极化曲线与某一条标准曲线重合就可以确定待测腐蚀体系的 Tafel 斜率。

为了使标准曲线不含腐蚀电流，由：

$$i = i_{cor}\left[\exp\left(\frac{2.3\Delta E}{b_a}\right) - \exp\left(-\frac{2.3\Delta E}{b_c}\right)\right]$$

$$R_p = \frac{b_a b_c}{2.3(b_a + b_c)} \times \frac{1}{i_{cor}}$$

消去 i_{cor}，可以得出：

$$2.3R_p i = \frac{b_a b_c}{b_a + b_c}\left[\exp\left(\frac{2.3\Delta E}{b_a}\right) - \exp\left(-\frac{2.3E}{b_c}\right)\right] \tag{7-42}$$

式（7-42）两边都是 ΔE 的函数，但等式右边只含有 Tafel 斜率 b_a 和 b_c，所以取定一组 Tafel 斜率 b_a 和 b_c 的数值，便只有 ΔE 是变数，可以画出一条曲线，称为标准曲线。取不同的 (b_a, b_c) 组合可以得到一系列标准曲线：

$$f(\Delta E) = \frac{b_a b_c}{b_a + b_c}\left[\exp\left(\frac{2.3\Delta E}{b_a}\right) - \exp\left(-\frac{2.3\Delta E}{b_c}\right)\right] \tag{7-43}$$

在 ±30mV 范围内测量极化曲线，首先求极化电阻 R_p，然后将极化曲线改画为 $2.3R_p i$ 对 ΔE 的曲线，并与标准曲线比较。

这种方法需要专门制作的标准曲线，而且在比较时很难完全重合，因此求出的 Tafel 斜率 b_a 和 b_c 是近似的。同时，极化电阻 R_p 必须测量很准确。

如果已经知道一个 Tafel 斜率，可以进行较少的测量求出另一个 Tafel 斜率。这种方法有的文献称为校正因子法。进行一次阳极极化和一次阴极极化，并取极化值相等，$\Delta E_+ = |\Delta E_-| = \Delta E$，很容易得出两个 Tafel 斜率之间的关系：

$$\lg \frac{|i_-|}{i_+} = \left(\frac{1}{b_c} - \frac{1}{b_a}\right)\Delta E \tag{7-44}$$

因此，知道了一个 Tafel 斜率便可以计算出另一个。

对于常见的一些腐蚀体系，已有人用试验求出了 Tafel 斜率的数值，可以从文献资料中查取。但要注意所研究的腐蚀体系以及所用的测量方法是否与文献中报告的体系和方法相同。

对于活化极化控制的电极反应，根据电极反应动力学，Tafel 斜率的定义是：

$$b_a = \frac{2.3RT}{(1-\alpha_a)n_a F}$$
$$b_c = \frac{2.3RT}{\alpha_c n_c F} \tag{7-45}$$

式中　　R——气体常数；

　　　　T——绝对温度；

　　　　F——法拉第常数；

　α_a，α_c——阳极反应和阴极反应的传递系数；

　n_a，n_c——阳极反应和阴极反应的传递系数。

知道了以上数据便可以计算出 Tafel 斜率 b_a 和 b_c。由于 n 的数值变化不大，Tafel 斜率 b 的数值一般在 0.03～0.18V，而以 0.06～0.12V 居多。所以，如果对腐蚀体系的阳极反应和阴极反应有所了解，可以对 Tafel 斜率的数值进行估计，不致引起太大的误差。

（2）失重校正法

在应用线性极化技术对同一腐蚀体系进行大量筛选工作，或者对生产设备进行腐蚀监测的场合，腐蚀体系是固定的，可以用失重校正线性极化方程式中的常数。式（7-32）中，常数 B 包括了 Tafel 斜率和腐蚀体系的其他参数，甚至也可以包括测量工作中的一些影响因素（如交流法测量时的频率影响）。

在试验过程的不同时间测量极化电阻 R_p，用图解积分法求其平均值 $\overline{R}_p$。试验前、后将试样称重，计算失重腐蚀速率并换算为腐蚀电流密度 i_{cor}，代入式（7-32）便可以求得常数 B：

$$B = i_{cor} \overline{R}_p \tag{7-46}$$

7.4.3.5　常数 B 对线性极化方程式应用的影响

从上述可见，要得到常数 B 的准确数值是不容易的，也比较费时。如果线性极化技术的应用必须依靠常数 B（对许多有实际意义的腐蚀体系，是要知道 Tafel 斜率的数值），线性极化技术灵敏快速的优点就失去了。幸好，线性极化技术得到成功应用的领域多是重复测量，如筛选金属材料、筛选缓蚀剂、生产设备腐蚀监测，腐蚀体系基本不变，因而不需要每次都进行测量。

尽管如此，我们必须注意当材料或环境条件改变时对线性极化方程式中常数 B 的影响。就筛选缓蚀剂的工作来说，缓蚀剂的缓蚀率的定义是：

$$\eta = \frac{V_p - V_p'}{V_p} \times 100\% \tag{7-47}$$

V_p 和 V_p' 是加入缓蚀剂前、后测量的失重腐蚀速率。如果加入缓蚀剂后金属的阳极反应不改变，那么可以用加入缓蚀剂前、后测量的腐蚀电流密度 i_{cor}、i_{cor}' 来计算缓蚀率，即式(7-13)。

在式(7-13)中代入线性极化方程式(7-32)，得：

$$\eta = \left(1 - \frac{B'}{B} \times \frac{R_p}{R_p'}\right) \times 100\% \qquad (7\text{-}48)$$

而一般使用线性极化技术评选缓蚀剂时使用的计算公式为式(7-14)。

可见使用式(7-14)计算缓蚀率有一个假定：加入缓蚀剂后线性极化方程式中的常数 B 不改变。

但是，常数 B 完全不改变的情况是没有的，因此用式(7-14)由极化电阻的变化计算的缓蚀率是近似值。相对于按式(7-48)计算的缓蚀率，其误差为：

$$\delta(\%) = \frac{1 - \dfrac{R_p}{R_p'}}{1 - \dfrac{B'}{B} \times \dfrac{R_p}{R_p'}} - 1 = \frac{\dfrac{B'}{B} - 1}{\dfrac{R_p'}{R_p} - \dfrac{B'}{B}} \qquad (7\text{-}49)$$

如 B 不变，则误差 $\delta = 0$。如 $B' > B$，$\delta > 0$，由式(7-14)计算的缓蚀率偏大；如 $B' < B$，则按式(7-14)计算的缓蚀率偏低。当 B'/B 增大，误差 δ 增大；当 R_p'/R_p 增大，误差 δ 减小。

缓蚀剂的作用是抑制电极反应的进行，这必然要影响 Tafel 斜率，使 B 值改变。但各种类型的缓蚀剂对 Tafel 斜率的影响是不一样的。表 7-2 列出了 B 和 R_p 的变化对误差 δ 的影响。

表 7-2　误差 δ 与 B、R_p 变化的关系　　　　单位：%

B'/B	R_p'/R_p				
	5	10	100	1000	10000
1.5	14.29	5.88	0.5	0.05	0.005
2		12.5	1.01	0.1	0.01
3		28.6	2.06	0.2	0.02
4		50	3.13	0.3	0.03
5		80	4.21	0.4	0.04
6			5.32	0.5	0.05
7			6.45	0.6	0.06

表 7-2 看出，如果取误差 $\delta < 5\%$ 作为可接受的标准，当 $B'/B > 1.5$，只有当 $R_p'/R_p > 10$，才能满足要求。当 $R_p'/R_p > 100$，只要 $B'/B < 6$，就可满足要求。

对于酸性溶液中的非钝化型缓蚀剂，B 的变化很小，只要缓蚀率不是太低，用式(7-14)计算的缓蚀效率的误差也很小。比如 $B'/B = 1.5$，如果 $R_p'/R_p = 12$，误差 $\delta = 4.76\%$。用式(7-14)计算的缓蚀效率为 91.7%，实际的缓蚀效率为 87.5%。

对于钝化剂，虽然 B 的变化比较大，但因为钝化剂能使金属钝化，腐蚀速率大大降低，即 R_p'/R_p 可以很大，误差 δ 也不一定很大。比如加入钝化剂前腐蚀体系发生活化极化控制的腐蚀，Tafel 斜率 $b_a = 40\text{mV}$、$b_c = 120\text{mV}$；加入钝化剂后 b_c 不变，b_a 变为 ∞。计算得 $B = 13.04$，$B' = 52.17$，$B'/B = 4.00$。如果加入钝化剂后金属表面转变为钝态，腐蚀速率降低 100 倍，即 $R_p'/R_p \approx 100$。按式(7-10)计算的缓蚀效率为 99.0%，而按式(7-48)计算的缓蚀效率为 96%，$\delta \leqslant 3.33\%$。如果 $R_p'/R_p > 1000$（即加入缓蚀剂后腐蚀速率降低 1000 倍），那么不管 B 如何变化，相对误差 δ 都小于 1%。

7.4.3.6　同种材料电极系统和交流方波极化电源

在线性极化测量中，使用同种材料电极系统和交流方波极化电源是测量技术的两项重要发展。使用与研究电极 WE 材质、尺寸、表面状态相同的参比电极 RE，不仅降低了对电位测量仪表的要求，也使线性极化技术能更方便地应用于生产设备的腐蚀监测。交流方波使研究电极处于反复阳极极化和阴极极化，减小了对电极的干扰，而且测出来的是双方向线性极化电阻。关于这两个方面的内容，将在本章测量技术部分介绍。

7.4.4　弱极化区测量技术

强极化测量方法对被测腐蚀体系干扰很大，另外，因为做了近似处理，有些动力学信息被去掉了。阳极极化时如果只测量强极化区数据，就只能求得阳极反应 Tafel 斜率 b_a；同样，阴极极化时如果只测量强极化区数据，就只能得到阴极反应 Tafel 斜率 b_c。微极化区测量方法虽然对被测体系干扰小，但由微极化数据只能求出极化电阻而得不到 Tafel 斜率。

在微极化区和强极化区之间的电位区间叫做弱极化区。不论在 $E\text{-}i$ 坐标系还是 $E\text{-}\lg i$ 坐标系中，弱极化区的极化曲线都是曲线。在测量弱极化区极化曲线时，ΔE 的取值范围一般为 $20 \sim 70\text{mV}$。

在弱极化区，ΔE 不是太大也不是太小，故极化动力学方程式不能做近似处理，因而包含有动力学参数的充分信息。在弱极化区进行适当的测量，可以同时求得腐蚀电流密度 i_{cor} 和 Tafel 斜率 b_a、b_c，而且腐蚀电流密度 i_{cor} 的求取不依赖于 Tafel 斜率。在弱极化区进行测量对电极反应的干扰比强极化方法小。

7.4.4.1　Barnartt 三点法

对活化极化控制且满足 $E_{ea} \ll E_{cor} \ll E_{ec}$ 条件的腐蚀体系，实测极化曲线的表示式为：

$$i = i_{cor}\left[\exp\left(\frac{\Delta E}{\beta_a}\right) - \exp\left(-\frac{\Delta E}{\beta_c}\right)\right]$$

其中，极化电流密度 i 和极化值 ΔE 是试验中直接测量的已知量（极化数据），腐蚀电流密度 i_{cor} 和 Tafel 斜率 b_a、b_c 是待求的未知量（腐蚀体系的基本参数）。如果进行三次测量，可以列出三个方程，来求解这三个未知量。但这些方程式是超越方程，为了能求解，三次测量必须满足一定的条件，从而可以将指数方程式化为代数方程。

Barnartt 的方法表述如下。阳极极化 ΔE，阴极极化 $-\Delta E$、$-2\Delta E$，相应的极化电流为：

$$\begin{cases} i_+ = i_{cor}\left[\exp\left(\dfrac{\Delta E}{\beta_a}\right) - \exp\left(-\dfrac{\Delta E}{\beta_c}\right)\right] \\[2mm] |(i_-)_1| = i_{cor}\left[\exp\left(\dfrac{\Delta E}{\beta_c}\right) - \exp\left(-\dfrac{\Delta E}{\beta_a}\right)\right] \\[2mm] |(i_-)_2| = i_{cor}\left[\exp\left(\dfrac{2\Delta E}{\beta_c}\right) - \exp\left(-\dfrac{2\Delta E}{\beta_a}\right)\right] \end{cases}$$

求出两个比值 r_1 和 r_2：

$$r_1 = \frac{|(i_-)_1|}{i_+} = \frac{\exp\left(\dfrac{\Delta E}{\beta_c}\right) - \exp\left(-\dfrac{\Delta E}{\beta_a}\right)}{\exp\left(\dfrac{\Delta E}{\beta_a}\right) - \exp\left(-\dfrac{\Delta E}{\beta_c}\right)} = \exp\left(-\frac{\Delta E}{\beta_a}\right)\exp\left(\frac{\Delta E}{\beta_c}\right)$$

$$r_1 = \frac{|(i_-)_2|}{|(i_-)_1|} = \frac{\exp\left(\dfrac{2\Delta E}{\beta_c}\right) - \exp\left(-\dfrac{2\Delta E}{\beta_a}\right)}{\exp\left(\dfrac{\Delta E}{\beta_c}\right) - \exp\left(-\dfrac{\Delta E}{\beta_a}\right)} = \exp\left(-\frac{\Delta E}{\beta_a}\right) + \exp\left(\frac{\Delta E}{\beta_c}\right)$$

由此可以求出腐蚀电流密度 i_{cor} 和 Tafel 斜率 b_a、b_c：

$$i_{cor} = \frac{|(i_-)_1|}{\sqrt{r_2^2 - 4r_1}}$$

$$\beta_a = \frac{-\Delta E}{\ln\left(\dfrac{r_2 - \sqrt{r_2^2 - 4r_1}}{2}\right)} \qquad b_a = \frac{-\Delta E}{\lg\left(\dfrac{r_2 - \sqrt{r_2^2 - 4r_1}}{2}\right)}$$

$$\beta_c = \frac{\Delta E}{\ln\left(\dfrac{r_2 + \sqrt{r_2^2 - 4r_1}}{2}\right)} \qquad b_c = \frac{\Delta E}{\lg\left(\dfrac{r_2 + \sqrt{r_2^2 - 4r_1}}{2}\right)} \qquad (7\text{-}50)$$

为了减小试验误差，可以在弱极化区测量多组极化数据。计算对应于每个 ΔE 值的 r_1、r_2，然后用作图法求腐蚀电流密度 i_{cor} 和 Tafel 斜率 b_a、b_c（图 7-29）。

"三点法"的安排也可以取 ΔE、$2\Delta E$、$-\Delta E$；或只利用阳极极化曲线取 ΔE、$2\Delta E$、$3\Delta E$；只利用阴极极化曲线取 $-\Delta E$、$-2\Delta E$、$-3\Delta E$，可以推导出相应的计算 i_{cor} 和 b_a、b_c 的公式。由于阳极极化较大时不容易得到准确的测量数据，使用单支阴极极化曲线三点法或 ΔE、$-\Delta E$、$-2\Delta E$ 的电位序列安排是有利的。

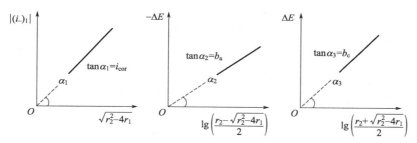

图 7-29　用作图法处理"三点法"数据，求 i_{cor}、b_a、b_c

7.4.4.2　Engell 两点法

对于阳极反应受活化极化控制、阴极反应受浓度极化控制的腐蚀体系，可以得到更简单的计算公式。在弱极化区进行两次测量，阳极极化 ΔE，阴极极化 $-\Delta E$，按式（7-11）得：

$$\begin{cases} i = i_{cor}\left[\exp\left(\dfrac{\Delta E}{\beta_a}\right) - 1\right] \\ |i_-| = i_{cor}\left[1 - \exp\left(\dfrac{\Delta E}{\beta_a}\right)\right] \end{cases}$$

二者的比值 r：

$$r = \frac{i_+}{|i_-|} = \frac{\exp\left(\dfrac{\Delta E}{\beta_a}\right) - 1}{1 - \exp\left(-\dfrac{\Delta E}{\beta_a}\right)} = \exp\left(\frac{\Delta E}{\beta_a}\right)$$

代入极化动力学方程式中，可得出：

$$i_+ = i_{cor}(r-1) = i_{cor}\left(\frac{i_+}{|i_-|}-1\right)$$

$$i_{cor} = \frac{i_+|i_-|}{i_+ - |i_-|}$$

$$(7\text{-}51)$$

同时可得阳极反应 Tafel 斜率：

$$\beta_a = \frac{\Delta E}{\ln r}$$

$$b_a = \frac{\Delta E}{\lg r}$$

$$(7\text{-}52)$$

这种方法称为"两点法"，对于阳极反应受活化极化控制、阴极反应受浓度极化控制的腐蚀体系，如吸氧腐蚀体系，用两点法可以快速而简便地求出腐蚀电流密度 i_{cor} 和阳极反应 Tafel 斜率 b_a。

为了减小试验误差，两点法和三点法一样应当进行多组测量，并将腐蚀电流密度 i_{cor} 的表示式改写为：

$$\frac{1}{|i_-|} = \frac{1}{i_+} + \frac{1}{i_{cor}} \qquad (7\text{-}53)$$

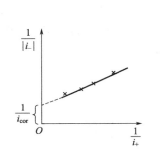

图 7-30　用截距法求腐蚀电流密度
（氧扩散控制腐蚀体系）

此式表明 $\frac{1}{|i_-|}$ 与 $\frac{1}{i_+}$ 之间成线性关系。如果以 $\frac{1}{|i_-|}$ 为纵坐标，$\frac{1}{i_+}$ 为横坐标，将测量的若干对 $(i_+, |i_-|)$ 画在图上，应得到一条直线，将直线延长后在纵坐标轴上的截距就是要求的腐蚀电流密度 i_{cor} 的倒数（图 7-30）。故以上处理方法又叫截距法。同样可以用作图法求 Tafel 斜率 b_a。

进一步，可以将 i_{cor} 和 b_a 的表达式结合起来：

$$\Delta E = b_a \lg r = b_a \lg \frac{i_+}{|i_-|} = b_a \lg\left(1+\frac{i_+}{i_{cor}}\right) = b_a \lg \frac{i_+^2}{i_+ - |i_-|} - b_a \lg i_{cor} \qquad (7\text{-}54)$$

以 ΔE 为纵坐标，以 $\lg \dfrac{i_+^2}{i_+ - |i_-|}$ 为横坐标，用极化数据作图应得一条直线，其斜率为 b_a，截距为 $-b_a \lg i_{cor}$。

与三点法一样，也可以只进行阴极极化，按 $-\Delta E$、$-2\Delta E$ 取极化值，由极化数据计算腐蚀电流密度 i_{cor} 和 Tafel 斜率 b_a。

上述用作图法处理三点法和两点法数据（图 7-29 和图 7-30）容易引入人为误差。使用回归分析法不仅可以得到与测量数据偏差最小的计算结果，而且只要测量时所取 ΔE 满足三点法或两点法的要求，也不必作出极化曲线。如果用计算机进行运算，可以很快得到结果。这种方法文献中称为回归三点法和回归两点法。

三点法和两点法所揭示的利用指数函数性质按等间距处理极化数据的技巧，是一种很有用的方法，在后面还要多次用到。下面举一个例子。

在前面章节中已说明，阴极反应受浓度极化控制的腐蚀体系（如多数情况下的吸氧腐蚀体系）阴极极化率很大，适宜于采用阴极保护。当通入保护电流密度 i_{pr}，金属的腐蚀电流

密度从 i_{cor}（等于去极化剂的极限扩散电流密度 i_d）降低到 i_a，得到的缓蚀率为：

$$\eta = \frac{i_{cor} - i_a}{i_{cor}} = \frac{i_{pr}}{i_{cor}} = \frac{i_{pr}}{i_d} \tag{7-55}$$

在通入 i_{pr} 后为了求得缓蚀率 η，就必须知道极限扩散电流密度 i_d。如何在不中断极化电流的条件下求出 i_d 呢？

由于保护电位 E_{pr} 靠近阳极反应的平衡电位 E_{ea}，在保护电位附近阳极电流密度 i_a 应为：

$$
\begin{aligned}
i_a &= i_a^0 \left[\exp\left(\frac{E - E_{ea}}{\beta_a}\right) - \exp\left(-\frac{E - E_{ea}}{\beta_a}\right) \right] \\
&= i_a^0 \left[\exp\left(\frac{E - E_{pr}}{\beta_a}\right) \exp\left(-\frac{E_{pr} - E_{ea}}{\beta_a}\right) - \exp\left(-\frac{E - E_{pr}}{\beta_a}\right) \exp\left(-\frac{E_{pr} - E_{ea}}{\beta_a}\right) \right] \\
&= A \exp\left(\frac{E - E_{pr}}{\beta_a}\right) + B \exp\left(-\frac{E - E_{pr}}{\beta_a}\right)
\end{aligned}
$$

外加阴极极化电流密度：

$$|i_-| = i_d - i_a = i_d - \left[A \exp\left(\frac{E - E_{pr}}{\beta_a}\right) + B \exp\left(-\frac{E - E_{pr}}{\beta_a}\right) \right] \tag{7-56}$$

将极化电位作微小调整，按等间距取如下四个电位值：$E_{pr} - 2\varepsilon$，$E_{pr} - \varepsilon$，$E_{pr} + \varepsilon$，$E_{pr} 2\varepsilon$。对应的阴极极化电流密度分别记为：i_2，i_1，i_1'，i_2'。由式（7-56）可以写出：

$$i_1 = i_d - \left[A \exp\left(-\frac{\varepsilon}{\beta_a}\right) + B \exp\left(-\frac{\varepsilon}{\beta_a}\right) \right]$$

$$i_2 = i_d - \left[A \exp\left(-\frac{2\varepsilon}{\beta_a}\right) + B \exp\left(-\frac{2\varepsilon}{\beta_a}\right) \right]$$

$$i_1' = i_d - \left[A \exp\left(\frac{\varepsilon}{\beta_a}\right) + B \exp\left(-\frac{\varepsilon}{\beta_a}\right) \right]$$

$$i_2' = i_d - \left[A \exp\left(-\frac{2\varepsilon}{\beta_a}\right) + B \exp\left(-\frac{2\varepsilon}{\beta_a}\right) \right]$$

令 $x = \exp\left(\frac{\varepsilon}{\beta_a}\right)$，用 i_1、i_2、i_1'、i_2' 求比值 R：

$$R = \frac{i_2' - i_2}{i_1' - i_1} = \frac{x^2 + 1}{x} \tag{7-57}$$

可由 R 求出 x，再得到 β_a：

$$x = \frac{R + \sqrt{R^2 - 4}}{2} \qquad \beta_a = \frac{\varepsilon}{\ln R}$$

得到 β_a 以后，可以用类似处理方法求出 i_d，从而得到在保护电位 E_{pr} 的金属腐蚀电流密度 i_a 和缓蚀率 η。

7.4.5　微极化区与弱极化区结合

三点法和两点法属于弱极化区测量方法，虽然与强极化测量相比对腐蚀体系的干扰较小，但极化值 ΔE 不能太小，因为计算公式中都有极化电流密度 i_+ 和 $|i_-|$ 的比值，ΔE 较小时 i_+ 和 $|i_-|$ 的数值接近，比值接近于 1，电流测量误差将带给计算结果很大影响，

甚至得不出结果。另外，需要测 $2\Delta E$ 和 $3\Delta E$ 对应的极化电流数据，特别是要测量若干组极化数据时，极化电位范围一般要到 70mV 左右，这对腐蚀体系仍然要造成相当的扰动。为了减小极化电位范围，可以将弱极化区与微极化区极化数据结合起来。Mansfeld 的曲线拟合法实际上就是将微极化区（求极化电阻 R_p）和弱极化区（求 Tafel 斜率 b_a、b_c）结合起来使用的，因此，只要 $\pm30mV$ 的极化范围就够了。

曹楚南提出了一种方法，在弱极化区（$\pm30mV$ 范围）进行一次阳极极化、一次阴极极化，极化值大小相等，$\Delta E_+ = |\Delta E_-| = \Delta E$，所得极化电流密度为 i_+ 和 $|i_-|$。

$$\begin{cases} i_+ = i_{cor}\left[\exp\left(\frac{\Delta E}{\beta_a}\right) - \exp\left(\frac{\Delta E}{\beta_c}\right)\right] \\ |i_-| = i_{cor}\left[\exp\left(\frac{\Delta E}{\beta_c}\right) - \exp\left(-\frac{\Delta E}{\beta_a}\right)\right] \end{cases}$$

i_+ 和 $|i_-|$ 相乘得出：

$$i_+|i_-| = i_{cor}^2\left\{\exp\left[\left(\frac{1}{\beta_a}+\frac{1}{\beta_c}\right)\Delta E\right] + \exp\left[-\left(\frac{1}{\beta_a}+\frac{1}{\beta_c}\right)\Delta E\right] - 2\right\}$$

令：

$$x = \left(\frac{1}{\beta_a}+\frac{1}{\beta_c}\right)\frac{\Delta E}{2}$$

上式化简为：

$$i_+|i_-| = i_{cor}^2(e^{2x}+e^{-2x}-2)$$
$$= 4i_{cor}^2(\sinh x)^2$$

将 x 的表示式代入，可以得出：

$$i_{cor} = \frac{\Delta E}{2xR_p} \tag{7-58}$$

此式表明，只要从微极化测量数据求出极化电阻 R_p，由弱极化区两次测量极化电流数据求出 x，就可以计算出腐蚀电流密度 i_{cor}。x 的计算方法如下。因为：

$$i_+|i_-| = 4i_{cor}^2(\sinh x)^2 = 4\left(\frac{\Delta E}{2xR_p}\right)^2(\sinh x)^2$$

$$\frac{\sinh x}{x} = \frac{R_p\sqrt{i_+|i_-|}}{\Delta E} = a$$

a 值可以由极化测量数据 i_+、$|i_-|$、ΔE、R_p 计算，但 $\sinh x$ 是超越函数，为了从 a 计算 x，可以制作专门的数表，直接用于查阅。在 a 值不大时（不超过 1.25），有一个很好的近似公式：

$$x = \sqrt{9.6a - 18a^2 - 7.8}$$

计算出 x 以后，不仅可以求得腐蚀电流密度 i_{cor}，而且可以求得 Tafel 斜率 b_a、b_c。因为：

$$\begin{cases} \frac{1}{\beta_a}+\frac{1}{\beta_c} = \frac{2x}{\Delta E} \\ \frac{1}{\beta_a}+\frac{1}{\beta_c} = \frac{1}{\Delta E}\ln\frac{i_+}{|i_-|} \end{cases} \tag{7-59}$$

可以解出 β_a、β_c，求得 b_a、b_c。

7.4.6　计算机方法

Barnartt 三点法和 Engell 两点法都是按一定比例取几次测量的极化值，从而把指数方程式转化为代数方程式，使之可以求出解析公式。虽然进行多组测量并用回归分析处理数据可以提高计算结果的精度，但仍存在对测量方法进行限制和数据利用率低的缺点。随着计算机的普及，完全可以利用计算机的数值计算功能从极化测量数据计算腐蚀体系的电化学参数。

7.4.6.1　线性回归分析方法

对 m 元线性方程：

$$y = A_0 + A_1 x_1 + A_2 x_2 + \cdots + A_m x_m \tag{7-60}$$

式中，x、y 为试验测量的量；A 为待定系数。

测量 n 组数据 $(x_1, x_2, x_3, \cdots, x_n, y)$，可以列出 n 个线性方程式，用最小二乘法求得系数 $A_1, A_2, A_3, \cdots, A_m$。其线性关系的精度可以用 F 值判断或者用线性相关系数 R 判断。

当 $m = 1$，为一元线性方程：

$$y = A_0 + A_1 x_1 \quad （或写为 \ y = ax + b） \tag{7-61}$$

(1) 回归三点法

对活化极化控制腐蚀体系，极化动力学方程式：

$$i = i_{\text{cor}} \left[\exp\left(\frac{\Delta E}{\beta_a}\right) - \exp\left(-\frac{\Delta E}{\beta_c}\right) \right]$$

在 7.4.4.1 节中取 ΔE、$-\Delta E$、$-2\Delta E$ 电位序列，得出计算腐蚀电流密度和 Tafel 斜率的公式：

$$|(i_-)_1| = i_{\text{cor}} \sqrt{r_2^2 - 4r_1}$$

$$\Delta E = -b_a \left[\lg(r^2 - \sqrt{r_2^2 - 4r_1}) - \lg 2 \right]$$

$$\Delta E = b_c \left[\lg(r^2 + \sqrt{r_2^2 - 4r_1}) - \lg 2 \right]$$

对第一个式子，令：

$$x_1 = \sqrt{r_2^2 - 4r_1} \quad y = |(i_-)_1|$$

得到一元线性方程式：

$$y = A_0 + A_1 x_1$$

式中，系数 $A_1 = i_{\text{cor}}$。

对第二和第三个式子的处理与此相同，可以求得腐蚀体系的 Tafel 斜率 b_a、b_c。

(2) 多项式近似

对式（7-6）中的指数函数采用三次多项式近似，即取 $e^x = 1 + x + \dfrac{x^2}{2!} + \dfrac{x^3}{3!}$。

处理 $\exp\left(\dfrac{\Delta E}{\beta_a}\right)$ 和 $\exp\left(-\dfrac{\Delta E}{\beta_c}\right)$，得到：

$$i = i_{\text{cor}} \left[\left(\frac{1}{\beta_a} + \frac{1}{\beta_c}\right)\Delta E + \frac{1}{2!}\left(\frac{1}{\beta_a^2} + \frac{1}{\beta_c^2}\right)\Delta E^2 + \frac{1}{3!}\left(\frac{1}{\beta_a^3} + \frac{1}{\beta_c^3}\right)\Delta E^3 \right] \tag{7-62}$$

令：

$$x_1 = \Delta E \quad x_2 = \Delta E^2 \quad x_3 = \Delta E^3 \quad y = i$$

式（7-62）转变为三元线性方程式（7-60），其中方程系数为：

$$
\begin{cases}
A_1 = i_{cor}\left(\dfrac{1}{\beta_a} + \dfrac{1}{\beta_c}\right) \\[2ex]
A_2 = \dfrac{i_{cor}}{2}\left(\dfrac{1}{\beta_a^2} + \dfrac{1}{\beta_c^2}\right) \\[2ex]
A_3 = \dfrac{i_{cor}}{6}\left(\dfrac{1}{\beta_a^3} + \dfrac{1}{\beta_c^3}\right)
\end{cases}
\tag{7-63}
$$

用回归分析法解线性方程组，求出系数 A_1、A_2、A_3，再由式（7-63）可求出 i_{cor}、β_a、β_c。

(3) 等电位间距测量

按照等电位间距进行极化测量，即取：

$$
\Delta E_k = \Delta E_0 + k\varepsilon \quad k = 1, 2, \cdots, n
\tag{7-64}
$$

其中 ΔE_0 为初始极化值，ε 为电位间距。对应的极化电流密度：

$$
\begin{aligned}
i_k &= i_{cor}\left[\exp\left(\frac{\Delta E_0 + k\varepsilon}{\beta_a}\right) - \exp\left(-\frac{\Delta E_0 + k\varepsilon}{\beta_c}\right)\right] \\
&= K_1\alpha^k + K_2\alpha^k
\end{aligned}
$$

同理可得：

$$
i_{k+1} = K_1\alpha^{k+1} + K_2\alpha^{k+1}
$$
$$
i_{k+2} = K_1\alpha^{k+2} + K_2\alpha^{k+2}
$$

上面三式中：

$$
\begin{cases}
K_1 = i_{cor}\exp\left(\dfrac{\Delta E_0}{\beta_a}\right) \\[2ex]
K_2 = i_{cor}\exp\left(-\dfrac{\Delta E_0}{\beta_c}\right) \\[2ex]
\alpha = \exp\left(\dfrac{\varepsilon}{\beta_a}\right) \\[2ex]
\beta = \exp\left(-\dfrac{\varepsilon}{\beta_c}\right)
\end{cases}
$$

对于被测腐蚀体系和选定的初始极化值 ΔE_0、电位间距 ε 来说，K_1、K_2、α、β 为常数，可以找到两个不同时为零的数 a_1、a_2，使其满足：

$$
i_{k+2} = a_1 i_{k+1} + a_2 i_k \quad k = 1, 2, \cdots, (n-2)
\tag{7-65}
$$

令：

$$
x_1 = i_{k+1}, x_2 = i_k, y = i_{k+2} \quad k = 1, 2, \cdots, (n-2)
$$

便得到式（7-60）形式的线性方程组。用回归分析法解此线性方程组，可以求出 a_1、a_2，再由式（7-65）可以列出两个一元二次方程：

$$
\begin{cases}
\alpha^2 + a_1\alpha + a_2 = 0 \\
\beta^2 + a_1\beta + a_2 = 0
\end{cases}
$$

再代入 a_1、a_2 的数值，可以求出 α、β，再根据 α、β 的定义式与 ε 的数值可以计算 β_a、β_c。

求出 β_a、β_c 以后，代入 i_k 表示式：

$$i_k = i_{\text{cor}} \left[\exp\left(\frac{\Delta E_k}{\beta_{\text{a}}}\right) - \exp\left(-\frac{\Delta E_k}{\beta_{\text{c}}}\right) \right] \quad k = 1, 2, \cdots, n$$

再令：

$$x_1(k) = \exp\left(\frac{\Delta E_k}{\beta_{\text{a}}}\right) - \exp\left(-\frac{\Delta E_k}{\beta_{\text{c}}}\right) \quad y(k) = i_k$$

便得到式(7-61) 形式的线性方程组，其中 $x_1(k)$ 是已知量，由 ΔE_k 和已求出的 β_{a}、β_{c} 计算得到。用最小二乘法解此线性方程组，可以得系数 $A_1 = i_{\text{cor}}$。

显然，上述方法可以看作回归三点法的一种改进，提高了数据利用率，但要求取等电位间距，对测量方法是一种限制。

上述三种方法是非迭代的，所得计算结果的精度取决于极化数据的精度。分析线性关系的显著程度，可以对所测腐蚀体系是否完全符合极化动力学方程式 (7-8) 作出一些判断。

7.4.6.2　迭代法

(1) 迭代的最小二乘法

这个方法的要点是，在极化动力学方程式(7-8) 中有三个未知量：腐蚀电流密度 i_{cor} 和 Tafel 斜率 β_{a}、β_{c}，我们只考虑其中一个量，设定初值和修正值，将式(7-8) 这个指数方程变成以修正值为未知量的代数方程。求出修正值后进行反复迭代，直至达到要求的精度。将式(7-8) 变形为：

$$\begin{aligned}
i &= i_{\text{cor}} \left[\exp\left(\frac{\Delta E}{\beta_{\text{a}}}\right) - \exp\left(-\frac{\Delta E}{\beta_{\text{c}}}\right) \right] \\
&= i_{\text{cor}} \exp\left[\left(\frac{1}{\beta_{\text{a}}} - \frac{1}{\beta_{\text{c}}}\right) \frac{\Delta E}{2} \right] \times \\
&\quad \left\{ \exp\left[\left(\frac{1}{\beta_{\text{a}}} + \frac{1}{\beta_{\text{c}}}\right) \frac{\Delta E}{2} \right] - \exp\left[-\left(\frac{1}{\beta_{\text{a}}} + \frac{1}{\beta_{\text{c}}}\right) \frac{\Delta E}{2} \right] \right\}
\end{aligned}$$

令：

$$\left(\frac{1}{\beta_{\text{a}}} + \frac{1}{\beta_{\text{c}}}\right) = 2u \quad \left(\frac{1}{\beta_{\text{a}}} - \frac{1}{\beta_{\text{c}}}\right) = 2v$$

上式可以改写为：

$$i = 2i_{\text{cor}} (\exp v\Delta E)(\sinh u\Delta E)$$
$$\ln i = \ln 2i_{\text{cor}} + v\Delta E + \ln \sinh u\Delta E \tag{7-66}$$

取 u_0 和 Δu 分别为未知量 u 的初值和修正值，即 $u = u_0 + \Delta u$。将式(7-66) 中右端的第三项在 u_0 展开为幂级数，并只取线性项，得：

$$\ln i = \ln i_{\text{cor}} + v\Delta E + \frac{\Delta E}{\tanh u_0 \Delta E} \Delta u + \ln(\sinh u\Delta E) \tag{7-67}$$

令：

$$\begin{cases}
x_1 = \Delta E, x_2 = \dfrac{\Delta E}{\tanh u_0 \Delta E} \\
y = \ln i - \ln(\sinh u\Delta E)
\end{cases}$$

得到二元线性方程式：

$$y = A_0 + A_1 x_1 + A_2 x_2$$
$$A_0 = \ln 2i_{\text{cor}}$$

$$A_1 = v$$

$$A_2 = \Delta u$$

测量 n 组极化数据 $(i_k, \Delta E_k)$ $(k=1,2,\cdots,n)$，可以列出由 n 个方程组成的线性方程组，用最小二乘法求解，可得 u 的修正值 Δu（系数 A_2）。代入 $u=u_0+\Delta u$ 作为 u 的新初值（新 u_0），再进行计算，求修正值 Δu。如此反复迭代，直到精度满足要求。最后用得到的方程系数 A_1、A_2 换算出 u、v，用 A_0、u、v 计算腐蚀电流密度 i_{cor} 和 Tafel 斜率 β_a、β_c：

$$i_{cor} = \frac{\exp(A_0)}{2} \quad \beta_a = \frac{1}{u+v} \quad \beta_c = \frac{1}{u-v}$$

（2）牛顿-高斯迭代法

对活化极化控制腐蚀体系的极化动力学方程式 $i = i_{cor}\left[\exp\left(\dfrac{\Delta E}{\beta_a}\right) - \exp\left(-\dfrac{\Delta E}{\beta_c}\right)\right]$ 中的未知量 i_{cor}、β_a、β_c 分别取初值和修正值：$i_{cor} = (i_{cor})_0 + \Delta i_{cor}$，$\beta_a = (\beta_a)_0 + \Delta\beta_a$，$\beta_c = (\beta_c)_0 + \Delta\beta_c$。用初值计算的极化电流密度 i' 为：

$$i' = (i_{cor})_0\left[\exp\left(\frac{\Delta E}{(\beta_a)_0}\right) - \exp\left(-\frac{\Delta E}{(\beta_c)_0}\right)\right]$$

i' 与实测极化电流密度 i 的偏差：

$$\gamma = i' - i$$

为了使偏差减小，用修正值 Δi_{cor}、$\Delta\beta_a$、$\Delta\beta_c$ 修正初值 $(i_{cor})_0$、$(\beta_a)_0$、$(\beta_c)_0$，只要这些增量很小，可以由 Taylor 公式得出：

$$i' + \Delta i' = (i_{cor})\left[\exp\left(\frac{\Delta E}{(\beta_a)_0}\right) - \exp\left(-\frac{\Delta E}{(\beta_c)_0}\right)\right] +$$

$$\left(\frac{\partial i}{\partial i_{cor}}\right)_0 \Delta i_{cor} + \left(\frac{\partial i}{\partial \beta_a}\right)_0 \Delta\beta_a + \left(\frac{\partial i}{\partial \beta_c}\right)_0 \Delta\beta_c$$

上面三个偏导数的脚标"0"表示在初值处的偏导数值，可以由极化动力学方程式（7-8）和所取三个初值 $(i_{cor})_0$、$(\beta_a)_0$、$(\beta_c)_0$ 分别计算出来。

我们要求修正后的计算电流密度 $i' + \Delta i'$ 与实测极化电流密度相同，即：

$$\left(\frac{\partial i}{\partial i_{cor}}\right)_0 \Delta i_{cor} + \left(\frac{\partial i}{\partial \beta_a}\right)_0 \Delta\beta_a + \left(\frac{\partial i}{\partial \beta_c}\right)_0 \Delta\beta_c = -\gamma$$

令：

$$\begin{cases} x_1\left(\dfrac{\partial i}{\partial i_{cor}}\right)_0 \quad x_2 = \left(\dfrac{\partial i}{\partial \beta_a}\right)_0 \quad x_3 = \left(\dfrac{\partial i}{\partial \beta_c}\right)_0 \\ y = -\gamma \end{cases}$$

得到三元线性方程式：

$$y = A_0 + A_1 x_1 + A_2 x_2 + A_3 x_3$$

式中，系数 A_1、A_2、A_3 分别等于修正值 Δi_{cor}、$\Delta\beta_a$、$\Delta\beta_c$。

进行 n 次测量，用所得极化数据 $(i, \Delta E)$ 可以写出 n 个三元线性方程。用最小二乘法解此线性方程组，可求出系数 A_1、A_2、A_3，即得到修正值 Δi_{cor}、$\Delta\beta_a$、$\Delta\beta_c$。但得到的 Δi_{cor}、$\Delta\beta_a$、$\Delta\beta_c$ 数值不一定很小，修正以后的 i_{cor}、β_a、β_c 数值离腐蚀体系的真正数值仍有距离，即用修正后的数值计算的极化电流密度与实测极化电流密度的偏差不一定符合我们的要求。如果是这样，将修正后的 i_{cor}、β_a、β_c 的数值作为新的初值，再进行计算，求解

Δi_{cor}、$\Delta \beta_a$、$\Delta \beta_c$。如此反复进行（迭代运算），直到偏差 γ 和 Δi_{cor}、$\Delta \beta_a$、$\Delta \beta_c$ 数值都达到要求的精度（事先规定）。这样，就求出了满足要求的 i_{cor}、β_a、β_c（或 b_a、b_c）。

7.5　电化学阻抗谱技术

7.5.1　电化学阻抗谱技术原理

一般情况下，可以用图 7-31 的等效电路来研究腐蚀体系的极化过程。图 7-31 与图 7-1 不同的是多了研究电极（试样）WE 与参比电极 RE 之间的溶液欧姆电阻 R_s，因此试验测量的极化值 $E = E + iR_s$，而极化动力学方程式乃是真正的极化值 E 与法拉第电流 i_f 之间的关系，必须注意两者之间的差别。

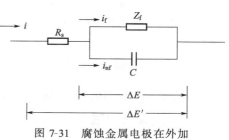

图 7-31　腐蚀金属电极在外加极化电流作用下的等效电路

向腐蚀金属电极（试样）通入正弦波交流电流进行极化：

$$i = i_0 \sin \omega t \tag{7-68}$$
$$\omega = 2\pi f$$

式中　i_0——正弦电流振幅；

　　　ω——圆频率；

　　　f——交流电频率。

交流电的振幅应保证电极的极化范围在微极化区。使用图 7-31 的等效电路，电极界面对正弦交流电的阻抗为：

$$Z = R_s + \dot{Z}_1$$

$\dot{Z}_1$ 是 R_p 与 C 并联电路的阻抗：

$$\frac{1}{\dot{Z}_1} = \frac{1}{R_p} + j\omega C$$

$$\dot{Z}_1 = \frac{R_p}{1 + j\omega C R_p} = \frac{R_p}{1 + \omega^2 C^2 R_p^2} - j \frac{\omega C R_p^2}{1 + \omega^2 C^2 R_p^2} \tag{7-69}$$

j 表示虚数单位。所以：

$$\dot{Z} = \left(R_s + \frac{R_p}{1 + \omega^2 C^2 R_p^2} \right) - j \frac{\omega C R_p^2}{1 + \omega^2 C^2 R_p^2} \tag{7-70}$$

可见，$\dot{Z}$ 的实数部分 Z_{re} 和虚数部分 Z_{im} 分别相当于电阻 R_r 和电容 C_i 的阻抗：

$$\dot{Z} = Z_{\text{re}} - jZ_{\text{im}}$$

$$\begin{cases} Z_{\text{re}} = R_r = R_s + \dfrac{R_p}{1 + \omega^2 C^2 R_p^2} \\[2mm] Z_{\text{im}} = \dfrac{1}{\omega C_i} = \dfrac{\omega C R_p^2}{1 + \omega^2 C^2 R_p^2} \end{cases} \tag{7-71}$$

这表明，图 7-31 所示的电极界面等效电路在正弦交流电作用下可以用一个电阻 R_r 和电

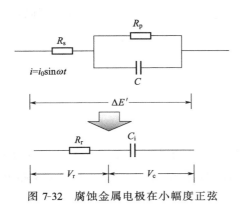

图 7-32 腐蚀金属电极在小幅度正弦
交流电流极化下的等效电路

容 C_i 的串联电路来代替，R_r 和 C_i 的数值则随正弦交流电的频率而变化，如图 7-32 所示。

阻抗的模值和幅角为：

$$|Z| = \sqrt{Z_{re}^2 + Z_{im}^2}$$
$$\tan\varphi = \frac{Z_{im}}{Z_{re}} \tag{7-72}$$

因此，极化值（电压）$\Delta E'$ 也是按正弦交流电规律变化：

$$\Delta E' = \Delta E_0' \sin(\omega t - \varphi) \tag{7-73}$$

式中 $\Delta E_0'$——$\Delta E'$ 的幅值；

φ——电压落后于电流的相位。

7.5.2 电化学阻抗谱测量

测量交流阻抗数据的方法很多，一般说来，各种不同的测量方法都有其适宜的频率范围。

7.5.2.1 直接读出法

(1) 直接读数

向腐蚀金属电极通入正弦波极化电流：

$$i = i_0 \sin\omega t$$

电极的实测极化值 $\Delta E'$ 也是正弦函数：

$$\Delta E' = \Delta E_0' \sin(\omega t - \varphi)$$

$\Delta E_0'$、φ 与阻抗数据的关系为：

$$\Delta E_0' = i_0|Z| = i_0\sqrt{Z_{re}^2 + Z_{im}^2}$$
$$\varphi = \arctan\frac{Z_{im}}{Z_{re}} \tag{7-74}$$

这就是说，$\Delta E'$ 与 i 幅值之比等于阻抗的模 $|Z|$，而 $\Delta E'$ 与 i 的相位差等于阻抗幅角。

使用图 7-3 的测量电路，由信号发生器作极化电源，提供正弦交流电流通入研究电极 WE。在极化电流回路中串联采样电阻 R_0。将研究电极 WE 与参比电极 RE 之间的电压 $\Delta E'$（实测极化值）和极化电流 i 在 R_0 上的电压 iR_0 分别输入双线示波器或记录仪，直接观察 i 和 $\Delta E'$ 的波形（图 7-33），读出它们的幅值 i_0、$\Delta E_0'$ 以及周相差 φ，然后计算交流阻抗的实部 Z_{re} 和虚部 Z_{im}。

$$\begin{cases} Z_{re} = |Z|\cos\varphi \\ Z_{min} = |Z|\sin\varphi \end{cases}$$

(2) 选相调辉

在图 7-32 中我们将腐蚀金属电极在小幅度正弦电流极化下的等效电路简化为电阻 R_r 和电容 C_i 的串联。电阻上的电压与电流同相位，而电容上的电压比电流落后 $\pi/2$ 的相位，因此，可以将 $\Delta E'$ 写成 R_r 上的电压 V_r 和 C_i 上的电压 V_c 之和。

$$\Delta E' = \Delta E_0' \sin(\omega t - \varphi)$$
$$= i_0 R_r \sin\omega t - \frac{i_0}{\omega C_i}\cos\omega t = i_0 Z_{re}\sin\omega t - i_0 Z_{im}\sin\omega t \tag{7-75}$$

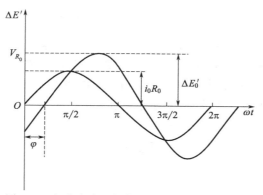

图 7-33　极化电流和极化电位的波形 V_{R_0}、$\Delta E'$

当相位 $\omega t = n\pi\,(n=0,1,2,\cdots)$：

$$\Delta E'_1 = \pm i_0 V_r = \pm i_0 Z_{re}$$

当相位 $\omega t = \left(n+\dfrac{1}{2}\right)\pi\quad(n=0,1,2,\cdots)$：

$$\Delta E'_2 = \pm i_0 V_c = \pm i_0 Z_{im}$$

极化电流 i 在采样电阻 R_0 上的电压与电流同相位：

$$V_{R_0} = i_0 R_0 \sin\omega t$$

在相位 $\omega t = \left(n+\dfrac{1}{2}\right)\pi$ 时，$(V_{R_0})_0 = i_0 R_0$

将研究电极 WE 与参比电极 RE 之间的电压 $\Delta E'$、采样电阻 R_0 上的电压 V_{R_0} 输入双线示波器，同时在 $\omega t = n\pi$ 及 $\omega t = \left(n+\dfrac{1}{2}\right)\pi$ 处输入起辉脉冲，观察 $\Delta E'$ 和 V_{R_0} 的波形。读取 V_{R_0} 波形上下两个光点之间的电压值可以求得 i_0〔相位 $\omega t = \left(n+\dfrac{1}{2}\right)\pi$ 处起辉〕。读取 $\Delta E'$ 波形上下两个光点之间的电压值可以求得 $\Delta E'_1$（相位 $\omega t = n\pi$ 处起辉）和 $\Delta E'_2$〔相位 $\omega t = \left(n+\dfrac{1}{2}\right)\pi$ 处起辉〕。然后计算阻抗的实部 Z_{re} 和虚部 Z_{im}。

7.5.2.2 李萨如（Lissajou）图形法

设有 x 方向和 y 方向的两个正弦振动：

$$\begin{cases} x = a\sin\omega t \\ y = b\sin(\omega t + \varphi) \end{cases}$$

其合振动是 x-y 平面上的一个椭圆（图 7-34）。椭圆的高度和宽度用 y_m 和 x_m 表示，则有：

$$\begin{cases} x_m = 2a \\ y_m = 2b \end{cases}$$

椭圆与横坐标轴两个交点之间的距离用 x_0 表示，x_0 由两个振动的相差 φ 决定：

$$x_0 = 2a\sin\varphi$$

因此，测出了椭圆的几个特征量 x_0、x_m、y_m，就可以计算出两个振动的振幅和相差：

$$a=\frac{x_m}{2} \quad b=\frac{y_m}{2} \quad \varphi=\arctan\frac{x_0}{x_m}$$

图 7-35 是利用李萨如图形法测量腐蚀电极交流阻抗数据的简单电路。信号发生器产生的正弦交流电 $i_0\sin\omega t$ 通过一个采样电阻 R_0 后加到研究电极 WE 和辅助电极 AE 之间，将采样电阻 R_0 上的电压输入同步示波器的 y 轴，研究电极 WE 与参比电极 RE 之间的电压输入示波器的 x 轴。因此示波器 x 轴和 y 轴的输入电压分别为：

$$\begin{cases} x=i_0|Z|\sin(\omega t+\varphi) \\ y=i_0R_0\sin\omega t \end{cases}$$

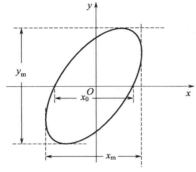

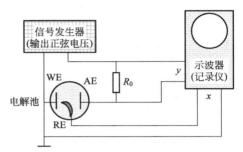

图 7-34　Lissajou 椭圆的参数　　　　图 7-35　观察 Lissajou 图形的简单电路

与前面的结果比较，可以得出电极界面交流阻抗 Z 的模值和幅角：

$$\begin{cases} |Z|=\sqrt{Z_{re}^2+Z_{im}^2}=\dfrac{x_m}{y_m}R_0 \\ \sin\varphi=\dfrac{x_0}{x_m} \end{cases} \tag{7-76}$$

交流阻抗的实部和虚部分别用下式计算：

$$\begin{cases} Z_{re}=|Z|\cos\varphi=\dfrac{\sqrt{x_m^2+y_m^2}}{y_m}R_0 \\ Z_{im}=|Z|\sin\varphi=\dfrac{x_0}{y_m}R_0 \end{cases} \tag{7-77}$$

以上是向腐蚀金属电极通入正弦波极化电流 $i=i_0\sin\omega t$（控制电流测量），也可以控制研究电极 WE 的电位按正弦波规律变化 $E=E_0\sin\omega t$（控制电位测量），所得结果是一样的。

测量交流阻抗数据的方法还有交流电桥法、选相检波法、相关积分法等。

7.5.2.3　时频转换

在交流阻抗测量中，需要向腐蚀金属电极通入各种频率的正弦波扰动信号，测量不同频率下的阻抗 $Z(\omega)$。测量频率范围往往达到几个数量级，这就使测量时间较长。

如果向腐蚀金属电极施加极化电流信号 $i(t)$，腐蚀电极的极化值也是时间的函数 $\Delta E(t)$。通过拉普拉斯（Laplace）变换可以将 $i(t)$、$\Delta E(t)$ 都转变为频率 ω 的函数 $i(\omega)$、$\Delta E(\omega)$，由此便可得：

$$Z(\omega)=\frac{\Delta E(\omega)}{i(\omega)} \tag{7-78}$$

利用 Laplace 变换将时间域的函数转变为频率域的函数，称为时频转换。

Laplace 变换是指积分式：

$$F(\omega) = \int_0^\infty f(t) \exp(-j\omega t) dt$$

在恒电流极化时，极化电流与时间的关系是：

$$i(t) = \begin{cases} 0, & t < 0 \\ i_0, & t \geq 0 \end{cases}$$

根据 Laplace 变换公式，可得电流的频率域函数：

$$i(\omega) = \int_0^\infty i_0 \exp(-j\omega t) dt = \frac{i_0}{j\omega} = -j \frac{i_0}{\omega} \tag{7-79}$$

由图 7-36 知，在 t_s 之前 $\Delta E(t)$ 处于瞬变过程；在 t_s 之后，达到稳态值 ΔE_s。用 $\Delta \widetilde{E}(t)$ 表示瞬变过程中的 $\Delta E(t)$ 值，则有：

$$\Delta E(t) = \Delta \widetilde{E}(t) + \Delta E_s$$

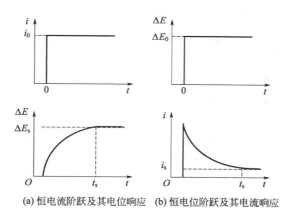

(a) 恒电流阶跃及其电位响应　(b) 恒电位阶跃及其电流响应

图 7-36　恒电流极化和恒电位极化下的 $i(t)$ 和 $\Delta E(t)$ 波形

代入 Laplace 变换公式：

$$\begin{aligned}
\Delta E(\omega) &= \int_0^\infty \Delta E(t) \exp(-j\omega t) dt \\
&= \int_0^{t_s} \Delta \widetilde{E}(t) \exp(-j\omega t) dt + \int_0^\infty \Delta E_s \exp(-j\omega t) dt \\
&= \int_0^{t_s} \Delta \widetilde{E}(t) \exp(-j\omega t) dt + \frac{\Delta E_s}{j\omega} \\
&= I_1 - j \frac{\Delta E_s}{\omega}
\end{aligned}$$

现在问题归结到计算积分：

$$I_1 = \int_0^{t_s} \Delta \widetilde{E}(t) \exp(-j\omega t) dt \tag{7-80}$$

$\Delta \widetilde{E}(t)$ 的函数形式我们是不知道的。我们只能用记录仪记下 $\Delta E(t)$ 的图形，或者记下在一系列时刻 t_k 的极化值 $\Delta E_k (k = 0, 1, 2, \cdots, n)$。由 ΔE_s 的数值求出 $\Delta \widetilde{E}(t)$ 的一系列数值：

$$\Delta\widetilde{E}_k\ (k=0,1,2,\cdots,n)$$

在很短的时间间隔 (t_k,t_{k+1}) 内，我们可以用某个简单的函数来作为 $\Delta\widetilde{E}(t)$ 的近似表示式，从而完成在区间 (t_k,t_{k+1}) 内的积分。然后把各个区间的积分值加来，作为积分 I_1 的近似值。

最简单的近似处理就是用线性函数表示在区间 (t_k,t_{k+1}) 内的 $\Delta\widetilde{E}(t)$：

$$\Delta\widetilde{E}(t)=\Delta\widetilde{E}_k+a_k(t-t_k)$$

其中：

$$a_k=\frac{\Delta\widetilde{E}_{k+1}-\Delta\widetilde{E}_k}{t_{k+1}-t_k}$$

a_k 是直线的斜率。同样，也可以对腐蚀金属电极施加恒电位阶跃：

$$\Delta E(t)=\begin{cases}0,t<0\\ \Delta E_0,t\geqslant0\end{cases}$$

记录极化电流 $i(t)$ 的数值，然后做类似处理。

7.5.3 电化学阻抗谱数据分析

7.5.3.1 由交流阻抗数据求腐蚀体系参数 R_p、C

(1) 复平面阻抗图（Nyquist 图）

改变正弦波极化电流的频率 ω，测取对应于每一个频率的阻抗数值 Z_{re}、Z_{im}。在以 Z_{re} 为横坐标轴、以 Z_{im} 为纵坐标轴的复平面上，将对应于各个频率的阻抗值表示出来，便可得出腐蚀金属电极在小幅度正弦电流极化下的复数阻抗曲线。很容易证明：

$$\left[Z_{re}-\left(\frac{R_p}{2}+R_s\right)\right]^2+Z_m^2=\left(\frac{R_p}{2}\right)^2 \tag{7-81}$$

这是一个以 $\left(R_s+\dfrac{R_p}{2},\ 0\right)$ 为圆心、$\dfrac{R_p}{2}$ 为半径的圆方程式。由于电阻和电容都只能取正值，故用式(7-81) 表示的阻抗在复平面上的轨迹是第一象限中的一个半圆（图 7-37）。在复平面上表示 Z_{re} 和 Z_{im} 之间关系的图形叫做 Nyquist 图。

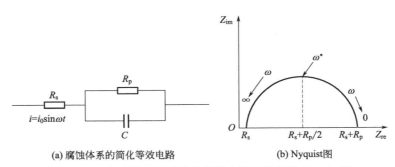

(a) 腐蚀体系的简化等效电路 　　　　　　(b) Nyquist图

图 7-37 一般腐蚀体系的简化等效电路和阻抗谱 Nyquist 图

由图 7-37 可见，当 $\omega\to0$（频率很低）：

$$Z_{re}=R_s+R_p$$

当 $\omega\to\infty$（频率很高）：

$$Z_{re} = R_s$$

因此，改变正弦交流电的频率，将从低频到高频的阻抗实部 Z_{re} 和虚部 Z_{im} 测量出来，在复平面上画出阻抗图。在高频端延伸到半圆与横坐标轴的交点，可以求出 R_s 的数值；在低频端延伸到半圆与横坐标轴的交点，可以求出 $R_s + R_p$ 的数值。两个交点之间的距离（即半圆的直径）就是被测腐蚀金属电极的极化电阻 R_p。

由阻抗数据还可以求出电极表面电容 C。因为：

$$Z_{im} = \frac{\omega C R_p^2}{1 + \omega^2 C^2 R_p^2} \tag{7-82}$$

当 $\omega \to \infty$，则 $Z_{im} \to \dfrac{1}{\omega C}$。在试验测量时，$f = 10\text{kHz}$ 可以认为频率已足够大，故可以用 10kHz 左右的阻抗虚部 Z_{im} 数据和 R_p 来计算 C。

（2）频谱图（Bode 图）

以频率 ω（或 f）的对数 $\lg\omega$ 为横坐标，阻抗模值的对数 $\lg|Z|$ 和阻抗幅角 φ 为纵坐标，把阻抗模值和幅角随频率的变化表示在图上，就得到所谓 Bode 图（频谱图的一种）。

由图 7-38 可见，$\lg|Z|$-$\lg\omega$ 曲线有两个水平部分。在很低的频率（$\omega \to 0$），$|Z| = R_s + R_p$ 与频率无关；在很高的频率（$\omega \to \infty$），$|Z| = R_s$ 亦与频率无关。这与图 7-37 表示的结果是一致的。

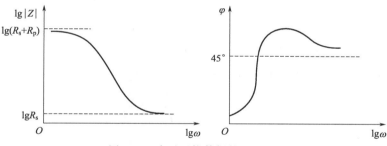

图 7-38　表示阻抗数据的 Bode 图

交流阻抗的幅角 φ 随频率 ω 的增大开始增大然后减小，在某个频率出现极大值，由图 7-37 也可看出这个结果。从 Bode 图也可求出电极表面电容 C。

所以，测量金属腐蚀电极在小幅度正弦电流扰动下的交流阻抗数据，作出 Nyquist 图和 Bode 图，不仅可以求出腐蚀体系的极化电阻 R_p，而且可以用来推测电极界面的等效电路，分析电化学反应过程的特点。在缓蚀剂作用机理、金属钝化过程、金属表面氧化物膜等研究中，在表面有涂料层或化学转化膜的金属的腐蚀行为测试中，在阴极保护试验和控制中，电化学阻抗谱分析技术都是一种有用的工具。不过，由于腐蚀金属电极界面现象十分复杂，测出的交流阻抗数据有时难以解释。这首先需要针对不同的界面特点建立模型（等效电路）并发展计算软件，从而按照模型拟合试验数据。

7.5.3.2　谐波分析

将腐蚀电位附近的极化曲线看作直线，即认为极化电流与极化值之间是线性关系，乃是极化动力学方程式中以线性式 $1+x$ 近似表示指数函数 e^x 的自然结果，这造成了线性极化电阻偏离真正的极化电阻。

对电化学阻抗谱分析技术的讨论中，以图 7-32 表示腐蚀金属电极界面的等效电路，也

是把极化电阻 R_p 看成线性元件，即在正弦波极化电流扰动下，腐蚀电极的极化电位也呈同频率的正弦波规律变化；反之亦然。

因为实际腐蚀体系的极化电阻并非线性元件，当受到正弦波极化时，其响应并不是完全的正弦函数。如对腐蚀电极施加正弦波电压信号，电流响应中除有与扰动电压信号同频率的基频信号外，还有高次谐波信号。

正如利用线性极化技术只能得到极化电阻不能得到腐蚀电流一样，只检测基频信号的交流阻抗技术也只能得到极化电阻而不能得到腐蚀电流。如果同时利用谐波信号，则不但可以得到腐蚀电流，还可以得到 Tafel 斜率，即可以得到腐蚀体系的全部电化学参数。

前已说明，在暂态极化时，极化电流密度 $i=i_f+i_{nf}$。对活化极化控制腐蚀体系，法拉第电流 i_f 应满足极化动力学方程式：

$$i_f=i_{cor}\left[\exp\left(\frac{\Delta E}{\beta_a}\right)-\exp\left(-\frac{\Delta E}{\beta_c}\right)\right]$$

将式中指数函数展开为幂级数，略去四次方以上项：

$$i_f=i_{cor}\left[\left(\frac{1}{\beta_a}+\frac{1}{\beta_c}\right)\Delta E+\frac{1}{2!}\left(\frac{1}{\beta_a^2}+\frac{1}{\beta_c^2}\right)\Delta E^2+\frac{1}{3!}\left(\frac{1}{\beta_a^3}+\frac{1}{\beta_c^3}\right)\Delta E^3\right]$$

在研究电极 WE 与参比电极 RE 之间加上正弦波电压信号：

$$\Delta E=\Delta E_0\sin\omega t$$

可以得出：

$$i_f=\hat{i}_0+\hat{i}_1\sin\omega t+\hat{i}_2\sin\left(2\omega t\pm\frac{\pi}{2}\right)+\hat{i}_3\sin(3\omega t\pm\pi)$$

其中右端第二项是与扰动电压频率相同的基频交流电流，其幅值为：

$$\hat{i}_1=i_{cor}\Delta E_0\left(\frac{1}{\beta_a}+\frac{1}{\beta_c}\right)=\frac{\Delta E_0}{R_p}$$

非法拉第电流：

$$i_{nf}=C\frac{d\Delta E}{dt}=\omega C\Delta E\cos\omega t=\hat{i}_c\cos\omega t$$

由于将 C 看作常数，i_{nf} 只含基频电流。总的基频电流信号为：

$$\hat{i}_1\sin\omega t+\hat{i}_C\cos\omega t=\hat{i}_1'\sin(\omega t+\theta)$$

所以，在 $\Delta E=\Delta E_0\sin\omega t$ 扰动电压作用下，腐蚀金属电极的电流响应为：

$$i=\bar{i}_0+\hat{i}_1'\sin(\omega t+\theta)+\hat{i}_2'\sin\left(2\omega t+\frac{\pi}{2}\right)+\hat{i}_3'\sin(3\omega t+\pi)$$

右端第一项为直流成分，第二项为基频交流信号，第三、第四项为二次及三次谐波交流信号。

基频交流信号的幅值：

$$\hat{i}_1'=\sqrt{\hat{i}_1^2+\hat{i}_C^2}=\sqrt{\left(\frac{\Delta E_0}{R_p}\right)^2+(\Delta E_0\omega C)^2}$$

$$=\frac{\frac{\Delta E}{R_p}}{\sqrt{1+\omega^2C^2R_p^2}}$$

在图 7-36 的等效电路中忽略溶液欧姆电阻 R_s，则 R_p 与 C 的并联电路的阻抗正是：

$$|Z| = \frac{R_p}{\sqrt{1 + \omega^2 C^2 R_p^2}}$$

可见，基频交流信号和前面 7.5.1 节中将 R_p 作为线性元件得到的结果是一致的。

$\hat{i}_1$、$\hat{i}_2$、$\hat{i}_3$ 都是 i_{cor}、β_a、β_c 的函数，试验测出 $\hat{i}_1$、$\hat{i}_2$、$\hat{i}_3$，通过解联立方程组，可以求出腐蚀体系的电化学参数 i_{cor}、β_a、β_c。这种数据处理过程叫做谐波分析。

7.5.4　常见腐蚀体系的电化学阻抗谱

当腐蚀体系的电极反应速率不仅由活化极化控制，而且还包括浓度极化、吸附过程、固体腐蚀产物的影响等因素时，电极界面等效电路不是上面讨论的那么简单、Nyquist 图和 Bode 图将比较复杂。

7.5.4.1　扩散控制的腐蚀体系

在阴极反应包括浓度极化（扩散控制）时，如果在腐蚀电位进行测量，Nyquist 图的高频部分的阻抗轨迹仍是以 $\left(R_s + \dfrac{R_p}{2},\ 0\right)$ 为圆心、$\dfrac{R_p}{2}$ 为半径的圆弧，而低频部分的曲线形状则取决于阳极反应的法拉第阻抗的大小。当阳极反应的阻力很大（如钝态金属）时，在很低频率，阻抗轨迹是一条倾斜的直线，此时，腐蚀体系的法拉第阻抗由电荷转移电阻 R_p 和浓差极化阻抗组成（图 7-39），后者称为 Warburg 阻抗，它是反映浓差和扩散对电极反应之影响的阻抗，具有复数形式，可由下式表示：

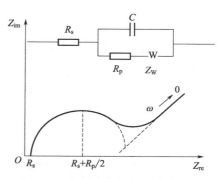

图 7-39　包括浓度极化的等效电路

$$W = \frac{\sigma}{\sqrt{\omega}} - j\frac{\sigma}{\sqrt{\omega}} \qquad (7\text{-}83)$$

式中，σ 为 Warburg 系数，可表示为：

$$\sigma = \frac{RT}{n^2 F^2 \sqrt{2}} \left[\frac{1}{c_O' \sqrt{D_O}} + \frac{1}{c_R' \sqrt{D_R}} \right] \qquad (7\text{-}84)$$

式中，c_O'、D_O 及 c_R'、D_R 分别表示反应物和产物的本体浓度和扩散系数。

7.5.4.2　含有吸附型阻抗的腐蚀体系

当反应中间物或缓蚀剂等电化学活性质点在电极表面吸附时，复平面阻抗图上将产生第二个半圆，这取决于它与电化学反应的时间常数、等效电路中各电阻与电容数值、自己吸附所对应的是容抗还是感抗等相等关系。

图 7-40 和图 7-41 为两种不同缓蚀剂吸附体系的等效电路及其所对应的阻抗图。在图 7-40 中，高频侧电容性的大半圆是由电化学反应电阻 R_p 和双电层电容 C_d 形成的。低频侧电感性的小半圆则是吸附影响而形成的。腐蚀电流 i_k 可以直接从电容性半圆的直径 R_p 获得。$\omega \rightarrow 0$ 时的电极反应阻抗则取决于 R_p 和 R_{ad}（吸附电阻）的并联电阻 R_f。

图 7-41 中的阻抗图由两个表示电容的半圆组成。左侧半圆的直径为 R_p，右侧半圆的直

径为 R_{ad}。当表征吸附过程的时间常数 τ 与电极反应的时间常数 $R_p C_d$ 值相差越大时，图 7-40 中的感抗弧和图 7-41 中的右侧容抗弧就越接近于半圆；当 τ 接近于 $R_p C_d$ 值时，表征吸附过程的感抗弧或容抗弧将逐渐萎缩成与表征电化学反应的容抗弧叠合，直至最终出现一个变形的容抗弧，或称实部收缩的半圆，如图 7-42 所示。

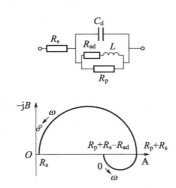

图 7-40　容抗-感抗型吸附的等效
电路和阻抗谱 Nyquist 图

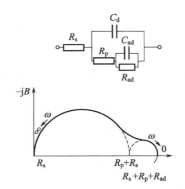

图 7-41　容抗-容抗型吸附的等效电路
和阻抗谱 Nyquist 图

7.5.4.3　具有弥散效应的活化极化控制的腐蚀体系

当活化极化控制腐蚀体系出现弥散效应时，其阻抗谱（图 7-43 曲线 1）将转变为圆心下降的半圆（图 7-43 曲线 2），此时的电极阻抗可表示为：

$$Z = R_t + \frac{R_p}{1 + (j\omega\tau)^p} \tag{7-85}$$

式中，τ 为具有时间量纲的参数；p 为表示弥散效应大小的指数，其值在 0～1 之间。p 值越小，弥散效应越大。无弥散效应时 $p=1$，此时 $\tau = R_p C_d$，式(7-85) 转变为式(7-69)。

图 7-43 中虚线表示的是无弥散效应时的阻抗弧。显然，当存在弥散效应时，阻抗弧向下偏转了一个角度 α，但与实轴的两个交点的位置不变（即与 R_p 的数值不变）。α 角与 p 值的关系为：

$$\alpha = (1-p)\frac{\pi}{2} \tag{7-86}$$

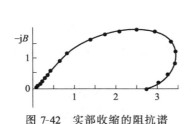

图 7-42　实部收缩的阻抗谱

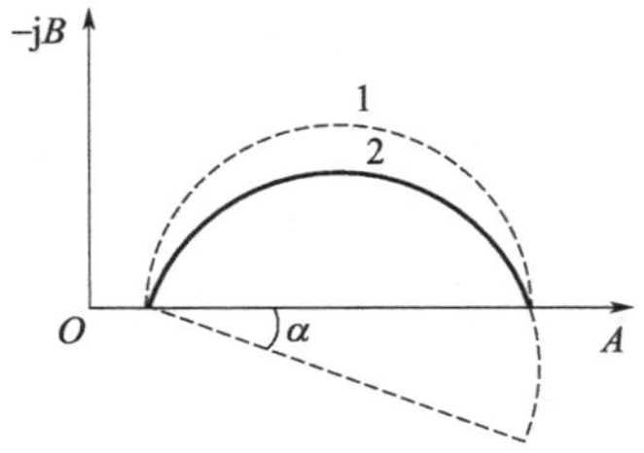

图 7-43　具有弥散效应的阻抗谱

许多情况下，电极过程比较复杂，常受吸脱附、前置或后继化学反应等所控制，加之吸附剂结构、钝化膜以及固相产物生成的影响等，使电极系统的等效电路较为复杂，复数阻抗平面轨迹可能存在于各个象限中，并呈现各种形状。

7.6　充电曲线测量与分析

7.6.1　充电曲线测量

　　如前所述，向腐蚀体系通入恒定极化电流，进行恒电流测量，体系受到极化，其电位逐渐变化，最后趋向于与极化电流密度对应的稳态极化电位。或者控制腐蚀体系的电位在瞬间改变到某一极化电位，通过体系的极化电流逐渐改变，最后趋向于与极化电位对应的稳态极化电流密度。在前一种情况，极化电位随时间的变化曲线称为恒电流充电曲线；在后一种情况，极化电流密度随时间变化的曲线称为恒电位充电曲线。

　　充电曲线可以用于如下试验研究：

　　① 研究金属的钝化过程。图 7-44 是碳钢在碳酸氢铵溶液中用不同电流密度进行恒电流阳极极化时得到的充电曲线。由图中可以看出，三条曲线在 $-0.43 \sim -0.32 V$ 范围内都有一个平台，平台宽度则随电流密度的增加而减小。当电流密度在 $0.4 mA/cm^2$ 时，在 $-0.65 \sim -0.57 V$ 范围内又出现一个平台。曲线上几个平台的出现，表明在这些电位范围内消耗了电量，而金属的电位没有变化，电量的消耗必然用于金属表面膜的形成或表面膜结构发生转变的过程。结合其他试验的结果，就可能弄清这种转变的具体内容。

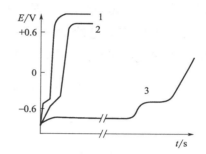

图 7-44　碳钢在碳酸氢铵溶液中用不同流密度阳极极化得到的电位-时间曲线

$1—i = 2 mA/cm^2$;　$2—i = 1 mA/cm^2$;

$3—i = 0.4 mA/cm^2$

　　② 如果在恒电流极化或恒电位极化过程中腐蚀金属电极的表面状态、电极反应本性不发生改变（比如不出现活态-钝态转变），而且腐蚀体系的极化动力学关系式比较简单，那么分析充电曲线数据可以求出体系的电化学参数。

7.6.2　充电微分方程式

7.6.2.1　溶液欧姆电阻对充电曲线测量的影响

　　在 7.1 节已指出，当向腐蚀金属电极通入外加电流 i 进行极化时，$i = i_f + i_{nf}$，非法拉第电流 i_{nf} 用于双电层充电（或放电），因而有一个暂态过程。只有当双电层充（放）电过程结束，非法拉第电流 $i_{nf} = 0$，才能达到稳态。

　　充电曲线是指恒电流极化时实测极化值 $\Delta E'$ 随时间 t 的变化 $\Delta E' = f(t)$，或恒电位极化时极化电流密度 i 随时间 t 的变化 $i = g(t)$。

　　(1) 恒电流极化

　　恒电流极化时，i 恒定不变，充电微分方程式的一般形式为：

$$\frac{\mathrm{d}\Delta E}{\mathrm{d}t} = \frac{i}{C} - \frac{i_f}{C} \tag{7-87}$$

而且有 $\dfrac{\mathrm{d}\Delta E}{\mathrm{d}t} = \dfrac{\mathrm{d}\Delta E'}{\mathrm{d}t}$。由于极化电流 i 是恒定的，实测极化值 $\Delta E'$ 与真正的极化值 ΔE

之间只差一个恒定量 iR_s，即 R_s 并不影响充电曲线的形状。如果 R_s 可以忽略，或者试验中对 R_s 进行了补偿，则有 $\Delta E' = \Delta E$，所有的计算公式都无改变；如果未对 R_s 进行补偿，R_s 所造成的电压降 iR_s 可以由 $t=0$ 时的实测极化值 $(\Delta E')_{t=0}$ 得到，因而很容易得出 R_s。

(2) 恒电位极化

恒电位极化时，实测极化值 $\Delta E'$ 是恒定的（注意不是 ΔE 恒定），因而有关系式

$$\frac{\mathrm{d}\Delta E}{\mathrm{d}t} = -R_s \frac{\mathrm{d}i}{\mathrm{d}t}$$

充电微分方程式的一般形式为：

$$\frac{\mathrm{d}i}{\mathrm{d}t} = -\frac{i}{CR_s} + \frac{i_f}{CR_s} \tag{7-88}$$

由于极化电流 i 是变化的，R_s 上的电压降也是变化的，因此 R_s 与充电曲线的形状有关。如果 R_s 可以忽略，或者测量中对 R_s 进行了补偿，消除了 R_s 对电位测量的影响，使 $\Delta E' = \Delta E$，那么在理论上，电容 C 的充电将在瞬间完成，试验不可能测出充电曲线。因此，使用恒电位法测量充电曲线时，是不能消除溶液欧姆电阻 R_s 的。

7.6.2.2 恒电流充电的微分方程式

① 活化极化控制腐蚀体系，由极化动力学方程式（7-12）可以得出充电微分方程式：

$$i_f = i_{cor}\left[\exp\left(\frac{\Delta E}{\beta_a}\right) - \exp\left(-\frac{\Delta E}{\beta_c}\right)\right]$$
$$\frac{\mathrm{d}\Delta E}{\mathrm{d}t} = \frac{i}{C} - \frac{i_{cor}}{C}\left[\exp\left(\frac{\Delta E}{\beta_a}\right) - \exp\left(-\frac{\Delta E}{\beta_c}\right)\right] \tag{7-89}$$

② 钝化金属腐蚀体系，由极化动力学方程式（7-12）可以得出充电微分方程式：

$$i_f = i_{cor}\left[1 - \exp\left(-\frac{\Delta E}{\beta_c}\right)\right]$$
$$\frac{\mathrm{d}\Delta E}{\mathrm{d}t} = \frac{i}{C} - \frac{i_{cor}}{C}\left[1 - \exp\left(-\frac{\Delta E}{\beta_c}\right)\right] \tag{7-90}$$

③ 微极化区测量，在微极化区，图 7-35 的等效电路中可用极化电阻 R_p 代替法拉第阻抗 Z_f，极化动力学方程式和充电微分方程式分别为：

$$i_f = \frac{\Delta E}{R_p}$$
$$\frac{\mathrm{d}\Delta E}{\mathrm{d}t} = \frac{i}{C} - \frac{\Delta E}{CR_p} \tag{7-91}$$

7.6.2.3 恒电位充电的微分方程式

由恒电位充电微分方程式的一般形式 [式（7-88）]，结合活化极化控制腐蚀体系、钝化金属腐蚀体系、微极化区测量几种情况的极化动力学方程式（法拉第电流 i_f 的表达式），可以分别写出这几种情况的充电微分方程式。

(1) 活化极化控制腐蚀体系

$$\frac{\mathrm{d}i}{\mathrm{d}t} = -\frac{i}{CR_s} + \frac{i_{cor}}{CR_s}\left[\exp\left(\frac{\Delta E' - iR_s}{\beta_a}\right) - \exp\left(-\frac{\Delta E' - iR_s}{\beta_c}\right)\right] \tag{7-92}$$

（2）钝化金属腐蚀体系

$$\frac{\mathrm{d}i}{\mathrm{d}t}=-\frac{i}{CR_\mathrm{s}}+\frac{i_\mathrm{cor}}{CR_\mathrm{s}}\left[1-\exp\left(-\frac{\Delta E'-iR_\mathrm{s}}{\beta_\mathrm{c}}\right)\right]\tag{7-93}$$

（3）微极化区测量

$$i_\mathrm{f}=\frac{\Delta E}{R_\mathrm{p}}=\frac{\Delta E'-iR_\mathrm{s}}{R_\mathrm{p}}$$

$$\frac{\mathrm{d}i}{\mathrm{d}t}=-\frac{i}{CR_\mathrm{s}}+\frac{\Delta E'-iR_\mathrm{s}}{CR_\mathrm{s}R_\mathrm{p}}\tag{7-94}$$

7.6.3　恒电流充电曲线方程式

7.6.3.1　微极化区恒电流充电

（1）充电微分方程

式（7-91）为一阶线性非齐次常微分方程：

$$\frac{\mathrm{d}\Delta E}{\mathrm{d}t}+\frac{\Delta E}{CR_\mathrm{p}}=\frac{i}{C}$$

积分得：

$$\Delta E=iR_\mathrm{p}+K\exp\left(-\frac{t}{CR_\mathrm{p}}\right)$$

由初始条件 $t=0$、$\Delta E=0$，得积分常数 $K=-iR_\mathrm{p}$，由此得出：

$$\Delta'E(t)=iR_\mathrm{s}+\Delta E(t)=i(R_\mathrm{s}+R_\mathrm{p})-iR_\mathrm{p}\exp\left(-\frac{t}{CR_\mathrm{p}}\right)\tag{7-95}$$

此为微极化区恒电流充电曲线方程式。

（2）充电曲线分析

由恒电流充电曲线方程式(7-95)看出，随着时间 t 增加，极化值 $\Delta E'$ 逐渐增大。当 $t\to\infty$，式(7-95) 中的指数项趋于零，故 $\Delta E'$ 的极限值为 $i(R_\mathrm{s}+R_\mathrm{p})$。这表示表面电容 C 充电已完成，非法拉第电流 $i_\mathrm{nf}=0$，外加极化电流 i 全部用于改变电极反应速率，此时电极极化达到稳态，即稳态极化值：

$$\Delta E_\text{稳}=iR_\mathrm{p}$$

$$\Delta E'_\text{稳}=i(R_\mathrm{s}+R_\mathrm{p})$$

理论上，只有经过无限长的时间，$\Delta E'$ 才能取得稳态值，图 7-45 表示 $\Delta E'$ 随时间 t 变化的曲线，即恒电流充电曲线。

但在实际的测量工作中，总是在有限的时间 t 读取极化值，其误差为：

$$\delta=\frac{\Delta E'_\text{稳}-\Delta E_\text{稳}}{\Delta E'_\text{稳}}=\frac{R_\mathrm{p}}{R_\mathrm{s}+R_\mathrm{p}}\exp\left(-\frac{t}{CR_\mathrm{p}}\right)$$

如果要求误差 δ 小于 1%，因为 $\dfrac{R_\mathrm{p}}{R_\mathrm{s}+R_\mathrm{p}}<1$，故要求 $\exp\left(-\dfrac{t}{CR_\mathrm{p}}\right)<1\%$ 就行了。

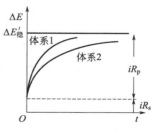

图 7-45　腐蚀体系的恒
电流充电曲线

$$\exp\left(-\frac{t}{CR_p}\right) < 0.01$$

$$t > 4.6CR_p$$

即通入极化电流后需要经过 $4.6CR_p$（单位为 s）才能读数。

(3) 时间常数

时间常数是恒电流极化时电极系统的时间常数：

$$\tau_i = CR_p \tag{7-96}$$

显然，时间常数愈大，电极系统达到稳态愈慢，通入极化电流后需要等待的时间就愈长。在图 7-45 中，体系 2 的时间常数比体系 1 的时间常数大，因而趋向稳态较慢。

可见，虽然在金属试样（研究电极 WE）和参比电极 RE 之间包括溶液欧姆电阻 R_s，但在恒电流极化时，溶液电阻产生的欧姆电压降 iR_s 是恒定的，因此对充电曲线的形状并无影响，故体系的时间常数中不包含 R_s。与此相反，在恒电位极化时，加在金属试样和参比电极之间的电压是恒定的，而在表面电容 C 的充电过程中，溶液电阻 R_s 上的电压降是变化的，因此 R_s 的大小对充电曲线的形状有影响，故时间常数亦与 R_s 有关。可以证明，在恒电位极化时腐蚀体系的时间常数为：

$$\tau_e = \frac{CR_sR_p}{R_s + R_p} \tag{7-97}$$

与式(7-96) 比较，式(7-97) 是用 R_s 和 R_p 的并联电阻代替了式(7-96) 中的 R_p。可见，如果 $R_s < R_p$，则对同一腐蚀体系用恒电位测量的时间常数 τ_e 小于用恒电流测量的时间常数 τ_i。如果 R_s 比 R_p 小得多（比如钝化金属腐蚀体系的情况），用恒电位法进行极化测量可以很快达到稳态，比恒电流法测量优越。

在第 7.4 节中介绍了由实测极化曲线数据求取金属均匀腐蚀速率的几种方法，这些方法中进行的测量需要在腐蚀体系的极化达到稳态后才能读数，即所测量的极化电流和极化电位都应当是稳态数值。这种类型的测量方法称为稳态测量方法。

达到稳态需要一定的时间，如果金属的腐蚀速率很慢，极化电阻 R_p 就很大，为了进行稳态测量，需要很长的时间。比如在 18％硝酸溶液中的 1Cr18Ni9Ti 不锈钢，试验测量的极化电阻 $R_p = 10^6 \Omega \cdot cm^2$，电极表面电容 C 可取 $100\mu F/cm^2$，则恒电流极化的时间常数 $\tau_i = CR_p = 100s$。这就是说，为了使极化值 $\Delta E'$ 的测量误差小于 1％（ΔE 也一样），应等待 460s（约 8min）才能进行读数。图 7-46 是试验测出的恒电流充电曲线，由图可见，当浸泡时间增长，不锈钢表面钝态更完全，极化电阻 R_p 增大，需要更长的时间才能达到稳态。

对于这种时间常数很大的腐蚀体系，用稳态法进行测量有很多困难，也容易因为腐蚀电位漂移等原因而造成测量误差。但是，我们看到，达到稳态之前的暂态极化过程同样包含着腐蚀体系的电化学参数，比如恒电流充电曲线方程式(7-95) 中就含有腐蚀体系在微极化时的电化学参数：极化电阻 R_p 以及表面电容 C。因此，有可能利用充电曲线数据来求得腐蚀体系的电化学参数。另外，稳态极化数据不可能求出表面电容 C，因为不涉及电容 C 的充（放）电过程。

7.6.3.2 由充电曲线数据求极化电阻：两点法与切线法

(1) 两点法

对恒电流充电曲线方程式(7-95)，早期文献中提出了一些分析方法，如试差法、改进法，由于精度不高，已失去应用意义。后来又提出了切线法、两点法、迫近图解法、暂态线性极化法等。

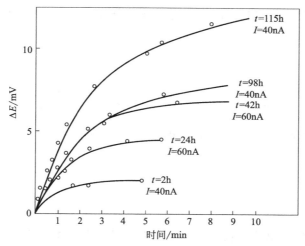

图 7-46　1Cr18Ni9Ti 不锈钢在 18%HNO₃ 溶液中的恒电流充电曲线

t—浸泡时间；I—充电电流

对溶液电阻 R_s 可以忽略（如图 7-46 的钝化金属体系），或进行了补偿的腐蚀体系，$\Delta E' = \Delta E$，恒电流充电曲线方程为：

$$\Delta E = i R_p \left[1 - \exp\left(-\frac{t}{CR_p} \right) \right]$$

取 $t_2 = 2t_1$，测量 $\Delta E(t_1)$ 和 $\Delta E(t_2)$：

$$\Delta E(t_1) = i R_p \left[1 - \exp\left(-\frac{t_1}{CR_p} \right) \right]$$

$$\Delta E(t_2) = i R_p \left[1 - \exp\left(-\frac{t_2}{CR_p} \right) \right] = i R_p \left[1 - \left(\exp\left(-\frac{t_1}{CR_p} \right) \right)^2 \right]$$

$$= \Delta E(t_1) \left[1 + \exp\left(-\frac{t_1}{CR_p} \right) \right]$$

消去 $\exp\left(-\dfrac{t_1}{CR_p} \right)$，便得出计算 R_p 的公式：

$$R_p = \frac{[\Delta E(t_1)]^2}{i [2\Delta E(t_1) - \Delta E(t_2)]} \tag{7-98}$$

以及计算 C 的公式：

$$\tau_i = \frac{t_1}{\ln\left[\dfrac{\Delta E(t_1)}{\Delta E(t_2) - \Delta E(t_1)} \right]} \tag{7-99}$$

$$C = \frac{\tau_i}{R_p}$$

两点法虽然简单，而且不用做出充电曲线，但只用两组充电数据进行计算误差较大。

（2）切线法

充电曲线的切线随时间变化：

$$\frac{\mathrm{d}\Delta E}{\mathrm{d}t} = \frac{i}{C} \exp\left(-\frac{t}{CR_p} \right) \tag{7-100}$$

在充电曲线上选择 $t=0$ 和 $t=t_1$ 两点作切线，分别以 m_0 和 m_1 表示两切线的斜率。由式（7-100）得出：

$$m_0 = \frac{i}{C}$$

$$m_1 = \frac{i}{C}\exp\left(-\frac{t_1}{CR_p}\right) = m_0\exp\left(-\frac{t_1}{CR_p}\right)$$

再由 t_1 测量的极化值便可以得到极化电阻 R_p 和表面电容 C：

$$R_p = \frac{m_0\Delta E(t_1)}{i(m_0-m)}$$

$$C = \frac{i}{m_0} \tag{7-101}$$

用作图法准确测定充电曲线在 $t=0$ 处的切线斜率是困难的，也容易造成人为误差。

如果溶液欧姆电阻不能忽略，测试中也没有进行补偿，充电曲线方程式应为式（7-95），式中有三个未知数：R_s、R_p、C。为了求出这三个参数，两点法应改为三点法，即取读数时间为 t_1、$t_2=2t_1$、$t_3=3t_1$。其具体做法与第 7.4.4.1 节的 Barnartt 三点法类似。同样，为了提高结果的精度，应测量若干组数据，用回归分析法处理。

7.6.3.3　由充电曲线数据求极化电阻：线性回归分析

(1) 等时间间距测量

按等时间间距取充电数据：

$$t_k = t_0 + k\Delta t \quad k=1,2,\cdots,n$$

式中，t_0 为初始读数时间；Δt 为时间间距。由式（7-95）应有：

$$\Delta E_k' = iR_s + iR_p\left[1-\exp\left(-\frac{t_k}{CR_p}\right)\right]$$

$$\Delta E_{k+1}' = iR_s + iR_p\left[1-\exp\left(-\frac{t_{k+1}}{CR_p}\right)\right]$$

$$= \Delta E_k'\exp\left(\frac{\Delta t}{CR_p}\right) + i(R_s+R_p)\left[1-\exp\left(-\frac{\Delta t}{CR_p}\right)\right]$$

令：

$$x_1(k) = \Delta E_k' \qquad y = \Delta E_{k+1}' \qquad k=1,2,\cdots,(n-1)$$

得到一元线性方程组：

$$y(k) = A_0 + A_1 x_1(k) \quad k=1,2,\cdots,n \tag{7-102}$$

方程系数：

$$A_0 = i(R_s+R_p)\left[1-\exp\left(-\frac{\Delta t}{CR_p}\right)\right]$$

$$A_1 = \exp\left(-\frac{\Delta t}{CR_p}\right)$$

由测取的 n 组充电曲线数据组成 $n-1$ 个式（7-102）形式的线性方程，用最小二乘法解此线性方程组，求出系数 A_0、A_1，由 A_1 可得充电时间常数：

$$\tau = \frac{\Delta t}{\ln A_1}$$

将 τ 代入充电曲线方程式：

$$\Delta E'_k = i(R_s + R_p) - iR_p \exp\left(-\frac{t_k}{\tau}\right)$$

$$= i(R_s + R_p) - iR_p \exp\left(-\frac{t_0}{\tau}\right)\left[\exp\left(\frac{\Delta t}{\tau}\right)\right]^k \quad k=1,2,\cdots,n$$

令：

$$x_1(k) = \left[\exp\left(-\frac{\Delta t}{\tau}\right)\right]^k \quad y(k) = \Delta E_k$$

上式变为一元线性方程组：

$$y(k) = A_0 + A_1 x_1(k) \quad k=1,2,\cdots,n \tag{7-103}$$

其中系数：

$$A_0 = i(R_s + R_p) \quad A_1 = -iR_p \exp\left(-\frac{t_0}{\tau}\right)$$

用测量的 n 组充电曲线数据可以写出 n 个式(7-103)形式的线性方程，用最小二乘法求解，得出系数 A_0、A_1，便可计算 R_s 和 R_p：

$$R_p = -\frac{A_1}{i\exp\left(-\dfrac{t_0}{\tau}\right)} \quad R_s = \frac{A_0}{i} - R_p$$

（2）多项式近似

将充电曲线方程式(7-95)中的指数函数用三阶多项式近似，可得：

$$\Delta E' = i(R_s + R_p) - iR_p\left[1 + \frac{t}{CR_p} + \frac{1}{2}\left(\frac{t}{CR_p}\right)^2 + \frac{1}{6}\left(\frac{t}{CR_p}\right)^3\right]$$

令：

$$x_1 = t \quad x_2 = t^2 \quad x_3 = t^3$$
$$y = \Delta E'$$

得到三元线性方程：

$$y = A_0 + A_1 x_1 + A_2 x_2 + A_3 x_3 \tag{7-104}$$

其中系数：

$$A_0 = iR_s \quad A_1 = -\frac{i}{C} \quad A_2 = -\frac{i}{2C^2 R_p} \quad A_3 = -\frac{i}{6C^3 R_p^2}$$

n 组充电曲线数据可列出 n 个式(7-104)形式的线性方程，求解得出腐蚀体系的参数 R_p、C 和 R_s。

7.6.3.4　由充电曲线数据求极化电阻：迭代法

（1）迭代的最小二乘法

与处理稳态极化数据的迭代最小二乘法相似，对充电曲线方程式(7-95)作如下变换：

$$\Delta E' = i(R_s + R_p) - iR_p \exp\left(-\frac{t}{\tau}\right)$$

$$\ln\frac{i(R_s + R_p) - \Delta E'}{iR_p} = -\frac{t}{CR_p}$$

令稳态极化值 $i(R_s + R_p) = u$，取初始值 u_0 和修正值 Δu，并将对数函数在 u_0 展开为幂级数，取一次项：

$$\ln\left[(u_0+\Delta u)-\Delta E'\right]-\ln iR_{\mathrm{p}}=-\frac{t}{CR_{\mathrm{p}}}$$

$$\ln(u_0-\Delta E')+\frac{1}{u_0-\Delta E'}-\ln iR_{\mathrm{p}}=-\frac{t}{CR_{\mathrm{p}}}$$

令：

$$x_1=t \qquad x_2=-\frac{1}{u_0-\Delta E'} \qquad y=\ln(u_0-\Delta E')$$

得到二元线性方程：

$$y=A_0+A_1x_1+A_2x_2 \tag{7-105}$$

系数：

$$A_0=\ln iR_{\mathrm{p}} \qquad A_1=-\frac{t}{CR_{\mathrm{p}}} \qquad A_2=\Delta u$$

用 n 组充电曲线数据列出 n 个式（7-105）形式的线性方程，解此线性方程组求出系数 A_2（即 Δu），用 $u_0+\Delta u$ 作为新的初始值，代入重复进行迭代运算，直到结果的精度达到要求。最后得出：

$$R_{\mathrm{p}}=\frac{\exp A_0}{i} \qquad \tau_{\mathrm{i}}=-\frac{1}{A_1} \qquad C=\frac{\tau}{R_{\mathrm{p}}}$$

用最后得到的 u_0 值可以算出 R_{s}。

(2) 牛顿-高斯迭代法

由充电微分方程式（7-94）积分（初始条件 $t=0,i=\dfrac{\Delta E'}{R_{\mathrm{s}}}$），可以得到微极化区恒电位充电曲线方程式，其中含有腐蚀体系的参数 R_{p}、C、R_{s}，用与微极化区恒电流充电曲线方程式类似的处理方法也可以求出这些参数。

对活化极化控制腐蚀体系，不可能由充电微分方程式（7-89）积分得到充电曲线方程式的解析形式。对钝化金属腐蚀体系的充电微分方程式（7-90），虽然可以积分得出恒电流充电曲线方程的解析公式，即：

$$\Delta E'=iR_{\mathrm{s}}+\beta_{\mathrm{c}}\left[\frac{i}{i-i_{\mathrm{cor}}}\exp\left(\frac{i-i_{\mathrm{cor}}}{C\beta_{\mathrm{c}}}t\right)-\frac{i_{\mathrm{cor}}}{i-i_{\mathrm{cor}}}\right] \tag{7-106}$$

但此式难以进行数学处理求解腐蚀体系的电化学参数。

7.6.4 方程式解析与充电曲线数据分析

测出 n 组恒电流充电曲线数据 $(t_k,\Delta E_k')(k=1,2,\cdots,n)$ 后，可以使用数值微分方法（如三次样条插值）计算在各个时间节点 t_k 的导数值 $\left(\dfrac{\mathrm{d}\Delta E'}{\mathrm{d}t}\right)_{t_k}$。因此，充电微分方程式（7-89）、式（7-90）和式（7-91）中只有腐蚀体系的参数 i_{cor}、β_{a}、β_{c}、C（在微极化情况是 R_{p}、C）和 R_{s} 是未知数，可以不必求出充电曲线方程式的解析形式，而直接利用充电微分方程式来求解腐蚀体系的参数。

7.6.4.1 活化极化控制腐蚀体系

恒电流测量的充电微分方程式为：

$$\frac{\mathrm{d}\Delta E}{\mathrm{d}t}=\frac{i}{C}-\frac{i_{\mathrm{cor}}}{C}\left[\exp\left(\frac{\Delta E}{\beta_{\mathrm{a}}}\right)-\exp\left(\frac{\Delta E}{\beta_{\mathrm{c}}}\right)\right] \tag{7-107}$$

［注意：对恒电流测量，前已指出可以用 $t=0$ 的实测极化值 $(\Delta E')_{t=0}$ 得到溶液欧姆电阻 R_s，所以在上式中 ΔE 是试验测量值］。

因为：

$$\left(\frac{\mathrm{d}\Delta E}{\mathrm{d}t}\right)_{t=0}=\frac{i}{C}$$

上式可以写成：

$$\left[\left(\frac{\mathrm{d}\Delta E}{\mathrm{d}t}\right)_{t=0}-\left(\frac{\mathrm{d}\Delta E}{\mathrm{d}t}\right)\right]=\frac{i_{\mathrm{cor}}}{C}\left[\exp\left(\frac{\Delta E}{\beta_{\mathrm{a}}}\right)-\exp\left(\frac{\Delta E}{\beta_{\mathrm{c}}}\right)\right] \tag{7-108}$$

与稳态极化动力学方程式（7-8）比较，只是等号左端 i 换成了 $\left[\left(\dfrac{\mathrm{d}\Delta E}{\mathrm{d}t}\right)_{t=0}-\left(\dfrac{\mathrm{d}\Delta E}{\mathrm{d}t}\right)\right]$，等号右端 i_{cor} 换成了 $\dfrac{i_{\mathrm{cor}}}{C}$，所以可以用 7.4.6 节中的各种方法处理。

7.6.4.2　钝化金属腐蚀体系

钝化金属腐蚀体系恒电流充电微分方程式为：

$$\frac{\mathrm{d}\Delta E}{\mathrm{d}t}=\frac{i}{C}-\frac{i_{\mathrm{cor}}}{C}\left[1-\exp\left(\frac{\Delta E}{\beta_{\mathrm{c}}}\right)\right] \tag{7-109}$$

除了可以使用 7.4.6 节的方法外，还可使用以下方法。

① 将恒电流充电曲线方程式（7-106）代入上式，得出：

$$\frac{\mathrm{d}\Delta E}{\mathrm{d}t}=\frac{i\,(i-i_{\mathrm{cor}})\exp\left(\dfrac{i-i_{\mathrm{cor}}}{C\beta_{\mathrm{c}}}t\right)}{C\left[i\exp\left(\dfrac{i-i_{\mathrm{cor}}}{C\beta_{\mathrm{c}}}t\right)-i_{\mathrm{cor}}\right]}$$

$\dfrac{\mathrm{d}\Delta E}{\mathrm{d}t}$ 的倒数与 t 的关系为：

$$\frac{1}{\dfrac{\mathrm{d}\Delta E}{\mathrm{d}t}}=\frac{C}{i\,(i-i_{\mathrm{cor}})}\left[i-i_{\mathrm{cor}}\exp\left(-\frac{i-i_{\mathrm{cor}}}{C\beta_{\mathrm{c}}}t\right)\right]=A_0+A_1\exp(\alpha t) \tag{7-110}$$

式中：

$$A_0=\frac{C}{i-i_{\mathrm{cor}}}\qquad A_1=\frac{Ci_{\mathrm{cor}}}{i-i_{\mathrm{cor}}}\qquad \alpha=-\frac{i-i_{\mathrm{cor}}}{C\beta_{\mathrm{c}}}$$

即 $\dfrac{\mathrm{d}\Delta E}{\mathrm{d}t}$ 的倒数与 $\exp(\alpha t)$ 成线性关系。

按等时间间距 $t_k=k\Delta t\,(k=1,2,\cdots,n)$ 读取 n 组充电曲线数据，有如下关系：

$$\frac{1}{\left(\dfrac{\mathrm{d}\Delta E}{\mathrm{d}t}\right)_k}=A_0+A_1\left[\exp(\alpha\Delta t)\right]^k \tag{7-111}$$

$$\frac{1}{\left(\dfrac{\mathrm{d}\Delta E}{\mathrm{d}t}\right)_{k+1}}=A_0+A_1\left[\exp(\alpha\Delta t)\right]^{k+1}$$

$$=\frac{1}{\left(\dfrac{\mathrm{d}\Delta E}{\mathrm{d}t}\right)_k}\exp(\alpha\Delta t)+A_0\left[1-\exp(\alpha\Delta t)\right] \tag{7-112}$$

令：

$$x_k = \frac{1}{\left(\dfrac{\mathrm{d}\Delta E}{\mathrm{d}t}\right)_k} \quad y_k = \frac{1}{\left(\dfrac{\mathrm{d}\Delta E}{\mathrm{d}t}\right)_{k+1}} \quad [k = 1, 2, \cdots, (n-1)]$$

式（7-112）变为线性方程组：

$$y(k) = B_0 + B_1 x(k) \quad (k = 1, 2, \cdots, n) \tag{7-113}$$

式中：

$$B_0 = A_0 [1 - \exp(\alpha \Delta t)] \quad B_1 = \exp(\alpha \Delta t)$$

n 组充电曲线数据计算出数值微分后可以列出 $n-1$ 个式（7-113）形式的线性方程，解此线性方程组，求出系数 B_1、B_0，将 B_1 代入式（7-111），并令

$$x(k) = (B_1)^k, \quad y(k) = \frac{1}{\left(\dfrac{\mathrm{d}\Delta E}{\mathrm{d}t}\right)_k}$$

得到线性方程组：

$$y(k) = A_0 + A_1 x(k) \quad (k = 1, 2, \cdots, n) \tag{7-114}$$

解此线性方程组，可求出系数 A_1、A_0。

由 A_1、A_0 和 B_1 可计算腐蚀体系的参数：

$$i_{\mathrm{cor}} = -\frac{A_1}{A_0} \quad C = iA_0\left(1 + \frac{A_1}{A_0}\right) \quad \beta_{\mathrm{c}} = \frac{i_{\mathrm{cor}} - i}{C \ln B_1}$$

② 对式（7-109）再求一次导数：

$$\frac{\mathrm{d}^2\Delta E}{\mathrm{d}t^2} = \left[-\frac{i_{\mathrm{cor}}}{C\beta_{\mathrm{c}}}\exp\left(-\frac{\Delta E}{\beta_{\mathrm{c}}}\right)\right]\frac{\mathrm{d}\Delta E}{\mathrm{d}t}$$

$$\ln\frac{\mathrm{d}^2\Delta E}{\mathrm{d}t^2} - \ln\frac{\mathrm{d}\Delta E}{\mathrm{d}t} = \ln\left(-\frac{i_{\mathrm{cor}}}{C\beta_{\mathrm{c}}}\right) - \frac{\Delta E}{\beta_{\mathrm{c}}} \tag{7-115}$$

令：

$$x_1 = \Delta E \quad y = \ln\frac{\mathrm{d}^2\Delta E}{\mathrm{d}t^2} - \ln\frac{\mathrm{d}\Delta E}{\mathrm{d}t}$$

得到线性方程：

$$y = A_0 + A_1 x_1 \tag{7-116}$$

式中：

$$A_0 = \ln\left(-\frac{i_{\mathrm{cor}}}{C\beta_{\mathrm{c}}}\right) \quad A_1 = -\frac{1}{\beta_{\mathrm{c}}}$$

由 n 组充电曲线数据列出 n 个式（7-116）形式的线性方程，求解出系数 A_0、A_1，另有 $\left(\dfrac{\mathrm{d}\Delta E}{\mathrm{d}t}\right)_{t=0} = \dfrac{i}{C}$，便可计算出腐蚀体系的参数 i_{cor}、β_{c} 和 C。

7.6.4.3 充电曲线技术研究涂装金属的腐蚀

用电化学方法研究有机涂层的保护作用和涂层下金属的腐蚀，与裸金属试样一样，是对涂层-金属体系通入外加电流进行极化，测量体系的响应行为。渗入涂层的腐蚀介质经过一

段时间以后，将到达涂层与金属的界面。在这种情况下，体系在外加极化电流作用下的等效电路如图 7-47 所示。图中 C_c 表示涂层电容，即金属和电解质溶液以涂层为绝缘介质构成的电容器的电容；R_c 表示由于电解质溶液渗入涂层孔隙形成的电阻。R_c 与 C_c 并联电路模拟涂层在电流作用下的电行为。

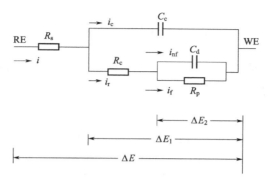

图 7-47　金属-涂层体系在微极化作用下的等效电路

极化电阻 R_p 和双电层电容 C_d 并联电路模拟涂层下金属-电解质溶液界面的腐蚀电化学行为。前面已多次指出，R_p 和 C_d 并联这种等效电路适用于微极化，即金属试样的极化范围很小，因而极化动力学方程式可以用线性关系式表示。R_s 为研究电极 WE 与参比电极 RE 之间的溶液欧姆电阻。

和裸金属腐蚀一样，极化电阻 R_p 反映金属腐蚀的强度。极化电阻 R_p 愈大，金属的腐蚀速率愈小，涂层的保护作用愈好。随着涂装金属腐蚀体系在电解质溶液中浸泡时间的延长，电解质溶液渗入涂层的量增多，逐渐在涂层下金属表面形成液膜，导致涂层保护性能下降，金属的腐蚀速率增大。相应地，极化电阻 R_p 降低，而双电层电容 C_d 增大。同时由于涂层含水量增加，涂层电阻 R_c 降低，而涂层电容 C_c 增大，直至涂层被溶液饱和。因此，测量界面这些电化学参数可以反映出涂层保护性能和涂层下金属腐蚀速率的变化。

按图 7-47 的等效电路，当向体系通入恒定极化电流 i 时，有以下关系：

$$\begin{cases} i = i_c + i_r \\[2mm] i_c = C_c \dfrac{d\Delta E_1}{dt} \\[2mm] i_r = \dfrac{\Delta E_2}{R_p} + C_d \dfrac{d\Delta E_2}{dt} \\[2mm] \Delta E_1 = \Delta E_2 + i_r R_c \end{cases}$$

由这些关系式可以得出关于 ΔE_2 的二阶微分方程式：

$$\frac{d^2 \Delta E_1}{dt^2} + P \frac{d\Delta E_1}{dt} + Q \Delta E = R' \tag{7-117}$$

因为 $E = E_1 + i R_s$，所以关于 ΔE 的微分方程式与式（7-117）形式相同：

$$\frac{d^2 \Delta E}{dt^2} + P \frac{d\Delta E}{dt} + Q \Delta E = R \tag{7-118}$$

其中：

$$
\begin{cases}
P = \dfrac{C_c R_p + C_d R_p + C_c R_c}{R_p R_c C_c C_d} \\[2mm]
Q = \dfrac{1}{R_p R_c C_c C_d} \\[2mm]
R = i \times \dfrac{R_s + R_c + R_p}{R_p R_c C_c C_d}
\end{cases}
$$

试验测出充电曲线数据 $(t_k, \Delta E_k)(k = 0, 1, \cdots, n)$ 以后，用数值微分方法计算出在各个时间采样点 t_k 的导数 $\dfrac{\mathrm{d}\Delta E}{\mathrm{d}t}$，$\dfrac{\mathrm{d}^2 \Delta E}{\mathrm{d}t^2}$。令：

$$
\begin{cases}
x_1 = \dfrac{\mathrm{d}\Delta E}{\mathrm{d}t} \quad x_2 = \Delta E \\[2mm]
y = \dfrac{\mathrm{d}^2 \Delta E}{\mathrm{d}t^2}
\end{cases}
$$

式(7-118)转变为二元线性方程式：

$$
y = A_0 + A_1 x_1 + A_2 x_2 \tag{7-119}
$$

其中，$A_0 = R$，$A_1 = -P$，$A_2 = -Q$。

用 $n+1$ 组充电曲线数据可以写出 $n+1$ 个式(7-119)形式的方程。用回归分析法求解，得到系数 A_0、A_1、A_2，再考虑 $t = 0$ 时的 ΔE 和 $\dfrac{\mathrm{d}\Delta E}{\mathrm{d}t}$，便可以得到计算体系电化学参数的公式：

$$
R_s = \frac{(\Delta E)_{t=0}}{i} \qquad\qquad C_c = \frac{i}{\left(\dfrac{\mathrm{d}\Delta E}{\mathrm{d}t}\right)_{t=0}}
$$

$$
R_c + R_p = -\frac{A_0}{A_2} \times \frac{1}{i} - R_s \qquad R_p C_d = \frac{A_1}{A_2} - (R_c + R_p) C_c
$$

$$
R_c = -\frac{1}{A_2} \times \frac{1}{R_c C_d C_c} \qquad R_p = (R_c + R_p) - R_c
$$

如果对式(7-117)积分，初始条件为：

$$
t = 0 \quad E_1 = 0 \quad \frac{\mathrm{d}E_1}{\mathrm{d}t} = \frac{i}{C_c}
$$

可以得出 ΔE_1 的表达式。因为 $\Delta E = \Delta E_1 + i R_s$，由 ΔE_1 的表达式便可得出 ΔE 的解析公式：

$$
\Delta E = \Delta E_w + C_1 \exp\left(-\frac{t}{\tau_1}\right) + C_2 \exp\left(-\frac{t}{\tau_2}\right) \tag{7-120}
$$

式中，$\Delta E_w = i(R_s + R_p + R_c)$ 为稳态极化值；τ_1、τ_2 为时间常数，且 $\tau_1 = -1/r_1$，$\tau_2 = -1/r_2$，而 r_1、r_2 是特征方程 $r^2 + Pr + Q = 0$ 的两个根：

$$
r_{1,2} = \frac{-P \pm \sqrt{P^2 - 4Q}}{2}
$$

C_1、C_2 为积分常数：

$$\begin{cases} C_1 = -\dfrac{i + ir_2 C_c (R_c + R_p)}{C_c (r_2 - r_1)} \\ C_2 = \dfrac{i + ir_2 C_c (R_c + R_p)}{C_c (r_2 - r_1)} \end{cases}$$

式（7-120）即为涂装金属体系的恒电流充电曲线方程式。可以使用 7.6.3.3 节中介绍的等时间间距法求解。

7.7　电位衰减曲线测量与分析

7.7.1　电位衰减曲线测量

将腐蚀金属电极用控制电流方法或控制电位方法极化到某一电位，然后切断极化电流，或者向腐蚀金属电极瞬间通入某一已知电量，使之极化到某一电位。由于极化中断，腐蚀金属电极的电位立即从极化电位向腐蚀电位回移。在这个过程中电位随时间的变化称为电位衰减曲线。

电位衰减曲线可以用于：

① 研究电化学钝化体系在切断极化电流后的自活化过程。所谓电化学钝化体系，是指在自然腐蚀状态不能钝化，发生活性溶解腐蚀，而通入适当大小的阳极极化电流，可以使之转变为钝态的腐蚀体系。这种体系是可以实施阳极保护的对象。

通入阳极极化电流使金属钝化，金属将处于钝化区内某一电位。如果切断极化电流，金属的电位就会随时间负移。开始负移很快，在一段时间内变化缓慢，电位-时间曲线上出现"平台"，最后电位又迅速负移到活性溶解区内的腐蚀电位。这种过程称为自活化。电位迅速下降到活性溶解区之前，"平台"末端的电位乃是电化学钝化体系的一个特征电位，一般称为 Flade 电位。测量自活化过程的电位-时间曲线就可以确定 Flade 电位。

图 7-48 是低碳钢-饱和碳酸氢铵溶液体系自活化过程的电位-时间曲线，即电位衰减曲线。由图可见尽管自活化开始时的电位不同，平台对应的电位是相近的。与充电曲线一样，平台反映出金属表面氧化膜结构转变或者膜的溶解。显然，自活化经历的时间愈长，平台对应的电位愈低，则阳极保护中金属表面形成的钝化膜保护作用愈好，断电造成的影响愈小，有可能采用间歇供电的方式。

② 与充电曲线一样，分析电位衰减曲线数据也可能求得腐蚀体系的电化学参数。

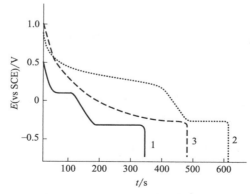

图 7-48　低碳钢在 40℃饱和碳酸氢铵溶液中的电位衰减曲线

自活化开始时电位：1—500mV；2—800mV；3—1000mV

7.7.2 电位衰减曲线分析

电位衰减过程的微分方程式可以由充电过程微分方程式令极化电流 $i=0$ 得到。

① 活化极化控制腐蚀体系：

$$\frac{\mathrm{d}\Delta E}{\mathrm{d}t} = -\frac{i_{\mathrm{cor}}}{C}\left[\exp\left(\frac{\Delta E}{\beta_{\mathrm{a}}}\right) - \exp\left(-\frac{\Delta E}{\beta_{\mathrm{c}}}\right)\right] \tag{7-121}$$

② 钝化金属腐蚀体系：

$$\frac{\mathrm{d}\Delta E}{\mathrm{d}t} = -\frac{i_{\mathrm{cor}}}{C}\left[1 - \exp\left(-\frac{\Delta E}{\beta_{\mathrm{c}}}\right)\right] \tag{7-122}$$

③ 微极化区测量：

$$\frac{\mathrm{d}\Delta E}{\mathrm{d}t} = -\frac{\Delta E}{CR_{\mathrm{p}}} \tag{7-123}$$

(1) 微极化区测量

对电位衰减微分方程式（7-123）积分，初始条件 $t=0$、$\Delta E = \Delta E_0$，得到微极化区电位衰减曲线方程式：

$$\Delta E = \Delta E_0 \exp\left(-\frac{t}{CR_{\mathrm{p}}}\right) \tag{7-124}$$

这表明，$\ln\Delta E$ 与时间 t 成线性关系。

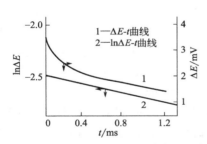

图 7-49　恒电量法测量的电位衰减曲线

在图 7-49 中，直线的斜率为 $-\dfrac{1}{CR_{\mathrm{p}}}$，在纵坐标轴上的截距为 $\ln\Delta E_0$。当使用恒电量法测量时，$\Delta E_0 = \dfrac{q}{C}$，$q$ 是开始时瞬间通入的电量。由这几个量可以计算腐蚀体系的参数 R_{p}、C。

也可以使用回归分析方法，令：

$$x_1 = t \quad y = \ln\Delta E$$

式（7-119）变为线性方程：

$$y = A_0 + A_1 x_1 \tag{7-125}$$

式中：

$$A_0 = \ln\Delta E_0 \quad A_1 = -\frac{1}{CR_{\mathrm{p}}}$$

由 n 组电位衰减数据列出 n 个式（7-125）形式的线性方程，解出系数 A_0、A_1，再计算腐蚀体系的参数 R_{p}、C。

(2) 活化极化腐蚀体系

在一般情况下，不可能由式（7-121）积分求出电位衰减曲线的解析表示式，只有将电位衰减数据限制在强极化电位范围，才能积分得出电位衰减曲线的解析公式：

$$t = \frac{C\beta_{\mathrm{a}}}{i_{\mathrm{cor}}}\left[\exp\left(-\frac{\Delta E}{\beta_{\mathrm{a}}}\right) - \exp\left(-\frac{\Delta E_0}{\beta_{\mathrm{a}}}\right)\right] \tag{7-126}$$

如果不限制极化范围，应使用数值微分方法处理电位衰减数据，做法与充电曲线数据相同。

7.8　电化学噪声技术

7.8.1　电化学噪声的来源

　　电化学噪声（简称 EN）是指电极表面上的电化学反应动力系统的演化过程中，系统的电学状态参量（如电极电位、外测电流密度等）随时间发生随机的非平衡波动现象。这种波动现象提供了系统从量变到质变的、丰富的演化信息。此处所说的波动是指研究电极的界面发生不可逆电化学反应而引起的电极表面的电位和电流的自发变化。电化学噪声产生于电化学系统本身，而不来源于控制仪器的噪声或其他的外来干扰（当然，在噪声信号采集的时候，不可避免地包含了仪器自身以及外界噪声等干扰信号，可以通过仪器的适当改进和相应的数学处理方法实现滤除）。电化学噪声测量的信号就是工作电极表面电位和两个工作电极之间的电流随时间的波动，因而，测量过程中无须对研究电极施加可能改变研究电极表面发生的电极反应的外界扰动。随着电化学系统仪器灵敏度的显著提高以及计算机在数据采集、信号处理与快速分析技术的巨大进步，电化学噪声技术已逐渐成为腐蚀研究的重要手段之一，并已成功地用于工业现场腐蚀监测。与许多传统的腐蚀试验方法和监测技术相比，电化学噪声技术具有许多明显的优点。首先，它是一种原位的、无损的、无干扰的电极检测方法，在测量过程中无须对系统施加可能改变腐蚀过程的外界扰动；其次，它无须先建立被测体系的电极过程模型；再者，它极为灵敏，可用于薄液膜条件下的腐蚀监测和低电导环境；最后，检测设备简单，且可以实现远距离监测。

　　根据所测量电学信号的不同，可将电化学噪声分为电流噪声和电压噪声。更普遍的分类方法是根据电化学噪声的来源不同将其分为热噪声、散粒噪声和闪烁噪声这三类。

　　(1) 热噪声

　　热噪声又称为平带噪声或白噪声，它是由研究电极中的自由电子的随机热运动引起的，是最常见的一类噪声。自由电子做随机热运动时产生了一个大小和方向都不确定的随机电流，当它们流过导体则产生随机的电压波动。在没有外加电场的情况下，整个体系处于电中性，由于自由电子的运动是随机的，因此这些随机波动信号的净结果为零。试验与理论研究结果表明，体系的电阻中热噪声电压的均方值与其本身阻值的大小及体系的绝对温度 T 和频带宽成正比：

$$E_n = \sqrt{4k_B TR\Delta B} \tag{7-127}$$

式中　E_n——热噪声电位的均方根值，V；

　　　　k_B——玻尔兹曼常数，$k_B = 1.38 \times 10^{-23} J \cdot K^{-1}$；

　　　　T——热力学温度，K；

　　　　R——体系的自身电阻，Ω；

　　　　ΔB——频带宽，Hz。

　　式(7-127) 在 $0 \sim 10^{13} Hz$ 的频率范围内都是适用的，当超过此频率范围后，量子力学效应开始起作用，自由电子的运动不再服从电流定律，功率谱密度将按照量子理论预测随频率的增加而衰减。由于玻尔兹曼常数 k_B 很小，所以自由电子产生的热噪声的功率谱密度一般很小。因此，一般情况下电化学噪声的测量过程中热噪声的影响可以忽略不计。但是，热噪声值决定了待测体系的待测噪声的下限值，因此当待测噪声的数值小于待测电路的热噪声时，就必须采用前置信号放大器对被测体系的被测信号进行放大处理。

（2）散粒噪声

散粒噪声又称为散弹噪声或颗粒噪声。对于电化学噪声体系，散粒噪声来源于电极表面发生电极反应而产生随机电流对局部平衡的影响而产生的噪声。如果电极反应为完全可逆且达到平衡的体系，可以认为随机流过体系电流的总和为零，也就是说，流过电极任何一个微小局部的各个方向的电流相等，净电流为零。此时可以认为被测体系的局部平衡仍没有被破坏，被测体系的散粒噪声可以忽略不计。如果电极反应不可逆或者远离平衡状态，特别当被测体系为腐蚀体系时，由于腐蚀电极必然存在着局部阴阳极反应，整个腐蚀电极的 Gibbs 自由能 $\Delta G < 0$，阴阳极之间存在电位差，所以此时流过体系的随机电流不为零（外测电流可以为零），而且该电流必然会对电极表面产生影响，因此此时的散粒噪声也决不能忽略不计。Schotky 从理论上证明了散粒噪声符合下式：

$$I_n = \sqrt{2eI_0\Delta B} \tag{7-128}$$

式中　I_n——散粒噪声电流的均方值，A；

　　　e——电子电荷，1.59×10^{-19}C；

　　　I_0——净电流，A。

式（7-128）只有当频率范围小于 10^7Hz 时成立。对于电化学噪声体系的研究，由于电化学反应往往集中在某一微区而不是单个原子，因此式（7-128）中的单电子电荷 e 应该用某一微区发生的电极反应所消耗或者增加的电量 q 代替，此时 q 的电量则远大于电子的电量。从式（7-128）中可以看出，散粒噪声的功率谱密度与净电流成正比，而与温度无关。但是，如果将散粒噪声电流乘以阻抗，可以得到散粒噪声电位。由于阻抗是与温度有关的，所以这种形式的散粒噪声似乎与温度有关，因此，在进行数据分析的时候，温度这个影响因素的讨论应该慎重。对于高导电性的导体中流动的电荷所引起的这种散粒噪声数值很小，但在电化学测试系统中，尤其是存在点蚀的电化学系统中，局部阴阳极的反应所引起的电荷释放或吸收过程会对周围受束缚电荷形成扰动引发散粒噪声。热噪声和散粒噪声在时间域内均服从高斯分布，对于电化学噪声的频域谱，它们主要影响了功率谱密度曲线的水平部分。

（3）闪烁噪声

闪烁噪声又称为 $1/f^n$ 噪声，它出现在所有的有源电子器件中，并与直流偏置电流有关，其计算公式如式（7-129）。该噪声所引起的功率谱密度正比于 $1/f^n$，即在功率谱密度图中采用双对数坐标，会出现斜率为 $-n$ 的特征。最早关于闪烁噪声的研究为 Tohnson 于 1925 年在真空管中观察到了 $1/f^n$ 噪声。

$$I_n = \sqrt{m\frac{I^a}{f^n}\Delta B} \tag{7-129}$$

式中　m——一个与器件有关的因子；

　　　a——一个数值为 $0.5 \sim 2$ 的常数；

　　　n——一般为 1、2、4，也有 6 或更大值的情况。

对于电化学体系，闪烁噪声与散粒噪声一样，都由电流流过待测电化学体系而引起，都与电化学反应过程中电极对电荷的吸收和释放有关。所不同的是引起散粒噪声的局部阴阳极反应所产生的能量耗散掉了，且其外测电位表现为某一稳定值，而对应于闪烁噪声的外测电位则表现为具有各种瞬态过程的变量。例如局部腐蚀中的点蚀现象，随着点蚀的进行，其散粒噪声引起的局部的阴阳极电位差不变，短时间内局部的去极化剂浓度变化不大，可以认为局部电化学位不变，即 ΔG 恒定，因此外测电流和电位不变。但是，对于闪烁噪声，由于局部微区的阳极反应，该局部界面区的电学特征参数显著改变，从而导致了腐蚀电极上阳极电位发生剧烈变化。因此，当电极发生局部腐蚀时，在开路电位模式下测定电极的闪烁噪声，则此时电极电位发生负移，随后伴随着电极局部腐蚀部位的修复而正移；如果在恒压情况下测定，则在电流-时间曲线上有一个正的脉冲尖峰。

关于电化学体系中闪烁噪声的产生机理有很多假说，但迄今能为大多数人接受的只有"钝化膜破坏/修复"假说。该假说认为：钝化膜本身就是一种半导体，其中必然存在着位错、缺陷、晶体不均匀及其他一些与表面状态有关的不规则因素，从而导致通过这层膜的阳极腐蚀电流的随机非平衡波动，使电化学体系中产生了类似半导体中的 $1/f^n$ 噪声。

7.8.2　电化学噪声的测量

电化学噪声的测量可以在恒电位极化或电极开路电位的情况下进行。当在开路电位下测定时，检测系统一般采用双电极体系，可以分为同种电极系统和异种电极系统两种方式。

① 传统测试方法一般采用异种电极系统，即一个研究电极和一个参比电极。参比电极一般为饱和甘汞电极或 Pt 电极，也可采用其他形式的参比电极（如 Ag-AgCl 参比电极等）。测量电化学噪声所用的参比电极除应满足一般参比电极的要求外，还要满足电阻小（以减少外界干扰）和噪声低等要求。

② 同种电极测试系统的研究电极与参比电极均用被研究的材料制成。研究表明，电极面积影响噪声电阻，采用具有不同研究面积的同种材料双电极系统有利于获取有关电极过程机理的信息。图 7-50 也是一种同种材料双电极系统，只是外加了一个参比电极（RE）。图中 WE₁ 和 WE₂ 为同种材料双电极，其中 WE₂ 接地，WE₁ 连接运算放大器（OPAMP）的反相输入端，构成零阻电流计（ZRA）。RE 连接运算放大器的同相输入端，构成电压变换器（VTT）。电流与电位信号经A/D 转换后由计算机采集。由于 EN 信号较弱，所以一般采用高输入阻抗（＞$10^{12}\Omega$）和极低漂移（＜10pA/周）的仪用运算放大器进行信号放大，并且 A/D 转换器的精度最好为

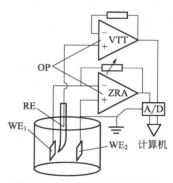

图 7-50　EN 测试装置示意图

16～18bit。由于 EN 变化频率较低（一般在 100Hz 以下），所以对采样速度要求不高。

当在恒电位极化的情况下测定 EN 时，一般采用三电极测试系统。图 7-51 是恒电位极化条件下测定 EN 的装置原理图。系统中选用低噪声恒电位仪。使用了双参比电极，其中之一用于电位控制，另外一个用于电位检测。采用双通道频谱分析仪存储和显示被测腐蚀体系电极电位和响应电流的自相关噪声谱，以及它们的互相关功率谱。通过电流互功率谱可以从电流响应信号中辨别出由电极特征参数的随机波动所引起的噪声信号。这样有利于消除仪器的附加噪声。在上述系统中频谱分析仪是关键装置，它具备 FFT 的数学处理功能，能自动完成噪声时间谱、频率谱和功率密度谱的测量、显示和存储。

电化学噪声测试系统应置于屏蔽盒中，以减少外界干扰。应采用无信号漂移的低噪声前置放大器，特别是其本身的闪烁噪声应该很小，否则将极大程度地限制仪器在低频部分的分辨能力。

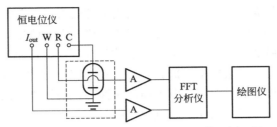

图 7-51　恒电位极化条件下 EN 测试装置原理图

7.8.3　电化学噪声数据分析

对于电化学噪声技术，比较困难的是图谱和数据的解析，这也是目前试验与理论研究最多的内容。数据解析的目标通常是区分不同的腐蚀类型、使噪声信号定量化和把大量的积累数据点处理成一种总结格式。

7.8.3.1　时域分析

时域分析包括在时域中的谱图分析和时域统计分析。

谱图分析主要是从 EN 中找出特征暂态峰，从而判断腐蚀发生的形式及程度。对于均匀腐蚀，电位和电流波动频率较高，曲线一般没有明显的暂态峰，近似于"白噪声"，一般为典型的高斯分布。而由局部腐蚀（如点蚀、缝隙腐蚀、应力腐蚀）等引起的电位-时间、电流-时间波动曲线则表现出明显的暂态峰特征和随机性，一般具有泊松分布特征（图 7-52），这种暂态峰一般出现在局部腐蚀的诱导期。

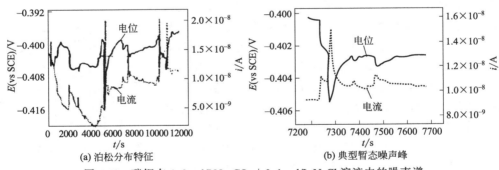

(a) 泊松分布特征　　　　　　　　　(b) 典型暂态噪声峰

图 7-52　碳钢在 1.0mol/L Na$_2$CO$_3$ + 0.1mol/L NaCl 溶液中的噪声谱

在电化学噪声的时域统计分析中，标准偏差 S、噪声电阻 R_n 和点蚀指标 PI 等是最常见的几个基本概念，经常被用于评价腐蚀类型和腐蚀速率。

（1）标准偏差

标准偏差 S 又分为电流和电位的标准偏差，它们分别与电极过程中电流或电位的瞬时（离散）值和平均值所构成的偏差成正比：

$$S = \sqrt{\frac{\sum_{i=1}^{n}\left(x_i - \sum_{i=1}^{n}\frac{x_i}{n}\right)^2}{n-1}} \tag{7-130}$$

式中　x_i——实测电流或电位的瞬态值；

n——采样点数。

一般认为随着腐蚀速率的增加，电流噪声的标准偏差 S_I 随之增加，而电位噪声的标准偏差 S_V 随之减少。

（2）点蚀指标

点蚀指标 PI 被定义为电流噪声的标准偏差 S_I 与电流的均方根 I_{RMS} 的比值：

$$PI = \frac{S_I}{I_{RMS}} \tag{7-131}$$

$$I_{RMS} = \sqrt{\frac{1}{n}\sum_{i=1}^{n} I_i^2} \tag{7-132}$$

一般认为当 PI 取值接近 1.0 时，表明点蚀的产生；当 PI 值处于 0.1～1.0 之间时，预示着局部腐蚀的发生；PI 值接近于零则意味着电极表面发生均匀腐蚀或保持钝化状态。但也有一些作者认为 PI 值并不能反映局部腐蚀情况。

（3）噪声电阻

噪声电阻 R_n 被定义为电位噪声与电流噪声的标准偏差的比值，即：

$$R_n = \frac{S_V}{S_I} \tag{7-133}$$

噪声电阻的概念是 Eden D A 于 1986 年首先提出的，Chen J F 和 Bogaerts W F 等学者则根据 Butter-Voimer 方程从理论上证明了噪声电阻与线性极化阻力 R_p 的一致性。

（4）R/S 技术

现已提出专门用于揭示信号分形特征的一个非常有用的数学模型，相关技术被称为重定比例范围分析或 R/S 技术。Hurst E H 和后来的学者提出，时间序列的极差 $R_{(t,s)}$ 与标准偏差 $S_{(t,s)}$ 之间存在着下列关系：

$$\frac{R_{(t,s)}}{S_{(t,s)}} = S^H \quad 0<H<1 \tag{7-134}$$

式中　t——选定的取样时间；

　　s——时间序列的随机步长；

　　H——Hurst 指数。

H 与闪烁噪声 $1/f^n$ 的噪声指数 a 之间存在着 $a=2H+1$ 的函数关系；H 的大小反映了时间序列变化的趋势。一般而言，当 $H>1/2$ 时，时间序列的变化具有持久性；当 $H<1/2$ 时，时间序列的变化具有反持久性；当 $H=1/2$ 时，时间序列的变化表现为白噪声且增量是平稳的。

此外，噪声轨迹的局部分形 D 与 Hurst 指数 H 之间存在下列关系：

$$D = 2-H \quad 0<H<1 \tag{7-135}$$

式（7-135）使得通过简单计算 R/S 图的斜率以表征给定时间序列的分形大小成为可能。

（5）非对称度 S_K 和突出度 K_u

非对称度 S_K 是信号分布对称性的一种量度，它的定义如下：

$$S_K = \frac{1}{(N-1)S^3}\sum_{i=1}^{n}(I_i - I_{mean})^3 \tag{7-136}$$

式中　N——测量点总数；

　　S——标准偏差；

　　I_i——角频率；

　　I_{mean}——角频率。

S_K 指明了信号变化的方向及信号瞬变过程所跨越的时间长度。如果信号时间序列包含了一些变化快且变化幅位大的尖峰信号，则 S_K 的方向正好与信号尖峰的方向相反；如果信号峰的持续时间长，则信号的平均值朝着尖峰信号的大小方向移动，因此 S_K 值减小；$S_K = 0$，则表明信号时间序列在信号平均值周围对称分布。

突出度 K_u 可用下式表达：

$$K_u = \frac{1}{(N-1)S^4} \sum_{i=1}^{n} (I_i - I_{mean})^4 \tag{7-137}$$

K_u 值给出了信号在平均值周围分布范围的宽窄，指明了信号峰的数目多少及瞬变信号变化的剧烈程度。$K_u > 0$ 表明信号时间序列是多峰分布的；$K_u \leqslant 0$ 则表明信号在平均值周围很窄的范围内分布；当时间序列服从高斯分布时，$K_u = 3$，如果 $K_u > 3$，则信号的分布峰比高斯分布峰尖窄，反之亦然。

在电化学噪声的时域分析中，应用较多的还有统计直方图。第一种统计直方图是以事件发生的强度为横坐标，以事件发生的次数为纵坐标所构成的直观分布图。有研究表明，当腐蚀电极处于钝态时，统计直方图上只有一个正态（高斯）分布；而当电极发生点蚀时，出现双峰分布。另一种是以事件发生的次数或事件发生过程的进行速度为纵坐标，以随机时间步长为横坐标所构成；该图能在某一给定的频率（如取样频率）将噪声的统计特性定量化。

7.8.3.2　频域分析

分析电化学噪声数据的传统方法是通过某种时频转换技术将电流或电位随时间变化的规律（时域谱）转变为功率密度谱（PDS）曲线（频域谱），然后根据 PDS 曲线的水平部分高度（白噪声水平）、曲线转折点的频率（转折频率）、曲线倾斜部分的斜率和曲线没入基底水平的频率（截止频率）等 PDS 曲线的特征参数来表征噪声的特性，探寻电极过程的规律。PDS 作为研究平稳随机过程的一种重要工具，其函数形式为：

$$S(\omega) = \lim_{T \to \infty} \frac{1}{T} \left| \int_0^{+\infty} x(t) e^{-j\omega t} dt \right|^2 \tag{7-138}$$

式中　$x(t)$——电位或电流的时域函数；

　　　　T——测量周期；

　　　　ω——角频率。

常见的时频转换技术有快速傅里叶变换（FFT）、最大熵值法（MEM）和小波变换（WT）等。

研究表明，MEM 频谱分析法相对于其他频谱分析法（FFT）具有下列优点：a. 对于某一特定的时间序列而言，MEM 在时间（空间）域上具有较高的分辨率；b. MEM 特别适用于分析有限时间序列的特征，无须假定该时间序列是周期性的或有限时间序列之外的所有数据均为零。有些研究还发现，MEM 可以给出比 FFT 更为平滑的 PDS 曲线，但由于 MEM 的级数 m 需要人工给定，任意性较大，有时可能产生错误的结果。而对于非稳态体系，FFT 和 MEM 都可能产生错误的结果，此时采用窗口函数是十分必要的。

通过 FFT 和 MEM 转换得到的 PDS 曲线的特征参数（白噪声水平、高频线性部分的斜率和截止频率），在一定程度上能较好地反映腐蚀电极的腐蚀情况。EN 是低频噪声，一般在 10Hz 以下就已降到背景噪声水平。理论上讲，PDS 在极低频率应出现平台，然后随频率增加与频率的 $-\alpha$ 次方（$f^{-\alpha}$）成线性关系，α 一般在 2~4 之间（图 7-53）。通过计算机模拟 EN 的 PDS 曲线发现，PDS 的形状、截止频率 f_c 和高频线性部分的斜率强烈依赖于暂态峰的形状、统计时间分布、幅值分布以及寿命等。

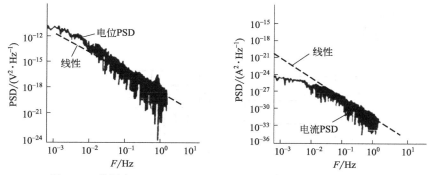

图 7-53　碳钢在 1.0mol/L Na_2CO_3＋0.1mol/L NaCl 溶液中的 PDS

如果暂态电流峰 $I(t)$ 为突发生长（上升段），而消亡（下降段）按指数衰减，且假设暂态峰的发生服从泊松分布，即：

$$I(t)=0,t<0$$

$$I(t)=A\exp\left(-\frac{t}{\tau}\right),t\geqslant0$$

$$PDS=\frac{2S\lambda A^2\tau^2}{1+\omega^2\tau^2}$$

(7-139)

式中　A——具有随机特征的暂态噪声幅值；

　　　S——电极面积；

　　　λ——单位面积的暂态峰次数；

　　　τ——暂态峰时间常数；

　　　ω——频率。

根据式(7-139)，当 $\omega\ll\tau$ 时，PDS 为与频率无关的平台，表现为"白噪声"；当 $\omega\gg\tau$ 时，PDS 为 f^{-2} 噪声。PDS 的特征频率 $f_c=1/\pi\tau$，与暂态峰寿命的倒数成正比。

当暂态电流峰的生长和消亡分别服从时间常数 τ_1、τ_2 的指数曲线时，则有：

$$PDS=\frac{2S\lambda A^2(\tau_1+\tau_2)^2}{(1+\omega^2\tau_1^2)(1+\omega^2\tau_2^2)}$$

(7-140)

当频率 ω 极低时，PDS 为与频率无关的"白噪声"；频率较高时，PDS 的斜率为 4；当频率在 $1/\tau_1\sim1/\tau_2$ 时，其斜率小于 4，因而 PDS 曲线上出现两个不同的斜率。

其他波形的计算还表明，PDS 的斜率主要与暂态峰的形状有关，而与腐蚀类型无关。f_c 则主要与亚稳态点蚀的生长以及钝化时间常数 τ 有关，体系越耐点蚀，Cl^- 浓度越低，则 τ 越大，f_c 越低。

小波分析采用可变尺寸的窗口技术（图 7-54），并按式(7-140)将原始信号分解为一系列不同时间偏移和不同尺度的原始小波 ψ（基函数）的集。由于这些小波均具有不规则性和不均匀性、宽度有限且均值为零的特点，因此小波分析特别适用于分析大信号中的局部暂态特征，如信号中断点、高阶不连续性以及自我类似性。小波分析不需对 EN 作稳态假设，且同时具有时间分辨和频率分辨的特点，因而克服了 FFT 的某些缺点，在 EN 信号处理中表现出一定的优势。

$$C(S,P)=\int_{-\infty}^{\infty}f(t)\psi(S,P,t)\mathrm{d}t$$

(7-141)

式中 C——小波系数；

S，P——尺度与位置。

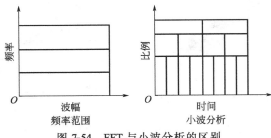

图 7-54 FFT 与小波分析的区别

谱噪声电阻（R_{Sn}^0）是利用频域分析技术处理电化学噪声数据时引入的一个统计概念。它是对相同体系的电位和电流同时采样，经 FFT 变换成 PDS 后，得到噪声电阻谱：

$$R_{Sn(\omega)} = \left| \frac{E_{FFT}(\omega)}{I_{FFT}(\omega)} \right| = \left| \frac{E_{PDS}(\omega)}{I_{PDS}(\omega)} \right|^{\frac{1}{2}} \tag{7-142}$$

并定义：

$$R_{Sn}^0 = \lim_{\omega \to 0} R_{Sn(\omega)} \tag{7-143}$$

式中，$E_{PDS}(\omega)$、$I_{PDS}(\omega)$ 分别为相应频率下 PDS 的电位和电流。

通过与 EIS 测试结果比较发现，尽管谱噪声电阻 R_{Sn}^0 要小于由 EIS 得到的 R_p 值，但在 Bode 图上噪声电阻谱 $R_{Sn(\omega)}$ 与 EIS 谱有相同的斜率，并具有极好的一致性。但从噪声谱来看，要得到谱噪声电阻 R_{Sn}^0，EN 的测试时间并不少于 EIS。

7.9 微区电化学技术

腐蚀是材料与环境介质之间发生化学和电化学作用而引起的变质和破坏，其中局部腐蚀如点蚀，缝隙腐蚀、电偶腐蚀等，常常在沉淀、夹杂、裂纹等微米或亚微米级的区域内发生。传统的电化学测试方法是以整个电极为研究对象，以电信号为激励和检测手段，获得有关电极过程间接、统计和面积平均的研究信息，局限于探测整个样品的宏观变化，测试结果只反映样品的不同局部位置的整体统计结果，不能反映出局部的腐蚀及材料与环境的作用机理与过程，难以定域测量电极表面不同位置的电化学特性，从而限制了对许多复杂腐蚀体系的深入研究。而微区电化学技术能够区分材料不同区域电化学特性差异，且具有局部信息的整体统计结果，并能够探测材料-溶液界面的电化学反应过程，为局部表面科学研究提供了一种新的途径，在腐蚀领域得到广泛应用。

常用的微区电化学技术包括扫描电化学显微镜（SECM）、扫描振动电极技术（SVET）、扫描开尔文探针（SKP）、局部电化学阻抗谱（LEIS）等。

7.9.1 扫描电化学显微镜技术

扫描电化学显微镜（SECM）是 20 世纪 80 年代末，由著名的电分析化学家 A J Brad 的研究小组，借鉴扫描隧道显微镜（STM）的技术原理，并结合超微电极在电化学研究中的特点，提出和发展起来的一种扫描探针显微技术。SECM 在溶液中可检测电流或施加电流于微电极与样品之间。SECM 分辨率介于普通光学显微镜与 STM 之间，是一种现场空间高分辨的电化学方法，其最大特点是可以在溶液体系中对研究系统进行实时、现场和三维空间观测。SECM 与 STM、AFM（原子力显微镜）具有互补性。STM 和 AFM 是对溶液中样品表面进行原子级和纳米级的成像分析，STM 和 AFM 更多地展现了电化学过程的表面物理图像；而 SECM 则用于检测、分析或改变样品在溶液中的表面和界面化学性质。SECM 的主要装置包括双恒电位仪、压电控制仪、压电位置仪、电解池和计算机等。

SECM 以电化学原理为基础，微探针在非常靠近基底电极的表面扫描，其氧化还原电流具有反馈的特性，并直接与溶液组分、微探针与基底表面距离、基底电极表面特性等密切相关。因此，在基底电极表面不同位置上微探针的法拉第电流图像即可表征基底电化学活性分布和电极的表面形貌。

7.9.2　局部电化学阻抗谱技术

20 世纪 80 年代，H S Isaacs 等用局部电化学阻抗谱（LEIS）对材料进行研究。到 20 世纪 90 年代，R S Lillard 和 H S Isaacs 等将扫描技术和 LEIS 结合并研究出能够定量描述 LEIS 的新方法，用于检测金属表面的局部阻抗变化，同时进一步提高了该技术的空间分辨率。

局部电化学阻抗谱（LEIS）或局部电化学阻抗成像（LEIM）采用铂微电极测量电极溶液界面（AC）信号，除提供与测试和界面有关的局部电阻、电容、电感等信息外，还能给出局部电流和电位的线、面分布以及二维、三维彩色阻抗或导纳图像。

LEIS 技术的基本原理就是对被测电极施加微扰电压，从而感生出交变电流，通过使用两个铂微电极确定金属表面上局部溶液交流电流密度来测量局部阻抗（图 7-55）。

通过测定两电极之间的电压，由欧姆定律可得局部交流电流密度（I_{local}）：

$$I_{\text{local}} = \frac{kV_{\text{probe}}}{d} \qquad (7\text{-}144)$$

$$Z_{\text{local}} = \frac{V_{\text{applied}}}{I_{\text{local}}} \qquad (7\text{-}145)$$

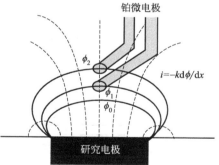

图 7-55　LEIS 测量原理示意图

式中　k——电解溶液的电导率；

　　　d——两个铂微电极之间的距离；

V_{probe}——电极电位；

V_{applied}——施加的微扰电压。

由式（7-144）和式（7-145）可以得到局部阻抗值 Z_{local}。

图 7-56 为 LEIS 测量装置的示意图，主要由恒电位仪、锁定放大器、控制系统、电解池和计算机等组成。工作时调节微探针与样品间的距离和位置，恒电位向系统提供微扰电压，同时将得到的信号经锁定放大器进入计算机自动进行分析处理。

7.9.3　扫描振动电极技术

扫描振动电极技术（SVET）是利用扫描振动探针（SVP）在不接触样品表面的情况下，检测样品在溶液中局部腐蚀电位的一种新技术。SVET 最初是由生物学家用来测量生物系统

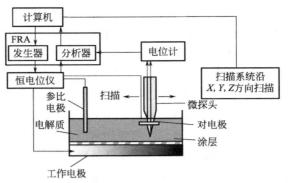

图 7-56　LEIS 测量装置示意图

的离子流量和细胞外的电流，直到 20 世纪 70 年代由 H Isaacs 将该技术引入腐蚀研究中。该技术的引入对腐蚀领域产生了较大的影响，在腐蚀机理研究尤其是局部腐蚀研究中得到广泛应用。SVET 利用振动电极、转变测量信号以及锁定放大器，消除微区扫描过程中的噪声干扰，从而有效地提高了测量精度和灵敏度。

SVET 可进行电化学活性测量。浸入电解质溶液中的物体，其活性表面将发生电化学反应，从而产生离子电流的流动，进而导致溶液中产生电位的微小改变，SVET 能够测量电位的微小变化情况。

在金属腐蚀过程中，氧化反应和还原反应常常在表面不同区域发生，由于这些区域的数量、尺寸大小都不同，各自的反应性质、反应速率、离子的形成以及在溶液中的分布也不同，从而在这些区域之间形成离子浓度梯度，产生电势。图 7-57 示意了局部腐蚀时产生阴、阳极以及等电势面和电流线，中心长方形区域代表阳极，其余区域代表阴极。

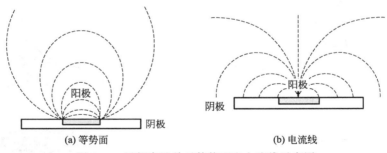

(a) 等势面　　　　　　　　　　　　(b) 电流线

图 7-57　局部腐蚀单元等势面和电流线示意图

SVET 的主要装置由双恒电位仪、锁定放大器、电解池、SVET 探针和计算机等组成（图 7-58）。

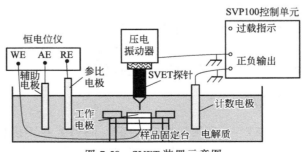

图 7-58　SVET 装置示意图

用 SVET 进行测试时，微探针在样品表面进行扫描，用一个微电极测试表面所有点的电势差，另外一个电极作为参比电极，通过测量不同点的电势差，获得表面的电流分布图（图 7-59）。

SVET 的主要装置由双恒电位仪、锁定放大器、电解池和计算机等组成，装置示意图如图 7-59 所示。

7.9.4　扫描开尔文探针技术

扫描开尔文（Kelvin）探针技术是最早由 Lord Kelvin 于 1898 年提出的一种测量真空或空气中金属表面电子逸出功（表面功函）的方法。1932 年 Zisman 对其进行了改进，用于测定表面物理中的接触电位差。20 世纪 80 年代 M Stratmann 等将这种方法移植到了大气腐蚀研究中。

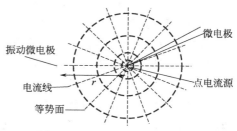

图 7-59　SVET 表面电流分布图

该技术的主要优点在于不接触、无损伤检测金属或半导体表面的电位分布，给出体系的微区变化信息，对界面状态微小变化极为敏感，可以在腐蚀发生的初始阶段检测到腐蚀发生的位置和状况，为全面了解金属在大气中的腐蚀状态提供丰富的大气腐蚀机理信息。该技术用于研究膜下局部腐蚀，有较高的灵敏度和分辨率。该技术还可以与其他各种电化学及表面分析技术联用，为金属表面状态研究提供丰富的信息。

扫描开尔文探针技术也称为振动电容法，M Stratmann 等首先应用该技术测量探针与腐蚀金属电极表面上薄水膜之间的接触电位差 $\Delta\psi_{E_1}^{Pr}$，并从理论上证明腐蚀金属电极的腐蚀电位 E_{corr} 与这个接触电位差 $\Delta\psi_{E_1}^{Pr}$ 具有如下的简单关系：

$$E_{corr} = \Delta\psi_{E_1}^{Pr} + const \tag{7-146}$$

式中，等号右侧的常数项 const 要通过试验来确定。

Kelvin 探针测量装置主要由振动探针、振动器、电解池、X-Y-Z 平台、前置放大器、锁定放大器、可调压直流电源、信号发生器、功率放大器和计算机等组成。Kelvin 探针装在压电晶体振动器上，由信号发生器产生选定频率的正弦波信号，通过功率放大器使振动器带动探针按正弦波做上下振动，在回路中就会产生正弦波的电流。前置放大器将测量到的电流信号变换为电压降信号，锁定放大器可测量出此电压降信号的幅值与相位。电路中的可调电压直流电源用于调节探针的对地电位 V_{KP}，当调节至回路中电流为零时有关系式：

$$V_{KP} = \Delta\psi_{E_1}^{Pr} \tag{7-147}$$

这样，根据式（7-146）和式（7-147），就可以由 V_{KP} 求得金属电极的腐蚀电位 E_{corr}，也可以根据 Kelvin 探针测量结果的比较得出腐蚀电位的变化情况。另外，测量过程及数据采集和处理是由计算机系统来完成的，电解池中空气的成分、压力、相对湿度可以根据试验的需求设定。X-Y-Z 移动平台可以调节探头与电极间的距离和位置。

7.10　电化学方法的优缺点及误差

7.10.1　优点

用电化学技术测量金属的腐蚀速率，最明显的优点是测量速度快，试验周期短，而且不用清除试样表面的腐蚀产物。特别是应用最为广泛的线性极化技术，可以测量瞬时腐蚀速率，因此可以用于对运行中的金属设备的腐蚀情况进行"实时"和"原位"监测。

极化技术之所以具有这样的优点，是因为它的原理和失重法完全不同。失重法试验并不涉及金属的腐蚀历程，而仅仅通过测量金属试样在腐蚀前后的质量变化来确定其腐蚀速率。这种质量变化需要经过一段时间的积累才能被检查出来。在检查时必须小心地完全清除金属试样表面的腐蚀产物又不损伤金属基体。因此失重法试验费时、操作繁复，特别是需要处理大量试样时，如筛选金属材料、评价缓蚀剂，工作量是很大的。其他一些依赖金属腐蚀损伤结果的试验方法，如电阻法、容量法、溶液分析法，虽然不需要清除腐蚀产物，但需要腐蚀损伤的积累是和失重法相同的，只不过不同方法要求的积累时间不同而已。

电化学技术是从金属电化学腐蚀的动力学方程式出发，通过外加电流的极化，使金属腐蚀过程的动力学参数显露出来，并根据它们的内在关系去确定金属的腐蚀速率。因此，电化学测量方法并不依赖金属腐蚀损坏的后果，这就使我们能在短时间内得出需要的数据。在研究金属电化学腐蚀机理及各种影响因素方面，电化学试验方法也发挥了重要的作用。

7.10.2 电化学技术中的几个问题

7.10.2.1 溶液电阻的影响

在使用图 7-3 的测量电路进行电化学试验时，由于研究电极 WE 与参比电极 RE 之间存在着电解质溶液的欧姆电阻 R_s，通入外加极化电流 i 时极化电流在这个电阻上产生的电压降 iR_s 必然包含在研究电极与参比电极之间的电位差中，因而影响所测研究电极的极化电位数值。所以试验测出的极化值为 $\Delta E' = \Delta E + iR_s$。这个溶液欧姆电阻造成的电压降 iR_s 的影响包括：

① 实测的极化电位含有误差，导致实测极化曲线的偏离。而影响极化电位测量值的这个 iR_s 随极化电流增大而增大，并不是固定的。在利用极化数据计算腐蚀体系电化学参数时，将导致所得结果偏离真实数值。

② 在动电位扫描测量中，试验控制的电位扫描速度：

$$\frac{\mathrm{d}\Delta E'}{\mathrm{d}t} = R_s \frac{\mathrm{d}i}{\mathrm{d}t} + \frac{\mathrm{d}\Delta E}{\mathrm{d}t}$$

该扫描速度与真正的扫描速度 $\frac{\mathrm{d}\Delta E}{\mathrm{d}t}$ 不同。当 R_s 很大时，真正的电位扫描速度比试验上的电位扫描速度小得多。

③ 在恒电位测量中，试样的极化电位并不能真正恒定，因为恒定的是 $\Delta E'$ 而非 ΔE。

④ 在线性极化测量中，得到的稳态极化电阻为 $R_p + R_s$。

所以，溶液电阻 R_s 对电化学试验的结果有很大的影响，特别是高电阻率溶液，这个 iR_s 造成的测量误差是不可忽视的，需要进行校正。

(1) 参比电极的位置

对于三电极测量系统，应合理选择参比电极的位置。前已指出，在实验室试验中，通常是使参比电极的卢金毛细管尖端靠近研究电极的工作表面，以减小电压降 iR_s 的影响。但卢金毛细管尖端离电极表面太近也不好，一般以 1mm 左右为宜。

在线性极化技术中，如使用同种材料三电极系统，参比电极的最佳位置应尽可能靠近研究电极而又最大可能远离辅助电极。但要注意，参比电极与研究电极距离太近可能因导电的腐蚀产物在其间聚集而使研究电极与参比电极短路。

（2）断电测量

在测量研究电极的极化电位时将极化电流断开。因为切断极化电流后溶液电阻造成的电压降 iR_s 立即消失（$<10^{-12}$s），故所测得的极化电位值就消除了溶液电压降 iR_s 的影响。为了实现这一要求，可在极化电流回路和电位测量回路之间装置一个通断开关（如电子转换开关等）。

但是，当极化电流一断开，试样的极化电位便会立即发生衰减。如果电位测量回路未能及时（10^{-6}s 以内）接通，则所测的极化值将偏低。因此，开关速度和测量仪表的响应速度必须足够快。

为了提高测量精度，可以在通断开关的各种振荡频率下测量极化电位，然后外推到振荡频率无限大，所得的数值既消除了溶液电压降 iR_s 的影响，又避免了极化电位衰减的影响。

断电测量特别适用于电阻率高的溶液，以及不能采用卢金毛细管的腐蚀体系。对于断电后溶液电压降 iR_s 不能立即消失的腐蚀体系（如多孔电极），断电测量不适用。另外，断电测量正确使用很困难。

（3）溶液电压降 iR_s 补偿

在恒电位仪测量电路中设计溶液电压降 iR_s 补偿电路，这是另一种常用的有效方法。现代恒电位仪大多具有这种补偿电路。

补偿电路很多，而以正反馈电路用得最多。由于电压降 iR_s 基本上正比于极化电流 i，而与电解池串联的电流采样电阻两端的电压也正比于极化电流 i，因此可以将采样电阻上的电压作为正反馈输入恒电位控制放大器的同相端。图 7-60 是补偿电压降 iR_s 的正反馈恒电位电路。图中 A_1 是电压跟随器；A_2 是电流跟随器，即零电阻电流采样放大器；A_3 是恒电位控制放大器。A_2 的输出端电压 $u_0=-iR_m$，调节电位器 R_x，取 u_0 的一部分 u_c，并使 $u_c=-iR_s$，把 u_c 作为另一输入信号送入 A_3。这样，便在 A_3 的指令信号上叠加了 iR_s，即等效的指令信号相当于 $-u_s-iR_s$。因此，恒电位仪控制的电压应是测量的参比电极电位与 iR_s 之差，消除电压降 iR_s 的目的就达到

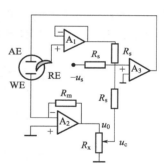

图 7-60　能补偿溶液电压降 iR_s 的正反馈恒电位电路

了。调节时，通常用示波器观察参比电极上电压的波形，来判断是否达到了最佳补偿。

（4）用计算方法校正

在线性极化测量技术中，由于实测的极化电阻 $(R_p)_测$ 中包括研究电极 WE 和参比电极 RE 之间的溶液欧姆电阻 R_s，即 $(R_p)_测=R_p+iR_s$。因此，用高频电导仪测出研究电极与参比电极之间的溶液电阻 R_s，就可以对实测的极化电阻 $(R_p)_测$ 进行校正，得到真正的极化电阻 R_p。

（5）电桥法

在测量研究电极相对于参比电极的电位时，采用桥式电路，当电桥平衡时，电位差计可指示不含溶液电压降 iR_s 的极化电位。这种方法特别适用于高电阻率介质中腐蚀速率极低的体系。

7.10.2.2　电极系统的响应特性

在稳态法测量中，向试样通入恒定极化电流或施加恒定极化电位后，必须等腐蚀电极系统

达到稳态之后才能测量相应的极化电位或极化电流。如前所述，达到稳态所需要的时间取决于电极系统的时间常数。对于腐蚀速率小的体系，时间常数大，达到稳态需要很长的时间。

不同腐蚀体系的时间常数不同，达到稳态的速率可能差别很大。如果在通入恒定极化电流后，都隔相同时间读取极化电位的数值，有的体系已达到稳态，有的体系则可能与稳态还相距甚远。

因此，在稳态法测量中应合理选取调节极化电流（或极化电位）的时间间隔，而在动电位扫描测量中必须考虑电位扫描速度对测量结果的影响。

7.10.2.3　交流方波极化的频率选择

在线性极化技术中，采用交流方波进行极化测量有许多优点，比如测量结果自然是阴极极化和阳极极化的平均（即双方向线性极化电阻），而且便于自动记录。试样表面不断交替地处于阴极极化和阳极极化，对表面状态的干扰也很小。因此市售线性极化仪多采用交流方波极化电源。

但是，交流方波的频率对测量结果有很大影响。因为频率不同时方波平台的宽度（等于周期的一半）亦不同。如果频率较高，平台宽度较窄，就得不到稳态极化数值。图 7-61 表明测量结果与方波频率的关系。由图可见，当频率较低、周期为 T 时，在平台宽度的时间内，极化达到稳态，测取的极化电阻为稳态值。当频率较高、周期为 T' 时，读数时体系尚未达到稳态。在恒电流交流方波情况下，测取的极化值 $\Delta E'$ 将偏低；而在恒电位交流方波情况下，测出的极化电流 I' 将偏高。这样，计算出的极化电阻就会低于真实数值。当然，频率也不宜太低，否则测量时间过长，会因为某些参数的变化影响测量结果。

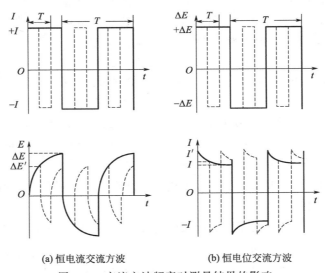

(a) 恒电流交流方波　　　　　(b) 恒电位交流方波

图 7-61　交流方波频率对测量结果的影响

7.10.2.4　腐蚀电位的漂移

将金属试样浸入溶液后，需要等待其腐蚀电位稳定后才能进行极化测量；有的体系腐蚀电位很快就能达到稳定，有的体系则需要很长时间。

在进行测量的过程中，由于种种影响，腐蚀电位还可能随时间变化，但在一定范围内波动。

图 7-62 表示在测量稳态极化电位的时间内，极化值 ΔE 与腐蚀电位变化 ΔE_{cor} 的关系。显然，如果 $\Delta E_{cor} \ll \Delta E$，则腐蚀电位漂移对测量极化值的影响可以忽略不计。所以，只有极化值 ΔE 很小的测量（如线性极化技术），才需要考虑腐蚀电位的漂移问题。从减小腐蚀电位漂移的影响来说，在极化测量中要求极化值 ΔE 不能太小，应比腐蚀电位漂移的振幅 ΔE_{cor} 大得多。测量频率不能太低，必须比腐蚀电位漂移的频率高得多。这些要求与用交流方波进行线性极化测量的要求是矛盾的。不

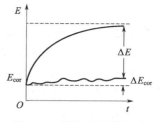

图 7-62　腐蚀电位漂移对
测量的影响

过，极化值 ΔE 应小，频率应低，还是线性极化测量技术的主要要求。显然，交流测量对于减小腐蚀电位漂移影响是有利的。

7.10.3　电化学腐蚀试验的误差

当然，用极化技术测量金属的腐蚀速率也有其固有的局限性。这种方法只能用于金属在液相环境中的电化学腐蚀，溶液必须连续。即使在这种腐蚀体系中，也要十分注意使用条件和适用范围，否则就会使所得的腐蚀速率数据包含很大的误差，甚至是完全错误的结果，而可靠性应当是腐蚀试验最重要的要求。

（1）电极反应与金属腐蚀

金属在电解质溶液中的腐蚀是通过金属表面上形成的各种腐蚀电池来进行的。腐蚀电池中的阳极过程是金属的氧化反应，金属失去电子转变为可溶性离子或难溶性化合物。腐蚀电池的阴极过程是溶液中的去极化剂吸收电子发生还原反应。在稳定状态下，阳极反应产生的电流应与阴极反应产生的电流相等。腐蚀电位 E_{cor} 相应的阳极电流密度称为腐蚀电流密度 i_{cor}。求出了 i_{cor} 就可以通过法拉第电解定律计算出金属的腐蚀速率。因此，测取腐蚀电流密度 i_{cor} 就成为各种极化测量技术的中心内容和最终目的。

显然，在稳定状态下，金属表面上阳极反应所释放的电子应当全部被阴极反应所吸收，然而，阳极反应是否就只有金属的氧化反应呢？如果阳极反应中还包括其他的氧化反应，那么用测量阳极电流来计算的金属腐蚀速率必定要比失重法求出的腐蚀速率大。

这种情况确实是存在的。构成阳极电流的电化学反应中，除金属的氧化反应外还包括其他组分的氧化反应。造成这种情况的原因可能有以下几种。

① 溶液中含有易发生氧化反应的还原剂，比如硫离子发生氧化反应：
$$S^{2-} \Longrightarrow S + 2e^-$$

该反应的标准电位为 $-0.51V$(vs SHE)。当溶液中硫离子的浓度为 $10^{-3}mol/L$（32mg/L），按 Nernst 公式计算的平衡电位为 $-0.60V$，这和钢铁在许多水溶液介质中的腐蚀电位相近。因此，在通入外加电流进行阳极极化时，硫离子可能发生氧化反应而生成游离硫，使测量的阳极电流大于金属阳极溶解反应所形成的电流。碳钢在碳酸氢铵溶液中进行阳极极化的试验表明，硫离子的存在的确使按阳极电流密度计算的金属腐蚀速率比失重法测出的腐蚀速率大。

② 去极化剂还原反应的交换电流密度很大，金属的腐蚀电位便接近阴极反应的平衡电位。因此，在腐蚀电位附近，去极化剂还原反应的逆反应（氧化反应）不能忽略。比如析氢腐蚀，阴极反应为氢离子的还原反应为 $2H^+ + 2e^- \Longrightarrow H_2$。在腐蚀电位离氢离子还原反应平衡电位比较近时，就存在氢分子的氧化反应：$H_2 \Longrightarrow 2H + 2e^-$。这个反应所产生的阳极电流也包括在总的阳极电流中。在这种情况下，按阳极电流计算的金属腐蚀速率就会比失重法

得到的腐蚀速率大。例如，据报道，18-8 型不锈钢在高温微碱性溶液中用线性极化方法得到的腐蚀速率比失重法得到的腐蚀速率大 10 倍。这是因为试样的腐蚀电位接近氢电极反应的平衡电位，所以当溶液不除氢时，氢分子的氧化反应在阳极过程中占了主要地位。

③ 当阳极极化较大，达到某一电位以后，金属试样表面可能发生新的氧化反应。比如活化-钝化体系的阳极极化曲线存在"过钝化区"，阳极电流密度随电位正移而迅速增加，这并一定表明金属的腐蚀速率也相应地增大。在许多情况下，阳极电流的增加是由于发生了析氧反应（氧化反应）：

$$2H_2O \Longrightarrow O_2 + 4H^+ + 4e^- （酸性溶液）$$
$$4OH^- \Longrightarrow O_2 + 2H_2O + 4e^- （中性和碱性溶液）$$

还有一种情况。在很长一段时间内，一直认为金属的阳极溶解过程不管其价态如何，都是一步反应，即金属原子失去电子转变为离子，离子穿过两相界面进入溶液。然而深入的研究表明，金属的阳极溶解反应是一个相当复杂的过程，由几个相继发生的单电子步骤所组成。在很多情况下，虽然金属腐蚀过程明显地属于电化学步骤控制，但金属的腐蚀速率却不仅依赖于金属的电位，还依赖于溶液中某些组分的浓度。这是因为在金属阳极溶解过程中，还包括溶液中某些组分（阴离子、中性分子等）的吸附，以及金属表面原子和这些组分的化学反应这样一些重要步骤。甚至在电解质水溶液中，腐蚀反应也不仅可以按照电化学历程进行，而且可以按照化学历程进行。显然，在这种情况下，以电化学历程为基础的极化技术所求出的腐蚀速率必定要小于金属试样的实际腐蚀速率。

而失重法是直接称取金属试样腐蚀前后的质量变化。这个质量变化可以来自金属的化学溶解，也可以来自电化学反应。电化学测量中得到的阳极电流既包括金属的氧化反应，又可能包括其他组分的氧化反应。所以，只有金属完全按电化学历程发生腐蚀，而且阳极过程只有金属的氧化反应，电化学方法求得的金属腐蚀速率才能与失重法得到的腐蚀速率一致。

（2）极化动力学方程式的适用条件

在 7.4 节中介绍了利用极化曲线测量金属腐蚀速率的几种常用方法，如 Tafel 区外延法、线性极化法、弱极化区三点法和二点法等。这些方法的基础都是极化动力学方程式：

$$i = i_{cor} \left[\exp\left(\frac{\Delta E}{\beta_a}\right) - \exp\left(-\frac{\Delta E}{\beta_c}\right) \right]$$

但是，这个极化动力学方程式的推导是在几个前提假设下进行的，因此有一定的适用条件。

首先，这个公式是对于所谓"均相电极"得到的，即金属表面是完全均匀的，因此阳极反应和阴极反应都在整个腐蚀金属电极表面进行。但实际的金属材料却存在各种电化学不均匀性，形成了许许多多的微阳极区和微阴极区，而且它们的分布是难以测定的。在极化过程中，微阳极区和微阴极区会以不能预知的方式改变。在 20 世纪 60 年代用极化方法测量金属腐蚀速率的理论和技术迅速发展的潮流面前，美国腐蚀学家 LaQue 曾在 1969 年发表文章，对极化方法求出的腐蚀速率的可靠性表示怀疑。时隔十年以后，他又再次提出疑问。他的意见中一个重要方面就是金属表面阴极区和阳极区的面积问题。对于这个重要问题，其他一些腐蚀学者也发表了自己的看法。Mansfeld 认为，在金属发生均匀腐蚀的情况下，谈论阳极区和阴极区的面积是没有意义的。

现实的做法是认为阴极反应和阳极反应都在整个金属电极表面上同时进行，即把发生均匀腐蚀的金属试样当作均相电极处理。由此可见，利用极化技术的测量方法只适用于金属的均匀腐蚀，主要是金属材料在酸性溶液中的腐蚀体系。不过，所谓均匀腐蚀是相对的，光滑的金属表面在腐蚀后变得粗糙了，就说明在不同地点腐蚀深度是有差异的。只不过这种差异比起平均腐蚀深度来说较小而已。当金属腐蚀虽然是全面的，但不均匀性较大时，使用上述极化动力学方程式推导出的各种方法测量金属腐蚀速率就必定存在较大的误差。

第二，极化动力学方程式的推导有几个前提条件：

① 阳极反应和阴极反应都受活化极化控制，即电极反应的浓度极化可以忽略，动力学满足 Tafel 公式。

② 腐蚀电位距阳极反应和阴极反应的平衡电位都足够远，即 $E_{ea}\ll E_{cor}\ll E_{ec}$，因此在腐蚀电位附近阳极反应和阴极反应都受到强极化，它们的逆反应可以忽略。

如果阴极反应完全受浓度极化控制，腐蚀电流密度等于去极化剂的极限扩散电流密度，那么上述极化动力学方程式可以简化为：

$$i=i_{cor}\left[\exp\left(\frac{\Delta E}{\beta_a}\right)-1\right]$$

上面所说几种测量方法仍然可以使用，而且公式也更简单。

但是，电极反应处于单一类型的极化控制之下的情况是不多的。一般说来，两种极化的影响都同时存在。另外，实际腐蚀体系的阴极过程可能包括两种或两种以上的去极化剂还原反应，而这些还原反应属于不同类型的极化控制。阳极过程也可能包括活化、钝化、浓度极化等各种影响。在不同的电位区间，这些影响的主次还可能变化。因此，在许多情况下，试验测出的极化曲线要比理论极化曲线复杂。有时为了使试验结果重现性好，便于分析，将试验条件作了简化处理。比如在酸溶液中进行极化测量时，往往要求溶液除氧。这样，阴极过程便只有氢离子还原反应。但金属材料在实际应用中的腐蚀则是在有溶解氧存在的条件下进行的。另一方面，如果考虑到各种特殊情况而对极化动力学方程式进行修正，又会使公式失去简单的优点。特别是具有快速灵敏优点因而应用最为广泛的线性极化技术，要求被测的腐蚀体系在腐蚀电位附近有一个不太小的"线性区"，而线性区是否存在和范围大小则与腐蚀体系的本性有关。如果在腐蚀电位附近极化曲线的线性很差，用"线性化"法所得出的腐蚀速率数值必然包含较大误差。在这种情况下当然可以用作切线或者其他方法处理，但其快速的优点也就丧失很多了。

由于极化动力学方程式的推导中采取了一些前提条件，这就使公式有一定的适用范围。如果实际腐蚀体系的特征与试验要求的条件相距比较大，那么用电化学极化技术求出的金属腐蚀速率必定存在较大的误差，甚至产生完全错误的结果。所以，基于电化学极化技术制造的腐蚀速率测试仪器应当说明正确的使用条件。

（3）测量技术

金属腐蚀是十分复杂的过程，影响因素很多。腐蚀试验既要满足可靠性要求，又要具有重现性，就必须既注意试验条件与金属材料实际环境条件尽可能一致，又要注意正确的试验程序和试验技术。否则，即使是同样的试验课题，在不同的实验室或者由不同的试验人员所作的试验，就会因得出的结果差异很大而难以比较。

为了克服这方面的困难，国外的一些腐蚀专业机构对电化学极化测量的设备和试验程序制定了统一的标准，并组织了一些实验室按照这种统一标准进行某项试验，对试验结果进行了统计分析，以解决测量技术对试验结果的影响问题。

第8章
局部腐蚀试验

局部腐蚀是指金属表面局部区域的腐蚀破坏比其余表面大得多，从而形成坑洼、沟槽、分层、穿孔、破裂等破坏形态。局部腐蚀的危害比全面腐蚀大得多，特别对于具有良好耐全面腐蚀性能的金属材料，局部腐蚀是主要的破坏形态。局部腐蚀种类很多，常见的局部腐蚀有：应力腐蚀、晶间腐蚀、小孔腐蚀、缝隙腐蚀、电偶腐蚀、磨损腐蚀、氢损伤、杂散电流腐蚀等。不同的局部腐蚀由于发生原因不同、腐蚀形态不同，可用不同的方法进行试验。

8.1 应力腐蚀试验

8.1.1 概述

金属材料在拉应力和腐蚀环境的共同作用下所造成的破坏称为应力腐蚀开裂（Stress Corrosion Cracking，SCC）。破坏形式包括裂纹、开裂直至破断。这是一种危害非常大的腐蚀形态。

应力腐蚀开裂试验的基本原则是使试样同时受到拉应力和腐蚀环境的共同作用，暴露后检查被试材料发生 SCC 的情况，如是否产生裂纹、裂纹的数量和分布、裂纹的扩展速度、是否破断、破断的时间（寿命）、发生破断的试样数目等。

应力腐蚀试验的目的主要有四个方面。

(1) 选材

针对一定的腐蚀环境，比较各种合金材料对 SCC 的敏感性，评选出耐应力腐蚀开裂能力最强的材料。选材试验往往采用实际可能出现的最苛刻环境条件，应力通常要达到材料的屈服强度。试样不但要有轧制方向的，还要有短横切方向的，以获得合金对 SCC 敏感性的全貌。

(2) 发展耐应力腐蚀的合金新品种

通过研究合金的成分、结构、热处理等条件对特定环境中合金的 SCC 敏感性的影响，发展新的合金材料。除实验室试验外，一般还要在实际生产环境中进一步检验。比较试验不必采用最苛刻的环境条件，应力也不需要达到材料的屈服强度。

(3) 评价防护技术

针对一定的腐蚀体系，研究影响 SCC 的各种因素，为消除或减小有害因素指明途径。通过试验评价各种防护技术（缓蚀剂、涂料、电化学保护等）对降低 SCC 危害性的效果。

(4) SCC 机理及影响因素研究

研究 SCC 的机理和冶金、环境、应力因素对材料 SCC 敏感性的影响，拟定对各种合金材料适用的加速试验方法。

应力腐蚀试验可以分为两种。一种是将试样或者实物直接暴露到实际使用的腐蚀环境中进行试验，另一种是选择适当的加速试验方法进行试验。实验室加速试验有许多优越性，如试验时间短、试验条件容易控制，有利于研究各种因素对 SCC 的影响。但在实验室加速试验条件下得到的结果往往与生产条件下的试验结果不相符合。为了使实验室短期暴露试验能准确预言合金材料在长期实际使用条件下的耐 SCC 性能，就必须通过对 SCC 机理的研究拟定出正确的加速试验方法。

很多应力腐蚀试验方法已标准化，如 GB/T 15970.1～GB/T 15970.10 就是关于应力腐蚀试验的一系列国家标准，对应力腐蚀的基本方法、试样制备与应用等做了详细的规定；YB/T 5362—2006《不锈钢在沸腾氯化镁溶液中应力腐蚀试验方法》也是常用的应力腐蚀试验标准之一。

8.1.2 试样

8.1.2.1 试样设计和加力方式

应力腐蚀开裂试验所用的试样主要有两种：一种是平滑试样，其形状和加力方式则很多。另一种是缺口试样和预制裂纹试样。试样的类型一般取决于制取试样的材料的形状（薄板、厚板、棒、管、丝等）以及试验目的。

在制作试样的材料和热处理制度确定以后，从材料上取样的位置和方向也是很重要的影响因素。这是因为实际材料往往存在不均匀性，在加工过程（比如轧制）中又会增加新的不均匀性。淬火中冷却速度的不同也会造成性能差异。因此，在不同部位，按不同方向制取的试样往往耐应力腐蚀性能大不相同，铝合金就是突出的例子。

对试样施加应力的方式主要有两种。一种叫恒应变，一种叫恒载荷。前者是使试样塑性变形达到预定形态，由于变形而在试样中造成残余应力。试样的变形用螺栓、卡具等来保持。产生的应力的大小和材料的力学性能、加工硬化性能、变形量都有关系。有的试样的应力可以定量，多数是定性的，应力不能准确测知，而且平行试样的应力难以一致。裂纹产生后会引起应力松弛，使裂纹发展变慢或中止，因而可能观察不到完全破断。

恒应变试样的优点是简单，不需复杂设备，试样紧凑，可以在有限的容器内进行成批的、长期的试验。恒载荷法是用弹簧或砝码对试样加应力。优点是可以精确测出最初的应力值。在产生裂纹以后，试样有限截面减小，应力就随之增大。恒载荷试验一般用应力腐蚀试验机进行。新发展的一种试验方法是慢（恒）应变速率试验。

（1）U 形试样

图 8-1 是 U 形试样的形状和尺寸参数。尺寸的选择可以根据能取得的材料的形状和力学性能、加力和保持形变的方法以及试验容器的大小而定。

这种试样制备简便。只要合金材料有足够韧性，弯曲 180°不会发生破裂，就可以采用。U 形试样很容易从薄板、带材、丝材上取样，也可以从厚板、棒材、铸件和焊接件上取样，加工成标准试样。

图 8-2 表示一步法加力制作 U 形试样的三种方法。（a）法适用于厚板和高强度材料；（b）法和

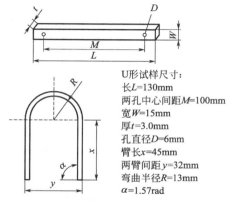

U 形试样尺寸：
长 L=130mm
两孔中心间距 M=100mm
宽 W=15mm
厚 t=3.0mm
孔直径 D=6mm
臂长 x=45mm
两臂间距 y=32mm
弯曲半径 R=13mm
α=1.57rad

图 8-1 U 形试样的形状与尺寸

（c）法适用于薄板和低强度材料。与（a）法相比，（b）法的缺点是可能使试样外侧引起更复杂的应变体系，而且可能擦伤试样。（c）法则难以控制弯曲半径，可能遭受更大损害。

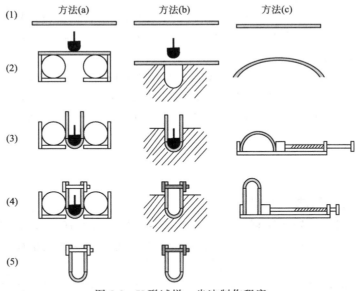

图 8-2　U 形试样一步法制作程序

图 8-3 是两步法加力的示意。第一步先使试样成为近似 U 形，在第二步之前允许弹性应变完全松弛，因为弹性恢复试样又张开，然后再将试样夹紧。这种加力方法已得到广泛采用。YB/T 5362—2006 中，U 形试样的制作方法是：用半径为 8mm 的压头在滚柱压模上弯曲成 U 形并使两臂平行，之后用适当的夹具将两臂间的宽度压缩 5mm 来施加应力。

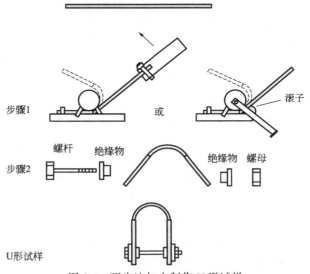

图 8-3　两步法加力制作 U 形试样

图 8-2 和图 8-3 中试样加力变形后都是使用螺栓、螺母固定形变，这种方法应用十分广泛。此外，也可以使用卡具和焊接、铆接方法固定形变，如图 8-4 所示。

U 形试样各部位的应力是不均匀的，图 8-5 表示 U 形试样上的应力分布。沿试样长度方向，在试样两个端部应力为零，U 形中部应力最大。在试样厚度方向，U 形外侧表面为最大拉应力，内侧表面为最大压应力。在试样的宽度方向上，试样边缘应力大于中央应力，比如由图 8-5 中看到，在 U 形顶部，边缘应力为 499MPa，中央应力为 377MPa。

图 8-6 是 U 形试样上永久变形分布曲线和发生 SCC 裂纹的频度分布曲线。可见永久变形最大部位在 U 形中部，而 SCC 破裂敏感性最高的部位是 U 形顶部稍偏外的部位。

图 8-4　几种固定形变的方法

U 形试样的应力虽难以精确测知，但一般超过材料屈服强度。考虑到生产设备中的残余应力也常常达到或超过材料的屈服强度，这类试样最符合实际情况，适合于工程选材试验。

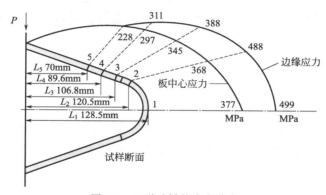

图 8-5　U 形试样的应力分布

（2）弯梁试样

弯梁试样的优点是可以利用适当校正的弯梁公式，或者借助应变仪比较精确地计算出试样承受的应力。试样尺寸可以根据需要而变化。加力方法也有多种。弯梁试样外侧受纵向拉应力，凸面最高点应力最大，向弯梁两端应力逐渐减小。沿试样厚度由外向内，拉应力逐渐减小，弯梁内侧承受压应力。

弯梁试样有两点加力、三点加力、四点加力几种。图 8-7 是恒应变加力弯梁试样及其卡具。

图 8-8 是恒载荷加力弯梁试样。用砝码加载两点加力弯梁试样制备最简单，但应力计算复杂。三点加力弯梁试样也比较简单，特别适合于厚而坚硬的材料。缺点是中央支点有显著的局部最高应力，且支点处可能产生缝隙腐蚀。

弯梁外侧两支点处应力为零，中央支点外侧处应力最大，其数值可以按式（8-1）计算：

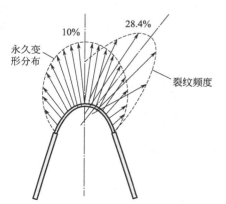

图 8-6　U 形试样的永久变形分布曲线和
SCC 裂纹频度分布曲线

$$\sigma = \frac{6Ety}{L^2} \qquad (8\text{-}1)$$

图 8-7　恒应变加力弯梁试样

式中　σ——弯梁外侧最大拉应力；

　　　E——合金材料弹性模量；

　　　L——弯梁试样外部支点间距离；

　　　t——试样厚度；

　　　y——试样最大挠度。

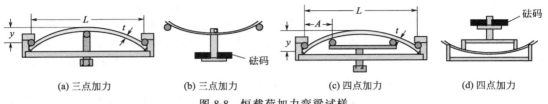

(a) 三点加力	(b) 三点加力	(c) 四点加力	(d) 四点加力

图 8-8　恒载荷加力弯梁试样

　　四点加力弯梁试样的最大应力在两个内支点之间，在这个范围内应力是均匀的，这是它优于三点加力试样的地方。由内支点到外支点，应力逐渐下降到零。试样外侧中部的弹性应力可以按式(8-2)计算：

$$\sigma = \frac{12Ety}{3L^2 - 4A^2} \qquad (8\text{-}2)$$

式中　A——内支点和外支点之间的距离。

　　式(8-1)和式(8-2)只适于挠度不高的情况（$y < 0.1L$），应力在弹性极限以内。如果应力超出弹性极限，但低于屈服强度，公式可以使用，但误差较大。所以在弯折时要避免应力超过屈服强度。

(3) C 环试样

　　这也是一种多用途的、经济简便的 SCC 试验试样，可以定量测定应力。C 环试样适合于各种不同类型的合金产品，特别适合于对管材和棒材的试验。C 环试样的尺寸可以在很大范围内变化，但外径一般大于 5/8in（约 16mm）。过小不便加工，而且测应力不准确。

　　图 8-9 是几种形式的 C 环试样。图 8-9(a) 和图 8-9(b) 是恒应变加力试样，图 8-9(a) 试样的螺母在 C 环外面，旋转螺母便在环外侧产生拉应力。图 8-9(b) 试样的螺母在环内，转动螺母使 C 环扩张，便在环内侧产生拉应力。图 8-9(c) 是弹簧加力的恒载荷试样，用预先校正好的弹簧可以产生近似恒定的应力。

(a) 螺栓外加力	(b) 螺栓内加力	(c) 弹簧加力

图 8-9　C 环试样

在加力 C 环试样中存在圆周应力和横向应力，应力分布不均匀。靠近试样螺孔处应力为零，与螺杆相对的弧中部应力最大。试样一侧表面为最大拉应力，另一侧表面为最大压应力。

C 环试样的优点是测应力很准确，将电阻应变片圆周地或横向地放在受拉应力的表面，然后旋紧螺母，直到应变仪指示已达到需要的圆周应力（应力值可以根据测得的应变值和材料弹性模量计算出来）；也可以用公式计算与所需应力对应的最后环半径，使用这种方法要求准确测量环外径和壁厚（精确到 0.025mm）。

图 8-10 是从管材、棒材、板材上制作 C 环试样的方法。

（4）音叉试样

音叉试样如图 8-11。这种试样特别适合于板材在纵向或长横切方向取样，可以保持出厂时原有表面状态。加工方法是将音叉的两端栓紧。在直线音叉上最大应力在叉根部的一个小区域内，在斜线音叉上最大应力均匀分布在斜削部位。音叉试样所受应力可以用电阻应变仪测量。对图 8-11(b) 的试样，最大应力 σ 和叉尖总闭合量 Δ 的关系是：

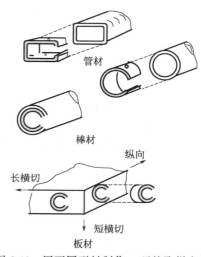

$$\Delta = \frac{4L^2\sigma}{3Et} \tag{8-3}$$

式中　L——叉的长度；

　　　t——每个叉的厚度；

　　　E——被试材料的弹性模量。

图 8-10　用不同型材制作 C 环的取样方法

（5）O 形环试样

用被试材料加工成圆环，将一个直径大于其内径的塞子塞入环中造成应力（图 8-12）。塞子直径由所需应力预先确定。塞子材料应与环不同，并注意防止电偶腐蚀。

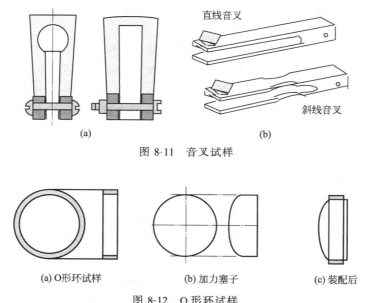

(a)　　　　　　　　　　　(b)

图 8-11　音叉试样

(a) O形环试样　　　　　　(b) 加力塞子　　　　　　(c) 装配后

图 8-12　O 形环试样

O 形环试样的优点是适用于具有箍形应力的特殊部件，另一优点是试样比较大的表面积上产生的拉应力是均匀的。环和塞子的组合模拟了包含扩张配合组件的结构的实际情况。

（6）拉伸试样

图 8-13 是用于 SCC 试验的拉伸试样的形状和标准尺寸。拉伸试样多用于恒载荷法试验，试样一端固定，另一端用弹簧加载或者砝码加载。用预先校正好的弹簧可以获得近似恒定的应力值。图 8-14 为弹簧加载的拉伸试样。弹簧加载的缺点是：当施加载荷较大时，试样延伸可能引起弹簧松弛，单位面积载荷下降。

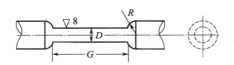

项目	标准尺寸/mm	辅助试样/mm
D	6.4 ± 0.1	2.5 ± 0.05
G	25.0 ± 0.5	25.0 ± 0.5
R	$\geqslant7$	$\geqslant7$

图 8-13　拉伸试样

对于截面很小的试样（如金属丝），可以直接在试样上悬挂砝码来加力。对于高强材料，或者试样截面较大时，一般采用杠杆系统或者水压系统。市售应力腐蚀试验机大多是杠杆加载设备，图 8-15 是这种设备的示意图。

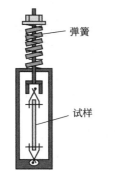

图 8-14　弹簧加载拉伸试样

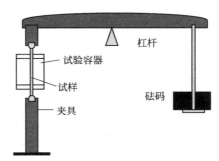

图 8-15　恒载荷应力腐蚀试验机示意图

恒载荷法使试样在恒定载荷下受到拉伸，优点是可以精确测出最初应力值。当裂缝产生并扩展时，试样有效截面缩小，应力随之增大。因此，裂缝产生后就不能再得知准确的应力值。和恒应变法相比，这种试样可能过早全面断裂。当然，从较快得出结果的观点看，这是有利的。采用拉伸试样进行恒载荷法试验适用于多种试验目的，可以采用的应力水平很宽，因此在实验室试验中得到了广泛应用。拉伸试样也可以用恒应变法加力。

试样类型和加力方式是影响 SCC 腐蚀结果的一个重要因素，一般认为静重加力的拉伸试样是最苛刻的试验条件。

（7）用加工和焊接产生残余应力的试样

大多数工业设备的应力腐蚀问题与金属材料在加工、安装、焊接、热处理过程中产生的残余应力有关，因此，采用模拟这种残余应力的试样进行 SCC 试验，对于预测合金材料的应力腐蚀行为是有利的。

这种试样可以分为两类。一类是用机械加工方法造成残余应力，如钢管压扁，板材剪边、钻孔、打印号码等。还可以将加工好的部件实物（如分馏塔泡罩、封头）不经消除应力处理，直接进行试验。

杯形试样也属于这种类型，在 7.5cm 或者 10cm 见方的平板试样上压出杯形，杯中和围绕杯的四周产生残余应力，杯中达到高塑性应力。杯形试样最适合于延性金属（如奥氏体不锈钢、结构碳钢），试样破裂后不会分裂成碎片而造成设备堵塞。

另一类是焊接试样。在试样上制作一条搭接焊缝，在焊缝邻近处便产生纵向应力。但在单一焊缝邻近处产生的残余应力可能没有发生塑性变形的部件中的应力大。如果由两条以上焊缝组成较复杂的结构，就会产生相当大的残余应力。下面是一种制作焊接试样的方法。用 50mm×50mm 的角钢，焊接成 210mm×210mm 的方形框架，然后把事先加工好的钢板放在框架上，两边焊死或者四边都焊死。钢板面上可以堆焊或不堆焊（图 8-16）。

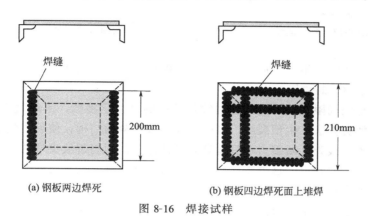

(a) 钢板两边焊死　　　　　(b) 钢板四边焊死面上堆焊

图 8-16　焊接试样

这种做法不会使残余应力释放掉，因而试样含有足够大的残余应力。试样规格也可以尽量小些。

其他类型的焊接试样还很多。如在平板上制作一条圆形焊缝［平板规格 100mm×100mm×(3～12) mm，焊缝圆环直径 50mm］。从平板焊接件上切取拉伸试样、U 形试样、C 环试样，用于应力腐蚀试验，可以测量焊缝金属、基体金属以及热影响区的 SCC 倾向。各种不同的试样分别适用于不同性能的合金材料以及不同的试验目的。

（8）缺口试样和预制裂纹试样

在应力腐蚀试验中，可以采用缺口试样（图 8-17）和预制裂纹试样（图 8-18），增大试验结果的重现性，使破裂较容易发生，也可使裂缝扩展速度的测定比较容易。在平滑试样上机制一个缺口，在缺口根部用疲劳载荷制造一条人工的尖锐裂纹，然后加上应力，放入进行试验的腐蚀环境中。

预制裂纹试样的优点是：实际的金属构件中总不可避免地存在微裂纹、凹口等缺陷，因此预制裂纹试样符合实际情况。用预制裂纹试样进行试验避开了 SCC 的孕育期，使试验周期大大缩短。有些合金（如钛合金）用平滑试样进行试验时，裂纹发生很迟缓，或完全不裂；而用预制裂纹试样在合理的试验时间内就能破裂。孕育期在破断时间中占很大比例，而影响孕育期的因素很多。用平滑试样测出的破断时间重现性不好；用预制裂纹试样避开了试样各不相同的孕育期，可以精确测出扩展期的速度以及应力水平（用应力强度因子 K_1 表示）和裂纹扩展速度的关系。用预制裂纹试样进行试验可以求出 SCC 临界强度因子 K_{1SCC}、裂纹临界深度等参数，对工程设计很有用。

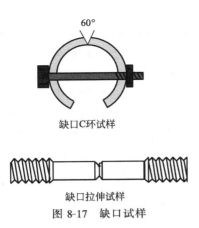

缺口C环试样

缺口拉伸试样

图 8-17　缺口试样

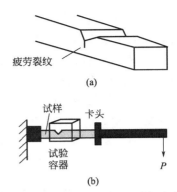

疲劳裂纹

(a)

试样　　卡头

试验
容器

(b)

图 8-18　预制裂纹试样（a）和悬臂加力装置（b）

预制裂纹试样的形状很多，加力方法也各种各样。可以从试样的力学参数和几何参数计算出应力强度因子 K_1 的数值。

预制裂纹试样的局限是：只能描述裂纹扩展期的动力学参数，不能直接解答 SCC 开始形成的机理。用疲劳方法产生预裂纹，可能改变合金材料的结构，使裂纹尖端附近的金属力学性能变化。另外，线弹性断裂力学只能处理弹性体，而预制裂纹尖端处于塑性变形区，这是预制裂纹试样的主要缺点。这种试样制备比平滑试样困难，成本也较高。

（9）慢应变速率试验（SSRT）

在慢应变速率试验机上，以固定的、缓慢的应变速率（一般为 $10^{-4} \sim 10^{-8} \mathrm{s}^{-1}$）拉伸试样，直至拉断。试样同时受到腐蚀介质的作用。和恒应变加力及恒载荷加力的平滑试样相比，这种试验因能促进裂纹引发，可以在相当短的试验时间（2～3d）内得出结果，因而特别适用于初步筛选（如筛选缓蚀剂）。由于裂缝尖端的应变速率是 SCC 的决定性参数，这种试验更接近于实际部件在使用过程中发生断裂的真实情况，因而可以为研究 SCC 的机理和影响因素提供有价值的资料。这种试验的重现性也较好。不过，这种试验方法比实际使用条件苛刻得多，当试验结果表明试样有 SCC 发生时，被试材料在实际使用中可能很长时间内不发生 SCC。

该试验所用试样可以是平滑试样（如棒形拉伸试样）或预制缺口试样。在这种试验中选择应变速率至关重要，应变速率太高或太低都将产生韧性断裂而不产生 SCC，而适宜的应变速率范围则随被试腐蚀体系而异，而且需要考虑的影响因素很多。

8.1.2.2　试样表面制备

应力腐蚀裂纹是从金属表面开始形成的，所以试样表面状态对被试合金材料的 SCC 敏感性有很大影响。试样表面制备时应注意：

① 试样表面必须清洁，没有外来物质沉积在表面上。

② 表面氧化物的性质对材料发生 SCC 的孕育期长短有密切关系，故在表面处理时必须观察表面膜的情况。

③ 用机械法制备表面时，要避免局部过热、划伤和横切外加应力。用化学法或电化学法处理时，不能造成合金的选择性溶解，也不能造成大量析氢，以免使材料发生变化。

④ 如果需要进行热处理，应在表面最终制备前进行。

8.1.2.3　电偶影响

应力腐蚀试验的试样需要用螺栓、卡具、夹具等加力和保持形变，因此要注意避免电偶腐蚀问题。螺栓、卡具、夹具最好用与试样相同的材料制作。如果使用不同材料，应当采用绝缘的方法。使用非金属材料（塑料、玻璃钢等）制作卡具、夹具不会产生电偶腐蚀问题，但要注意非金属材料的高温蠕变倾向。恒载荷试验中，试样的夹头可以安排在试验容器外，使连接部位不接触腐蚀介质。

8.1.3　腐蚀环境

8.1.3.1　实验室试验

试样经过加力并测量出应力值后，放入腐蚀环境中进行试验。对于焊接试样，恒应变法加力试样往往把框架、夹具连同试样一起放入试验容器内（图 8-19）。为了比较试样受力与未受力的腐蚀情况，常将未受力试样一起进行试验。

由于应力腐蚀开裂只有在特定环境中才会发生，而且有或长或短的孕育期，故往往采用加速试验方法，以缩短试验时间。加速的方法是选用合适的试验介质和试验条件。显然，选用的试验介质中必须含有肯定能引起被试合金材料发生 SCC 的特定成分，但这种介质对材料的均匀腐蚀速率应当很低，也不会使材料发生孔蚀。文献中报道过的试验介质很多，分别是一个或数个实验室使用过。这里举几个例子。

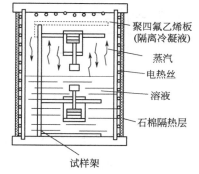

图 8-19　应力腐蚀试验用高压釜
（一个试样放在溶液中，一个试样放在蒸汽中）

对低碳钢，选用 0.5％冰乙酸，饱和 H_2S 水溶液（针对含 H_2S 环境），温度 80℃、浓度大于 80％的 NaOH 溶液（针对碱性介质），温度 107~113℃ 的 Ca（OH）$_2$、NH_4NO_3 混合溶液（针对氮肥工业）。

对奥氏体不锈钢，一般选用含氯化物的溶液，如沸腾的 42％$MgCl_2$ 溶液；加少量氧化剂（$FeCl_3$、$NaNO_2$、$Na_2Cr_2O_7$、O_2 等）的氯化钠溶液；高温高压水；连多硫酸溶液。

对铜合金，选用含 NH_3 的溶液，或者含氮化合物的溶液，氧和水汽的存在也很重要。

对铝合金，选用沸腾的 6％NaCl 溶液试验 Al-Zn-Mg 合金（不含 Cu），也有在 3.5％NaCl 溶液中全浸并通入外加阳极极化电流。

（1）NaCl 溶液中的间浸试验

这种方法应用普遍，有些国家已制定为标准方法（如美国 ASTM G44）。一般的间浸试验装置（如图 4-4 所示的旋转鼓型装置）也可以用于这种试验。试样加力方式限于恒应变。在 3.5％NaCl 溶液中浸入 10min，浮出干燥 50min，用加热装置使之干燥，如此连续地循环进行，试验样品定期取下观察。铝合金和钢通常试验 20~90d，或者更长一些。3.5％NaCl 溶液是海水介质的代表，因此不能预示合金材料在其他特定环境中的 SCC 行为。铝合金（特别是含铜的铝合金）易发生点蚀而干扰试验结果。

（2）沸腾的 $MgCl_2$ 溶液应力腐蚀试验

这个方法广泛应用于鉴定奥氏体不锈钢和一般铁素体不锈钢耐应力腐蚀开裂行为，很多国家都制定了标准，如我国 YB/T 5362—2006、美国 ASTM G36、日本 JIS G576。这些标准规定的试验条件基本相同，部分略有差别。ASTM 标准规定 $MgCl_2$ 溶液浓度为 45%±0.2%，沸点温度（155±1）℃；日本和中国标准规定 $MgCl_2$ 溶液浓度为 42%，沸点温度（143±1）℃ ［中国标准中规定，根据试验要求也可调整为（155±1）℃、浓度约为 45%］。

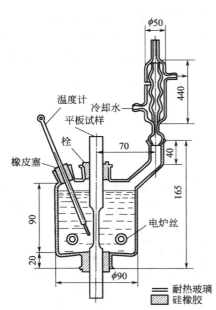

图 8-20 恒载荷拉伸应力腐蚀试验
用试验容器（图中单位为 mm）

可以采用恒应变试样（如 U 形试样），也可以采用恒载荷拉伸试样。恒应变试验容器为容积 1L、带立式玻璃回流冷凝器的磨口锥形烧瓶。将配制好的溶液装入烧瓶加热，待溶液完全沸腾后放入试样，作为试验开始时间。一个容器中最多放两个试样（溶液量保证每个试样在 250mL 以上）。每隔一定时间用夹具将试样取出，用水冲洗干净，在 5～15 倍放大镜下观察试样的破裂情况（时间要尽可能短），然后立即放回沸腾溶液继续试验。如此反复进行，直至试样上出现裂纹。试验时间较长时，最多经 7d 应更换一次溶液。恒载荷拉伸应力腐蚀试验使用图 8-20 所示试验容器，拉伸试验机的负荷精度 1%，偏心度小于 15%。在试验机上安装好试样，将溶液加热到沸腾，注入试验容器中加热。溶液开始沸腾时对试样加载，作为试验开始时间，直到试样破断。

8.1.3.2 现场试验

现场试验是将加力的试样直接暴露到自然环境或生产设备内部，在实际服役环境中考察材料耐 SCC 性能。现场试验的做法、优点和局限在第 1 章中已做了一般性介绍。对 SCC 试验来说，需要说明的是：第一，现场试验需要的暴露时间很长，甚至要几年、十几年才能得出结论。第二，环境中某些微量成分对 SCC 的发生可能起很大的加速或缓解作用。

为了由实验室短期加速试验的结果预测合金材料在长期实际使用中的耐 SCC 性能，必须确定加速试验与现场试验以及设备使用经验之间的相关性。由图 8-21 看出，对于被试铝合金材料，在沸腾的 6%NaCl 溶液中 4d 试验的结果和工业大气中现场暴露试验的结果之间的相关性，比 3.5%NaCl 溶液中 90d 和 180d 间浸试验的结果要好得多。

现场试验需要很长时间，使确定相关性的工作增加了复杂性。同时试验结果表明，对一种合金材料能得出可靠结果的加速试验方法，对另一种合金材料可能得不出可靠结果，尽管两种合金材料有着相同的基础金属。因此，对应力腐蚀试验来说，需要对不同的合金拟定合适的加速试验方法。

在制定实验室加速试验方法和将实验室试验结果与现场试验结果比较时，另一个需要考虑的问题是试样的加力方式。从图 8-22 中可以看出，对于 U 形试样，加力后试样的应变值是恒定的；当裂纹生成，应力值减小，直到试样最后断裂。对于恒载荷试样，在试样破裂开始之前应力是恒定的；在破裂过程中应力值和应变值都增加，直至试样断裂。对于慢应变速率试验，应变值随时间线性增大，应力值亦一直增大，直至试样断裂。

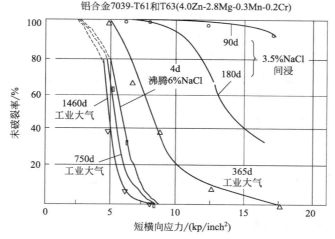

图 8-21　几种 SCC 加速试验方法与现场试验结果的相关性

$1kp/inch^2 = 1.52 \times 10^4 Pa$

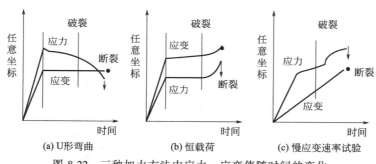

图 8-22　三种加力方法中应力、应变值随时间的变化

8.1.4　试验结果的评定

8.1.4.1　宏观检查

用肉眼或放大镜（5～15 倍放大镜）观察试样表面情况及应力腐蚀开裂裂纹。

8.1.4.2　金相观察和电镜观察

试验过程中用金相显微镜可以检查试样上应力腐蚀裂纹的发生和发展情况，试验后可以检查裂纹的类型（晶间型、穿晶型、混合型）、裂纹深度。用电子显微镜可以观察断面形态，有助于分析发生应力腐蚀开裂的原因。恒应变试样产生裂纹后引起应力松弛，使裂纹发展变慢或中止，因而可能观察不到试样完全破断，故金相观察和分析十分重要。恒载荷试样在一定的试验时间内也不一定会破断。另外，当均匀腐蚀速率较大，或者发生点蚀使试样截面积减小，也可能发生机械破断。在这些情况下，金相观察也是很有必要的。

8.1.4.3　破断时间（寿命）

破断时间包括孕育期、扩展期和快断期，要分别测出这三个时间是很困难的，一般只测总的破断时间。破断时间愈长，说明合金材料耐 SCC 性能愈好。因此，破断时间可以作为比较各种材料耐 SCC 优劣的一个指标。

　　对于使用 U 形试样进行的 SCC 试验，规定从试验开始到用放大镜看到有裂纹产生所需的时间为"宏观裂纹发生时间"，从试验开始到裂纹穿透试样的宽度所需要的时间为"裂纹贯穿时间"，从试验开始到应力全部释放的时间为"破断时间"。对于恒载荷拉伸试验，规定从加载开始到试样被拉断的时间为"破断时间"。

　　在试验同种材料的一批试样时，试验数据一般较为分散，在这种情况下，可以取其破断时间的算术平均值。但是，极端值对结果的影响很大，因为总有一些试样在试验相当长时间后仍不发生破断。另一种办法是取中位值（一半试样破断的时间），可以缩短试验时间，而且极端值影响小。

　　有些试验（如高压釜中进行的试验）要连续或定期观察试样很难，可以用一定试验时间内试样破裂率（或者未破裂率）作为比较材料耐 SCC 性能的指标。也有人用破裂时间和破裂率同时作为评价指标。

8.1.4.4　应力-破断时间曲线

　　在不同应力水平进行 SCC 试验，测量破断时间，可以作出应力-破断时间曲线（时间轴一般取对数坐标）。对于某些腐蚀体系，从图上可见存在一个临界应力值 σ_{th}，当外加应力值低于 σ_{th}，试样不会发生破断。

　　图 8-23 给出了几种铬镍奥氏体不锈钢在沸腾的 45％氯化镁溶液中试验得到的应力-破断时间曲线，可以看出不锈钢的成分对临界应力 σ_{th} 的影响。

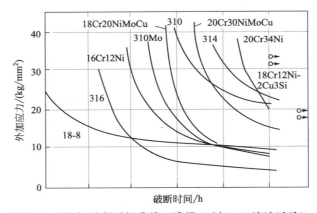

图 8-23　应力-破断时间曲线（沸腾 45％MgCl 溶液试验）

　　当使用预制裂纹试样，用断裂力学方法进行试验时，需要用应力强度因子 K_1 代替应力。首先在空气中测出材料的平面应变断裂韧性值 K_{1C}，然后选用不同的起始应力强度因子 $K_{1i}(<K_{1C})$，在特定环境条件下进行 SCC 试验，得出对应于每一个 K_{1i} 值的试样破断时间 t_f。作 K_{1i}-$\lg t_f$ 关系曲线，其水平部分即为引起破断的最低起始应力强度因子，称为 SCC 临界应力强度因子，记为 K_{1SCC}，这是评定合金材料耐 SCC 性能的一个重要指标。

8.1.4.5　测量试样在试验后力学性能的变化

　　在试验一段时间后取出试样，在拉力试验机上以一定的拉伸速度将其拉断，检查断口上裂纹的数目和大小，计算试样的伸长率和断面收缩率，并与未受应力但遭受同样介质腐蚀的空白试样比较，根据韧性指标的变化确定被试材料对 SCC 的敏感性。

此法还可以用于鉴别试样破断是否是 SCC 造成的（图 8-24）。用同样的材料制作相同的拉伸试样 A、B、C，试样 A 既不受应力也未暴露在腐蚀介质中，试样 B 不受应力但暴露在腐蚀介质中，试样 C 既受应力又暴露在腐蚀介质中（即经受应力腐蚀试验）。比较三个试样的破断载荷，如果试样 B 与试样 A 的破断载荷接近，说明介质的腐蚀性不严重，试样 C 发生 SCC 的趋势大，因此试样 C 的破断原因属于 SCC。反之，如果试样 B 与试样 C 的破断载荷接近，说明介质的腐蚀性很强，使试样截面积减小，造成机械破断，在这种情况下试样 C 的破断可能就不是 SCC 造成的。

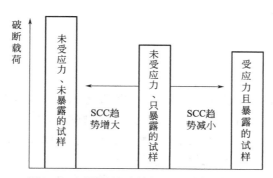

图 8-24 区别机械破断和 SCC 破断的方法

8.1.4.6 慢应变速率试验的评定

慢应变速率试验常用断口收缩率和破断时间表达试验结果。将腐蚀环境中得到的数据用惰性环境中同样试验条件下得到的数据除，比值偏离 1 愈远，材料发生 SCC 的倾向愈大。

8.1.4.7 电化学方法和电阻法评定

电化学方法主要测量 SCC 临界电位，电阻法则是测量试验后试样的电阻变化，在腐蚀文献报道的研究工作中为某些试验人员所采用。

8.2 晶间腐蚀试验

8.2.1 概述

晶间腐蚀是指金属材料的腐蚀主要沿着晶粒间界发展，而晶粒本身的腐蚀是很轻微的局部腐蚀。由于晶界区域原子排列较乱，能量较高，因而晶界与晶粒相比存在着电化学不均一性，这是形成腐蚀电池的一种原因。不过在多数情况下，晶界只比晶粒稍为活泼，而晶粒本身的腐蚀速率也不低，结果表现为均匀腐蚀。只有当晶界区物质的溶解速率远大于晶粒本身的溶解速率时，才会发生晶间腐蚀。比如能钝化的合金，晶粒和晶界的阳极极化曲线存在显著的差异，就具有发生晶间腐蚀的内在可能性。在适当的介质条件下，合金的腐蚀电位 E_{cor} 处于极化曲线上活化-钝化过渡电位区间，这种差异便表现出来，造成晶间腐蚀。不锈钢在弱氧化性（及氧化性）介质中常常发生晶间腐蚀，就是因为满足了这样两个条件。

实验室晶间腐蚀试验的一个重要目的是评定合金材料对晶间腐蚀的敏感性。有些试验是作为验收试验，这些试验选择试验介质和试验条件的原则就是要使晶粒与晶界的差异暴露出来，使晶界的溶解速率比晶粒高得多，从而表现出对晶间腐蚀的敏感性。如果材料晶粒和晶界的差异很微小，能够通过验收试验，那么这种材料对晶间腐蚀的敏感性就很小。

当然，如果试验目的是评定材料在实际使用环境中的晶间腐蚀行为，或者分析设备腐蚀损坏是否由晶间腐蚀引起，就应当使试验介质和试验条件尽可能与实际生产环境一致。

晶间腐蚀削弱了晶粒之间的联系，使金属材料的力学性能降低，很容易从晶界裂开。当腐蚀比较严重时，会造成大量晶粒脱落，试样质量亦发生明显改变。故晶间腐蚀的评定方法除了使用失重腐蚀速率外，金相观察和力学性能测量是很重要的。

8.2.2 试样

8.2.2.1 形状和尺寸

晶间腐蚀试验所用试样的形状和尺寸，一方面要考虑试验前表面制备、测量尺寸和质量等要求，以及试验后进行检查评定的需要；另一方面则需考虑所用材料的种类（板材、型钢、圆钢、铸件、钢管等）和尺寸。试样一般为矩形，长 30mm、宽 20mm、厚 3~4mm。对钢管可以取管形、半管形、舟形。试样数量为 2 个。

焊接接头试样有两种，一种包含单条焊缝，一种包含交叉焊缝。单条焊缝试样的焊缝位于试样中部，交叉焊缝试样的焊缝交叉点位于试样中部。试样数量为 4 个，2 个检查横焊缝，2 个检查纵焊缝。

8.2.2.2 敏化处理

含稳定化元素（钛或铌）的不锈钢种或者超低碳（C 的质量分数≤0.03％）的不锈钢种，晶间腐蚀倾向低，在试验前应当经过敏化热处理。处理制度为：650℃，压力加工试样保温 2h、铸件试样保温 1h，然后空冷。

含碳量大于 0.03％、小于或等于 0.08％、不含稳定化元素、用于焊接的钢种，应以敏化处理的试样进行晶间腐蚀试验。焊接试样直接以焊后状态进行晶间腐蚀试验。对焊后还要经过 350℃以上热加工的焊接件，焊后应当进行敏化处理。敏化处理制度可由供需双方在协议中另作规定。

敏化热处理在试样表面制备前进行。敏化前和试验前试样应去油（清洗剂不能含氯化物）并干燥。

8.2.2.3 表面制备

敏化处理后进行表面制备（抛光或磨光），光洁度大于∇7。在磨制过程中，要防止试样表面过热。不能进行机械磨光的试样，根据双方协议可以采用其他方法。

8.2.3 筛选试验与热酸试验

国家标准 GB/T 4334—2020《金属和合金的腐蚀　奥氏体及铁素体-奥氏体（双相）不锈钢晶间腐蚀试验方法》作为最常用的晶间腐蚀试验标准，规定了 6 种晶间腐蚀试验方法：
① 方法 A：10％草酸浸蚀试验方法；
② 方法 B：50％硫酸-硫酸铁腐蚀试验方法；
③ 方法 C：65％硝酸腐蚀试验方法；
④ 方法 E：铜-硫酸铜-16％硫酸腐蚀试验方法；

⑤ 方法 F：铜-硫酸铜-35％硫酸腐蚀试验方法；

⑥ 方法 G：40％硫酸-硫酸铁腐蚀试验方法。

方法 A 是检验奥氏体不锈钢晶间腐蚀的筛选试验；后五种方法统称为热酸试验，试验温度高，时间长。根据筛选试验结果，再判定是否需要进行热酸试验。

8.2.3.1　筛选试验

草酸浸蚀试验一般使用 10％草酸溶液，对含钼钢在难以出现阶梯组织时，可用 10％的过硫酸铵溶液代替 10％草酸溶液。试验时将浸蚀试样作为阳极，不锈钢钢杯或不锈钢钢片作为阴极（试验装置见图 8-25），通入阳极电流密度为 1A/cm²，浸蚀时间 90s，浸蚀溶液温度 20～50℃。用 10％过硫酸铵浸泡时，电流密度为 1A/cm²，浸蚀时间 5～10min。试样浸蚀后，用流水洗净、干燥，在金相显微镜（放大倍数为 200～500 倍）下观察试样的全部浸蚀表面，对照标准 GB/T 4334—2020 列出的晶界形态分类、凹坑形态分类以及标准组织图像，评定试验结果。根据筛选试验与热酸试验的关系判定是否进行下一步热酸试验。

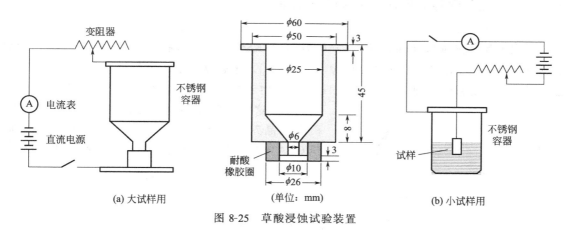

图 8-25　草酸浸蚀试验装置

8.2.3.2　热酸试验

热酸试验一般使用带回流冷凝器的磨口锥形烧瓶（图 8-26），处理（清洗、测量尺寸、称重等）好的试样置于烧瓶中，烧瓶中装入规定的腐蚀溶液，加热使溶液沸腾（或微沸状态），试验规定时间后，取出试样，在流水中用软刷子刷掉表面的腐蚀产物，洗净、干燥、称重。以失重腐蚀速率评定试验结果，失重腐蚀速率按式（8-4）计算。

$$V^- = \frac{\Delta\overline{m}}{St} = \frac{m_0 - m_1}{St} \tag{8-4}$$

式中　V^-——失重腐蚀速率，g/(m²·h)；

　　　m_0——试验前试样的质量，g；

　　　m_1——试验后试样的质量，g；

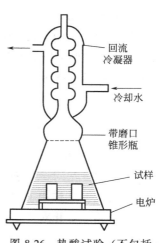

图 8-26　热酸试验（不包括硝酸-氢氟酸试验）用容器

$\Delta \overline{m}$——腐蚀失重，g；

S——试样暴露表面积，m^2；

t——试验时间，h。

8.2.4 电化学试验方法

针对热酸试验存在的问题，一些研究者提出了使用电化学极化测量技术作为检测不锈钢晶间腐蚀倾向的非破坏性的定量方法。在试验条件、评定指标与常规试验方法比较等方面做了许多工作。

电化学试验方法的基本设想是，将受到敏化热处理的不锈钢试样浸于选定的试验介质中，所选介质应满足试样的自然腐蚀电位 E_{cor} 处于活性溶解区内、阳极极化能使晶粒钝化的要求。当试样受到阳极极化时，由于晶界贫铬，其钝化行为就与晶粒不同，这就会使阳极极化曲线上出现某些特征值。这些特征值的大小与试样的敏化程度有关，从而可以作为评定不锈钢晶间腐蚀倾向的量度。

8.2.4.1 电化学再活化方法（简记为 EPR 法）

（1）单环再活化方法

所用试验介质为 0.5mol/L H$_2$SO$_4$＋0.01mol/L KSCN 溶液，温度 30℃。将试样阳极极化到钝化区内某一个电位［比如＋200mV（vs SCE）］，然后以一定的电位扫描速度反向极化，使试样的电位负移到腐蚀电位。在回扫过程中，由于晶界活化，电流逐渐增大；经过峰值后再减小。这样，极化曲线便形成一个"环"。环下面积 Q 与晶界腐蚀产生的电量成比例。用晶界区总面积 GBA（由金相测量确定）除 Q 使之归一化，得：

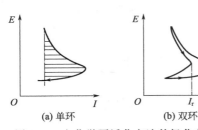

图 8-27 电化学再活化方法的极化曲线

$$P_a = \frac{Q}{GBA} \quad (8\text{-}5)$$

该式可以用来比较各种材料的敏化程度。图 8-27（a）中只有一个环，故又称为单环再活化方法。缺点是对试样表面制备的要求很高。

（2）双环再活化方法

与单环法测量不同的是，双环再活化方法测出正向和反向扫描的极化曲线，得到两个环［图 8-27（b）］。正向扫描的电流峰值为 I_a，对应于试样钝化所需电流；反向扫描的电流峰值 I_r，对应于晶界活化产生的最大溶解电流。比值为：

$$R_a = \frac{I_r}{I_a} \quad (8\text{-}6)$$

R_a 称为再活化率，反映出不锈钢材料晶界敏化程度的大小。

双环再活化方法对试样表面制备要求低，只需要用 100 号砂纸打磨，这使在现场设备上的应用大为简化。试样中非金属夹杂物对试验结果无大的影响。试验溶液中 KSCN 浓度变化、电位扫描速度变化对于试验结果的影响比单环试验方法要小，试验结果的重现性好。经过与常规试验方法比较，两类方法所得结果具有良好的相关性。图 8-28 总结了对 304 型不锈钢试样用双环再活化方法、硫酸-硫酸铁试验方法、草酸浸蚀试验方法所得到的结果。可见在比较低的敏化范围，双环再活化试验方法比硫酸-硫酸铁试验方法灵敏得多；而敏化程度较高时（晶粒被腐蚀沟包围），双环再活化试验法"饱和"了，而硫酸-硫酸铁试验法则更灵敏。

8.2.4.2　第二阳极电流峰法及恒电位浸蚀法

（1）第二阳极电流峰法

试验溶液为 1mol/L $HClO_4$＋0.2mol/L NaCl。当用动电位扫描法对试样进行阳极极化时，先后出现两个阳极电流峰值（图 8-29）。据分析认为，第一个阳极电流峰值对应于不锈钢试样钝化，第二个阳极电流峰值对应于晶界活化。第二阳极电流峰值的大小反映出晶界溶解速率的大小，因而可以用这个电流来评定不锈钢材料的晶间腐蚀倾向。

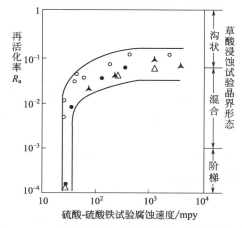

图 8-28　304 型不锈钢三种晶间腐蚀试验结果比较

不同符号对应不同炉号；1mpy＝0.0254mm/a

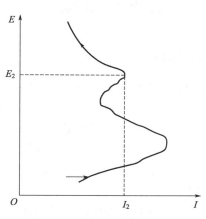

图 8-29　阳极极化曲线上的
两个电流峰值

（2）恒电位浸蚀法

先测出第二阳极电流峰对应的电位，将试样恒定在这个电位下浸蚀 2h，测量电流-时间曲线。曲线下的面积对应于 2h 内晶界溶解产生的电量，可以用来作为评定不锈钢材料晶间腐蚀倾向的指标。表 8-1 列出了一组试验结果，可见随敏化热处理时间增长，第二阳极电流峰值以及恒电位浸蚀的电量都增大。而相同条件下 304 型不锈钢的第二阳极电流峰值和恒电位浸蚀电量值都大于 316L 型不锈钢。这些结果与用常规试验方法得到的结果完全一致。

表 8-1　第二阳极电流峰值和恒电位浸蚀电量值

钢种	热处理条件	第二阳极电流峰值 /(mA/cm^2)	恒电位浸蚀法的电量 /(C/cm^2)	硫酸-硫酸铜试验后弯曲 180° 的试样表面	金相法测量的晶间腐蚀深度 /μm
304 型	固溶	1.30	3.150	很轻微裂纹	5.2
	650℃，0.5h	1.54	11.430	较重裂纹	60
	650℃，8h	8.40	25.830	破裂	130
	650℃，24h	14.20	29.745	破裂	266
	650℃，48h	15.40	106.245	破裂	350

钢种	热处理条件	第二阳极电流峰值/(mA/cm²)	恒电位浸蚀法的电量/(C/cm²)	硫酸-硫酸铜试验后弯曲180°的试样表面	金相法测量的晶间腐蚀深度/μm
316L 型	固溶	0.48	0.047	无裂纹	6
	650℃，0.5h	0.98	0.47	无裂纹	9.1
	650℃，8h	1.20	1.740	无裂纹	13
	650℃，24h	1.30	2.918	无裂纹	17
	650℃，48h	1.40	4.538	轻微裂纹	20

8.3　小孔腐蚀试验

8.3.1　概述

点蚀是一种极为典型的局部腐蚀，其破坏形态是在金属上形成腐蚀孔。蚀孔可大可小，可深可浅，但一般直径不大于孔深。有的蚀孔直，有的蚀孔弯，有的在表层下形成坑道。蚀孔可以孤立存在，也可以密集在一起。

点蚀试验的目的主要是评定各种金属材料发生点蚀的倾向，排出它们耐点蚀能力的优劣顺序，为选择最恰当的设备结构材料提供依据。测量蚀孔的发展速度，以便推测发生点蚀的设备的使用寿命。

其次是研究各种内外因素对点蚀发生和发展的影响，从而寻找改善合金材料耐点蚀能力的途径，研制新的耐点蚀合金品种，开发减少点蚀危害的有效防护技术。

点蚀的测量和评定存在许多困难。实验室试验中，或者是选择容易使金属材料发生点蚀的试验溶液进行浸泡（化学浸泡法），或者是对试样通入外加阳极极化电流进行诱导（电化学试验方法），都是为了大大缩短点蚀孕育期，使点蚀更快地发生。这样的试验方法显然具有加速试验的性质，所得结果只能表明被试材料发生点蚀的倾向大小。要使实验室短期试验结果能够预测金属设备长期使用条件下的耐点蚀性能，制定正确的加速试验方法是很重要的。

8.3.2　化学浸泡法

化学法是将被测金属材料制作的试样在规定的试验溶液中浸泡一段时间，然后评定其发生点蚀的倾向。对于不锈钢，使用最多的试验溶液是三氯化铁溶液。因为氯离子是能破坏金属表面钝化膜导致点蚀发生的活性离子，Fe^{3+} 是较强的氧化剂，对金属阳极溶解过程起促进作用，所以三氯化铁溶液是强烈的致点蚀剂。除使用三氯化铁溶液外，也有的试验工作者在三氯化铁溶液中加入盐酸，或者使用其他氯化物溶液，用得较多的是氯化钠溶液。

8.3.2.1　三氯化铁试验

在化学浸泡法中，以三氯化铁试验应用最为普遍。美国标准 ASTM G48、日本标准 JIS G0578、我国国家标准 GB/T 17897—2016 都是关于这个试验方法的。这个试验方法用于检验不锈钢和有关合金的耐点蚀性能，研究各种冶金因素对不锈钢耐点蚀性能的影响。

（1）试验条件

GB/T 17897—2016 中规定采用 6％FeCl₃＋0.05mol/L HCl 溶液。溶液配制方法是：用符合 GB/T 622—2006 标准规定的优级纯盐酸和蒸馏水或去离子水配制成 0.05mol/L 的盐酸溶液。将符合 HG/T 3474—2014 标准规定的分析纯三氯化铁（FeCl₃·6H₂O）100g 溶于 900mL 0.05mol/L 盐酸溶液中。

试验温度为（35±1）℃或者（50±1）℃（美国标准为 22℃或 50℃）。达到规定温度后，浸入试样。试验时间 24h（美国标准为 72h）。

试样参考尺寸：（30～40）mm×20mm×（1.5～5）mm。同一试验容器中原则上只放一个试样（同一钢种、同一热处理制度的试样，允许放两片或两片以上）。平行试样不少于 3 块。

（2）评定方法

应用最多的是测量失重腐蚀速率 [单位：g/(m²·h，或 mm/a]。图 8-30 是用这种评定指标表示的试验结果。从图中看出，四种不锈钢中以 304 型不锈钢耐点蚀性能最差，以精炼的高纯 Cr20Ni25Mo4Cu 不锈钢耐点蚀性能最好。当温度升高时，不锈钢发生点蚀的倾向增大。由于三氯化铁试验是一种加速试验方法，所得失重腐蚀速率只是合金点蚀倾向的比较。

前面已指出，点蚀破坏集中在狭小局部区域，因此用整个暴露表面计算的平均腐蚀速率也只能说明点蚀造成的全部质量损失的概况，而不可能正确地表明点蚀的破坏程度。显然，如果金属材料的全面腐蚀轻微，蚀孔少而深，那么所得平均失重腐蚀速率将与点蚀对材料的破坏情况有很大差异。另一类评定指标包括：蚀孔密度（单位面积上的蚀孔数）、蚀孔平均深度、最深 10 个蚀孔的平均深度、最深蚀孔的深度。

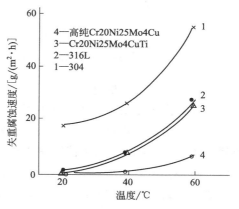

图 8-30　几种不锈钢耐点蚀性能比较
试验溶液：6％FeCl₃＋0.05mol/L HCl
试验时间：20℃，全浸 72h；40℃，
全浸 48h；60℃，全浸 24h

数蚀孔数目时应当除去试样表面上周边 5mm 的范围，使用分格的透明塑料板可以使计数更方便准确。测量蚀孔深度的方法见 3.4.2 节。

造成设备穿孔破坏事故的是最深的蚀孔，平均深度难以恰当地反映点蚀破坏程度，所以，经常使用最深 10 个蚀孔的平均深度与最深蚀孔深度作为评定指标。应当注意的是，蚀孔密度和蚀孔深度都与试样面积有关。因此，在试验中应当采用面积尽可能大的试样，并对数据用统计方法处理。

在文献中还有所谓点蚀系数和穿孔系数等。前者指最大蚀孔深度与整个暴露表面上平均腐蚀深度之比。后者指这样一个深度：超过该深度的蚀孔数目为蚀孔总数的 2.5％。

8.3.2.2　其他化学方法

（1）临界点蚀温度

将试样在 10％三氯化铁溶液中恒温浸泡 24h，观察试样上是否发生点蚀。如果没有发生，则将温度升高 2.5℃再进行试验，直到发生点蚀为止。不发生点蚀的最高温度称为临界点蚀温度（记为 CPT），可以用来比较各种合金材料的耐点蚀性能。图 8-31 是用临界点蚀温度试验方法研究奥氏体不锈钢中加入 Mo 对合金耐点蚀性能的影响的试验结果。对试验的四种不锈钢，临界点蚀温度 CPT 都与 Mo 的加入量成线性关系。对 18-8 型不锈钢，其关系是：

$$CPT = 5 + 7 w_{Mo} \qquad (8-7)$$

式中，w_{Mo} 为加入 Mo 的质量分数，%。可见加入 Mo 对提高奥氏体不锈钢的耐点蚀性能是有利的。类似地，可以定义临界缝隙腐蚀温度。

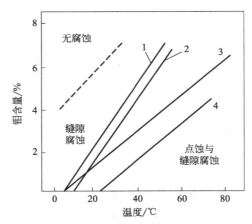

图 8-31　临界点蚀温度 CPT（实线）和临界缝隙腐蚀温度 CCT（虚线）与不锈钢含 Mo 量的关系
1—18-8 型不锈钢；2—含 0.2% N；3—含 <0.5% Mn；4—含 3.5% Si 或 25% Cr

（2）临界氯离子浓度

因为氯离子是最常见的活性离子，而且氯离子含量愈高，金属材料愈容易发生点蚀。氯离子浓度低于某一临界值时，合金不会发生点蚀。因此有人用导致金属发生点蚀所需要的最低氯离子浓度 $[Cl]_{min}$ 来比较各种合金材料点蚀倾向的大小。由表 8-2 可知，随着铁中铬加入量的增加，$[Cl]_{min}$ 提高，合金耐点蚀性能改善。但铬含量大于 24.5% 以后，耐点蚀性能没有进一步提高。而加入镍并不能提高合金耐点蚀性能。

表 8-2　最低氯离子浓度 $[Cl]_{min}$ 与合金中铬含量的关系（试验溶液：0.5mol/L H_2SO_4）

合金	$[Cl]_{min}$/(mol/L)	合金	$[Cl]_{min}$/(mol/L)
Fe	0.0003	Fe-24.5Cr	1.0
Fe-5.6Cr	0.017	Fe-29.4Cr	1.0
Fe-11.6Cr	0.069	Fe-18.6Cr-9.9Ni	0.1
Fe-20Cr	0.1		

8.3.3　电化学试验方法

点蚀试验的电化学方法是在含有一定浓度氯离子的溶液中，利用外加电流对试样进行阳极极化，测量阳极极化曲线。以阳极极化曲线上阳极电流发生突变的电位作为点蚀临界电位，用点蚀临界电位的高低来评价金属材料的点蚀倾向。

测量点蚀临界电位的方法有恒电流法、恒电位步进法、动电位扫描法、逐点恒电位法，以及划伤法、恒电位区段法等。而以动电位扫描法的应用最为普遍，已经发展成为标准测量方法。如我国国家标准 GB/T 17899—1999《不锈钢点蚀电位测量方法》、美国标准 ASTM G61、日本标准 JIS G0577。

8.3.3.1　动电位扫描法

将试样浸于含氯离子的溶液中（一般使用氯化钠溶液，GB/T 17899—1999 规定为 3.5% NaCl 溶液，并要求用氮气或氩气除氧）。从试样的腐蚀电位 E_{corr} 开始，先向正方向进行电位扫描，在钝化区内阳极电流很小。当电位极化到某一临界值 E_b 时，电流迅速增大，对应于金属表面发生点蚀。电流达到规定值（一般在 $500 \sim 1000 \mu A/cm^2$ 范围内选定）后，换向进行回扫，使电位向负方向变化（反转极化）。回扫时的极化曲线并不与正扫时的极化曲线重合。只有当电位降低到 E_b 以下的某一电位 E_{rp} 时，阳极电流才回复到钝化区内原来的数值。这样一来，便得到一个环状阳极极化曲线（图 8-32）。环状阳极极化曲线是点蚀的特征，以此可以与过钝化相区别。

电位 E_b 一般称为击穿电位或点蚀电位（即点蚀电位），E_{rp} 称为再钝化电位或点蚀保护电位。传统的作法是将 E_b 作为发生点蚀的临界电位。认为当金属的电位高于 E_b 时，钝化膜被击穿，金属表面生成腐蚀小孔。当金属电位低于 E_{rp} 时，已发生的蚀孔可以愈合，金属重新钝化。如果金属的电位介于 E_b 和 E_{rp} 之间，则已生成的蚀孔可以继续成长，但不会生成新的蚀孔。Pourbaix 等将 E_b 和 E_{rp} 引入试验电位-pH 图，得到"点蚀区""不完全钝化区""完全钝化区"的划分。

显然，E_b 和 E_{rp} 都不是腐蚀体系的固有特征量，而与测量时采用的电位扫描速度有很大关系。E_{rp} 还与回扫时的电流密度有关。表 8-3 是一个例子。从表中数据看出，随着电位扫描速度增大，测量出的电位 E_b 变正。因此，在比较合金材料耐点蚀性能时，必须使用相同的电位扫描速度。

表 8-3　电位扫描速度对点蚀电位 E_b 测量值的影响

（304 型不锈钢，0.1mol/L KHCO$_3$＋0.1mol/L KCl，22℃）

电位扫描速度/(mV/min)	E_b 测量值(vs SHE)/mV
8.33	922,935
4.17	890,895
2.77	892,880
0.69	858,870

在国家标准 GB/T 17899—1999 中规定电位扫描速度为 20mV/min（美国标准 ASTM G46 规定为 10mV/min）。在报告试验结果时应说明使用的电位扫描速度。在测量 E_{rp} 时还应说明回扫时的电流密度。

另外一个问题是，在从极化曲线上求取 E_b 时常常难以准确地确定电流突然增大的电位值，因此有人采用电流密度 $i = 10 \mu A/cm^2$ 或者 $i = 100 \mu A/cm^2$ 的最正电位值作为 E_b，并记为 E_{b10} 或 E_{b100}，这一作法已为中国标准和日本标准所采用。类似地可以确定 E_{rp10} 和 E_{rp100}。取 $i = 10$(或 100)$\mu A/cm^2$ 确定 E_b(以及 E_{rp})，实质上是将这一电流密度作为"活化"与"钝化"的界限。

由环状阳极极化曲线还可以计算点蚀平均电流密度，作为评定点蚀倾向的一个参考数

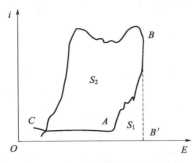

图 8-32 由环状阳极极化曲线求
点蚀平均电流密度

据。如图 8-32 所示,用图解积分法求出从点蚀发生点 A 到电流达到回扫规定电流（如 $1000\mu A/cm^2$）的 B 点,再到电流降低到钝态电流的 C 点之积分总和 S_2+2S_1,再除以这一过程中总的电位扫描幅度 $AB+CB$,就得出点蚀平均电流密度。

E_b、E_{rp} 和 E_b-E_{rp}（以及与此有关的）都可以用来评定金属材料的耐点蚀性能。E_b、E_{rp} 愈正,E_b-E_{rp}（或）愈小,则合金材料耐点蚀性能愈强。文献中以击穿电位 E_b 应用最多。表 8-4 是几种不锈钢使用化学浸泡法和动电位扫描法所得测量结果,可见两类方法得到的合金材料耐点蚀性能顺序基本相同。

表 8-4 几种不锈钢的耐点蚀性能

钢种	点蚀电位 E_b(vs SCE)[①]/V		失重腐蚀速率/[g/(cm²·h)]
	3%NaCl+5%H$_2$SO$_4$,35℃	天然海水饱和空气,50℃	50g/L FeCl$_3$+0.02mol/L HCl,50℃,48h
00Cr25Ni13MoN	0.96	1.02	0~1
Cr18Ni16Mo5	0.79	—	2.4
Cr25Ni5Mo2	0.64	0.35	2~6
1Cr17Ni12Mo2	0.44	0.32	10~15
1Cr25Ni20	0.40	—	6.9
0Cr19Ni10	0.17	0.13	15~20

① 电位扫描速度 50mV/min,由 $i=100\ \mu A/cm^2$ 确定 E_b。

之所以阳极极化时得到的点蚀临界电位 E_b 和逆向极化时得到的点蚀临界电位 E_{rp} 不重合,就是因为动电位扫描测量方法是非稳态的。由于点蚀的发生需要孕育期,在正向极化时电流的增长落后于电位的正移,故由极化曲线的转折点确定的电位 E_b 一般来说高于真实的点蚀临界电位。由表 8-4 看出,电位扫描速度愈大,测量的 E_b 值愈高,就说明了这一点。

阳极极化到金属表面发生点蚀后,由于阳极电流高度集中在小孔内壁,蚀孔中的溶液成分有很大改变,腐蚀条件强化(pH 值下降,氯离子浓度增高)。故回扫反向极化时蚀孔内壁重新钝化的临界电位并不等于该金属在原来的溶液中的点蚀临界电位,而是低于这个临界电位值。电位反转时达到的电流密度愈大,测出的 E_{rp} 值应愈低。有试验表明,E_{rp} 随点蚀发生后通入的阳极电量的对数呈直线降低。

因此,有研究认为点蚀临界电位只有一个,当金属电位稍正于这个电位,点蚀就能发生和发展;而金属电位稍低于这一电位,金属整个暴露表面就能够转变为钝态,不会发生点蚀。这就是说,点蚀临界电位与钝化膜破坏后的再钝化电位应当是同一个电位。据此有人指出,应当采用 E_{rp} 作为点蚀临界电位。

8.3.3.2 测量点蚀临界电位的其他方法

(1) 逐点恒电位法

针对动电位扫描法的缺点,有人提出了逐点恒电位法,先用恒电位步进法或者动电位扫

描法测出击穿电位 E_b 的大概数值，然后将金属试样的电位分别恒定在这一数值附近的几个电位值，测量电流 i 随时间 t 的变化曲线。如果选定电位高于点蚀临界电位，经过孕育期后阳极电流便会迅速上升。更换试样，恒定在稍低的电位进行试验，如果选定电位低于点蚀临界电位，金属不会发生点蚀，随着钝态改善，电流会逐渐减小。这样，测出的电流-时间曲线可以分为两类：一类电流随时间上升，另一类电流随时间下降。

这两类曲线之间的电位就是点蚀临界电位。图 8-33 是其示意图。

这种方法虽然可以求出真实的点蚀临界电位值，但是太费时间。特别是在选定电位稍高于临界电位时，孕育期可能很长，在有限的试验时间内实际上测不出电流的增加。

（2）划伤法

做法类似于逐点恒电位法。电位控制在不同恒定值时，用金刚石在试样表面轻划一条伤痕。如果选定的电位低于点蚀临界电位，由于伤痕可以愈合，金属表面仍处于钝态，阳极电流会随时间而下降。改变另一电位继续进行试验，直到某一电位下金属表面划伤

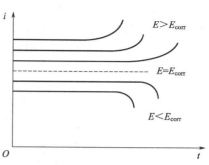

图 8-33　恒电位条件下的电流-时间曲线

后电流不再随时间下降为止。以划痕能够重新钝化的最高电位作为点蚀临界电位。

划伤法的测量方法与逐点恒电位法基本相同，故所得数值应比较接近真实的点蚀临界电位。而划伤法用划伤金属钝态表面来缩短点蚀发生的孕育期，消除了逐点恒电位法需要很长时间的缺点。有人指出，由于实际使用条件下的金属材料表面难免存在一些擦伤和划痕，故划伤法是比较符合实际情况的。但是，划伤法测量结果仍然受试验条件的影响。金属表面划伤后，在划痕内的阳极电流密度必定远大于划痕外钝化膜完好表面部分的电流密度。因此，划痕内壁的溶液成分还是有一些变化。划痕愈深，划痕底部的溶液成分与主体溶液成分之间的差别可能愈大。试验表明，划伤的轻重对测量结果的确有影响。重划时测量的再钝化电位比轻划时的测量值要低。另外，搅拌对测量结果也有影响。

划伤法的另一个缺点是，试样表面钝化膜被划伤而破坏的区域并不一定是有利的点蚀位置。因此，得出的点蚀临界电位乃是划痕而非蚀孔的再钝化电位。

（3）由 E_b 与电位扫描速度的关系外推

有研究者得出了动电位扫描法测量的击穿电位 E_b 和电位扫描速度的函数关系。304 型奥氏体不锈钢在 0.5mol/L H_2SO_4＋0.5mol/L NaCl、25℃ 的水溶液中，用动电位扫描法测量的 E_b 和电位扫描速度 V 的立方根成线性关系，见图 8-34，由图中直线得出：

$$E_b = 596 + 15.1V^{1/3} \tag{8-8}$$

式中，596mV 是将直线外推到 $V=0$ 得到的。作者认为，这样求出的击穿电位是稳态值，其数值与逐点恒电位法得到的数值相同。

（4）恒电位区段法

恒电位区段法的原理是由蚀孔数目随电位的变化确定点蚀临界电位（图 8-35）。用一根直径不大于

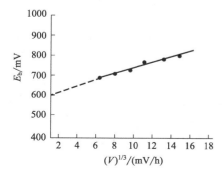

图 8-34　E_b 与电位扫描速度的关系

1mm，长 1m 的细金属丝作为试样，浸没在试验溶液中。试样的一端用恒电位装置恒定在某一个低于点蚀临界电位的电位，在试样和辅助电极之间流过电解电流。另外，用直流电源同金属丝试样组成回路，在金属丝中流过的电流应当比恒电位仪流出的电解电流大得多。这个电流在金属丝上造成电压降，使金属丝另一端的电位高于点蚀临界电位。这样，整个试样上的电位就分布在一定的电位区段范围内，而各点的电位可以根据欧姆定律确定。经过一定的试验时间后，将试样取出，测量相应于不同电位的表面上的蚀孔数目，绘制出电位-蚀孔数目分布曲线，延长到蚀孔数目等于零所对应的电位，即得到点蚀临界电位。这个测量方法的优点是可以观察到蚀孔数目随电位的分布情况，但试样直径必须很小，使单位长试样有足够大的电阻，且金属丝试样直径均匀，才能由欧姆定律准确测定试样上电位的变化。

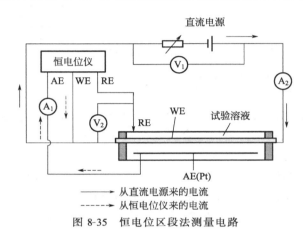

图 8-35 恒电位区段法测量电路

8.3.3.3 蚀孔生长速率曲线

蚀孔生长速率（PPR）曲线是用阳极极化的方法使蚀孔引发，然后将试样的电位控制在 E_{rp} 与 E_b 之间的某一数值，测量电流随时间的变化，从而计算蚀孔的生长速率。

按图 8-36 上部的波形改变试样的电位：

① 以 10mV/s 的电位扫描速率将试样的电位极化到 E_{rp} 与 E_b 之间的某一个选定数值（图中是 0.25V），保持 10min。因为电位低于 E_b，试样不会发生点蚀，记录的电流是钝态金属的均匀腐蚀速率的量度。E_b 和 E_{rp} 的数值可以事前用动电位扫描法确定。

② 继续扫描到 E_b 以上，直到电流密度达到 10mA/cm²。

③ 一步将试样的电位降低到 E_{rp} 与 E_b 之间原来选定的数值，保持 10min。因为在 E_b 以下的电位没有新的蚀孔引发，所以记录的电流是未发生点蚀区域的均匀腐蚀速率和已形成蚀孔的生长速率之和的量度。

④ 一步将试样的电位降低到原来的自然腐蚀电位（E_{corr}），使蚀孔再钝化，保持 5min。

⑤ 重复步骤①，以肯定在钝态条件下电流没有大的改变。

⑥ 将试样电位降低到 E_{corr}。

由 10min 蚀孔成长期间记录的总电流减去均匀腐蚀的电流，就得到蚀孔成长产生的电流（图 8-36 中的阴影区）。用图解积分法确定 10min 期间的平均点蚀电流。试样上实际发生点蚀的总面积由显微镜观察确定。然后用点蚀面积除平均点蚀电流，就可以得到平均蚀孔成长电流密度，作为蚀孔生长速率的真实量度。

在 E_{rp} 以上几个选定的电位分别测量出平均蚀孔成长电流密度，以电位为纵坐标，以平

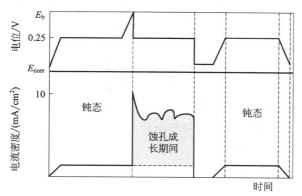

图 8-36 测量蚀孔生长速率使用的电位-时间变化和得到的电流-时间曲线

均蚀孔成长电流密度为横坐标，画出的曲线即为 PPR 曲线。

用 PPR 曲线可以比较不同合金材料耐点蚀性能以及各种因素对材料点蚀行为的影响。从图 8-37 看出，对于 3MoTRIP 钢（TRIP 指相变诱导塑性）来说，冷加工对蚀孔生长速率和击穿电位的影响是很显著的。PPR 曲线还提供了在 E_{rp} 和 E_b 之间蚀孔成长的定量信息。

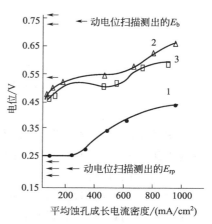

图 8-37 冷加工对 3MoTRIP 钢的
PPR 曲线的影响
1—0%冷加工； 2—19%冷加工；
3—28%冷加工

8.3.3.4 点蚀孕育期（诱导期）的测量

点蚀的发生需要一定的临界条件，如临界氯离子浓度、临界温度等。在满足临界条件后，点蚀的引发仍需要一定的时间，这段时间称为点蚀孕育期（或诱导期）。为什么存在孕育期呢？对于不锈钢，一般认为孕育期乃是活性阴离子（如氯离子）局部破坏金属表面钝化膜，使钝化膜被穿透形成点蚀源所需的时间。所以，为了了解点蚀的全过程，测量点蚀孕育期也是鉴别金属材料点蚀敏感性和环境侵蚀性的重要参数。

为了能够准确测定孕育期，要求对这个时间段的起始点和终止点作出正确的判断。起始点是点蚀临界条件被满足的瞬时，而终止点则是蚀孔开始出现的瞬时。

（1）化学法

将试样浸入 6%FeCl₃＋0.01mol/L HCl 溶液（35℃）。由于溶液氯离子含量高，已满足了临界条件，故试样浸入时为孕育期的起始点，蚀孔开始出现时为孕育期的终止点，从而可以得到孕育期。但蚀孔开始出现的时间不容易测量准确。

（2）电化学法

电化学法包括恒电流法和恒电位法。前者以试样电位的突变作为孕育期的终止点，后者以电流的突变作为孕育期的终止点。电流和电位的突变点容易确定，故可以准确测出孕育期。

① 恒电位法 ［图 8-38(a)］。开始时用不含氯化物的溶液，控制在某一选定的温度。试样浸入后用恒电位仪将试样电位恒定在某一选定的数值，记录电流-时间曲线。由于试样表面处于钝态，电流是很小的，主要用于维持表面钝化膜。在某一时刻 t_0 注入氯化物，使得

满足点蚀临界条件。此时刻 t_0 作为孕育期的起始点。到时刻 t_1，钝化膜已局部穿透，于是发生金属溶解反应，电流突然上升，时刻 t_1 作为孕育期的终止点。

② 恒电流法 [图 8-38(b)]。使用含氯离子的溶液（如 1mol/L NaCl），控制在某一个选定的温度，记录电位-时间曲线。此时试样处于自然腐蚀电位 E_{corr}。在某一时刻 t_0 向试样通入预先选定的外加阳极极化电流（大于维钝电流密度），试样电位跃升到 E_i。时刻 t_0 为孕育期的起始点。由于 E_i 高于点蚀临界电位，使点蚀临界条件得到满足。经过一段时间，在时刻 t_1 电位下降到 E_s，表明钝化膜已局部击穿，点蚀发生了。t_1 为孕育期的终止点。即电位从跃升到下跌这段时间为点蚀孕育期。

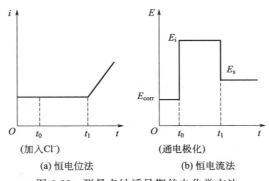

图 8-38 测量点蚀诱导期的电化学方法

恒电流法和恒电位法所得到的孕育期是不同的，这是因为两种测量过程中外加电流对电极反应的影响不同。而且两种方法得到的孕育期又与测量中所选取的极化电位（恒电位法）和极化电流（恒电流法）的大小有关。虽然两种方法得到的孕育期不同，但分别用它们测出的孕育期值来判断材料的点蚀敏感性和环境侵蚀性，得到的规律性是一致的。

孕育期的测量值还和所用材料的成分、组织结构、表面状态、溶液中氯离子浓度、温度有密切关系。所以，必须在相同的试验条件下进行测量，才能得到可比较的结果。

8.3.4 其他研究方法

8.3.4.1 电化学噪声测量

在金属腐蚀过程中，电极反应过程的各个动力学步骤发生随机波动，使金属的电位和极化电流密度出现随机波动现象，这种电位和电流的随机波动叫做电化学噪声。在腐蚀研究的许多领域可以应用电化学噪声测量技术，点蚀研究就是其中之一。因为在金属材料发生点蚀的过程中，氯离子使金属表面钝化膜局部破坏，金属电位向负方向移动；金属材料的钝化能力又会使钝化膜修复，金属电位向正方向移动而电流减小。钝化膜的破坏和修复反复进行，便引起金属试样电位和电流的随机波动。所以，测量电化学噪声可以作为研究金属材料点蚀发生过程、评价金属材料发生点蚀倾向的一种重要手段。

由于噪声信号很微弱，又是随机的，不能采用通常的弱信号检测技术。一般的做法是尽可能降低测量仪器本身的噪声，将腐蚀金属电极和试验溶液组成的体系放在屏蔽盒中以减小外界干扰。基准电极上输出的电化学噪声（低噪声）经前置放大器的放大，然后输入快速傅里叶变换（FFT）分析仪，连续测量噪声电压和功率随时间的变化和随频率的变化。

图 8-39 是光谱纯铁在含 0.01mol/L 氯离子的重铬酸钾溶液中测量的噪声电压谱。谱图上

有多段密波，试验中观察到试样上发生多个腐蚀小孔。在其他试验体系中，有时出现了密波而没有观察到腐蚀小孔，试样表面只是变暗。这可能和溶液中氯离子浓度有关。当氯离子浓度低于临界浓度时，密波不出现，也观察不到腐蚀小孔，因为金属不会发生点蚀。当氯离子浓度正好在临界浓度附近，密波可能出现，说明发生了钝化膜破坏和修复的反复过程，但最终可能不发生点蚀，因为无论是蚀孔生成了，还是蚀孔引起的钝化膜破坏修复了，都会使通过钝化膜的阳极电流密度降低，从而电化学噪声降低，密波也就消失了。

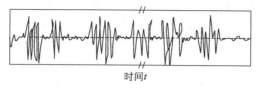

图 8-39 发生多个蚀孔时的噪声电压谱

图 8-40 是噪声功率谱（功率 P 随频率分布）和噪声功率密度谱（功率密度随频率的分布）。可见在相同频率下含氯离子浓度较高的体系的噪声功率和噪声功率密度都较高。在图 8-40(b) 中，频率取对数坐标，两条分布曲线的主要部分都成直线关系，在发生点蚀的所有条件下，直线部分的斜率基本相同，近似等于 -1。由此可知，点蚀过程中的噪声属于低频噪声（$1/f$ 噪声），噪声功率密度随频率增大而下降。在超过频率 f_c 以上，噪声功率密度降至最低值（图中为 -50）。f_c 称为噪声频率，表明噪声频率范围在 f_c 以内。f_c 既与溶液中钝化剂种类和浓度有关，又与溶液中氯离子浓度有关。氯离子浓度增大，f_c 提高（近似成直线关系）。

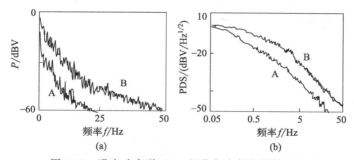

图 8-40 噪声功率谱（a）和噪声功率密度谱（b）

工业纯铁；A—0.1% $K_2Cr_2O_7$＋0.002mol/L $[Cl^-]$；B—0.1% $K_2Cr_2O_4$＋0.02mol/L $[Cl^-]$

8.3.4.2 计算机图像处理技术

在点蚀化学浸泡试验法的评定指标中，点蚀（概）率 P 的定义是：

$$P=\frac{N_p}{N} \tag{8-9}$$

式中　N——试样总数；

　　　N_p——发生了点蚀的试样数。

对于铝合金，传统的作法是在 6×3 的试板上用石蜡划分为 $1cm\times1cm$ 的小方格，每个小方格中滴一滴试验液体（如盐水）。将试板在 100% 相对湿度的环境中保存一周，然后数发生了点蚀的方格数。但蚀孔直径多数很小，有时候不容易检测，特别是很难测出蚀孔的面积，这就使得对材料点蚀倾向的评定难以确切。使用计算机图像处理技术可以使这一工作得到很大改进。

不锈钢试样（尺寸 25mm×60mm×1mm）经表面处理后，在 10％三氯化铁溶液（50℃）中浸泡 20min，然后用水清洗，无水乙醇浸泡，取出吹干。定位拍照，得到试样表面的高对比度照片。在这种照片上蚀孔发黑，而无蚀孔区域发白。用扫描仪对照片进行扫描。按照扫描仪的分辨率，单位长度可以分为某一数目的图像基本单位（像素）。比如每毫米分为 25 个像素，则每个像素长 40μm。这样，照片便分为许多个 40μm×40μm 的小正方形。测量透过每个小正方形的光束强度，并将强度分为一定数目的等级，其数值称为灰度。

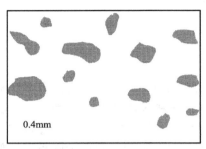

图 8-41　经阈值处理后的图像

Itzhak 使用的扫描仪的灰度数字为 0～255，共 256 个等级。黑色为 0，白色为 255。试样上各个小正方形便对应于一个代表其灰度的数字，整个照片转化为由数字组成的矩阵。扫描仪将这些数字记录在磁带上，并输入计算机。计算机处理时，首先给数值化图像一个阈值（人为选择），把属于背景的亮像素和属于蚀孔的暗像素分开（图 8-41）。设某个蚀孔包括 A_i 个像素，则其面积为 $(A_i×1600)μm^2$。把包括 A_i 个像素的蚀孔数目 $N(A_i)$ 数出来，便可以得出图 8-42 所示的蚀孔分布图。从图可见，最小蚀孔包括 4 个像素（面积 $0.0064mm^2$），数目最多（205 个），大蚀孔数目很少。

由图 8-42 可以得出包含 A_i 个像素的蚀孔总面积，作出图 8-43。试样上蚀孔总数为 759，包含的总像素为 14948（面积为 $23.9mm^2$）。定义点蚀（概）率 P 为蚀孔总面积与试样暴露表面积之比，得到 $P=9.73％$。这样得到的点蚀概率能够更准确地评价材料的点蚀倾向。只要试样面积足够大，得到的 P 值与试样面积无关。

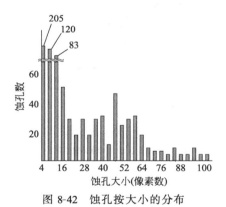

图 8-42　蚀孔按大小的分布　　　　　图 8-43　蚀孔面积随蚀孔大小的变化

8.4　缝隙腐蚀试验

8.4.1　概述

缝隙腐蚀也是一种典型的局部腐蚀。由于结构设计不良形成的缝隙，或者固体物质在金属表面沉积造成的缝隙，或者和金属表面结合不牢的漆膜、氧化皮所形成的缝隙，都导致局部地区的闭塞几何条件。缝隙内的金属表面成为腐蚀电池的阳极，其溶解速率比缝外金属表面大得多。

缝隙腐蚀造成的破坏与缝隙几何参数（缝隙形状、宽度、缝内金属表面积与缝外金属暴露表面积之比等）有很大的关系。

缝隙腐蚀与点蚀有许多相似之处，容易钝化的金属材料对缝隙腐蚀敏感性较高，金属在含氯离子的溶液中容易发生缝隙腐蚀。缝隙腐蚀和点蚀在发展阶段的机理都可以用闭塞电池模型来说明。

但是，点蚀是从金属表面上的活性点开始引发，闭塞区是通过腐蚀过程形成的；而缝隙腐蚀中的缝隙在腐蚀开始时就已经存在，而且缝隙的闭塞条件比点蚀更严重。因此，缝隙腐蚀比点蚀更容易发生，更难停止，破坏影响也更大。

缝隙腐蚀试验必须使被试金属处于缝隙条件之下，即缝隙腐蚀试验的一个重要环节是设计带缝隙的试样。既要考虑到缝隙的几何参数，又要满足测量要求。因此，试样的设计往往表现出试验人员的创造性和技巧。

缝隙腐蚀试验可以在现场的实际使用环境中进行，但需要较长的暴露时间。所以多数是进行实验室加速试验。实验室试验包括化学方法和电化学方法两大类。

缝隙腐蚀试验的目的：一是研究缝隙腐蚀的机理，包括引发和成长阶段的特征，缝隙腐蚀的影响因素。二是评定金属材料对缝隙腐蚀破坏的敏感性，从而排列出被试材料耐缝隙腐蚀性能的优劣顺序，为选择耐缝隙腐蚀材料提供参考数据。

8.4.2　化学浸泡法

8.4.2.1　试样

不同的腐蚀实验室设计了各种各样的缝隙试样，其设计思想是模拟实际生产中使用的金属部件上存在的缝隙。缝隙试样可以由金属与金属构成，也可以由金属与非金属构成。

缝隙试样的主要形式有：

① 在金属板上堆积少许沙土或者碎屑，放置一块石棉、橡皮或者垫片材料来形成缝隙。

② 在金属试样上缠上橡皮带形成缝隙。图 8-44 表示的试样是在金属板的两面各放置一块塑料圆柱，然后用橡皮带扎紧。这样，在橡皮带和金属板的棱边接触部位、金属板与塑料圆柱接触面之间便形成了几种缝隙（图中的 1，2，2′，3，3′）。国家标准 GB/T 10127—2002《不锈钢三氯化铁缝隙腐蚀试验方法》就采用这种试样。

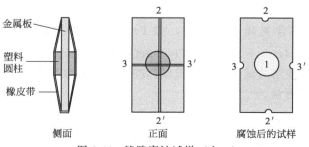

图 8-44　缝隙腐蚀试样（之一）

③ 用点焊制作搭接接头。

④ 将试样半浸在溶液中（研究水线腐蚀）。

⑤ 金属板之间放上垫片，用螺栓夹紧；或者将金属板重叠起来，捆扎在一起。金属板之间还可以夹进非金属材料。

⑥ 在金属板上装上铆钉或者带垫片的螺栓。图 8-45 是用螺栓、垫片构成缝隙的几个例子。

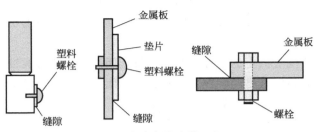

图 8-45　缝隙腐蚀试样（之二）

⑦ 用金属丝缠绕在带螺纹的非金属螺栓上。

⑧ 将一根金属棒插入金属块上的孔内，或者将两根棒形试样用螺纹连接起来。

⑨ 发夹形试样，其做法是：将金属条（尺寸 0.4in×4in，1in＝0.0254m）先向一边轻微弯曲，然后绕一根直径 0.5～1in 的棒回弯 180°，将金属条两端压紧，使其密切接触。

⑩ 两个圆盘（或者平板条），中心是平台（直径 0.5in 左右），由中心向外轻微倾斜。用螺栓使中心平台紧密结合，这就形成了由内向外逐渐变宽的缝隙。

⑪ 国际镍公司（INCO）使用的缝隙腐蚀试样。用螺栓将聚四氟乙烯（PTFE）或聚甲醛（Delrin）浇铸螺母压紧在金属板上。螺母上有 20 条径向配置的沟槽，每条宽 1mm，深 1mm。这样，在金属板和螺母之间便形成了 20 个缝隙区域（图 8-46）。用这种多缝隙试样可以观察到缝隙腐蚀的不同发展阶段的破坏特征。

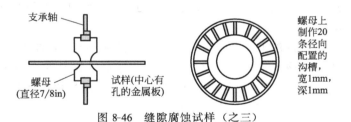

图 8-46　缝隙腐蚀试样（之三）

8.4.2.2　试验条件

试验溶液一般使用含氯离子的溶液，如 $FeCl_3$、$FeCl_3＋HCl$、$CuCl_2＋HCl$、NH_4Cl、$NH_4Cl＋HCl$、$MgCl_2$、$MgCl_2＋HCl$、$MgCl_2＋FeCl_3＋HCl$ 等。6% $FeCl_3$ 溶液（调节 pH＝1.6）、50℃是一种经常使用的试验条件，美国标准 ASTM G48 规定为检验不锈钢及有关合金耐缝隙腐蚀性能的标准方法。

8.4.2.3　试验结果评定

主要是用肉眼观察试样腐蚀破坏的特征、分布、形态，测量试样的质量损失、最大腐蚀深度等。由表 8-5 可见，高纯铁素体不锈钢 EB26-1 耐缝隙腐蚀性能远远超过其他不锈钢，而与高镍钼铬合金 Ni49Cr20Mo7（F 合金）相当。

表 8-5　几种不锈钢及合金的耐缝隙腐蚀性能（6%FeCl₃，室温）

不锈钢或合金种类	平均失重/mg	最大腐蚀深度/mm
EB26-1 钢	1	0.2
00Cr19Ni10 钢	420	4.9
Cr25Ni20 钢	430	2.5
00Cr17Ni12Mo2 钢	470	5.1
Cr25N 钢	520	2.0
Ni75Cr15Fe 合金	490	1.0
Cr19Ni33 合金	450	2.5
Ni49Cr20Mo7 合金	2	0.5

Brigham 将测量临界点蚀温度的试验方法亦用于缝隙腐蚀试验。将试样在 10%FeCl₃ · 6H₂O 溶液或者 3%NaCl 溶液（用盐酸调节 pH=3）中恒温浸泡 24h，然后升温 2.5℃，直到缝隙腐蚀发生。不发生缝隙腐蚀的最高温度称为临界缝隙腐蚀温度（CCT），用来比较各种合金材料耐缝隙腐蚀性能。在图 8-31 中也画出了 Mo 含量对不锈钢耐缝隙腐蚀性能的影响。对 18-8 型不锈钢，其关系是：$CCT = -(45\pm5) + 11w_{Mo}$。

8.4.3　电化学试验方法

8.4.3.1　测量内容

用于缝隙腐蚀试验的电化学方法包括以下几种：

① 电位测量，特别是测量电位-时间曲线。

② 电流测量，将试样恒电位控制在选定数值，测量电流随时间的变化。

③ 极化曲线测量，由极化曲线确定各种表征缝隙腐蚀的特征量。

④ 线性极化技术。

8.4.3.2　试样

电化学测量中使用的试样有两种，一种是不带缝隙的试样，一种是带缝隙的试样，以后者应用较多。就缝隙试样而言，缝隙可以覆盖整个金属暴露表面（完全缝隙），也可以只覆盖部分表面（部分缝隙）。

缝隙试样不仅要考虑缝隙的几何条件，而且要适应电化学测量的要求。比较简单的试样设计是在广泛使用的 Stern-Makrides 型试样上制作缝隙，比如在圆柱试样上开一个沟槽，配上氯丁橡胶 O 形环 [图 8-47(a)]；或者将试样上端面与垫片接触处稍稍弄斜 [图 8-47(b)]。

其他缝隙试样设计很多，都是根据试验目的制作的，下面举几个例子。

(1) 金属电极与尼龙网构成缝隙

国家标准 GB/T 13671—1992《不锈钢缝隙腐蚀电化学试验方法》规定的试样制作方法为：试样为正方形，尺寸 10mm×10mm×δ，或者圆形，尺寸 φ11.3mm×δ，δ 为试样厚度，

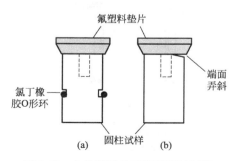

图 8-47　电化学测量用缝隙腐蚀试样

单位为 mm。首先制作树脂镶嵌试样［图 8-48(a)］,在试验前将试样放入夹具内,把尼龙网和聚四氟乙烯垫片在试验溶液中浸泡后依此盖在试样的工作面上,放上玻璃珠,旋紧夹具压盖至手拧不动为止［图 8-48(b)］。

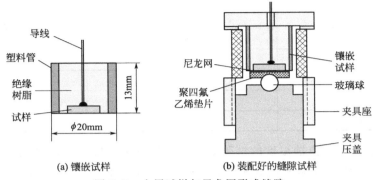

(a) 镶嵌试样   (b) 装配好的缝隙试样

图 8-48　金属试样与尼龙网形成缝隙

(2)　用夹板框形成缝隙

试样形状见图 8-49。金属板夹在有机玻璃框架中,用非金属螺栓固定,便形成金属-非金属缝隙。缝隙宽度可以用不同直径的校准丝进行调节。将两块金属板安装在塑料框架中,其间夹入一金属隔片。固定后去掉隔片便形成金属间缝隙。缝隙宽度由选定的金属隔片厚度调节。

Rosenfeld 和 Marshakov 将这种缝隙试样和另一个不带缝隙的试样(材质、形状、尺寸相同)浸在 0.5mol/L NaCl 溶液中,测量了缝隙中和自由表面金属的电位随时间的变化、两个试样之间流过的电流。

(3)　玻璃小球压在金属板上形成缝隙

试样结构见图 8-50。将氟塑料螺栓旋进,使玻璃小球压在圆盘形工作电极上,就可以引入缝隙。将螺栓旋出,使玻璃小球后退,缝隙就去掉了。PVC 塑料螺栓的作用是将电极紧压在氟塑料垫圈上,以消除不希望的缝隙。

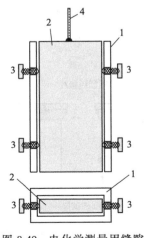

图 8-49　电化学测量用缝隙
腐蚀试样 (Rosenfeld)

1—有机玻璃盖板;2—金属试样;
3—非金属螺栓;4—点连接杆

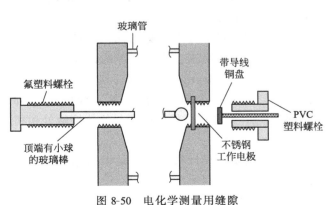

图 8-50　电化学测量用缝隙
腐蚀试样 (Lizlovs)

Lizlovs 用这种缝隙试样在 1mol/L NaCl 溶液中、不同温度下进行缝隙腐蚀试验。首先将试验溶液的温度升高到预定值，用恒电位仪使试样保持在某个选定的电位。待极化电流稳定以后，推进玻璃球，引入缝隙。记录极化电流随时间的变化。经过 2～4h，退后小球，去掉缝隙，然后取出试样，观察腐蚀破坏情况。根据所得到的电流-时间曲线可以比较合金材料耐缝隙腐蚀性能。

（4）圆棒和孔配合形成缝隙

试样组合见图 8-51。将金属圆棒插在有机玻璃块的孔中，形成一个长 2in（1in＝0.0254m）的缝隙。有机玻璃块上还开有一些小孔，通向缝隙的不同位置。用这样的试样可以测量沿着缝隙的电位分布。

France 和 Greene 在试验中用恒电位仪将缝隙口的电位保持在定值，测量了缝隙内的电位分布曲线，并与被试合金在 $0.5mol/L\ H_2SO_4$ 溶液中的阳极钝化曲线进行对比，用以分析缝隙中金属的表面状态。

（5）试样支架与盐桥结合

试样组合见图 8-52。金属板放置在橡皮块上形成缝隙，棉线起盐桥作用。

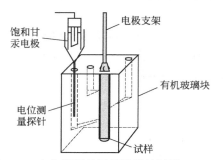
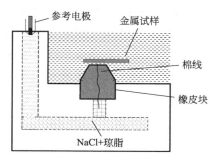

图 8-51　电化学测量用缝隙腐蚀试样（France）　　图 8-52　电化学测量用缝隙腐蚀试样（Bates）

Bates 用这种装置在 3.5％NaCl 溶液中测量了缝隙内外试样电位差的变化，研究了阳极极化对缝隙腐蚀的作用。

（6）缝隙腐蚀试验的流动系统

试验系统见图 8-53。缝隙在金属试样和阴离子半透膜之间形成。缝隙中生成的金属离子和氢离子不能扩散到缝隙外，而主体溶液中的氯离子却可以穿过半透膜扩散到缝隙内。这样一来，形成浸蚀性缝隙溶液所需的时间就缩短了。

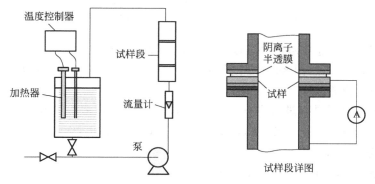

图 8-53　缝隙腐蚀试验流动系统（Suzuki）

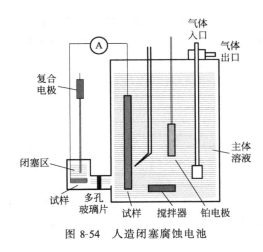

图 8-54　人造闭塞腐蚀电池

Suzuki 等用这个试验系统测量了金属试样和阴极之间流过的电流随时间的变化。

（7）人造闭塞腐蚀电池

人造闭塞腐蚀电池的设计有多种，图 8-54 是其中之一。闭塞区和主体溶液通过一个多孔玻璃片（孔径 $4\mu m$）相连，闭塞区内和主体溶液中的试样是相同材料制作，并经过同样的表面处理。

但闭塞区内试样的尺寸比主体溶液中的试样小得多。闭塞区内安装复合电极，用于测量闭塞区试样的电位和溶液 pH 值，以及氯离子浓度。内外试样通过零电阻电流表相连，可以记录开路时和极化到不同电位时内外试样之间流过的电流。

8.4.3.3　电解池

缝隙腐蚀试验中使用的电解池有许多形式，应根据试验目的进行选择或者自行设计。

图 8-55 表示几种可能的试验电解池。图上部是单室电解池，下部是双室电解池。图 8-55(a) 的电解池使用无缝隙试样，试验溶液必须调节得与缝隙内溶液条件相近。图 8-55(e) 的电解池一般是内室盛模拟缝隙溶液，外室盛主体溶液。图 8-55(f) 的电解池中两个都是无缝隙试样，因而一个室中盛主体溶液，一个室中盛模拟缝隙溶液。

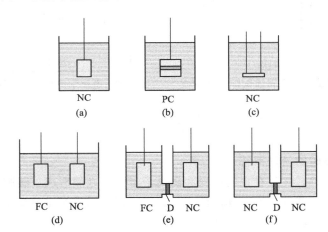

图 8-55　缝隙腐蚀试验中使用的电解池的可能类型

NC—无缝隙试样；PC—部分缝隙试样；FC—全缝隙试样；D—微孔隔板

在测量电位时，上述电解池都可以使用。如果要测量电流（包括极化曲线）就必须要有两个试样，如图 8-55(d)、图 8-55(e)、图 8-55(f) 的电解池。在图 8-55(c) 的电解池情况中，一个试样须是完全缝隙试样。

显然，电解池中还要有进行电化学测量的设备以及测量溶液性质（如 pH 值、氧含量等）的设备。在很多情况下，这些测量是在缝隙内部进行的。

8.4.3.4　试验结果评定

（1）诱发腐蚀后能够再钝化的最正电位

国家标准 GB/T 13671—1992《不锈钢缝隙腐蚀电化学试验方法》规定的试验方法是：用

规定的人工缝隙夹具将 1cm² 的不锈钢试验面与尼龙网构成人工缝隙，在 3.5％氯化钠溶液（用符合规定的分析纯氯化钠 35g 溶于 965mL 蒸馏水或者去离子水中配制而成）中，试验温度（30±1）℃。用恒电位法使其极化到 0.800V（vs SCE），诱发缝隙腐蚀。记录电流-时间曲线，以电流随时间增加作为发生缝隙腐蚀的标记［图 8-56（a）］。诱发腐蚀后立即将试样电位降至某一预选钝化电位 V_1，记录电流-时间曲线并监测 15min。如果在该电位下材料对缝隙腐蚀敏感，电流随时间增加或者在大范围内波动，表明腐蚀将继续发展；反之，试样将发生再钝化［图 8-56（b）］。标准规定以发生缝隙腐蚀的表面能够再钝化的最正电位为判据，评价被试不锈钢材料的耐缝隙腐蚀性能。

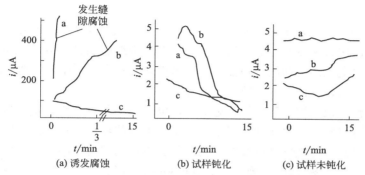

图 8-56　由电流-时间曲线判断合金缝隙腐蚀行为

（a、b、c 表示几种电流随时间的不同变化趋势）

（2）缝隙腐蚀的引发

测量试样腐蚀电位随时间的变化、极化电阻随时间的变化，以腐蚀电位迅速移向活化方向，或者极化电阻的倒数迅速增大作为缝隙腐蚀引发的指示。

图 8-57 是 Oldfield 等的试验结果。腐蚀电位-时间曲线可分为四个阶段。第一阶段电位向正方向变化，可能是金属表面钝化膜增厚或者致密性改善所引起。第二阶段腐蚀电位基本不变，只是不时向活化方向波动，表明金属表面钝化膜局部击穿又再钝化。第三阶段腐蚀电位迅速向负方向移动，指示缝隙腐蚀引发，缝隙内金属表面活化。最后腐蚀电位保持在低数值，对应于缝隙腐蚀的成长。扫描电镜观察与此相符。

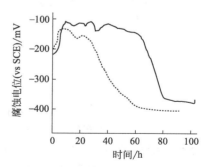

图 8-57　缝隙试样的电位-时间曲线

316 型不锈钢，缝隙宽度 10μm，

1mol/L NaCl 溶液，调节 pH＝6

Jones 等测量了带缝隙试样的腐蚀电位和极化电阻随时间的变化。图 8-58 是腐蚀电流（与极化电阻倒数成正比）-时间曲线。他们使用了图 8-47（b）所示的圆柱试样。由图 8-58 看出，当缝隙腐蚀引发（用阳极极化电流诱导或者自发发生）后，极化电阻迅速下降，腐蚀电流迅速增大。如果不发生缝隙腐蚀，则腐蚀电流随时间下降，表明不锈钢表面钝态得到改善。

（3）缝隙腐蚀临界电位

确定缝隙腐蚀临界电位的方法与确定点蚀临界电位的方法基本相同，只是前者需要使用带缝隙的试样。可以使用恒电位法，用恒电位仪将缝隙试样的电位控制在一系列选定值，在

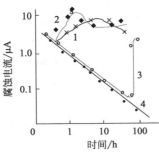

试验体系：304型不锈钢，3%NaCl，90℃。
1—浸入溶液0.5h后，用2μA阳极极化
电流引入局部腐蚀；
2—浸入溶液0.5h后，自发开始的局部
腐蚀(未通阳极电流)；
3—浸入溶液50h后，用2μA阳极极化
电流引入局部腐蚀；
4—未发生局部腐蚀

图 8-58 腐蚀电流随时间的变化

1h 之内测量极化电流和溶液 pH 值随时间的变化，以电流密度超过 10A/cm^2 和缝内溶液 pH 值至少下降 2 单位作为缝隙腐蚀引发的指示，从而确定缝隙腐蚀临界电位 E_{cc}。也可以使用动电位扫描法和恒电流法，动电位扫描法以阳极极化过程中电流密度迅速而确定地增加作为缝隙腐蚀引发的指示，从而求得缝隙腐蚀临界电位。

恒电流法测量时通入恒定阳极极化电流，以电位最大值取作缝隙腐蚀临界电位 E_{cc}。对于一种给定的合金材料，缝隙腐蚀临界电位总是比点蚀临界电位负一些，但二者之间没有简单的关系。钢材对点蚀的敏感性较高时，两个临界电位的差值较小。使用循环极化方法可得到环状阳极极化曲线（图 8-59），确定击穿电位和保护电位（其意义与点蚀测量相同），将击穿电位看作缝隙腐蚀引发过程的量度，即 E_{cc}；而滞后量（击穿电位 E_{cc} 和保护电位 E_{pr} 的差值）则和缝隙腐蚀的生长速率有关。Wild 等的试验发现，此差值与缝隙试样在海水中浸泡的失重之间存在良好的相关性（图 8-60）。

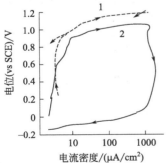

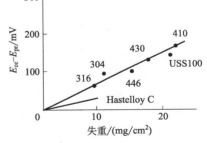

图 8-59 用缝隙腐蚀试样测量的环状阳极极化曲线

（3.5%NaCl 溶液，25℃，充气）

1—HastelloyC 合金，电位扫描速度 0.60V/h；

2—Carpenter 20Cb3 合金，回扫蚀电流密度 200μA/cm^2

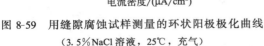

图 8-60 电位差值 E_{cc}—E_{pr} 与腐蚀失重之间的关系

极化测试：3.5%NaCl 溶液，25℃

失重测试：海水中浸泡 4.25a

（4）临界缝隙溶液组成（CCS）

所谓临界缝隙溶液组成，是指破坏金属表面钝态所需要的缝隙溶液组成，一般考虑溶液 pH 值和氯离子的影响。

Crelet 等在 2mol/L NaCl 溶液中，调节到各个不同的低 pH 值，用阳极极化方法测量活化峰高度。活化峰不再分辨得出的 pH 值称为去钝化 pH 值，可以作为缝隙腐蚀敏感性的量度。Oldfield 等使用了相似的方法，取活化峰电流密度达到 10μA/cm^2 时的 pH 值作为临界缝隙溶

液的 pH 值（图 8-61）。选择 $10\mu A/cm^2$ 有某种随意性，但这个电流密度对应于 0.1mm/a 左右的腐蚀速率，故作为缝隙腐蚀开始的表征是合理的。Defranoux 等则将去钝化 pH 值定义为使原来处于钝态的试样的电位在 2h 内降低到析氢理论电位之下的溶液 pH 值。

图 8-62 表明用去钝化 pH 值比较各种不锈钢耐缝隙腐蚀性能。去钝化 pH 值愈低，合金材料耐缝隙腐蚀性能愈好。由图可见，增加合金中的 Cr、Mo、Ni 含量，降低杂质 S 的含量，对提高不锈钢耐缝隙腐蚀性能是有利的。

（5）缝隙腐蚀生长速率

Suzuki 等使用图 8-53 的流动系统进行试验，测量了试样与阴极管道之间流过的电流随时间的变化。电流的突然增加指示缝隙腐蚀的引发（图 8-63）。将电流-时间曲线积分可以得到缝隙腐蚀形成的电量，然后计算出缝隙腐蚀的生长速率。试

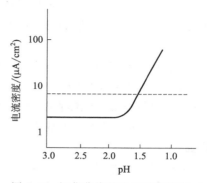

图 8-61　极化曲线的活化峰高度随
溶液 pH 值的变化

验表明，由电流-时间曲线积分所得的电量与浸泡试验所得试样的失重相关性良好。

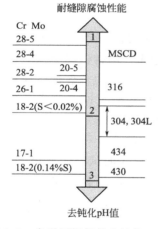

图 8-62　各种不锈钢的去钝化 pH 值
试验溶液：2mol/L NaCl，23℃

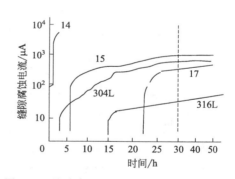

图 8-63　缝隙腐蚀试样测试的电流-时间曲线
14—25.4%Cr；15—25.2%Cr，1.0%Mo；
17—25.1%Cr，2.9%Mo

用这种方法比较不锈钢的成分对其耐缝隙腐蚀性能的影响，可以得出：Mo 含量对提高不锈钢耐缝隙腐蚀性能关系很大。Mo 含量至少应达到 2%～3% 才能发挥作用。

也可以对试样进行恒电位阳极极化，测量电流-时间曲线，比较试样的耐缝隙腐蚀性能。

8.5　电偶腐蚀试验

8.5.1　概述

两种不同的金属在电解质溶液中直接接触（或者通过导线连接），便组成了电偶对。电偶对中电位较负（较活泼）的金属受到加速腐蚀破坏，称为电偶腐蚀，或接触腐蚀。电位较

正的金属的腐蚀减轻，即受到了阴极保护。

影响电偶腐蚀的因素很多，包括两种金属的腐蚀电位差、极化性能、阴极和阳极面积比、溶液导电性、温度、流速等。

电偶腐蚀试验的基本要求是用被测金属组成电偶对作为试样，并置于电解质溶液中形成电流通路。进行电偶腐蚀的过程中通常要注意以下几个问题：

① 阳极性金属和阴极性金属的相对面积和几何配置对试验结果有很大的影响。如果是研究电偶对组合的实际腐蚀行为，试样设计应和组合部件的应用特性尽量一致。如果是研究两种金属组合的电偶腐蚀效应，试验内容应包括不同面积比的组合。

② 将两种金属的试样直接接触组成电偶腐蚀试样时，必须保证在试验过程中两金属间电接触良好，防止接触处形成大的电阻。同时，还要保证两种金属之间电解质溶液具有连续的通路。

③ 随着腐蚀过程的进行，电偶对成员可能发生极性反转。因此电偶腐蚀试验需要进行足够长的时间。当试验时间较短时，所得结果有可能是错误的。

④ 与其他腐蚀试验一样，电偶腐蚀试验可以在实验室模拟试验条件下进行，也可以在现场使用环境中进行。进行试验的原则和试验后的评定方法也是基本上相同的。

8.5.2　试样

腐蚀试验机构和试验人员设计了许多种用于暴露试验的电偶腐蚀试样，下面是其中一些。

① 电偶对最简单的连接方式是将平板试样直接叠合起来，用铆钉或螺栓连接固定，形成紧密的接触。美国材料与试验协会（ASTM）制定的大气暴露用电偶腐蚀试样就采用这种

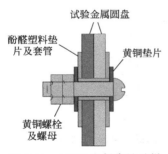

图 8-64　ASTM 电偶腐蚀试样
（用于大气暴露）

形式。两个不同金属材料制成的圆盘试样用黄铜螺栓穿过中心孔连接起来。螺栓与金属圆盘试样之间加入塑料套管和垫片进行绝缘。金属圆盘外侧面涂漆，只留下棱边作为暴露表面积（图 8-64）。后来对这种形式的试样设计作了一些改进，用每种金属各制两个圆盘，彼此间隔叠合在一起，再用螺栓连接起来。圆盘直径呈阶梯变化。试验后只用中间一对圆盘试样作为检测对象。

② 圆盘形试样的缺点是暴露表面积较小，另一种改进型是用阳极金属材料制作长方形平板，将阴极金属材料制成的长条铆接（或者用螺栓连接）在上面。还可以将第三种金属的长条重叠起来，再进行连接。在需要研究电偶腐蚀对材料力学性能的影响时，这种形式的试样特别合适。因为试验后可以用阳极金属平板切割成拉伸试样（图 8-65）。也有在一种金属的平板上用螺栓连接另一种金属制成的圆盘试样，组合成电偶对。

③ 图 8-66 是美国俄亥俄州立大学腐蚀实验室使用的一种电偶腐蚀试样。这种试样可以减轻缝隙腐蚀对试验结果的影响。由于两种金属通过塑料管内部连接，故这种试样适用于导电性良好的溶液。当溶液导电性较差时，应当缩短绝缘部件的长度，使阴极和阳极的距离较近。

④ 有的腐蚀工作者在研究镁合金与其他金属材料偶接时造成的电偶腐蚀试验中，使用了圆柱型试样（图 8-67）。阳极和阴极材料都加工成小的圆柱，用螺栓连接在一起。两个圆柱之间安放橡胶垫片，以保持接触面紧密，不致因为腐蚀而产生大的电阻。采用不同直径的

垫片还可以改变阳极与阴极之间的电解质通路，当垫片直径较大时，阳极的腐蚀将比较均匀。

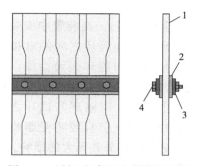

图 8-65　平板-长条型电偶腐蚀试样

1—试验金属平板；2—A 金属长条；

3—B 金属长条；4—连接螺栓

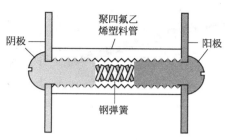

图 8-66　阴极和阳极通过塑料管
内部连接的电偶腐蚀试样

图 8-67　圆柱型电偶腐蚀试样

⑤ 为了增加阳极试样单位质量的表面积，有人采用了<u>丝状试样</u>。将阳极金属制作的丝缠绕在阴极金属螺杆上（图 8-68）。对于镁丝来说，这种试样在短期暴露中是有价值的；但在长期试验中镁丝会发生断裂，连接端可能严重损坏，因此不甚可靠。试验后测量阳极金属丝的失重和电阻变化。

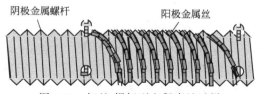

图 8-68　细丝-螺杆型电偶腐蚀试样

⑥ 海水暴露用电偶腐蚀试样。图 8-69 是美国材料与试验协会 ASTM B-3 委员会进行海水全浸电偶腐蚀试验使用的试样组合装置。试样是从板材上切割下来的拉伸试样，每个电偶对用黄铜螺栓通过一个橡木块连接起来，然后放入铜镍合金板做的槽子内，并用螺钉固定。在槽子内充入沥青类防水和密封化合物，以保护连接面。将绝缘材料制作的支承杆穿过试样上端，固定在槽子两端的立板上。整个支架完全浸没在清洁的海水中。试验前和试验后测量试样的电阻以确定电偶腐蚀的影响。后来有人指出，使用拉伸试样没有意义，因为拉伸试验数据不能提供关于电偶腐蚀影响的信息。

⑦ 在生产设备内进行挂片试验，最简单的办法就是将两种金属的试片直接组合，然后暴露到设备内的生产介质中。一般挂片试验中使用的线轴型试片架和插入型试片架（见第 9

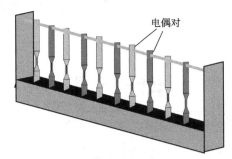

图 8-69　海水暴露用电偶腐蚀试样组合装置

电偶对

章图 9-1、图 9-2、图 9-3）也可以用于电偶腐蚀试验。不同金属材料的试片之间插入导电的间隔环，以保证形成电接触（用于其他暴露试验时，间隔环为不导电的非金属材料）。在装置中安装一个压紧弹簧，使试片和金属间隔环之间的电接触不致因为试片腐蚀而松动。间隔环表面涂漆，以保持和腐蚀介质隔离。试片的面积应考虑到阴极与阳极面积比。实践中发现，间隔环与试片之间的腐蚀剂泄漏问题难以避免，但只要将受影响这部分试片分开计算，对其他部分并无大的影响。

除上述几种外，还有其他的电偶腐蚀试样形式。需要注意的是，不同金属材料试样之间的接触造成了缝隙，所以在采用各种形式的试样时都应当安装控制试样，即使用同种材料制成的试片，按同样的连接方式组合起来，以检查接触面之间缝隙的影响。

8.5.3　电化学试验方法

电偶腐蚀的起因和历程完全是电化学性质的，所以电化学测量方法对电偶腐蚀试验特别适用。电偶腐蚀电化学试验方法的测量内容包括腐蚀电位、电偶电流和极化曲线。

8.5.3.1　腐蚀电位

显然，金属的腐蚀电位与环境条件密切相关。因此，在不同环境中金属的腐蚀电位亦有所不同。一般常见的电偶序是在海水中测量得到的，但不同区域海水的组成、温度、流速可以存在较大差异。金属材料在海水中的腐蚀电位也非定值，特别是可钝化的金属，如不锈钢，由于钝态和活态的交替变化，腐蚀电位更难以稳定。从图 8-70 中看出，304 型和 316 型不锈钢在海水中浸泡 10 个月以上，腐蚀电位仍有较大变化，特别是 304 型不锈钢。可见图中四种金属材料的腐蚀电位顺序显然与测量电位的时间有关。

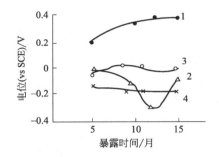

图 8-70　四种金属的腐蚀电位-时间曲线
1—316 型不锈钢；2—304 型不锈钢；
3—镍；4—90-10Cu-Ni 合金

考虑到这种情况，有的电偶序上表示出腐蚀电位的范围，这样，有些金属材料的腐蚀电位便出现了重叠，如图 8-71 所示。多数文献上引用的电偶序都只列出金属和合金的顺序，而不标记电位数值。

8.5.3.2　电偶电流

在电偶腐蚀试验的电化学方法中，最常用的是测量电偶对两金属之间流过的电偶电流。根据电化学腐蚀理论，电偶电流的数值直接对应于阳极金属的电偶腐蚀速率，因此，可以用电偶电流来评定电偶腐蚀危害的大小。

测量电偶电流的一个重要问题是：实际上的电偶腐蚀电池是短路的，因为两种金属直接接触，而金属的电阻很小。如果使用普通的电流表去测量电偶电流，就会在电路中另外引入电阻，从而改变了电偶电流的数值。

为了解决这个问题，早在 19 世纪 30 年代 Brown 和 Mears 就提出了零电阻电流表

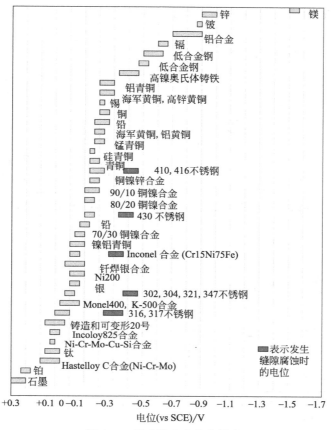

图 8-71　流动海水中的电偶序

（ZRA）技术。零电阻电流表的基本电路如图 8-72 所示，当电路未平衡时，电偶电流通过测量电路产生电压降（用电压表 V 测量），因而电流表 A 指示的电流小于短路电流。由外电源来补偿这部分减小，调节分压器改变外加电压 E，或者调节电阻 R，直到电压表 V 的指示为零。即电偶电流在测量电路上的电压降为零，因而电偶腐蚀电池的两个金属电极之间没有电位差。此时电偶腐蚀电池便是短路的，电流表 A 测量的电流就是电偶电流。

图 8-72 表示的基本电路是有缺点的。在电路未达到平衡的调节时间内，电偶腐蚀电池的极化情况将受到外加电流的影响，使随后进行的测量得出不正确的结果，或者需要较长时间才能消除影响。由于电偶电流随时间变化，测量工作需要专人监视，不断调节。这种电路也不便于进行自动记录。

20 世纪 60 年代末期提出的零电阻电流表电路，其特点是使用电子调节线路自动地使电偶腐蚀电池成为短路电池。同时用自动记录仪表来记录电偶电流随时间的变化。Lauer 和 Mansfeld 首先提出了使用运算放大器组成的零电阻电流表电路（图 8-73），该电路现已得到广泛应用。

图 8-74 和图 8-75 是用零电阻电流表测量的电偶电流-时间曲线的两个例子。从这两个图可以看出，电偶电流随时间变化，但不同的电偶对的电偶电流的变化情况则不一样。

对于 1006 碳钢与铜组成的电偶对，电偶电流随时间减小。409 型不锈钢与铜组成的电偶对，电偶电流在几小时后急剧增加，原因是发生了局部腐蚀。对于 430 型不锈钢与铜组成的电偶对，电偶电流在 60h 试验时间内一直很小。

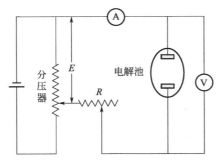

图 8-72 零电阻电流表的基本电路

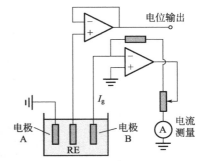

图 8-73 运算放大器组成的零电阻电流表电路

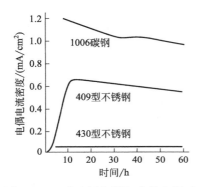

图 8-74 三种金属与铜组成的电偶对
测量的电偶电流-时间曲线
实验条件：5%NaCl，30℃

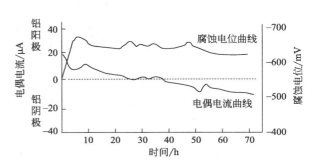

图 8-75 4130 钢-6061 铝电偶对的腐蚀
电位和电偶电流随时间的变化

图 8-75 表明，4130 钢和 6061 铝组成电偶对时，不仅电偶电流的大小随时间变化，而且电流的极性也发生了反转。开始时，铝对于钢是阳极性的，但是在 40h 以后铝对钢转变为阴极性，即钢在电偶对中成为阳极。

可见，在进行电偶腐蚀试验时，时间因素是很重要的。因此，常常需要进行长期的试验，特别是电偶对可能发生极性反转或者可能发生局部腐蚀时，长期试验才能充分暴露电偶腐蚀的影响。

测量电偶电流-时间曲线，可以分析电偶腐蚀的发展过程。如果要将电偶腐蚀试验结果和失重测量结果对比，一般是将电偶电流对暴露时间积分，求出试验期间内电偶电流产生的总电量（即电偶电流-时间曲线下面的面积），得到平均电偶电流密度，然后计算阳极金属的平均失重腐蚀速率，并与失重法测量的腐蚀速率比较。不过，这两个腐蚀速率在一般情况下是不相同的。用平均电偶电流密度计算出的腐蚀速率比失重法测量的腐蚀速率要小。这是因为失重法求出的腐蚀速率是阳极金属试样总的溶解反应速率，它所产生的阳极总电流的一部分消耗在阳极金属材料本身的微电池腐蚀上，其余的电流消耗在电偶对的阴极金属上，只有后一部分才是我们在电偶腐蚀试验中测量到的电偶电流。

在进行电偶电流测量时，还有一点要注意，试验中的阳极金属试样和阴极金属试样是分开的，通过外电路实现电接触，因此电流在阳极与阴极之间分布比较均匀，这与实际的电偶腐蚀破坏是有差别的。

8.5.3.3　极化曲线

当两种金属在电解质溶液中形成电偶对时，它们彼此极化，电位较负的阳极金属的电位升高（发生阳极极化），电位较正的阴极金属的电位降低（发生阴极极化）。在溶液的欧姆电阻可以忽略不计时，它们的电位将达到共同的混合电位 E_g，而 E_g 则由阳极金属的阳极极化曲线与阴极金属的阴极极化曲线的交点决定。所以，测量极化曲线也是电偶腐蚀电化学试验的重要内容。

由图 8-76 看出，阴极金属 C 的腐蚀电位 E_{cor}^C 高于阳极金属 A 的腐蚀电位 E_{cor}^A。组成电偶对后，金属 C 发生阴极极化，电位降低；金属 A 发生阳极极化，电位升高。在混合电位 E_g，阴极金属 C 的腐蚀速率减小了（受到阴极保护），而阳极金属 A 的腐蚀速率增大了，$I_{cor}^A \rightarrow (I_{cor}^A)'$（电偶腐蚀效应）。腐蚀电流变化的大小取决于它们的极化曲线以及混合电位。

所以，分别测量两种金属在试验溶液中的极化曲线，然后测量它们组成电偶对时的混合电位，就可以用作图法确定它们的腐蚀速率的变化，特别是可以确定阳极金属的电偶腐蚀电流密度。在试验溶液的欧姆电阻不能忽略时，只需要用阳极金属极化以后的电位 E_a 代替 E_g，上述作法仍然是适用的。

测量两种金属的极化曲线还可以预测它们组成电偶对时是否可能发生极性反转。

因为两种金属试样的暴露表面积一般并不相等，所以在作极化曲线时应采用电流强度（图 8-76 中是使用 $\lg I$），而不是电流密度。

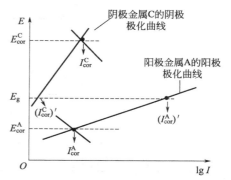

图 8-76　由极化曲线分析异金属组成电偶对时的电偶腐蚀效应（活化极化体系）

当金属材料可能发生点蚀或者缝隙腐蚀时，这种金属与另一种金属组成电偶对时的混合电位还可以影响其局部腐蚀行为。比如在氯化钠溶液中，不锈钢与铂组成电偶对时，不锈钢受到阳极极化，电位进入点蚀区，因而会发生点蚀破坏；如果不锈钢与铜组成电偶对，其混合电位处于不完全钝化区，这是点蚀和缝隙腐蚀成长的电位区；当不锈钢与碳钢接触时，不锈钢作为阴极，电位负移，进入完全钝化区，即受到阴极保护。

8.6　磨损腐蚀试验

8.6.1　概述

材料在承受摩擦力（表面剪切应力）的同时还与环境介质发生化学或电化学反应而出现的材料表面流失现象，称为磨损腐蚀（也有称腐蚀磨损的）。它包括介质中摩擦副的磨损腐蚀、腐蚀性料浆冲蚀、高温腐蚀性气体中的冲蚀、腐蚀液流中的气蚀以及微动腐蚀等类型。材料的这些失效形式经常发生在泵或阀的过流部分（泵体、叶轮、密封环）、管道内壁面以及腐蚀介质中服役的摩擦副（如动密封面积轴承等零部件）中，其中以多相流造成的破坏尤为严重。

腐蚀磨损涉及到化学和力学两方面的因素，磨损腐蚀对金属材料的破坏程度既与材料的耐蚀性和耐磨性有关，又与流体和金属表面之间的相对运动速度的大小有关。

由于腐蚀介质的作用，磨损表面一般都会形成一层性质不同于基体金属的表面膜，这些表面膜可能是钝化膜或其他薄膜，甚至是腐蚀产物。这些表面膜当受到摩擦力作用而发生破裂或减薄时，将会在某种程度上从电化学参数或力学参数的变化中反映出来，如电位或电流以及摩擦系数的变化等。金属磨损腐蚀的典型过程可以用图 8-77 表示。

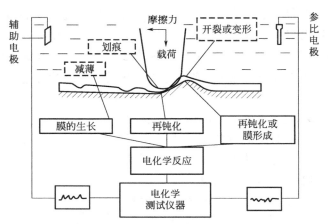

图 8-77　典型的金属腐蚀磨损过程

设计磨损腐蚀试验的基本原则是造成腐蚀性流体对被试材料的机械冲刷条件，包括高速、冲击、空化等。通过对破坏程度的检测，评定和比较各种材料在试验条件下的耐磨损腐蚀性能，或者评价保护技术的效果，以及确定保护技术的最佳使用条件。

磨损腐蚀试验可以将试样在实验室内暴露到模拟的或加速的磨损腐蚀条件下进行，也可以将试样暴露到生产设备的腐蚀部位在实际生产条件下进行，从而寻求实验室试验结果与现场挂片试验结果之间的相关性。如果需要得到设备在实际生产条件下的耐磨损腐蚀性能，就应当进行实物试验，比如用被试材料制作热交换器管束、泵叶轮等，安装在中间试验装置的回路中，或者实际生产流程中，经过一段时间服役后对其磨损腐蚀情况进行检查评定。

对试验流体的选择要根据试验目的确定。在某些试验中，采用规定的介质来比较各种金属材料的耐磨损腐蚀性能。如果是为生产设备选择建造材料，显然应当采用实际生产流体。有时除使用实际生产介质外还采用去离子水作比较，以分析介质的腐蚀性对于材料损坏后果所起的作用。

8.6.2　冲刷条件的产生

8.6.2.1　高速相对运动

（1）旋转圆盘装置

将圆盘试样安装在轴上，使其高速旋转，或者将矩形小试样固定在旋转圆盘的边上，都可以造成试样与试验介质之间的高速相对运动。圆盘直径和转速对试验结果有重要影响。

（2）文丘里管

将试样安装在文丘里管的缩颈段，或者作为管壁的一部分（图 8-78），或者安装在管的轴线上。腐蚀液体通过文丘里管时，在缩颈段产生很高的流速，而且流速与试样表面平行。

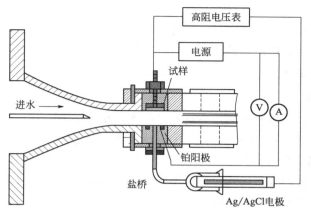

图 8-78　可进行电化学测试的文丘里管高流速试验装置

在试样作为管壁的一部分时，将试样和周围管壁绝缘，不仅可以测量试样在腐蚀试验后的失重量，而且可以在试验过程中进行电化学测量（图 8-78）。

（3）狭窄通道

试样安装在截面积很小的水道里，用泵使液体高速流过通道，由喷嘴射出（图 8-79）。在试样表面附近的流速可以达到 166km/h。在一根总管的末端可以安装几个这样的装置，对各种材料的磨损腐蚀情况进行比较。

8.6.2.2　喷射冲击

使高速喷射的流体冲击在试样上，试样可以固定，也可以旋转。图 8-80 是这种装置中试样与喷嘴相对位置的示意。从总管来的高速流体通过喷嘴喷出，冲击在试样上。一个装置可以同时试验数个试样。

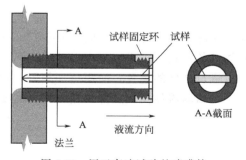

图 8-79　用于高速试验的喷嘴管

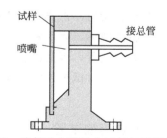

图 8-80　喷射冲击装置中试样与喷嘴的配置

8.6.3　空化条件的产生

8.6.3.1　带孔或槽的旋转圆盘

图 8-81 是空化腐蚀试验中使用的旋转圆盘试样。为了制造空化源，圆盘上钻有直径

9.5mm 的小孔，并加工了安装插件的凹槽（圆形或长条形）。圆盘试样以 3200r/min 的速度高速旋转，在小孔后面的尾流中产生强烈的空化作用，该部位的圆盘表面遭受到磨损腐蚀破坏。

8.6.3.2 喷射冲击装置

将一对试样安装在转轮边缘的对称位置，转轮以很高的速度（如 12000r/min）旋转。两个平行于转轴的喷嘴在试样的旋转路径上对称安装。喷嘴上喷出高速液流，使试样受到反复冲击，产生空化腐蚀条件。

8.6.3.3 振动装置

使试样表面在试验液体介质中作高频轴向振动，在一定条件下也可以在金属试样表面附近的液体中产生空化作用。空化作用与它造成的损坏的大小和振动的幅度及频率有关。图 8-82 是振动试验装置的示意图。圆柱形试样安装在一个圆锥形柱体上，其下部浸没在试验液体介质中。磁致伸缩或压电效应换能器和试样支承耦合，在电子振荡器的驱动下，换能器通过支承杆使试样表面发生轴向振动。

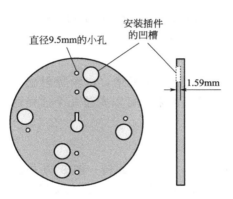

图 8-81 产生空化条件的带孔和槽的旋转圆盘试样

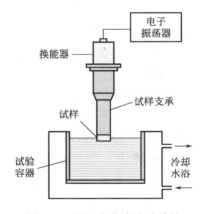

图 8-82 用于空化腐蚀试验的振动试验装置简图

虽然振动和喷射冲击方法产生的空化作用与实际磨损条件并不相同，但它们可以产生高强度的空化腐蚀破坏，因而常用于筛选耐磨损腐蚀的材料。

特别是振动装置，因其试验装置简单，可以进行准确的测量，使用更加频繁。ASTM 还制定了试验标准，对试样尺寸、振动频率和振幅、试验液体及其上部气相压力、温度等试验条件做了规定。

8.6.4 微动腐蚀试验

8.6.4.1 微动

微动（Fretting）是指在机械振动、疲劳载荷、电磁振动或热循环等交变载荷作用下，名义上静止的接触表面间发生的振幅极小（通常在微米量级）的相对运动。微动作为一种特殊的摩擦现象，普遍存在于机械行业、核反应堆、航空航天、桥梁工程、汽车、铁路、船舶、电力工业、武器系统、电信装备和人工植入器官等领域的"紧固"配合部件中。微动摩擦学是研究微动运行机理、损伤、测试、监控及预防的一个学科分支，它是一门日益发展的新兴交叉学科，涉及的学科广泛，如机械学、材料学、力学、物理学、化学，甚至生物医学、电工学等。

微动造成接触表面摩擦磨损，引起构件咬合、松动、功率损失、噪声增加或形成污染源，或者产生疲劳裂纹并扩展，导致疲劳寿命大大降低。随着高科技领域对高精度、长寿命和高可靠性的要求，以及各种工况条件的日益苛刻，微动损伤的危害日益凸现，已成为引发灾难性事故的主要原因之一，被称为工业界的"癌症"。

根据运行条件和运行环境不同，微动现象可分为微动磨损、微动疲劳和微动腐蚀三大类。

8.6.4.2　微动腐蚀

微动腐蚀是机械构件紧配合界面在电解质或其他腐蚀性介质如海水、酸雨、腐蚀性气氛等中发生的损伤，是一个材料在机械作用与化学、电化学耦合作用的复杂过程。从摩擦学角度来看，它是一种在电解质或其他腐蚀介质中发生的微动现象；从腐蚀学来看，它是在微动摩擦条件下的特殊腐蚀行为。在海洋工程、航空航天、核电站、交通工具、生物医学工程等工程领域，微动腐蚀的实例非常多，如海洋工程的机械装备在海水及盐雾气氛中发生微动腐蚀，核反应堆的热交换器导热管与管支件之间在高温高压水汽中的冲击微动腐蚀，高压输电线缆在雨雾中的微动破坏，口腔精密附着体、骨折固定装置及人工关节等在体液环境中发生的微动腐蚀，等等。

8.6.4.3　微动腐蚀试验装置

目前尚无标准的或通用的微动腐蚀试验方法。一般微动腐蚀试验装置中，产生微小振幅相对运动的方法有机械式和电磁式两类。

(1) 机械式微动腐蚀试验装置

① 利用曲柄机构产生摆动。此类装置通过曲柄机构使主轴获得往返旋转运动（图 8-83）。载荷通过杠杆级重块加到环、块之间，利用载荷传感器测定摩擦系数。这类装置结构简单，但传动机构中的一些零件也往往遭到微动腐蚀。

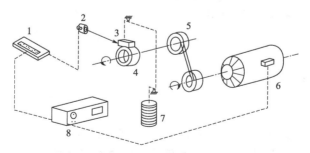

图 8-83　曲柄机构微动腐蚀试验装置

1—记录仪；2—载荷传感；3—块；4—环；5—曲柄传动；6—电动机；7—重块；8—控制器

② 靠偏心重块的离心力产生振荡。电动机通过驱动轴使偏心重块旋转（图 8-84），偏心重块产生的离心力使试样-滚柱轴承收到振荡。其振荡频率通过电动机转速来控制。用两只定位销插入保持器中，使受试轴承保持在固定的相对位置。

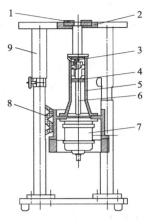

图 8-84 滚动轴承微动腐蚀试验设备
1—试验轴承；2—振荡元件；3—偏心重块；
4—传输轴承；5—空心轴；6—驱动轴；
7—电动机；8—振荡元件；9—支架

（2）电磁式微动腐蚀试验装置

该类试验装置是利用一台电磁振荡发生器来产生往复运动。最常用的是电磁振动台。

图 8-85 是一台高温微动腐蚀试验装置。试样的载荷大小通过调整倾斜机构的拉杆螺栓使振荡发生器上仰或下倾来加以控制，并由贴在传动杆上的应变片来测定。另外还贴有测量摩擦力的应变片。为了冷却传动杆，在它中间通入冷却水。此外还装有电容传感器、热电偶级加速度计等来测量振幅和温度。

图 8-86 也是一台电磁式微动腐蚀试验装置。下试样夹在不锈钢级聚甲醛制成的夹头中，借聚甲醛推杆和两片铍铜与振荡器相连接。铍铜有足够的刚性传递振荡，并有足够扰性使上试样在垂直方向做有限位移。由于夹头质量较大，因此用尼龙绳把部件往上吊起，以减轻质量。振幅和频率是可调的，靠装在推杆上的线性差动变压器来监测。

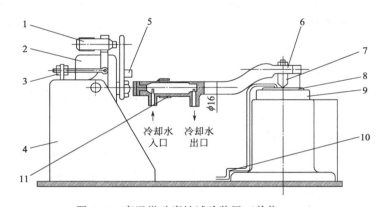

图 8-85 高温微动腐蚀试验装置（单位：mm）
1—电容传感器；2—振荡发生器；3—倾斜机构；4—支座；5—加速度计；6—传动杆；
7—上试样；8—下试样；9—下试样座；10—热电偶；11—应变片

8.6.5 试验结果评定

8.6.5.1 腐蚀深度

图 8-87 是旋转圆盘试样在海水中磨损腐蚀的试验结果，腐蚀破坏程度用腐蚀深度表示。在使用圆盘试样时，圆盘直径和旋转角速度对试样的磨损腐蚀情况有很大的影响。图 8-87 是在固定旋转角速度条件下得到的。从图中可以看到，在临界尺寸以内圆盘试样的腐蚀很轻微。然后随着离中心距离增大，腐蚀深度先迅速增大，达到某一最大值后再减小，直到很小的数值。圆盘试样直径减小，这一最大值亦减小。

8.6.5.2 累计损失曲线

在不同的时间取出试样，测量质量损失或者体积损失，然后放回试验溶液中继续进行试

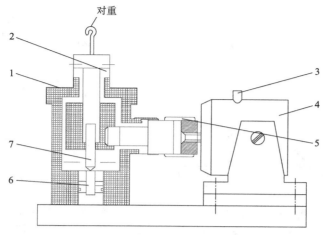

图 8-86　电磁式微动腐蚀试验装置

1—有机玻璃室；2—薄壁橡胶管；3—振荡器激振输入端；

4—振荡器；5—铜镀片；6—下试样；7—上试样

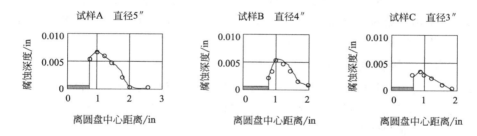

图 8-87　铸铁旋转圆盘在磨损腐蚀试验后的腐蚀深度分布

1in= 0.0254m

验，这样可以得出累积的质量损失（或体积损失）与累计的试验时间之间的关系曲线。这是磨损腐蚀试验结果的主要表达方式。试验时间间隔的选取应当随腐蚀体系和试验条件而定，以所作曲线比较精确为准。

图 8-88 是五种金属材料在 93％硫酸中用振动试验方法得到的累积质量损失曲线。显然，试样的质量损失与时间之间并不是线性关系，各种材料质量损失增加的快慢也不同。在有些资料中还出现各种被试材料的累积质量损失曲线相交的情况。

8.6.5.3　损失率曲线

累积损失曲线的斜率表示损失率（质量或体积）。用损失率对试验时间作图就得到损失率曲线。在很多试验中观察到，损失率在某一个时间达到最大值；也有在一段时间内保持最大值的。在有些试验中，损失率从最大值降低后趋向一个"稳定值"（或称最终值）。

为了比较各种金属材料耐磨损腐蚀性能，可以使用最大损失率，也可以使用稳定损失率。图 8-89 是损失率-时间曲线的一个例子，说明了阴极保护对空化腐蚀的影响。被试材料是碳钢，试验溶液为 3％NaCl（25℃）。从图中看出，通入阴极极化电流，可以减轻空化腐蚀造成的损坏。

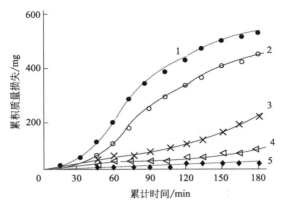

图 8-88　五种金属材料在 93％硫酸中的
累计质量损失曲线（振动法试验）
1—45 碳钢；2—灰铸铁；3—铜铬铸铁；
4—铜锡铸铁；5—中硅铜铬铸铁

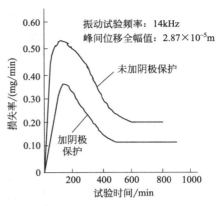

图 8-89　碳钢在 25℃、3％NaCl 溶液中
的损失率曲线

显然，磨损腐蚀试验延续的时间应当达到稳态损失率，至少要达到最大损失率出现以后。有的资料中用选定时间（如 8h）内的质量损失或体积损失来表达磨损腐蚀破坏程度，从而比较各种因素的影响。这个时间的选取显然也应考虑到上述损失率随时间变化的特征。

8.6.5.4　标准抗磨损腐蚀能力

用标准参考金属材料制作的试样，与被试金属材料制作的试样在相同条件下进行试验。在损失率-时间曲线上相应部分得到的被试金属材料的损失率与标准材料的损失率的比值作为评定材料抗磨损腐蚀性能的指标。

8.6.5.5　腐蚀与磨损的交互作用

自从 1949 年 Zelder 首次提出材料腐蚀与磨损的交互作用以来，该作用引起了广大学者的研究兴趣。如 K Y Kim 研究认为钝性金属表面的磨损会增加腐蚀速率，Ti、Cr、Ni 等金属的腐蚀速率因此而增 3～4 个数量级。B W Madsen 研究了几种金属材料的冲蚀，认为总的磨蚀损失中有 1/3～2/3 为交互作用所致。姜晓霞等首先提出了腐蚀磨损中交互作用 ΔV 的概念，吴荫顺等提出了腐蚀与磨损"协同作用率 S"的概念。

磨损加速腐蚀的原因可归纳为：磨损使材料表面产物去除，钝化膜破坏，不断裸露出新鲜的金属表面；同时，溶液的搅动使工件表面的腐蚀产物（离子）迅速离去，补充新的腐蚀介质，使去极化剂容易到达金属表面，溶解氧的贡献在有些工况中不容忽视；另外，磨损使摩擦副发生塑性变形，表面剪切力使材料表面变形、强化甚至出现微裂纹，产生高密度位错，增大表面粗糙度，从而使材料具有更高的内能和表面活性，导致腐蚀反应加速。

腐蚀会增大金属表面粗糙度，使材料表面疏松、多孔，容易被磨头刮掉或液流（粒子）冲掉而增加材料流失量，从而加速磨损。如果金属表面存在组织结构的不均匀性，则会发生组织选择性腐蚀，破坏晶界、相界或其他组织的完整性，降低结合强度，加速磨损；或者合金基体溶解（属阳极相）而在表面残留碳化物或其他第二相颗粒（属阴极相），当磨头滑过或粒子冲击时很容易剥落而增加磨损量。形变强化的金属材料由于腐蚀尤其均匀腐蚀会除去表面薄薄的硬化层，裸露出硬度较低的金属层，从而降低耐磨性。

通常情况下，腐蚀加速磨损，磨损加速腐蚀；但有些情况下，腐蚀介质中的材料流失量比相同条件下干摩擦的磨损还要小，即产生了所谓的"负"交互作用。这种现象一般发生在介质的腐蚀性较弱、因腐蚀造成的损失小、材料流失以磨损为主的条件下。因此，在某些情况下，特别是在腐蚀性很弱的介质中的腐蚀磨损，采用空气中的磨损量作为无腐蚀条件下磨损量的计量标准不一定合适。

单纯的腐蚀失重量与腐蚀时间的关系通常是凹曲线，而一般的干磨损（在空气中磨损）材料流失量与载荷（速度）大多呈线性关系。腐蚀磨损则不符合这两种规律，其交互作用通常都表现为加速，可用式（8-10）或式（8-11）定量表示：

$$m = m_{corr} + m_{wear} + \Delta m$$
$$\Delta m = \Delta m_c + \Delta m_w$$
(8-10)

式中　m——腐蚀磨损造成的材料总流失量；

m_{corr}——单纯的腐蚀失重（静态下腐蚀）；

m_{wear}——单纯的磨损失重；

Δm——交互作用失重；

Δm_c——磨损对腐蚀的加速（腐蚀增量）；

Δm_w——腐蚀对磨损的加速（磨损增量）。

或：

$$m = m'_{corr} + m'_{wear}$$
(8-11)

式中　m'_{corr}——腐蚀磨损条件下的腐蚀分量；

m'_{wear}——腐蚀磨损条件下的磨损分量。

材料总流失量（m）和单纯磨损失重（m_{wear}）可用表面形貌仪或称量法测得；静态腐蚀量（m_{corr}）和腐蚀分量（m'_{corr}）用浸泡法或电化学方法测得。最后即可得到交互作用失重 Δm。

以上数学模型没有考虑液体介质的润滑减摩作用，而是把它笼统地归在交互作用中，可能使腐蚀与磨损之间出现"负"的交互作用。王志刚等在研究 1Cr13 不锈钢微动腐蚀中的腐蚀与磨损交互作用时，考虑到弱腐蚀介质中溶液的润滑作用，把式（8-10）改写为：

$$m_{总} = m_{corr} + m_{wear} + \Delta m - \Delta m_{lubr}$$
(8-12)

式中　Δm_{lubr}——介质润滑作用量；

Δm——交互作用量。

Δm_{lubr} 可采用大气环境中的磨损量减去蒸馏水中的磨损量来量化。

第9章
工业设备腐蚀监测

　　意外的或隐藏的腐蚀会导致工业设备发生严重的安全事故，造成停工停产、设备效率下降，甚至发生火灾、爆炸，威胁生命财产安全，造成严重的直接或间接损失。针对上述情况，如何保证工业设备健康安全地连续运转，监测设备的腐蚀状态、掌握腐蚀速率与规律变得极其重要。

9.1　概述

9.1.1　腐蚀监测的目的

　　腐蚀监测是指对运行中的生产设备进行经常性（或者连续）的测试，测取关于设备腐蚀情况（如腐蚀类型、破坏分布、腐蚀速率、破坏程度等）的各种数据和资料。

　　腐蚀监测技术随着工业生产的高速发展而不断更新和发展。工业生产装置的大型化、整体化，要求所有的设备安全、高效地运行，如果个别设备出乎意料地腐蚀破坏，可能导致整套装置停工，影响企业的正常运转，减少生产而造成很大的经济损失。同时，人们对设备腐蚀事故造成的环境污染和人身伤亡也表示极大关注。所有这些都对腐蚀监测工作提出了更高的要求。不仅在装置建设前要进行周到的材料选择和精心设计，在停工期间要对各部分设备进行仔细检查，而且希望在装置运行过程中及时掌握设备的腐蚀状态及其变化。

　　腐蚀监测的目的是：

　　① 随时掌握生产设备的腐蚀情况，及时发现异常现象，以防止出现突然的腐蚀破坏事故而造成非计划停工，做到防患于未然。

　　② 积累设备腐蚀资料，为计划检修提供依据，可使检修计划更为合理，并减少停工期间进行设备腐蚀检查的工作量。这样，不仅可缩短停工检修时间，也有利于提高检修质量。

　　③ 在生产过程中研究环境参数对材料腐蚀的影响，以分析设备腐蚀的规律性，为更好地解决腐蚀问题提供基础。

　　④ 检查设备所用的腐蚀控制措施的效果，特别是电化学保护和缓蚀剂的应用，如果与腐蚀监测系统结合起来，做到自动控制，可以发挥更大的作用，也有利于节省保护费用。

　　⑤ 工艺参数与生产设备的腐蚀有直接关系，掌握了这种关系，腐蚀监测资料也可以用来反映生产工艺参数的变化（比如原料组成的变化、温度的变化等），这就为生产的控制和管理提供了一种有用的手段，有利于使设备在接近最佳设计条件下运行。

　　⑥ 对于高温、高压、易燃、易爆的特殊设备，及时探测和发现危险工作点，防止由于腐蚀破坏造成的物料泄漏，保障生命财产安全和环境保护。

9.1.2　腐蚀监测技术的主要类型

腐蚀监测技术首先必须可靠，可以长期进行测量，有适当的精度和测量重现性。对设备腐蚀情况的变化反应要快，灵敏度足够高。其次，监测技术应当不损坏设备，最好能不停车进行，这对于高温、高压设备特别重要。另外，操作维护要简单，对测量结果容易解释，不需要特殊的专门知识，对于技术的应用推广也是重要的。

可以用于腐蚀监测的技术很多，基本上可以分为两大类。一类是实验室腐蚀试验方法在生产装置上的应用，一类是无损探伤技术。

9.1.2.1　实验室腐蚀试验方法

（1）宏观观察

宏观观察主要在装置停工以后进行，包括肉眼观察、放大镜观察（通常为 2～20 倍），以及使用某些简单工具进行检查。通过观察可以了解设备腐蚀损坏程度及其分布的宏观情况，了解局部腐蚀造成的破坏，如裂纹、蚀孔、鼓泡等。这是一种最简便也是十分重要的监测手段，其他各种检测方法都应配合观察。如有必要，可以在发生腐蚀的部位取样，进行化学分析、金相分析或者其他仪器分析。观察结果将有助于确定是否需要做其他项目检查，以及需要检查的区域和范围。

宏观观察能够提供设备的大致腐蚀情况，能够粗略地定性评估腐蚀情况。主要任务是：

① 检查设备是否处于严重的腐蚀破坏，并确定其腐蚀类型、受损位置、区域分布。

② 综合探究应该采取哪些技术手段有效地减轻和防止腐蚀的继续发展。

对于管道内的宏观监测，通常是采用管道镜、纤维镜或摄像机进行。管道镜分为两类：刚性管道镜和柔性管道镜。

刚性管道镜是一个细长的筒状光学装置，是利用物镜形成所观察区域的图像，管道镜典型的直径大小为 6～13mm，长度达到 2m，仅能用于中空物体的内部观察。可以将图像从仪器的一端传到另一端，使检测人员看到无法靠近的区域，还可以选择前视、后视、前斜视、后斜视以及环视的物镜。

柔性管道镜，也称为纤维镜，是将光从一端传输到另一端的光纤电缆束，具有柔韧性，可以用卷曲的状态放入不容易靠近的位置。但是，玻璃纤维束传输的图像质量略差于刚性管道镜图像质量。

宏观观察的缺点为：该方法是定性的分析，对于材料设备的深层结构和剩余强度不能够定量评价；由于此方法带有一定的主观性，对检测人员的能力和经验具有一定的依赖性，被检测的表面需要比较干净，否则会影响评估的可信度。

（2）质量法

质量法是一种基本的腐蚀评定方法，既适用于实验室，也适用于现场试验。它要求在腐蚀试验后全部清除腐蚀产物后再称量试样的终态质量，因此根据试验前后样品质量变化，计算得出由于腐蚀而损失或增加的质量，不需要按腐蚀产物的化学组成进行换算。质量法又分为失重法和增重法两类。

（3）挂片试验

这是实验室失重腐蚀试验在生产装置上的应用。将试样安装在试片架上，固定到生产设备内部适当的位置。这样，试样便直接暴露在生产环境中经受生产介质腐蚀，试样可以定期取出进行检查和测量，以分析设备的腐蚀情况。

(4) 电阻腐蚀探针

测量试样电阻变化来评定金属腐蚀的方法也可以应用在生产装置上进行腐蚀监测。将电阻测量的试样安装在探头上，插到生产装置内部的物流中，用导线把试样和电阻测量仪表连接起来，就可以经常读取试样的电阻数值，并由电阻变化确定腐蚀速率。

(5) 电位测量

电位测量也是腐蚀监测中的一种常用技术，特别是在监测生产设备的点蚀、应力腐蚀，以及对设备实施电化学保护工作中，电位测量可以发挥很大的作用。在需要测量电位的设备表面附近安装参比电极，就可以用电压表（具有高的输入阻抗）经常测量该部位的电位。

(6) 线性极化腐蚀探针

这是进行连续性腐蚀监测的主要工具。将电极系统构成的探头安装在生产设备的关键部位，从测量仪表上很容易读出腐蚀体系的极化电阻。当试样的腐蚀速率变化时，极化电阻亦相应变化。因此，设备的腐蚀速率变化可以迅速地在测量仪表上反映出来。

(7) 电偶腐蚀探针

用异金属电偶对作为电极系统，制作探头插入生产设备内。当生产溶液的腐蚀性变化造成设备的腐蚀变化，电偶电流亦相应变化。

(8) 氢探针

当腐蚀过程中有氢离子还原反应时，在金属表面生成的氢原子可以扩散进入金属内部，造成氢鼓泡、氢脆等危害。氢探针可以用来检测渗氢的大小。氢探针有好几种类型。压力型氢探针的探测元件是一根薄壁钢管，氢原子扩散进入管内环形空间，结合成氢分子，氢气聚集使压力升高。使用压力表测量管内氢气压力，可以知道渗氢的程度。电化学型氢探针是一个由钢铁薄片和 Ni/NiO 电极组成的原电池，内装 0.1mol/L 的 NaOH 溶液。钢片与生产溶液接触的一面发生腐蚀生成氢原子，氢原子扩散穿过薄片后在原电池中的另一面上发生氧化反应生成氢离子 H^+。记录氢原子离子化产生的阳极电流的大小，就可以监测渗氢的速度。

(9) 化学分析方法

检查溶液中腐蚀产物（如金属离子）含量的变化，也可以用于监测生产设备腐蚀。除分析金属离子含量外，也可以监测溶液 pH 值的变化、氧浓度的变化、缓蚀剂浓度的变化等，作为一种间接的腐蚀监测方法。

(10) 监测孔法

在生产设备上需要监测的部位，从外壁钻一个直径 6.5mm 的小孔，使剩余壁厚等于设计时所取的腐蚀裕量。当腐蚀裕量被腐蚀掉以后，就会产生小的泄漏，从而指出需要安排检修或更换，以避免发生更大的破坏事故。在孔上最好接一短管，以便泄漏发生时可以迅速将孔堵住。

9.1.2.2 无损探伤技术

(1) 超声波测厚

利用超声波测厚仪检查容器和管道壁厚的变化，可以随时掌握设备腐蚀损坏的程度。

(2) 腐蚀损伤检查

对于机器部件、设备表面因腐蚀形成的裂纹及其他局部损伤，可以使用下列技术进行检查：①射线照相探伤；②磁粉探伤；③液体渗透探伤；④涡流探伤；⑤导波探伤。

(3) 红外线照相技术（热图像法）

这种技术主要应用于生产设备的热管理。当加热设备（如加热炉、反应器）、仪表系统异常发热时，将引起材料表面温度和温度场的变化，就可以使用红外线照相技术检测初期的异常。同时，红外线照相技术还可以检测运转中设备的表面温度、安全阀泄漏、传热面结垢、配管堵塞等引起的异常，以便及时采取相应的措施。

（4）声发射技术

该技术通过监测材料在破裂过程中发出的声波，可以迅速地检测出破坏的状态、破坏的形成过程、在使用条件下破坏发展和增大的趋势。在生产设备的腐蚀监测中，声发射技术主要用于监测应力腐蚀。应用声发射技术可以比较精确地确定裂纹开始活动的瞬间，预测出具有滞后破坏特性的材料在应力作用下可能出现的破坏，来判断设备发生损伤的原因究竟是由于设计上的缺点，还是材料本身存在的问题引起的。

将换能器放在待测件的关键部位，一旦缺陷裂纹出现或者扩大时，就可被换能器测出。电子计算机将换能器的信息加以处理，并显示其损伤部位。但声发射技术不能提供静态下缺陷的任何情况。

9.1.3　腐蚀监测技术的选用

各种腐蚀监测技术都有自己的特点和局限，因而有一定的适用范围。各种腐蚀监测技术不是相互竞争的，而是相互补充的。由于金属腐蚀现象的复杂性和多样性，往往需要同时使用几种监测技术，才能得到更为有用的信息。

在为生产设备选择最合适的腐蚀监测技术时，首先要从试验目的出发，既要考虑需要什么样的信息，又要考虑各种监测技术的特点。

以下是选择腐蚀监测技术时考虑的几条准则。

（1）适于测量的腐蚀种类

测量腐蚀速率的技术一般只适用于均匀腐蚀，如线性极化技术、电阻测量技术。无损探伤技术则适用于检测设备局部区域产生的微裂纹等缺陷。

（2）所得信息与设备腐蚀情况的关系

采用试样的各种监测技术所得到的信息并不完全是生产设备的腐蚀数据。虽然试样暴露在生产工艺环境中，但试样和设备是有差别的，即使试样的材质与设备相同也是如此。所以，这些腐蚀监测技术所得到的结果更多地是反映生产环境腐蚀性的变化，当然这种变化与设备的腐蚀有着密切关系。另外，试样的安装部位和安装方式对所得结果也有很大的影响。无损探伤技术是直接在生产设备上进行试验和检查，因此所得结果是被测部位设备的腐蚀情况。

（3）能用于什么样的环境

电化学技术只能用于电解质溶液。挂片法和电阻测量对于气相、液相、电解质溶液、非电解质溶液都是适用的。超声波测厚是在设备外表面进行，对设备内部环境没有要求。但许多无损探伤技术还不能用于运行中的生产设备，要在设备停工期间才能进行检测。

（4）得到信息的种类

各种腐蚀监测技术所获得的信息是不同的。有些是腐蚀总量（或者设备残留壁厚），有些是腐蚀速率。在后一种情况中，有的只是两次测量期间的平均腐蚀速率，如挂片法、电阻法；有的可以获得瞬时腐蚀速率，如线性极化技术。有些监测技术可以检查设备腐蚀的类型（均匀腐蚀或局部腐蚀）以及腐蚀破坏的分布。

（5）对环境条件变化的响应速率

如果测量的是腐蚀总量或者腐蚀破坏分布，就需要一定的积累时间，因此不可能迅速反映生产环境条件的变化。而电化学技术能够对环境条件变化作出快速响应。

（6）一次测量所需的时间

各种腐蚀监测技术需要的测量时间很不相同，如挂片法、监测孔法需要很长时间，线性极化测量、电偶电流测量、电位测量需要的测量时间很短，这与响应快慢有直接关系。

（7）整理分析测量数据的难易程度

（8）对监测仪器和技术知识的要求

9.2 使用试样的监测技术

9.2.1 挂片法

挂片法是将试样直接暴露到生产设备内部的工艺物流中，经过一段时间后取出，进行检查和评定。

挂片法的原理、试样制备、结果评定与实验室失重腐蚀试验相同。观察试验后的试样可以确定试样的腐蚀类型、破坏分布。在腐蚀比较均匀时，可以由试样的质量损失确定在暴露期间内的平均腐蚀速率。

腐蚀监测中的挂片法和第 1 章中介绍的现场试验中的挂片法，其实施方法是相同的。只不过前者是用与生产设备材质相同的材料制作试样，目的是经常检查设备的腐蚀情况；后者的目的则广泛得多。

挂片试验中试样的支承必须牢固，不能像实验室试验中那样用线悬挂，以免丢失。一般是将试样安装在试片架上，以保证在试验过程中有固定位置并防止脱落。同一试片架上可以安装多个试样。因此，试样与试样之间、试样与架子之间必须绝缘良好，以避免电偶腐蚀影响。另外，试样安装时还要注意避免缝隙腐蚀问题。

试片架的种类和形式很多，下面介绍其中的三种。在具体进行试验工作时可以根据试验目的和设备具体情况进行选择，有时候还需要改进或者另行设计。

（1）线轴型（鸟笼型）试片架

这种形式的试片架见图 9-1。中心杆用于支承试样，试样与试样之间用绝缘材料制成的间隔环隔开（在电偶腐蚀试验部分曾指出，当用这种试片架进行电偶腐蚀试验时，组成电偶对的两试样之间的间隔环应是导电的）。间隔环也使试样不与中心杆接触。两端的平板和四角的支持杆构成牢固的支架，并保护试样免受机械损伤。

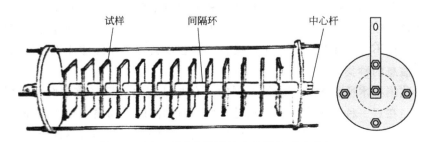

图 9-1　用于腐蚀监测挂片法的线轴型试片架

这种试片架很牢固，缺点是必须在设备停工期间才能安装和取出，而且工作人员需要进入设备内部进行安装或取下，故工作前需要排除设备内的有毒气体。

（2）插入型试片架

插入型试片架（图 9-2）只在一端有支承板，安装试样的支承杆焊接在支承板上。将试片架通过生产设备上的开孔（可以是采样孔或者测量液面的开孔）插入，支承板则用螺栓固定在开孔法兰上。如果开孔有其他功用，则可以在支承板上开槽或者打洞，以让溶液流通。

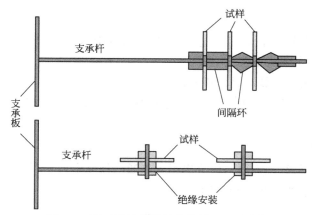

图 9-2　用于设备内部挂片的插入型试片架

这种试片架也需要在生产设备停工期间进行安装。但因为在设备外面工作，故不需要在设备内排除有毒气体。

（3）滑入型试片架

滑入型试片架（图 9-3）最适于在生产设备内部进行挂片，用于腐蚀监测十分方便。在设备的开孔上安装一个闸板阀，以便在插入或者取出试片架时可以将开孔封闭。试片架由一根短管组成，短管的一端焊接在一个法兰上，可以用螺栓和闸板阀连接。另一端是一个密封填料函。拉杆穿过填料函插入短管，其顶端焊接安装试样的支承杆。试样之间仍需要用绝缘材料间隔环分开。在插入试片架时，只需将拉杆向外拉，让试样停在短管内，然后把短管连接到闸板阀（此时阀门是关闭的）上。打开闸板阀，就可以将试片架推入生产设备内部的工艺物流中，此时密封由短管外端的填料函完成。

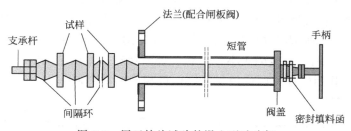

图 9-3　用于挂片试验的滑入型试片架

需要取出试样时，只需将试片架拉到短管内，关闭闸板阀，拆下短管就可以做到。因此，在生产设备运行期间安装和取出试片架都很方便，这就为经常检查试样的腐蚀情况提供了条件，不再受设备停工的约束。

9.2.2 线性极化腐蚀探针

线性极化技术具有快速灵敏的优点，能够实现"实时"和"原位"测量金属腐蚀速率的要求，因而成为监测金属设备腐蚀的有效工具。腐蚀探针主要以线性极化技术作为基础。

根据线性极化方程式，腐蚀体系的极化电阻 R_p 与腐蚀电流密度 i_{cor} 成反比：

$$R_p = \frac{B}{i_{cor}} \tag{9-1}$$

只要预先知道了常数 B，就可以通过测量极化电阻 R_p 来确定体系的腐蚀电流密度 i_{cor}，从而求出金属的腐蚀速率 V_p。

在腐蚀监测的应用中，被测腐蚀体系是固定的，可以用第 7 章介绍的方法（如失重校正法）预先测出常数 B 的数值。这样，测量 R_p 的仪表可以按 R_p 分度，也可以直接按腐蚀速率分度，读数就更为方便。

9.2.2.1 电极系统

为了测量极化电阻 R_p，需要对研究电极 WE 通入极化电流 i，测量与此极化电流对应的稳态极化电位 E。按照线性化处理，则有：

$$R_p = \frac{\Delta E}{i}$$
$$\Delta E = E - E_{cor} \tag{9-2}$$

式中　E_{cor}——研究电极 WE 的腐蚀电位。

因此，测量工作中要有一个用被测金属材料制作的研究电极 WE、一个构成极化电流回路的辅助电极 AE、一个用作测量电位基准的参比电极 RE 组成电极系统。在实验室中，辅助电极一般使用惰性金属制作，参比电极则采用可逆电极，如标准氢电极、饱和甘汞电极等。这种参比电极的电位值稳定，极化性能小，有利于测取准确的电位值。

但是，这样的参比电极在现场使用是不合适的。这不仅因为这些可逆电极大多是玻璃外壳，在现场安装不方便，容易损坏，而且因为金属的腐蚀电位一般有几百毫伏，测量电位的仪表要有 1000mV 的量程，在这样量程的表头上要准确地读出 10mV 以内的电位变化是困难的，除非使用价值昂贵的五位数字电压表。同时，金属电极本身的腐蚀电位也不是固定不变的，其波动范围往往不只 10mV，这也会给电位测量带来很大的误差。

针对这些问题，在线性极化技术的发展过程中提出了同种材料电极系统，并在现场测量中得到了广泛的应用。所谓同种材料电极系统，就是用与研究电极 WE 相同的金属材料制作参比电极 RE，并且使两个电极的大小、形状、表面状态、组织结构都相同。至于辅助电极 AE，因为只起导电作用，故可以使用与研究电极相同的材料制作，也可以使用耐蚀金属材料（如不锈钢）来制作。

既然研究电极和参比电极各方面都相同，那么在同样的腐蚀溶液中，它们的腐蚀电位应当相等或者相近。研究电极通入极化电流受到极化，偏离了腐蚀电位，达到极化电位 E；而参比电极未受到极化，仍处于腐蚀电位 E_{cor}。显然，研究电极 WE 与参比电极 RE 之间的电位差就是我们要测量的研究电极的极化值 ΔE。因此，电位测量仪表只需要有 $\pm 10\text{mV}$（或 $\pm 20\text{mV}$）的量程就够了。

为了保证参比电极的电位不变化，测量电位的仪表必须具有很高的输入阻抗，使电位测量回路中通过的电流极小。

同种材料电极系统有两种类型：三电极系统和双电极系统（图 9-4）。

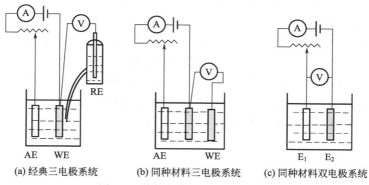

(a) 经典三电极系统　　(b) 同种材料三电极系统　　(c) 同种材料双电极系统

图 9-4　线性极化测量的电极系统

（1）三电极系统

三电极系统的测量原理和实验室使用的经典三电极系统是相同的。虽然研究电极 WE 和参比电极 RE 的制作应尽可能相同，但是它们的腐蚀电位仍可能有一些差别。对于这个问题，可以在测量电路中加入一个补偿调零装置，来消除二者腐蚀电位之差。也可以不补偿，按 $\Delta E = E - E_{cor}$ 确定极化值，其中 E 和 E_{cor} 都是研究电极 WE 相对于参比电极 RE（注意：这里是同种材料参比电极）测出的电位值。

如果采用恒电流试验方法，通过两次方向相反的测量，取平均值，也可以消除腐蚀电位差的影响。图 9-5 表明，不论研究电极 WE 和参比电极 RE 的腐蚀电位相等、相差小于 10mV 还是相差大于 10mV，在进行正负交替的恒电流极化时，WE 与 RE 之间电位差的平均值都等于与极化电流 i 对应的极化值 ΔE。

在使用交流方波极化电源时，所得结果正是阳极极化与阴极极化的平均值，因此，腐蚀电位差的影响就被消除了。

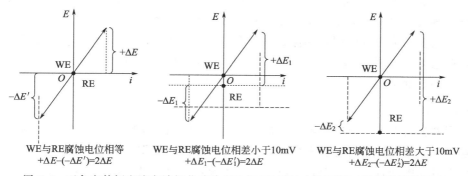

WE与RE腐蚀电位相等　　　WE与RE腐蚀电位相差小于10mV　　　WE与RE腐蚀电位相差大于10mV
$+\Delta E - (-\Delta E') = 2\Delta E$　　　$+\Delta E_1 - (-\Delta E_1') = 2\Delta E$　　　$+\Delta E_2 - (-\Delta E_2') = 2\Delta E$

图 9-5　正负交替恒电流方波极化消除 WE 与 RE 腐蚀电位不同对测量结果的影响

（2）双电极系统

双电极系统中取消了参比电极 RE，只有两个形状、大小、表面状态都相同的电极，这两个电极处于完全相同的地位。当通入外加极化电流时，一个电极受到阳极极化，一个电极受到阴极极化。因此，它们之间的电位差应当是它们的极化值 ΔE_1 和 ΔE_2 的绝对值之和。在理想情况下，两个电极的腐蚀电位相等，ΔE_1 和 ΔE_2 的绝对值亦相等，即对应于极化电

流 i 的极化值 ΔE 应是它们的电位差的一半。

与三电极系统一样，双电极系统两个电极的腐蚀电位不可能完全相同，总会有一些差异。这个问题可以用补偿调零装置来解决，也可以通过测量方法来解决。

如果采用恒电位极化法，在两个电极之间外加 $2\Delta E$（如 20mV）的电位差，从图 9-6(a)看出，在理想情况，所需极化电流为 i，不管电流方向如何，此电流数值相同。当两个电极的腐蚀电位不相同，但差值小于 20mV 时，正向极化测得的极化电流为 $+i_1$，反向极化测得的极化电流为 $-i_2$，由图 9-6(b) 显然可以看出，两个极化电流之差（绝对值之和）正好等于与极化值 ΔE 对应的极化电流 i 的二倍，因此腐蚀电位的差异就被消除了。对于腐蚀电位相差大于 20mV 的情况，可以做类似讨论 [图 9-6(c)]。

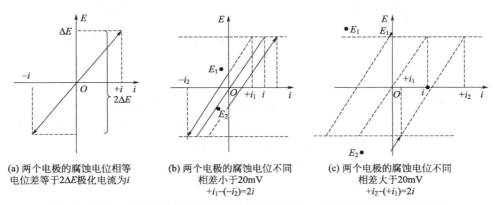

(a) 两个电极的腐蚀电位相等　　(b) 两个电极的腐蚀电位不同　　(c) 两个电极的腐蚀电位不同
电位差等于 $2\Delta E$ 极化电流为 i　　　相差小于 20mV　　　　　　相差大于 20mV
　　　　　　　　　　　　　　　　$+i_1-(-i_2)=2i$　　　　　　$+i_2-(+i_1)=2i$

图 9-6　正负交替恒电位极化消除双电极系统腐蚀电位不同对测量结果的影响

应当注意，当电极 E_1 的腐蚀电位较高时，只有使电极 E_1 阴极极化、电极 E_2 阳极极化，才能使两个电极之间的电位差等于 20mV。所以，两次测量所得极化电流是同向的，两个极化电流之差正好等于极化电流 i 的二倍。

双电极系统中，电位测量回路包括两个电极之间的全部溶液欧姆电阻，因此溶液电压降 iR_s 对极化值 ΔE 的测量有很大影响。为了在测量的电位差中消除这一影响，可以采用换算图线，根据溶液电阻率、电流表读数查出金属的腐蚀电流密度。

由于三电极系统中电位测量回路是独立的，故溶液欧姆电阻对电位测量的影响要小得多，可以在电阻率高的溶液中使用。而双电极系统一般适用于导电性较好（电阻率小于 $10^5\Omega\cdot cm$）的腐蚀溶液。

9.2.2.2　探头

使用同种材料电极系统在现场测量是很方便的。将同种材料电极系统固定在探头上，并用导线连接组装成探针，就可以进行生产设备的腐蚀监测工作。

探头上电极的配置有各种形式。对三电极系统，三个电极可以排成直线，也可以排列成等边三角形。排成直线的三个电极可以等距离分布，也可以使参比电极比较靠近研究电极。后一种方式虽然对减小溶液欧姆电阻的影响有好处，但要注意导电性固体物质可能在其间沉积而使电极短路，从而失去其作用，故距离亦不能太近。图 9-7 是两种线性极化腐蚀仪探头的电极配置示意图。

双电极系统的探头，两个电极可以平行分布，也可以采用同轴分布，即一个电极居于探头中央，另一个电极构成探头外壳，或者由金属设备本身担任另一个电极（图 9-8）。

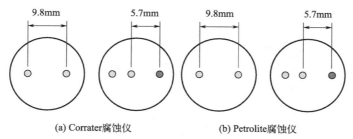

(a) Corrater腐蚀仪   (b) Petrolite腐蚀仪

图 9-7 两种线性极化腐蚀仪探头的电极配置

制作探头的材料必须和电极绝缘，能承受测量环境的腐蚀、温度和压力，探头必须合理设计，防止渗漏。

9.2.2.3 应用

将探头安装在生产设备上需要进行腐蚀监测的适当位置，用导线和测量仪表连接起来。根据极化电阻的变化就可以了解设备腐蚀速率的变化（图 9-9）。极化电阻增大表明腐蚀速率减小。

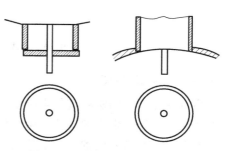

图 9-8 同轴分布的双电极系统

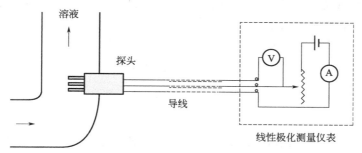

图 9-9 线性极化腐蚀探针的安装示意图

在使用缓蚀剂的场合，还可以将腐蚀监测仪与缓蚀剂加入系统联合起来，自动控制缓蚀剂的加入。图 9-10 表示，未加缓蚀剂时设备的腐蚀速率较大，不满足腐蚀控制要求；加入缓蚀剂使设备腐蚀速率大大降低。随着缓蚀剂的消耗，设备腐蚀速率逐渐增大；当增大到某一数值，可以通过自动控制线路启动缓蚀剂注入泵，向设备内注入缓蚀剂。

9.2.3 电阻型腐蚀探针

关于电阻法测量金属均匀腐蚀速率的原理已在 3.7 节中做了介绍。如使用横截面积为矩形（宽 a mm，厚 b mm）的长条试样，在试验开始时测得其电阻为 R_0，经过时间 t（单位：h）腐蚀后其电阻变为 R_t，则在这段试验时间内的平均腐蚀速率为：

$$V_p = \frac{2190}{t}\left[(a+b) - \sqrt{(a+b)^2 - 4ab\left(1 - \frac{R_0}{R_t}\right)}\right] \qquad (9\text{-}3)$$

式中 V_p——平均腐蚀速率，mm/a。

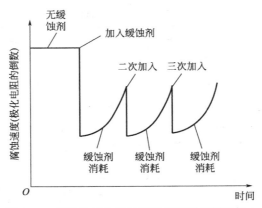

图 9-10　用线性极化腐蚀探针控制缓蚀剂的加入

9.2.3.1　温度补偿

温度变化对电阻法测量的影响很大。在实验室试验中还有可能采用恒温装置使腐蚀介质的温度保持恒定。但在现场测量中，保持恒温的办法是实施不了的，而设备内部工艺物流的温度波动则是经常发生的。为了解决温度变化对电阻法测量的影响，一般是使用补偿试样。补偿试样的材质、形状、尺寸都和测量试样相同，因此具有相同的电阻温度系数。随着温度的变化，$R_{测}$ 和 $R_{补}$ 的数值也会变化，但它们变化的比例一样，结果它们的比值就不随温度而变化。补偿试样表面用耐蚀涂料保护，使之不受介质的腐蚀，即 $R_{补}$ 不会因腐蚀而变化。在计算腐蚀速率的工作中，用 $R_{测}$ 与 $R_{补}$ 的比值代替电阻值：

$$1-\frac{R_0}{R_t}=1-\frac{\left(\dfrac{R_{测}}{R_{补}}\right)_0}{\left(\dfrac{R_{测}}{R_{补}}\right)_t} \tag{9-4}$$

这样就可以消除温度变化对测量的影响。在应用时是将测量试样与补偿试样连接成桥式电路。

9.2.3.2　连接导线的影响

将测量试样与补偿试样安装在探头上，就可以组成电阻型腐蚀探针，用于腐蚀监测。

测量试样、补偿试样与测量仪表的电阻 R_1、R_2 连接成桥式电路。调节 R_2，使检流计 G 指零，电桥达到平衡，则：

$$\frac{R_{测}}{R_{补}}=\frac{R_2}{R_1} \tag{9-5}$$

比如取 $R_1=1000\Omega$。在试验开始时，$R_2=930\Omega$ 可以使电路达到平衡，即可得 $\left(\dfrac{R_{测}}{R_{补}}\right)_0=$ 0.93；经过时间 t 后，调节 $R_2=970\Omega$ 使电路平衡，可以得出 $\left(\dfrac{R_{测}}{R_{补}}\right)_t=0.97$，于是计算出：

$$1-\frac{R_0}{R_t}=1-\frac{0.93}{0.97}=0.041$$

在腐蚀监测的应用中，电阻型腐蚀探针的探头安装位置一般离测量仪表较远，连接导线较长，因而导线电阻的影响必须考虑。比如长条形试样的规格为 $a=1.15mm$、$b=0.1mm$，试样长 10cm，则碳钢试样的电阻约为 0.1Ω。如果导线电阻达到 0.01Ω，就已占试样电阻的 10%。因此，应当研究导线的连接方式。

图 9-11(a) 所示的三线连接法是从探头引出三根导线，显然导线的电阻加到了试样的电阻之内。由于二者相差不多，就会给电阻测量结果带来误差。而图 9-11(b) 所示的五线连接法，从探头上引出五根导线，这样就将导线的电阻加到了测量仪表的电阻 R_1、R_2 之内，而 R_1、R_2 比导线电阻要大得多，导线电阻对测量的影响就很小了，可以不予考虑。

由于电阻试样的尺寸很小，加工和安装都要求保证质量。试样尺寸要准确，边缘不能变形。焊接时要焊牢，装上后不能扭曲，表面不能损伤。探针在设备上的安装位置必须仔细选择，能代表设备的腐蚀情况，或者是设备的关键部位。试样不能正对着液流，以免被冲坏。

电阻型腐蚀探针、线性极化腐蚀探针的安装要求与挂片法相同。对于密闭容器，特别是受压容器，探针的安装既要保证密封，又要随时可以装上或取出，其安装方法可以采用与图 9-3 中滑入型试片架相似的设计。

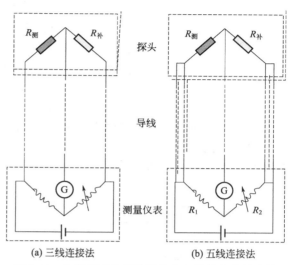

图 9-11 电阻型腐蚀探针的探头与测量仪表的连接

9.3 无损探伤技术

无损探伤技术可在不破坏被检测对象和不妨碍其最终使用性能的条件下，检测出各种材料、零部件或者大型装置的内、外部力学性能、物理性能、缺陷及腐蚀损伤，尤其在化工设备防腐蚀管理中，无损探伤技术对于及时把握设备的异常变化及腐蚀损坏、测量设备壁厚及腐蚀速率、检测泄漏情况、控制设备表面温度、预测其使用寿命等，都具有十分重要的作用。

尽管无损探伤技术有很多优点，但只有知道了无损探伤技术和破坏性检测技术两种结果之间的关系，才能对无损探伤所得结果进行分析和评价。

另外，无损探伤技术种类很多，但不管使用哪一种方法，都不可能将设备内部的异常部分完全检测出来。而且不同方法所得到的信息也可能是不同的。因此，为了提高检测结果的可靠性，必须预先分析缺陷可能的种类、形状、存在部位及方向，再选择最适当的探伤方法，以及能够发挥检测方法最佳性能的检测规范。在可能的条件下，最好多采用几种检测方法，以得到更多的信息依据。

无损探伤技术的应用范围很广，可以检测的缺陷种类是很多的。在腐蚀监测中，检测的对象主要是：腐蚀造成的设备壁厚变化，应力腐蚀开裂和腐蚀疲劳中产生的裂纹，磨损腐蚀、空化腐蚀、摩擦腐蚀中造成的损伤，等等。

9.3.1 超声波探伤

超声波探伤是一种应用十分广泛的监测工具。使用超声波脉冲反射法测量设备壁厚是很有效也很方便的。脉冲反射法既可以测量设备的壁厚，也可以探测材料内部的缺陷和损伤。图 9-12 表示了超声波脉冲在设备底面和缺陷上的回波，根据缺陷回波和发射脉冲之间的时间间隔便可以确定缺陷的位置。

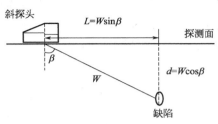

图 9-12　斜入射法超声波探伤
中的几何关系

对于平面状的缺陷，只要入射超声波和缺陷垂直，就能得到很高的缺陷回波。因此，超声波探伤对平面缺陷（如分层、裂纹）的分辨率很高，在操作时要尽量使超声波束垂直射向缺陷面。在图 3-5 的情况下，缺陷与工件表面平行，可以使用垂直探头。在另一些情况，则需要使用斜探头。图 9-12 是斜入射法超声波探伤中的几何关系，β 是超声波从斜探头进入被测工件的折射角，L（探头距离）和 d（缺陷深度）是两个定位参数，W 为声程，即超声波到缺陷的传播距离。图中是一次波探测，使用二次波探测时，几何关系要复杂一些。

图 9-13 表示超声波探伤的一些应用情况。超声波探伤的缺点是没有明确的记录，对缺陷种类的判断需要高度熟练的技巧。

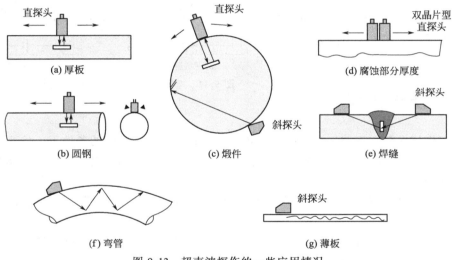

图 9-13　超声波探伤的一些应用情况

9.3.2　射线照相探伤

用强度均匀的射线照射被检测的部件或设备，使透过部件的射线在照相胶片上感光，把胶片显影后就得到与材料内部结构和缺陷相对应的黑度不同的图像，称为底片。通过对底片的观察和分析，可以检查出缺陷的种类、大小、分布状况等。这就是射线照相法探伤的基本原理。

适于射线照相探伤的射线要易于穿透物体，如 X 射线、γ 射线。X 射线是由 X 射线管产生的，γ 射线是由适当的放射性同为素（如 Co^{60}、Ir^{192} 等）在衰变时放出的。X 射线和 γ 射线在穿透物体的过程中受到吸收和散射，因此穿过物体后的强度就小于穿透前的强度。设强度为 I_0 的射线透过厚度为 x 的物体后，其强度衰减到 I，则穿透物体后的强度 I 可以用式(9-6) 表示：

$$I = I_0 e^{-\mu x} \tag{9-6}$$

式中　μ——衰减系数或者吸收系数。

μ 随射线的种类和线质而变，亦随被照射物质的种类和密度而变。如果厚度均匀的板材中存在气孔，有气孔的部分不吸收射线，容易透过，即透过后的射线强度 I 较大。相反，如果存在容易吸收射线的夹杂物，这些地方射线就难于透过，即强度 I 较小。这些强度变化反映在照相底片上便形成黑度变化的图像。

图 9-14 表示用 X 射线进行照相探伤的方法。被检测物体放置在离 X 射线发生装置 50cm 到 1m 的位置，胶片盒紧贴在被检物背面。让 X 射线照射适当的时间（几分到几十分钟），进行曝光。已曝光的胶片在暗室中进行显影、定影、水洗和干燥，然后就可以进行观察。根据底片上黑度变化的图像来判断缺陷的种类、大小及数量。

为了能够明显地辨别出缺陷图像，所谓"对比度"和"清晰度"是两个重要的问题。在图 9-14 中，被检工件厚度为 x，缺陷厚度为 Δx。在缺陷周围底片的黑度为 D，缺陷处底片黑度为 $D + \Delta D$，则 ΔD 称为缺陷图像的对比度。显然，ΔD 愈大，则缺陷愈容易被区别出来。ΔD 不仅与缺陷厚度 Δx 成比例，而且和射线的线质、胶片特性、照相操作规范有关。为了提高对比度，需要进行正确的选择。

由于 X 射线管的焦点有一定的大小，故缺陷的图像周围就会形成半影部分（图 9-15）。如果缺陷横向尺寸很小，缺陷图像就会淹没在半影之中，而难以看清，底片的清晰度就差。为了提高清晰度，射线源的尺寸要小，射线源与缺陷之间的距离要大，胶片盒要紧贴被检测工件。但射线源与被检物体的距离也不能太大，否则会使到达被检测工件的射线强度太弱。

图 9-14 中的透度计是用粗细不同的几根金属丝（与被检测物体材料相同）等距离平行排列做成的。照相时放在被检测工件表面上，可以用来大致评定底片的对比度和清晰度，确定检测灵敏度。直径为被检测物体厚度的 2% 或者更细的金属丝在底片上要能够分辨得出来，才能符合要求。

射线照相探伤容易检测出有明显厚度差别的缺陷，对于裂纹来说，虽然有一定面积，但厚度很薄，故当射线照相方向和裂纹面垂直时是很难发现的，所以有时要改变射线照射方向。

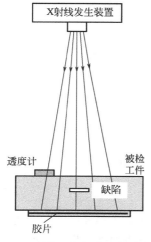

图 9-14　射线照相探伤的操作方法

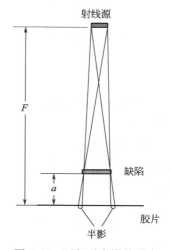

图 9-15　照相时半影的形成

要分析缺陷的厚度和缺陷离工件表面的距离，只用一张底片是不行的，必须使用不同照射方向的两张底片才能得到这些资料。

射线照相探伤的优点是判断缺陷直观，检查体积性缺陷灵敏，照相底片便于进行分析，并可以作为质量检验的凭证。用射线照相探伤检测金属板和管子焊缝缺陷和腐蚀损伤（内部腐蚀状况及范围）是很成功的。

9.3.3 磁粉探伤

将钢铁等铁磁性材料磁化时，在缺陷部位会形成漏磁。如果把磁粉铺在试件表面，这些部位就能够吸引磁粉，因而形成磁粉痕迹。利用这种方法来测铁磁性材料的表面缺陷和近表面的内部缺陷，称为磁粉探伤。

使试件磁化的方法很多，图 9-16 是实际可用的一些方法。图中虚线表示磁力线，都和缺陷的方向垂直。轴向通电法是将电流直接通过试件，使试件磁化。属于这类通电磁化法的还有电极刺入法、直角通电法（大型工件局部通电）。电流贯通法和线圈法都属于通磁磁化法。电流贯通法是将通电导体穿过环形试件，或者穿入孔穴中进行磁化，适宜于管、环等工件。线圈法是将棒形工件穿过通电线圈进行磁化，适宜于轴类实心工件。磁轭磁化法属于局部磁化方法，可以使用永久磁铁，也可用电磁铁。其他磁化方法还很多。在选择磁化方法时要根据试件的形状和预计的缺陷分布，使磁力线与裂纹垂直。如果磁力线与裂纹平行，就不能形成漏磁场，因而不能形成磁粉痕迹，就不可能发现缺陷。

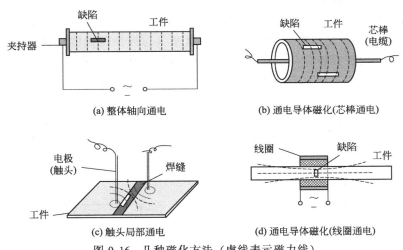

(a) 整体轴向通电   (b) 通电导体磁化(芯棒通电)

(c) 触头局部通电   (d) 通电导体磁化(线圈通电)

图 9-16 几种磁化方法 （虚线表示磁力线）

磁粉探伤操作包括下列步骤：

① 预处理（表面清洗、干燥）；

② 磁化（选择磁化方法）；

③ 施加磁粉（分为白色、黑色、荧光、非荧光等几种）；

④ 观察、记录；

⑤ 后处理（退磁、除去磁粉、防锈）。

磁粉探伤对于检测铁磁性材料工件的表面和近表面缺陷是很灵敏有效的方法，但不适用于非铁磁性材料，也难以检测内部较深的缺陷。对于没有方向性的网状裂纹（如液氨引起的应力腐蚀裂纹），也需要加以注意。另外，磁粉探伤法能检测出缺陷的位置和表面长度，但不能确定缺陷埋藏深度。

9.3.4　液体渗透探伤

液体渗透探伤是用黄绿色的荧光渗透液，或者红色的着色渗透液来显示放大了的缺陷图像的痕迹，从而能够用肉眼检查出工件表面的开口缺陷，这是一种简单而经济的检测技术。

液体渗透探伤法的基本操作过程如图 9-17 所示，经预处理后的操作主要包括：

(1) 渗透

将渗透液涂于被检工件表面，其方法有擦涂、浸涂、喷涂几种，如果工件表面有开口缺陷，渗透液就渗入缺陷。

(2) 清洗

待渗透液充分渗透到缺陷内部后，用水（对于水洗型渗透液）或者有机溶剂（对于溶剂型渗透液）把工件表面的渗透液洗掉。

(3) 显像

把显像材料（白色粉末）调匀在水或者溶剂中制成显像剂，涂敷在清洗后的工件表面；或者把微细粉末状的显像材料直接涂在工件表面。残留在缺陷中的渗透液被显像材料吸出到表面上，形成放大了的黄绿色荧光缺陷图像（用紫外线照射），或者红色的缺陷图像。

(4) 观察

用肉眼观察显示痕迹，判断工件表面的开口缺陷。

在现场使用中，工件表面的预处理十分重要。不仅要消除表面和裂缝中的油污、涂料、水分，而且要除去工件表面的锈蚀，才能得到满意的效果。因为这些污物会阻碍渗透液的渗透。

液体渗透探伤法对金属材料和非金属材料都可以使用，但不适用于多孔材料。即使是形状复杂的工件，只需进行一次探伤操作就可以大致做到全面探测。但所得结果受操作人员的技术影响很大，如果操作不好，有时开口缺陷也可能探测不出来。

对于大型工件，液体渗透探伤的操作比较困难。国外发展了静电喷涂法，克服了浸涂、擦涂和普通喷涂法所存在的问题。

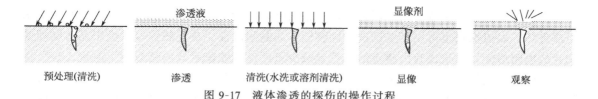

预处理(清洗)　　　渗透　　　清洗(水洗或溶剂清洗)　　　显像　　　观察

图 9-17　液体渗透的探伤的操作过程

9.3.5　涡流探伤

用交流磁场在导电的工件内感应出涡流，通过测量涡流的变化量可以进行工件探伤（表面和近表面的缺陷）、材质检验（金属种类、成分、热处理状态）、形状和尺寸的测试（形状变化、膜厚度及腐蚀量等）。

涡流探伤装置可以分为三个组成部分：涡流激发源（励磁线圈）、涡流检测器（测量线圈）及显示仪表。励磁线圈用来在工件中感生涡流（图 9-18）。涡流的大小及分布取决于励磁线圈的形状和尺寸、交流电频率、导体的电导率和磁导率、工件的形状及尺寸、工件与线圈的距离以及导体表面缺陷（如裂纹）。

涡流的检测用测量线圈来进行，测量线圈主要有三种形式：穿过式线圈、探头式线圈、插入式线圈，可以根据工件形状和检测目的进行选用（图9-19）。穿过式线圈用于线材、棒材和管材；探头式线圈尤其适用于局部检测；插入式线圈可以放在管内和孔内进行内壁检测。

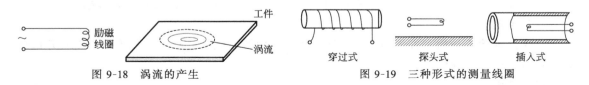

图 9-18   涡流的产生   图 9-19   三种形式的测量线圈

显示仪表用来指示和记录测量的信息，可以采用示波器、电表、记录仪等。图9-20是一个具有各种人造缺陷的标准不锈钢管上所得到的记录纸带，记录了各种人造缺陷的涡流响应。

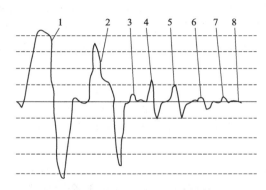

图 9-20   不锈钢管中各种人造缺陷的涡流响应

1—壁厚减小50%；2—壁厚减小10%；3—宽0.25mm、长127.7mm、深为壁厚50%环形缝隙；
4—尺寸与3同的纵向缝隙；5—直径1.59mm的穿透孔；6—直径1.59mm、深为壁厚50%的孔；
7—直径0.78mm的穿透孔；8—直径0.78mm、深为壁厚50%的孔

在腐蚀测试中，涡流探伤可用来测量设备的壁厚，检测金属部件的蚀孔、裂纹及大面积局部破坏。涡流探伤也可用于鉴别选择性腐蚀，如晶间腐蚀、黄铜脱锌等。由于晶间腐蚀使试片的电阻增大，结果试片内感应的涡流就减少了，这就使显示器的读数发生改变。

涡流探伤适用于导电的材料，由于涡流是交流电，集肤效应使电流主要分布在试件表面附近，因此，较深部位的缺陷不能检测出来。对于形状较复杂的工件，涡流探伤也难以应用。

9.3.6   导波探伤

腐蚀监测技术发展最迅速的技术是长范围超声波的使用，主要是导波。导波属于在有界介质（管道、平板、棒体等）中与平行边界平行传播的超声波频率和声频的机械（弹性）波。波被称为"导"是因为它沿着介质的几何边界传导。

因为波受介质的几何边界传导，几何形状对波的行为有很强的影响。与传统超声波检测

匀速传导的超声波相反,导波的速度随着波频率和介质的几何形状改变明显。另外,在特定波频下,导波能够在不同的波相和数量级传导。

在管体中,导波以三种不同的波相存在:纵波(L)、扭力波(T)、弯曲波(F)。在平板中,导波以两种不同的波相存在:对称(S)和反对称(A)相存在的被称为"兰姆波"的纵波;水平切变波(SH)。虽然导波的特性很复杂,谨慎选择和适当控制波相和波频,导波可以通过单个传感器位置来完成大面积结构 100％的体积检测。

导波能够在设备的单个位置发展,从源头长距离传导来检测设备的状态。导波填充了设备的整个容积,横截面的任何变化,如焊缝或腐蚀/侵蚀,通常会影响和分散导波,因此导波能够探测到横截面的变化。根据频率和材质的条件,导波从一个源头最长能够传导 150m或更多,像腐蚀缺陷反射回导波,给出腐蚀位置。

产生导波的物理学分类有两种。一种是使用大量的与管道压力耦合的压电转换器。这种转换器需要机械固定于管道上,固定成本高,使用环境温度 70～120℃,仅能用于圆柱体管道。缺陷探测敏感度估计在管道横截面的 5％～10％。

另一种是使用具有高磁致伸缩特性的磁条(约 1.5mm)连接到管道,作为磁致伸缩传感(MsS)技术。铁磁条和集电线圈相对便宜,能够用于管道、平板、棒材等多种几何形状,用于温度范围-150～H300℃的设备检测。然而,铁磁条与几何体的连接时间是有要求的。这对于操作人员的熟练程度有很高的要求。该方法可以作为检测模式来探测设备截面积3％～5％的缺陷,但如果传感器能够长期留置,并在寿命期间不同时间间隔收集数据,则0.5％的缺陷可以被探测到。然而,导波不擅长确定腐蚀数量,实际可作为扫描和定位工具。

目前,磁致伸缩传感(MsS)技术主要采用扭力波(T)模式检测管道。通过使用薄铁磁(典型镍)涂层的方法来保证和监测管道检测的可靠性。使用扭力波(T)的优点有:①基础扭力波是不分散的,不需要考虑纵波的分散影响;②扭力波比其他无关波受影响小,可提供较好的信噪比且数据容易分析;③扭力波不会与管道内的液体相互作用,因此,对于填充液体管道检测来说,扭力波好于纵波;④扭力波磁致伸缩传感不需要偏磁,因此,处理起来比同等效果的纵波简单和安全。扭力波的缺点是需要直接与管道表面与铁磁层结合。

9.4　其他技术

9.4.1　阳极激发技术

阳极激发技术是利用阳极激发来加速局部腐蚀发生孕育期,以便确定材料是否会发生局部腐蚀。大多数局部腐蚀的阳极反应都是自催化的,因此,如果腐蚀破坏发生在某一局部点上,那么局部条件就会变化而使反应激活。这就是为什么点蚀或应力腐蚀开裂只有经过一个诱导期之后才能引发的原因。

基于这种原理的实验室技术是 Hancock 和 Mayne 发现的,当时,他们是为寻找防止软钢在水中长时间暴露之后发生点蚀或缝隙腐蚀的阳极性缓蚀剂。这种方法通过给试样施加一个小的恒定的阳极电流密度,并跟踪测量电位,根据电位-时间曲线的形状,可以把环境划分为倾向于局部腐蚀或是倾向于全面腐蚀。

有人曾经将类似的方法应用于可能发生点蚀的体系,一般点蚀都发生在钝化/活化体系,例如,在酸性介质中,存在某个危险的氯离子含量,可在钝化区的高电位区引起钝态局部破坏，发生钝态破坏的电位取决于介质的具体组成，只有当溶液有足够的氧化性，点蚀才能发生。因此，为了确定生产装置的条件是否接近产生点蚀的条件，可以安装一个试验探头，使其电位维持在一个比生产装置的电位略正一点的数值上。这种技术可以提供趋近点蚀状态的报警。

9.4.2　谐波分析技术

谐波分析（HA）技术是一种实时腐蚀监测技术。在一些环境下，塔费尔斜率是无法直接获得的，也就是说很难通过塔费尔斜率的大小对腐蚀的强烈程度有一个准确的评估。这种方法类似于交流阻抗法，在三电极系统中，通过传感器加载微扰的交变电压，同时接收合成电流的变化反应。再通过谐波分析方法分析信号的主频和高次谐波振动，就能够精确地计算出各种动力常数，如塔费尔斜率。与其他监测技术相比，这种方法的最大优点就是能够精确地计算塔费尔斜率。谐波分析技术还可以在一次测量中，同时获得极化电阻和塔费尔斜率。利用这些优点，在阴极保护的腐蚀监测系统中，利用谐波分析技术可能获得更高的效率和更精确的数据。但是这种方法还需要进一步通过试验加以改进和确立。

谐波分析技术已经在腐蚀研究领域中得到一定范围的认可，在实际研究中主要集中在锌、黄铜、铁在酸性和中性环境下的腐蚀，不锈钢在 NaCl 水溶液中的腐蚀，以及螺纹钢在混凝土中的腐蚀。同时还有研究利用 HA 技术检测在酸性条件下腐蚀抑制剂的性能和行为。有研究表明，在对不锈钢在 CO_2 腐蚀的监测试验中，利用谐波分析技术测量塔费尔斜率和腐蚀速率的数据，要比利用线性极化法得到的数据具有更高的精确度。而且在有些条件下谐波分析技术能最大程度地减少系统误差对试验数据的影响。

在疲劳开裂的腐蚀监测中也可以利用这种方法来分析响应电流和疲劳开裂腐蚀的各种重要参数。在正弦应力的周期作用下，模拟疲劳腐蚀的发生过程，随着开裂的产生，电极传感器接收到的响应电流谐波振幅增大，相位差也随着从 90°变为 0°。谐波中第二部分的振幅变化最大，可以用来求出腐蚀速率的变化。这就能够很直观地确定疲劳腐蚀的开裂行为和腐蚀速率的变化。

9.4.3　激光法测定氧化膜厚度

为了监测原子能工业中安装在辐射防护屏内侧钢设备的腐蚀，英国中央电力局 Magnex 发电站开发了该技术，它是利用一束脉冲激光穿过构件上的氧化膜钻出一个直径为亚毫米级的小孔洞直通到基体金属上。根据小孔洞底部反射能力的增加来确定氧化膜是否贯穿，并用第二束低功率的激光进行测量。通过对已经贯穿的脉冲数量进行计数而确定膜的厚度，仪器需根据已知厚度的膜来标定校正。

这种技术最初是作为一种实验室工具而开发的，后来又进一步发展成用来监测工业设备腐蚀的工业仪器，已经成功地用在英国 Magnex 发电站许多部位。

这种技术是为特定目的而开发的，并已证明是有效的。在许多其他环境中，利用这种原理监测其他膜的生长也是可能的，其中包括传统的锅炉装置，这时形成的是四氧化三铁膜。

9.4.4　放射激活技术

曾有人考虑利用放射性材料制作探头，通过测定腐蚀产物的放射性来测定局部腐蚀速率。

　　与此相似的一种可能方法就是放射激活技术,它通过正在腐蚀的构件而不是探头来测量金属损失。它是利用高能量离子束对材料的激活作用,使被检测表面产生微量的放射性同位素(典型的含量为 10^{-10}),从而标示出一个界限明确的表面薄层。当此表面层由于腐蚀、磨蚀和磨损等过程而被除掉时,则可以通过表面 γ 射线的活性变化来定量求出材料的损失,表面激活层的厚度可以通过控制所用离子束的能量来改变,其范围可以从几微米到数毫米,典型的厚度为 $25\sim300\mu m$。

　　放射性的检测使用一台简单的 γ 射线监测器和脉冲计数器进行。其布置如图 9-21 所示。第一种测量方式是检测材料放射活性的减少;第二种方式是测量物料流体由于携带具有放射性的碎片而增加的放射活性。按第一种方式测量时,可以直接进行,也可以通过具有一定厚度的隔离层进行。此时这种方法的灵敏度为被标示层深的 1%。若将腐蚀掉的材料加以收集和检测,则灵敏度可以达到被标示层深的 0.01%,或几分之一微克。这两种测量方式都要求被腐蚀掉的材料必须从激活区除去。但是实际使用时的灵敏度是由固定监测器位置的精度和环境中自然背景的放射性决定。

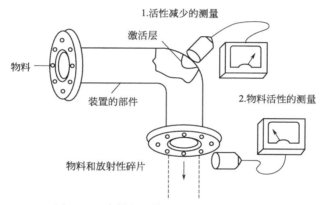

图 9-21　放射激活技术监测方式的示意图

　　选择同位素的种类时,要综合考虑它的半衰期(决定它的可用时间)、在基体材料中 γ 射线的能量(决定它的穿透能力)、可获得的激活用离子束的种类以及同位素产生的可能性。例如用质子激发铁可得 ^{56}Co,它的半衰期为 78d,因此它的使用时间约为 1a;它所放出的射线穿透能力较强,可以用于原地测量。若用氘离子束激发铁则可得 ^{57}Co,其半衰期为 271d,使用时间可达 $3\sim4a$;但是它只能放出较软的 γ 射线,可用于腐蚀掉的材料碎片测量。

　　放射性激活技术可以用于以下材料:铁、钢、铜、钛、铝、不锈钢和青铜。对陶瓷材料和碳化钨等化合物也可以使用。但是塑料和其他绝缘材料由于受离子束直接照射会导致力学性能明显降低,故不能用该技术进行监测。不过对于这些材料可以通过植入放射性同位素的方法来解决这个问题。

　　对于非均匀腐蚀可以采用放射性同位素双层标示方法来检测。每一层的深度和 γ 射线辐射特性都不同。例如用高能量氘离子束在铁的表面生成一个浅的 ^{56}Co 层,将下面较深的 ^{56}Co 层遮盖。大致地说,深层表示材料体积损失的大小,浅层表示受腐蚀表面部分的大小。将浅层活性损失对深层活性损失作图(图 9-22)可以清楚地看出腐蚀形态的区别。若采用适当的激活技术,使材料表面下已知深度的某一层激活,则腐蚀到该深度时就可以被检测出。

　　由于仅仅一个有限区域的很薄表面层具有放射性，总的放射性很小，故操作时只需采取简单的预防和保护措施即可。

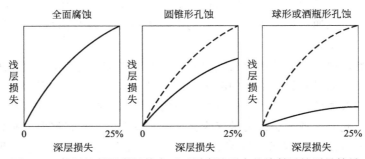

图 9-22　使用放射性激活技术时不同腐蚀形态的放射活性测量结果

第10章
阴极保护检测技术

金属-电解质腐蚀体系受到阴极极化时，电位负移，金属阳极氧化反应过电位减小，反应速率减小，因而金属腐蚀速率减小，称为阴极保护效应。利用阴极保护效应减轻金属设备腐蚀的防护方法称为阴极保护。阴极保护作为一种重要的腐蚀防护技术，在地下钢质管道和设备、海洋工程、化工等领域得到广泛应用。在阴极保护工程设计、施工及运行管理过程中，都需要对各种阴极保护参数进行测量和监控。目前已制定相关标准来规范这些测量方法，例如 GB/T 21246—2020《埋地钢质管道阴极保护参数测量方法》、GJB 6850.196—2009《水面舰船系泊和航行试验规程 第196部分：阴极保护系统试验》等，本章将以这些标准为基础，介绍常见阴极保护检测技术。

10.1 概述

10.1.1 阴极保护检测的任务

通过各种阴极保护检测技术可以获得多项测量参数。不同参数各有其用途，归纳起来阴极保护检测主要有如下几项任务：

① 在阴极保护工程设计前进行一些预备性测试，为阴极保护工程设计取得必备资料。

② 通过测量阴极保护参数，检查阴极保护工程是否达到设计要求。

③ 通过综合测试，分析判断阴极保护系统的有效性，或是否需要做必要的修正。

④ 通过检测寻找故障点，判断故障原因，以便对阴极保护系统进行必要的维修和保养。

⑤ 定期例行测量规定的参数，判断阴极保护效果，发现问题，为阴极保护管理部门提供基础资料，以确保阴极保护系统长期、稳定、有效地运行。

⑥ 通过一些特定的检测技术和方法，可评价综合防腐蚀措施质量，如阴极保护和涂层联合使用的双重保护效果。

⑦ 在发生腐蚀事故后，辅以进行腐蚀调查和失效分析。

10.1.2 阴极保护检测的基本要求

阴极保护技术属电化学保护，实施阴极保护检测技术，首先要求了解腐蚀原理、阴极保护原理和阴极保护检测技术的方法原理。正确运用阴极保护检测技术，执行规定的测量、判断和维修保养，以确保对被保护金属构筑物成功地实施阴极保护。

阴极保护检测技术中多数是应用电子仪器测量电参数，如保护电位、保护电流、接地（液）电阻等。其中所用的大多数测量仪表校验规程和阴极保护技术测量方法均已纳入国家标准，极少数暂未纳入国家标准的，也已习用成俗。

阴极保护技术多数在厂矿现场或野外应用。因此阴极保护检测技术须适应这一环境条件，要求所应用的各种检测仪器质量轻、便于携带、坚固耐振、耗电小、显示速度快等。现场或野外往往不具备交流供电的条件，检测技术的发展和规定使用的仪器仪表应尽可能选用交直流或直流供电的仪器，或者自带蓄电池的设备。

各种测量仪表宜采用数字显示读测，据此可提高测量准确度，扩大灵敏度，读数直观。选用的直流电流表内阻须小于被测回路总电阻的5%；而直流电压表内阻则应$\geqslant 100\text{k}\Omega/\text{V}$；电流表和电压表的灵敏度均应小于被测值的5%，其准确度则不应低于2.5级。

保护电位是阴极保护检测中最重要的参数之一，必须借助于参比电极才能完成测量。由于不同环境介质的理化指标和工况相差很大，应当有针对性地分别采用不同的参比电极，如在土壤中采用硫酸铜参比电极，在海水中可采用氯化银电极或硫酸铜电极等。

为保证阴极保护系统长期可靠地有效运行，应科学地组织运行管理，按规定对阴极保护系统有关参数进行月测和年测，对异常现象和超标参数分析原因、判断故障并及时予以排除，对系统电路装置进行日常巡检和记录，对阳极材料和参比电极经常检查保养等等，以确保被保护设备构件达到最佳防腐蚀状态。

此外还应该在实际中不断积累和回馈检测设备和方法的性能，用以不断对阴极保护检测技术进行改进。

10.1.3 常用设备

10.1.3.1 万用表/电压表

万用表（图10-1）又称为复用表、多用表、三用表、繁用表等，是阴极保护检测过程中不可缺少的测量仪表，一般以测量电压、电流为主要目的。万用表输入阻抗应大于$100\text{M}\Omega$，仪表应满足测试要求，显示速度快，携带方便，耗能小，坚固耐振，按国家有关规定进行校检。纽扣电池在其寿命内电压稳定在1.55V，上下误差不超过10mV，直到电压迅速降低失效。现场可以采用纽扣电池对万用表进行校对。测量电流时，万用表"mV"挡的内阻约为2.0Ω，"μA"挡的输入阻抗为$25\text{M}\Omega$，"V"挡的输入阻抗为$20\text{M}\Omega$。

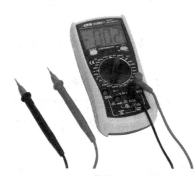

图10-1 数字型万用表

10.1.3.2 参比电极

管地电位测量是测量管道与其所处的电解质之间的电位差，必须借助于参比电极才能完成。由于各处的土壤理化指标相差很大，参比电极在各处的电极电位应相对稳定，测试数据才具有可比性。测量用参比电极应具有下列特点：长期使用时电位稳定，重现性好，不易极化，寿命长，并有一定的机械强度。参比电极种类很多，常用的有甘汞电极、银/氯化银电极、铜/硫酸铜电极，工程中固定设置的还有锌参比电极和长效铜/硫酸铜电极。表10-1列出了这些参比电极的特征。

表10-1 参比电极的电位和应用范围

参比电极	Me/Me^{n+}	电位 E_H(25℃)	温度系数/mV	应用范围
1mol/L 甘汞电极	Hg/Hg$_2$Cl$_2$/KCl(1mol/L)	+0.2800	$-0.24(t-25℃)$	实验室
饱和甘汞电极	Hg/Hg$_2$Cl$_2$/KCl（饱和）	+0.2415	$-0.76(t-25℃)$	水、实验室

续表

参比电极	Me/Me^{n+}	电位 E_H(25℃)	温度系数/mV	应用范围
1mol/L 氯化银电极	Ag/AgCl/KC(1mol/L)	+0.2344	$-0.58(t-25℃)$	盐水、淡水
饱和氯化银电极	Ag/AgCl/KCl(饱和)	+0.1959	$-1.10(t-25℃)$	盐水、淡水
饱和硫酸铜电极	Cu/CuSO$_4$(饱和)	+0.316	$+0.90(t-25℃)$	土壤、水
锌/盐水电极	稳定电位	-0.79		海水、盐水
锌/土壤(带填料)	稳定电位	-0.80 ± 0.1		土壤

下面介绍几种常用电极的电极反应原理。

(1) 银/氯化银电极

银/氯化银电极的电极反应为：

$$Ag+Cl^- \!=\!=\!=\! AgCl+e^-$$

电极的电位由式(10-1) 计算：

$$E=E^0-\frac{RT}{nF}\ln a_{Cl^-} \tag{10-1}$$

式中　E^0——电极的标准电位，即 a_{Cl^-} 等于 1 时的银/氯化银电极的电位；

　　a_{Cl^-}——溶液中 Cl^- 的活度；

　　R——气体常数，等于 8.31J/℃；

　　T——绝对温度，K；

　　F——法拉第常数，等于 96500C·mol^{-1}；

　　n——金属离子的价数，氯化银电极为 1。

25℃时，电极的电位为：

$$E=0.222-0.0592\lg a_{Cl^-} \tag{10-2}$$

因为氯化银的溶解度很小，所以有效的银/氯化银电极要求银与氯化银之间具有紧密的接触。当在水中使用银/氯化银电极时，电极的电位会随着水的含盐量而变化。当氯离子浓度变化 10 倍时，电极的电位大约变化 60mV。因此，如果用这类电极测量含盐量变化的水或土中金属构筑物的电位时，则应以一只不穿孔的容器内盛饱和氯化钾溶液，而将电极浸入该溶液中通过一个多孔的渗透膜与环境接触。不用时，电极中的溶液应该倒掉，或者把电极放置在氯化钾的饱和溶液中。

(2) 铜/硫酸铜电极

铜/硫酸铜电极 (图 10-2) 是由铜和饱和硫酸铜溶液组成，其电极反应为：

$$Cu\!=\!=\!=\! Cu^{2+}+2e^-$$

电极的电位由下式计算：

$$E=E^0-\frac{RT}{nF}\ln a_{Cu^{2+}} \tag{10-3}$$

式中　E^0——电极的标准电位；

　　$a_{Cu^{2+}}$——溶液中 Cu^{2+} 的活度。

25℃时，电极的电位为：

$$E=0.337-0.030\lg a_{Cu^{2+}} \tag{10-4}$$

铜/硫酸铜电极制作的基本要求是电极必须用电

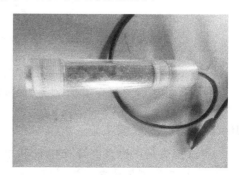

图 10-2　铜/硫酸铜电极

解铜，以保证铜的纯度；其次是硫酸铜溶液必须是饱和的，饱和的标志是在使用过程中，溶液中一直保持有过剩的硫酸铜晶体。为防止测量过程中电极的极化，制作时要保证铜电极和硫酸铜溶液的接触足够大，使电极工作时的电流密度$\leqslant 5\mu A/cm^2$。

参比电极的内阻和接地电阻是影响精度的一个因素，当在地面放置铜/硫酸铜电极时的接地电阻可按式（10-5）计算：

$$R=\frac{\rho}{2D}+R_i \qquad\qquad (10-5)$$

式中　R——电极接地电阻，Ω；

　　　D——渗透膜直径，m；

　　　ρ——土壤电阻率，$\Omega \cdot m$；

　　　R_i——电极内阻，Ω。

对于埋入地下的长效铜/硫酸铜电极，其构造如图 10-3 所示。其接地电阻由式（10-6）计算：

$$R=\frac{\rho}{2D}\left(\frac{1}{D}+\frac{1}{4t}\right)+R_i \qquad\qquad (10-6)$$

式中　R——电极接地电阻，Ω；

　　　D——电极直径，m；

　　　ρ——土壤电阻率，$\Omega \cdot m$；

　　　t——电极埋深，m；

　　　R_i——电极内阻，Ω。

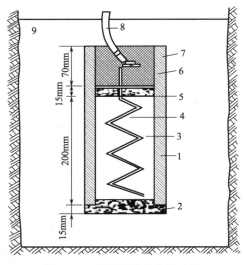

图 10-3　埋地型长效参比电极

1—素烧陶瓷筒；2—底盖；3—硫酸铜晶体；4—铜棒或铜丝；
5—上盖；6—密封化合物；7—导线接头；8—导线；9—填包料

10.1.3.3　测试探头

测试探头是由钢盘、参比电极和电解质组成，外部用绝缘体隔离，只留一个多孔塞子（渗透膜）作为测量通路，这样的结构可避免外界电流的干扰，使参比电极和钢盘之间的电阻压降最小。钢盘用和管道相同的材质制成，并用导线与管道相连（图 10-4）。极化探头适用于杂散电流区域内的电位测量，用探头测得的电位平滑、可靠、真实。

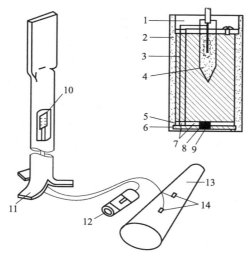

图 10-4　测试探头机构及安装示意图

1—密封材料；2—塑料壁；3—饱和 Na_2SO_4 溶液；4—甘汞电极；5—连接电缆；6—钢盘 $30cm^2$；

7—密封材料；8—塑料管；9—隔板；10—测试点；11—测试桩；12—探头；13—管道；14—铝热焊点

10.2　土壤电阻率测试

土壤电阻率是土壤的一项基本物理特性，是土壤单位体积内的正方体相对两面间在一定电场作用下对电流的导电性能。在阴极保护施工过程中，土壤电阻率是一项重要基本参数，土壤电阻率的大小直接影响了阴极保护方法的选取。例如，当土壤电阻率较高时，消耗性阳极和金属管之间的电位差不足以克服土壤的电阻而形成完整的电流，则应采用外加强制电流阴极保护法。土壤电阻率的影响因素很多，主要的因素是矿物组分、含水性、结构、温度等。

10.2.1　原位测试法

原位测量法有几种形式，如 Shepard 极棒法、Columbia 极棒法和 Wenner 四极法。相比较而言，只有 Wenner 四极法具有测量数据可靠、原理简单、操作方便等特点，但在地下金属构筑物较多的地方，误差较大。图 10-5 是 Wenner 四极法的原理图。

测量时要求四探针呈一字形分布，间距相等，探针插入地下的深度为 $1/20a$，通过 C_1、C_2 两极间的电流 I 和 P_1、P_2 两极间的电位 V、测得电阻 $R = V/I$。

然后由式（10-7）计算出电阻率：

$$\rho = 2\pi aR \tag{10-7}$$

式中　ρ——土壤电阻率，$\Omega \cdot m$；

　　　R——测得电阻值，$R = V/I$，Ω；

　　　a——电极间距，m。

Wenner 方程是由半球式电极推导出的，因而用针式电极会导致测量误差，为了避免误差

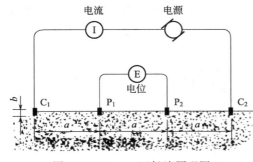

图 10-5 Wenner 四极法原理图

超过 5%，电极的插入深度必须小于 $a/5$，而电极直径必须小于 $a/25$，当冻土厚度在 20cm 以上时，不宜进行测量。为避免极化对数值准确度的影响，可将 P_1、P_2 两探针改用硫酸铜电极，电源改用交流电。采用 Wenner 四极法测得的土壤电阻率，间距 a 代表着被测量土壤的深度。

四极法的另一变种为 Schlumber 法，它与 Wenner 四极法的区别在于电极间距不等，而中间两支电极固定不变，以 b 的间距改变来测量不同深度的电阻率，b 即为土壤深度。测得数据以式（10-8）计算求得土壤电阻率：

$$R = \pi a R \left(b + \frac{b^2}{a} \right) \tag{10-8}$$

式中　R——测得电阻值，$R = V/I$，Ω；

　　　a——电极间距，m；

　　　ρ——土壤电阻率，$\Omega \cdot m$；

　　　b——外电流极间距，m。

此法的优点在于减少了深度土壤测量中的工作量。当 $a = b$ 时，就是 Wenner 四极法。在操作时，往往按 b 是 a 的倍数递增选取的。

ZC-8 型接地电阻测量仪（四端子式）是土壤电阻率测量的常用仪表，以手摇发电机为电源，可直接读电阻 R 值，测量时，要注意冻土、降雨等对土壤电阻的影响。有些文献中还提到双级法。双极法在地下金属构筑物较多的地方，测试准确度高于四极法，但土方工作量较大，必须挖掘与探测同等深度的探坑，而在一般情况下的测试准确度比四极法低。不过双极法装置更简单。国内目前基本采用四极法。因此双极法本书不作详细介绍。

10.2.2　土壤箱法

土壤箱法是一种实验室测试方法，即在现场采集土样或水样，放在测试箱中进行测量。土壤箱是一个敞口、无盖的长方形盒子［图 10-6(a)］，通常由塑料绝缘材料制成，盒子的两个端面为金属板，测量时把试样放入土壤箱内，顶面要齐平，然后测量两端面间的电流和电压，求出 R，再按式（10-9）算出电阻率：

$$\rho = R \left(\frac{WD}{L} \right) \tag{10-9}$$

式中　R——测得电阻值，$R = V/I$，Ω；

　　　W——土壤箱的宽度，cm；

　　　L——土壤箱的长度，cm；

　　　ρ——土壤电阻率，$\Omega \cdot m$；

　　　D——土壤箱的高度，cm。

上述土壤箱存在着某些不足，如两个金属端面在测量时可能产生一定的极化电位，土壤不均匀时，也会影响电流参量测量结果。为此，可对其进行改进。图 10-6(b) 是改进后的土壤箱，在箱的侧面设置了两个探针，当两端板通以电流 I 后，测两探针之间的电位，然后按式（10-10）计算土壤电阻率：

$$\rho = \frac{EWD}{IL'} \qquad\qquad (10\text{-}10)$$

式中　L'——两个探针之间的距离，cm；

　　　E——两探针之间的电位差，V。

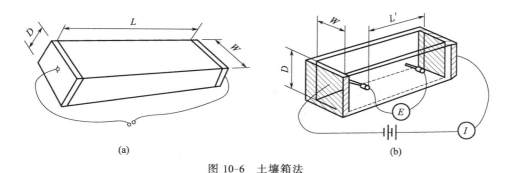

(a)　　　　　　　　　　　　(b)

图 10-6　土壤箱法

10.3　管地电位测试

管地电位是埋地管道与其相邻土壤之间的电位，在阴极保护测量技术中具有重要意义。在未施加阴极保护时，管地电位的大小能衡量土壤的腐蚀性；而对管道施加阴极保护后，管地电位则是判断阴极保护程度的一个重要参数；若阴极保护系统存在干扰，管地电位的变化能判断干扰程度。

10.3.1　自然电位的测量

管道自然电位是了解管道基本情况和去极化电位测试的基准数据，也是先于其他管地电位测试。因此，作为一项必要参数项目的测试，为使用方便，单独列出。对已实施过阴极保护的管道测试自然电位，应在完全断开阴极保护电流并充分去极化后（极化衰减至电位稳定不再偏移）进行。

潮湿土壤的电阻率低，有利于减小硫酸铜电极与土壤的接触电阻，现场测量中若硫酸铜电极与干燥或冻土、岩石、植物或铺砌材料之间的高电阻接触，都会带来测量误差。相关标准规定硫酸铜电极与土壤电接触良好，这也是为了减小硫酸铜电极与土壤的接触电阻。

只有电压表在适合的量程上，才能保证电压表的测量准确度。量程过低，有损坏仪表的可能；量程过高，测量误差将加大。

对于未施加阴极保护电流的管道腐蚀电位（自然电位），可用以下方法进行测量：

① 测量前，应确认管道是处于没有施加阴极保护的状态下。对已实施过阴极保护的管道宜在完全断电 24h 后进行。

② 测量时，将硫酸铜电极放置在管顶正上方地表的潮湿土壤上，应保证硫酸铜电极底部与土壤接触良好。

③ 按图 10-7 或图 10-8 的测量接线方式，将电压表与管道及硫酸铜电极相连接。

④ 将电压表调至适宜的量程上，读取数据，作好管地电位值及极性记录，注明该电位值的名称。

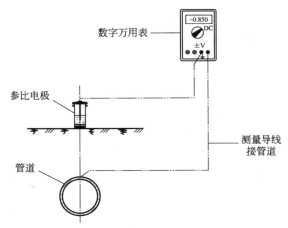

图 10-7　数字万用表管地电位测量接线图

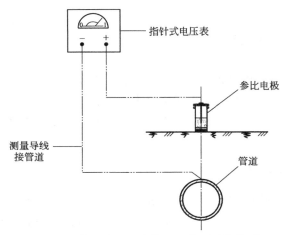

图 10-8　指针式电压表管地电位测量接线图

10.3.2　通电电位的测量

　　该方法适用于施加阴极保护电流时，管道对电解质（土壤、水）电位的测量，测得的电位是极化电位与回路中所有电压降的和，即含有除管道金属-电解质界面以外的所有电压降。

　　测量步骤：

　　① 测量前，应确认阴极保护运行正常，管道已充分极化。

　　② 测量时，将硫酸铜电极放置在管顶正上方地表的潮湿土壤上，应保证硫酸铜电极底部与土壤接触良好。

　　③ 管地通电电位测量接线见图 10-7 或图 10-8。

　　④ 将电压表调至适宜的量程上，读取数据，作好管地电位值及极性记录，注明该电位值的名称。

10.3.3　断电电位的测量

　　电化学的极化电位和土壤中的欧姆电压降具有不同的时间常数，因此，保护电流所引起的电压降可通过瞬时断开保护电流来予以消除。本方法测得的断电电位（V_{off}）是消除了由保护电流所引起的电压降后的管道保护电位。对有直流杂散电流或保护电流不能同步中断（多组牺牲阳极或其与管道直接相接，或存在不能被中断的外部强制电流设备）的管道本方法不适用。

测量步骤：

① 测量前，应确认阴极保护正常运行，管道已充分极化。

② 测量时，在所有电流能流入测量区间的阴极保护电源处安装电流同步断续器，并设置在合理的周期性通断循环状态下同步运行，同步误差小于 0.1s。合理的通断循环周期和断电时间设置原则是：断电时间应尽可能短，以避免管道明显的去极化，但又应有足够长的时间保证测量采集及在消除冲击电压影响后读数。为了避免管道明显的去极化，断电期宜不大于 3s，典型的通断周期设置为：通电 12s，断电 3s。

③ 将硫酸铜电极放置在管顶正上方地表的潮湿土壤上，应保证硫酸铜电极底部与土壤接触良好。

④ 管地断电电位（V_{off}）测量接线见图 10-7 或图 10-8。

⑤ 将电压表调至适宜的量程上，读取数据，读数应在通/断电 0.5s 之后进行。

⑥ 记录下管道对电解质的通电电位（V_{on}）和断电电位（V_{off}），以及相对于硫酸铜电极的极性。所测得的断电电位（V_{off}）即为硫酸铜电极安放处的管道保护电位。

⑦ 如果对冲击电压的影响存在怀疑，应使用脉冲示波器或高速记录仪对所测结果进行核实。

10.3.4　密间隔电位的测量

密间隔电位测量法（CIPS）是 NACE RP0502 中用于评价阴极保护系统有效性的重要方法。国标 GB/T 21448—2017《埋地钢质管道阴极保护技术规范》中要求对运行一年内的管道应进行 CIPS 测量。硫酸铜电极安放处的断电电位代表该处的管道保护电位，密间隔管地电位测试法是以密间隔移动硫酸铜电极进行通/断管地电位的测量，所以不仅可以测量测试桩处的保护电位，沿线各处的保护电位都可以测得，通过对全线管地电位的数据处理与变化趋势分析，可对全线的保护状况（管道是否获得全面、合适的阴极保护，是否存在欠保护或过保护情况）给予评价。

本方法可测得管道沿线的通电电位（V_{on}）和断电电位（V_{off}），结合直流电位梯度法（DCVG）可以全面评价管线阴极保护系统的状况和查找防腐层破损点及识别腐蚀活跃点。对保护电流不能同步中断（多组牺牲阳极或其与管道直接相接，或存在不能被中断的外部强制电流设备）以及套管内的破损点未被电解质淹没的管道，本方法不适用。

另外，下列情况会使本方法应用困难或测量结果的准确性受到影响：

① 覆盖层导电性很差的管段，如铺砌路面、冻土、钢筋混凝土、含有大量岩石回填物。

② 剥离防腐层下或绝缘物造成电屏蔽的位置，如破损点处外包覆或衬垫绝缘物的管道。

测量步骤：

① 测量简图见图 10-9。

② 测量前，应确认阴极保护正常运行，管道已充分极化。

③ 测量前，检查测量主机电池电量。

④ 在所有电流能流入测量区间的阴极保护直流电源处安装电流同步断续器，并设置在

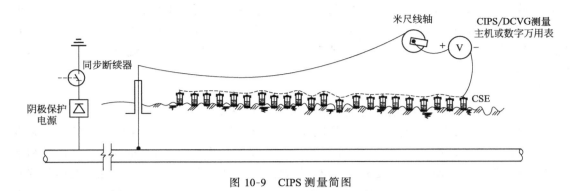

图 10-9　CIPS测量简图

合理的周期性通断循环状态下同步运行，同步误差小于0.1s。设置原则是：断电时间应尽可能短，以避免管道明显的去极化，但又应有足够长的时间保证能在消除冲击电压影响后测量采集数据。根据具体所用的阴极保护电源设备和测量仪器的不同，典型的循环时间设置宜为：通电800ms、断电200ms，或通电4s、断电1s，或通电12s、断电3s。

⑤ 将线轴（长测量导线）一端与CIPS/DCVG测量主机（或数字万用表）连接，另一端与测试桩连接，将一根探杖（硫酸铜电极）与CIPS/DCVG测量主机（或数字万用表）连接。打开CIPS/DCVG测量主机，设置为CIPS测量模式，设置与同步断续器保持同步运行的相同的通断循环时间和断电时间，并设置合理的断电电位测量延迟时间，典型的延迟时间设置宜为50～100ms。

⑥ 测量时，利用探管仪对管道定位，保证硫酸铜电极放置在管道的正上方。

⑦ 从测试桩开始，沿管线管顶地表以密间隔（一般是1～3m）逐次移动探杖（硫酸铜电极），每移动探杖一次就采集并记录存储一组通电电位（V_{on}）和一组断电电位（V_{off}），直至到达前方一个测试桩。按此完成全线管地电位沿管道变化的测量。

⑧ 同时应使用米尺线轴、GPS坐标测量或其他方法，测量硫酸铜电极安放处沿管线的距离，应对沿线的永久性标志、参照物及它们的位置等信息进行记录，并应对管道通电电位（V_{on}）和断电电位（V_{off}）异常位置处作好标志与记录。

⑨ 某段密间隔测量完成后，若当天不再测量，应通知阴极保护站恢复为连续供电状态。

数据处理：

① 将现场测量数据下载到计算机中，进行数据处理分析。

② 对每处两组数据中的几个数据，分别取其算术平均值，代表该测量点的通电电位（V_{on}）和断电电位（V_{off}）。

③ 以距离为横坐标、电位为纵坐标绘出测量段的电位分布曲线图，图中一条为通电电位曲线，另一条为断电电位曲线，在直流干扰和平衡电流影响可忽略不计地方，断电电位曲线代表阴极保护电位分布s曲线。

10.3.5　电位测量中电压降及其消除

电位准确测量技术适用于防腐层破损点多的管段的断电电位修正测试，可识别防腐层破损点位置，并能计算出破损处消除电压降（IR 降）电位。对防腐层破损点多的管道进行断电电位测试时，仅能消除保护电流所引起的电压降影响，而各破损点间存在极化电位差引起的平衡电流会使所测得的断电电位被歪曲。该技术是一种沿管道以最大5m间隔放置参比电极，采用密间隔电位测量法（CIPS）测量管顶上方管地电位，同时测量出相对应的与管道垂直的（间隔 10m）电位梯度，经计算获得消除 IR 降的管道-土壤界面电位的测量技术。

测量步骤：

① 电位标准测量技术测量简图见图 10-10。

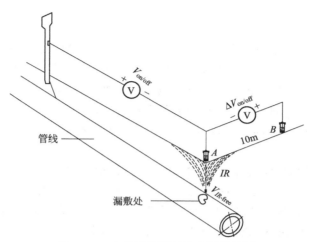

图 10-10　电位标准测量技术测量简图

② 在防腐层破损点多的被测量区域管段，按密间隔管地电位测量法采集并记录存储管道正上方（如图 10-10 中 A 点）的通电电位 V_{on} 和断电电位 V_{off}。

③ 采用已校准过的另一支硫酸铜电极，将其置于与管道方向相垂直、距离管顶测试点（A 点）10m 位置处（如图 10-10 中 B 点），测量并记录存储两点（A、B）间的通电电位梯度 ΔV_{on} 和断电电位梯度 ΔV_{off}。

④ 使用米尺线轴、GPS 坐标测量或其他方法，测量管顶测试点（硫酸铜电极安放处）沿管线的距离，应对沿线的永久性标志、参照物及它们的位置等信息进行记录，尤其是沿线测量的通/断电位梯度差（$\Delta V_{on} - \Delta V_{off}$）的峰值位置。

⑤ 依次以密间隔移动两硫酸铜电极进行测量，完成被测量区域管段的测量。某段的准确测量完成后，若当天不再测量，应通知阴极保护站恢复为连续供电状态。

计算方法：

管顶测试点管道的消除 IR 降电位 $V_{IR\text{-}free}$：

$$V_{IR-free} = V_{off} - \frac{\Delta V_{off}}{\Delta V_{on} - \Delta V_{off}}(V_{on} - V_{off}) \tag{10-11}$$

式中　$V_{IR\text{-}free}$——A 测量点的消除 IR 降电位，mV；

$\qquad V_{on}$——A 测量点的通电电位，mV；

$\qquad V_{off}$——A 测量点的断电电位，mV；

$\qquad \Delta V_{on}$——通电状态下，A 与 B 两测量点间的直流地电位梯度，mV；

$\qquad \Delta V_{off}$——断电状态下，A 与 B 两测量点间的直流地电位梯度，mV。

数据处理：

① 将现场测量数据下载到计算机中，进行数据处理分析。

② 以距离为横坐标、电位为纵坐标画出测量段的电位分布曲线图，图中一条为通电电位曲线，另一条为断电电位曲线，第三条为消除 IR 降电位曲线。消除 IR 降电位曲线代表

对断电电位修正后的阴极保护电位分布曲线。

10.4 管内电流测试

10.4.1 电压降法

电压降法的基本原理是测量管内电流流过管道产生的欧姆电压降来计算电流，要计算电流必须知道测量段的管道电阻，而管段的电阻取决于钢材的电阻率、壁厚、管径、长度，所以本节规定除无分支、无接地极（这些有分流作用）外，要知道管径、壁厚、管材电阻率，并丈量（或已知）测量段的长度。碳钢的电阻率在 $0.15\Omega \cdot mm^2/m$ 左右，低合金钢的电阻率为 $0.22 \sim 0.23\Omega \cdot mm^2/m$ 之间，在设计强制电流阴极保护时，钢材的电阻率是一项基本参数。

由于电压降法一般测量的管段长度在 30m 左右，管道的电阻很小，尤其是大口径厚壁管，比如 $\phi 1016mm$、厚 26.2mm 的管道（西气东输、陕京二线等），30m 管段的电阻为 $8.47 \times 10^{-5}\Omega$，如果管内电流为 0.5A，此时测量出的管电压降仅 $42.35\mu V$。UJ33D-1 数字电位差计（国产）和 FLUKE189 数字式万用表（进口）都能满足此要求。

测量步骤：

① 电压降法测量接线图见图 10-11。

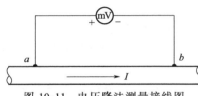

图 10-11 电压降法测量接线图

② 测量 a、b 两点之间的管长 L_{ab}，误差不大于 1%。L_{ab} 的最小长度应根据管径大小和管内的电流量决定，最小管长应保证 a、b 两点之间的电位差不小于 $50\mu V$，一般 L_{ab} 取 30m。

③ 测量 a、b 两点之间的电位差。如果采用 UJ 33D-1 数字电位差计测量，应先用数字万用表判定 a、b 两点的正、负极性并粗测 V_{ab} 值；然后将正极端和负极端分别接到 UJ 33D-1 数字电位差计"未知"端的相应接线柱上，细测 V_{ab} 值。当采用分辨率为 $1\mu V$ 的数字电压表，可直接测量 V_{ab} 值。

10.4.2 标定法

标定法与电压降法的差别，是不需要事先知道被测管段的电阻，也就是管径、壁厚、钢材电阻率和测量段长度，采取在 a、b 两点提供外加电流，在 c、d 两点测量电位差计算出 cd 段管道的电导（校正因子），再通过管内电流在 cd 段产生的电位差来计算管内电流量。它的缺点是使用的测量仪器更多，操作更复杂。

本方法 a、c 和 b、d 两点之间的距离必须大于 πD 是按电工学原理所确定，a、b 两供电点在其附近的电流分布极不均匀，只有在一个圆周长以后，电流分布才基本均匀，所以 c、d 两点必须与 a、b 两点相距一个 πD 以上的距离。

电压降法和标定法测量管内电流，分别是德国和美国相关标准首选的测量方法，目前国内的阴极保护电流桩的设计基本上是按电压降法设计，但在西气东输工程的设计中，电流测试桩的接线是按标定法设计。

10.4.3 保护电流密度的测定

对于已经埋入地下的带有覆盖层的管道，所需要的保护电流应采用馈电法进行测量，如图 10-12 所示。

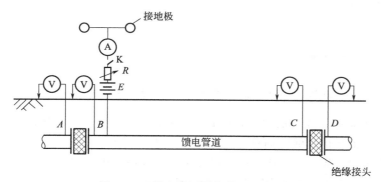

图 10-12 馈电法测量保护电流密度

测量步骤：

① 用 φ98m×4.2m 长钢管 4 支作临时接地，采用夯入法，位置在垂直测量管段的 60～100m 处。

② 按图 10-12 进行接线，E 用汽车蓄电池，导线选用铜芯截面 1mm×10mm 的塑料线。

③ 接通开关 K 之前，先进行管段两端绝缘装置两侧（A、B 和 C、D）自然电位的测量。

④ 接通开关 K，观察电流表中电流值的变化，并同时测量 A、B、C、D 的管/地电位。

⑤ 调节可调电阻器 R 使 B 点电位达－0.85V 并跟踪 C 点电位，使之达－0.85V，同时观测 A、D 点电位。

⑥ 当 C 点电位达－0.85V，并且电流基本稳定，这时记录电流值（极化时间有时需要 24h 以上）。

⑦ 当开关控制通、断电时间，测量 A、B、C、D 各点的通、断电的电位（通电 27s，断电 3s）。

⑧ 当 B、C 点的 V_{off} 达到－0.85V 时，即可认为实现保护。这时电流表的电流值即为所需保护电流。

⑨ 用测得的保护电流除以整个管段的表面积，即可得到保护电流密度。

10.5 阳极接地电阻测试

10.5.1 辅助阳极接地电阻测试

外加电流阴极保护站的辅助阳极为大型接地装置，接地电阻不宜大于 1Ω。采用 ZC-8 接地电阻测量仪（量程为 0～1Ω 到 10～100Ω）可测量辅助阳极接地电阻，此法简单，且不会造成电极极化。测量接线示意图见图 10-13。

当采用图 10-13(a) 接线方式测量时要求：在土壤电阻率较均匀的地区，取 $d_{13}=2L$，

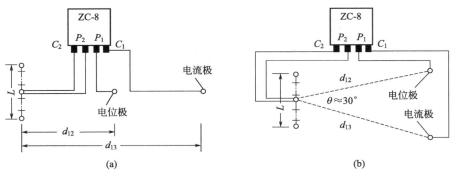

图 10-13　外加电流接地阳极接地电阻测试接线示意图

$d_{12}=L$；在土壤电阻率不均匀的地区，取 $d_{13}=3L$，$d_{12}=1.7L$。在测量过程中，应将电位极沿接地阳极与电流极的连线方向移动三次，每次移距约为 d_{13} 的 5%，三次测量的电阻值相近即可，以保证 d_{13} 的距离合适且电位极处于电位平缓区内。接地阳极接地电阻的测量也可采用图 10-13(b) 所示的三角形布极法测量，此时 $d_{12}=d_{13}\geqslant 2L$。

10.5.2　牺牲阳极接地电阻测试

　　用牺牲阳极保护的管道，为了充分发挥每支牺牲阳极的作用，每个埋设点使用的数量一般不超过 6 支，而且均匀分布于管道两侧。对于这种小型接地体，采用接地电阻测量仪来测量接地电阻是非常方便的。

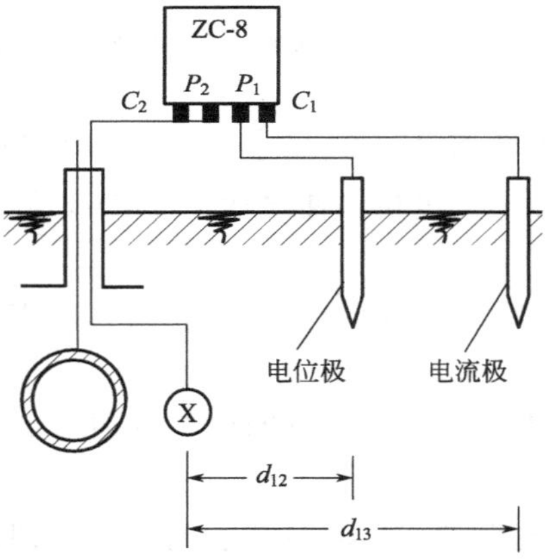

　　测量牺牲阳极接地电阻之前，必须首先将阳极与管道断开，否则无法测得牺牲阳极的接地电阻值。采用图 10-14 所示接线法，沿垂直于管道的一条直线布置电极，取 d_{13} 约为 40m，d_{12} 约为 20m。使用 ZC-8 接地电阻测量仪（量程为 0～1Ω 到 10～100Ω）测量接地电阻值。此时 P_2 和 C_2 用短接片予以短接，再采用一条截面积不小于 1mm² 且长度不大于 5m 的导线接牺牲阳极接线柱，P_1 和 C_1 分别接电位极和电流极。

　　当牺牲阳极组的支数较多，该阳极组接地体的对角线长度大于 8m 时，按图 10-13(a) 规定的尺寸布极，但 d_{13} 不得小于 40m，d_{12} 不得小于 20m。

图 10-14　牺牲阳极接地电阻测试

10.6　牺牲阳极性能测试

　　在牺牲阳极法阴极保护系统中，保护电流依靠牺牲阳极的自身腐蚀来提供，牺牲阳极的开路电位、闭路电位、电流输出能力与实际输出状态等性能指标非常重要，直接决定了阴极保护的保护效果和保护效率。

10.6.1　牺牲阳极输出电流测试

10.6.1.1　直接测量法

　　直接测量法是将电流表直接串联到阴极保护回路中［图 10-15(a)］，电流表示值即为牺牲阳极输出电流值。此法操作简单，主要用于管理测试，但电流表内阻可产生测量误差。为此应尽可能选用低内阻电流表，或直接选用零电阻电流表。测量时选用电流表的最大电流挡，因为最大值挡的内阻一般最小。

如果知道电流表的内阻 R_m 和导线的电阻 R_w，则可以对测量结果进行修正，方法如下：

$$I_e = \frac{I(R_m + R_w)}{R_m} \tag{10-12}$$

式中　I_e——修正后的测量结果；

　　　I——直接测量结果；

　　　R_m——仪表内阻；

　　　R_w——导线电阻。

10.6.1.2　双电流表法

双电流表法接线如图 10-15(b) 所示。选用两只同型号的数字万用表（以确保两者在同一量程时内阻相同）。先按图 10-15(a) 将一只电流表串入测量回路，测得电流 I_1，再将第二只电流表与第一只电流表同时串入测量回流，此时两只表的电流量程应与测量 I_1 时的相同，记录两只表上显示的 I_2' 和 I_2''，取其平均值为：

$$I_2 = \frac{1}{2}(I_2' + I_2'') \tag{10-13}$$

至此，可按式(10-14) 计算牺牲阳极输出电流 I：

$$I = \frac{I_1 I_2}{2I_2 - I_1} \tag{10-14}$$

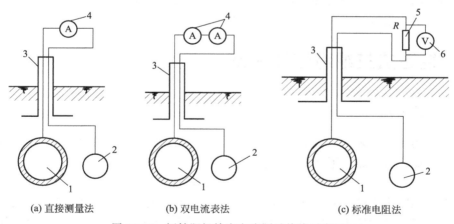

(a) 直接测量法　　(b) 双电流表法　　(c) 标准电阻法

图 10-15　牺牲阳极输出电流测试接线示意图

1—管道；2—牺牲阳极；3—测试桩；4—电流表；5—标准电阻；6—电压表

10.6.1.3　标准电阻法

牺牲阳极与管道组成的闭合回路总阻值较小，通常小于 10Ω，该回路电流一般仅为数毫安至数百毫安。普通电流表的内阻的适当量程上总是大于回路总阻值的 5%，为此可采用标准电阻法，详见图 10-15(c)。

在牺牲阳极与管道组成的闭合回路中串入一个小于回路总阻值 5% 的标准电阻 R，R 通常为 0.1Ω；再利用高灵敏度电压表 V 测量标准电阻上的电压降 ΔV；牺牲阳极输出电流为

$I = \Delta V/R$。要求此法串入的测试导线总长度不应大于 1m，截面积不应小于 $4mm^2$，以减小导线内阻可能产生的测量误差。此法简单，准确度高，应用广泛。

10.6.2　牺牲阳极开路电位测试

牺牲阳极开路电位与自然电位测试均是采用地表参比法，当土壤中几乎没有电流（阴极保护电流和测试电流）流过时，可以认为从管道或牺牲阳极表面到地表参比电极安放处没有土壤的 IR 降。由于采用的是高内阻电压表，测试电流可以近似为零。在测管道的自然电位和牺牲阳极开路电位（忽略其他埋设点牺牲阳极流过来的电流）时，阴极保护电流也为零。所以在地表上安放参比电极，测试误差几乎为零。

10.6.3　牺牲阳极闭路电位测试

在几乎无地电场影响的地区，管道通电电位与管道对远方大地的电位值相等，但在地电场影响较严重的地区，所测得的管道通电电位中含有较大的地电位值，用地表参比法对牺牲阳极接入点的管段进行管地通电电位测量时，由于牺牲阳极输出电流集中于此，造成地电位偏移，很难测准管道与自然电位的负偏移电位值，采用远参比法时，管道对远方大地来说，就几乎没有这个地电位值。因此，牺牲阳极闭路电位应采用远参比法。

在实际测试中，各处的地电场影响的范围很不一致，在这里不明确给出最远距离更恰当。我们规定，当平均地电位梯度不大于 0.5mV/m 时，参比电极可不再往远方移动。这是依据：

① 相关标准：地电场梯度小于 0.5mV/m 属弱干扰区。

② 实际测试发现，当相距 5m 的两个参比电极安放处之间的管地电位差小于 2.5mV 时，由于管地电位变化很微，就不必再移动参比电极了。

10.7　绝缘法兰绝缘性能测试

10.7.1　兆欧表法

此法仅适用于未安装到管道上的绝缘法兰。已安装到管道上的绝缘法兰，其两侧的管道通过土壤已构成闭合回路，不能用兆欧表直接测量绝缘电阻。

如图 10-16 所示，用磁性接头将 500V 兆欧表输入端的测量导线压接在绝缘法兰两侧的短管上，转动兆欧表手柄，使手摇发电机达到规定的转速持续 10s，此时表针稳定指示的电阻值即为该绝缘法兰的绝缘电阻值。此法不仅测量出绝缘电阻值，而且也检验了其耐 500V 电压的耐电压击穿能力。

10.7.2　电位法

已安装到管道上的绝缘法兰可以用电位法判定绝缘性能。电位法原理：阴极保护站工作时，被保护侧管地电位负移，而非保护侧因无电流流入，其管地电位几乎不变。若绝缘法兰绝缘性能不好，将由于阴极保护电流流过绝缘法兰，使非保护侧管地电位随之负移。

电位法测试接线如图 10-17 所示。在启动阴极保护站之前，先用数字万用表测量非保护侧法兰盘的对地电位 V_{a1}，然后启动阴极保护站，调节阴极保护电流（通电点与保护侧法兰盘的距离应大于管道周长），使保护侧法兰盘的对地电位 V_b 达到保护电位范围（$-0.85V \sim$ $-1.50V$），接着再测 a 点的对地电位 V_{a2}。判据如下：

① 若 $V_{a1} \approx V_{a2}$，一般可认为绝缘法兰的绝缘性能良好。

② 若 $|V_{a2}| \geqslant |V_{a1}|$，且 V_{a2} 接近 V_{a1} 的数值，则一般认为绝缘法兰的绝缘性能很差。

③ 电位法的判据进定性判据。

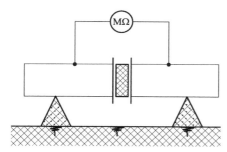 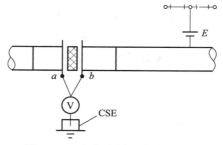

图 10-16　兆欧表法测试接线示意图　　　　图 10-17　电位法测试接线示意图

使用此法应当注意：当非保护侧管道的接地电阻值很小时，即使绝缘法兰漏电严重，由于漏电阻远大于非保护侧管道接地电阻，此时非保护侧管地电位不会明显地负移，导致电位法判断错误。此外，若阳极引出线的避雷器被击穿，或者接地阳极距绝缘法兰太近，保护侧供电时将使绝缘法兰所在地的地电位明显上移，即使绝缘法兰不漏电，非保护侧的管地电位测量值也会明显负移，从而导致电位法误判。

10.7.3　漏电电阻法

当采用电位法判定绝缘法兰绝缘性能可疑，或需要比较准确确定绝缘电阻及漏电率时，已经安装有绝缘法兰测试桩并符合 10.7.1 节中的条件时，可采用漏电电阻法。

测量方法：

① 漏电电阻法测量接线如图 10-18 所示。

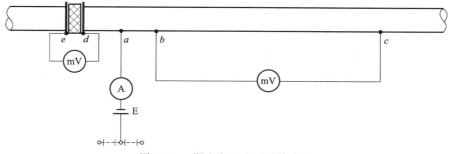

图 10-18　漏电电阻法测量接线图

② 其中 a、b 之间的水平距离大于 πD，bc 段的长度宜为 30m。

③ 调节强制电源 E 的输出电流 I，使保护侧的管道达到阴极保护电位值。

④ 用数字万用表测定绝缘法兰两侧 d、e 间的电位差 V。

⑤ 按电压降法（见 10.4.1 节）测试 bc 段的电流 I_1。

⑥ 记录强制电源向管道提供的阴极保护电流 I。

数据处理：

绝缘法兰漏电电阻按式（10-15）计算：

$$R_H = \frac{\Delta V}{I - I_1} \tag{10-15}$$

式中　R_H——绝缘法兰漏电电阻，Ω；

V——绝缘法兰两侧的电位差，V；

I——强制电源 E 的输出电流，A；

I_1——bc 段的管内电流，A。

绝缘法兰的漏电率按式（10-16）计算：

$$\eta = \frac{I - I_1}{I} \times 100\% \tag{10-16}$$

式中　η——漏电率，%。

10.7.4　PCM 漏电率测量法

对于已建成的管道上的绝缘法兰，测试单位拥有管道电流测绘系统时，可用管道电流测绘系统（PCM）测量漏电率，判断绝缘性能。

测量方法：

① 测量接线如图 10-19 所示。

② 断开保护侧阴极保护电源。

③ 按 PCM 操作步骤，用 PCM 发射机在保护侧接近绝缘法兰处向管道输入电流 I。

④ 在保护侧电流输入点外侧，用 PCM 接收机测量并记录该侧管道电流 I_1。

⑤ 在非保护侧用 PCM 接收机测量并记录该侧管道电流 I_2。

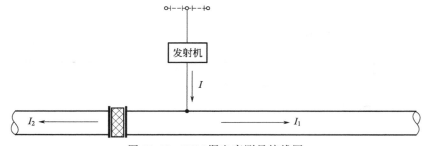

图 10-19　PCM 漏电率测量接线图

数据处理：

计算绝缘法兰漏电率：

$$\eta = \frac{I_2}{I_1 + I_2} \times 100\% \tag{10-17}$$

式中　η——绝缘法兰漏电率，%；

I_1——接收机测量的绝缘法兰保护侧管内电流，A；

I_2——接收机测量的绝缘法兰非保护侧管内电流，A。

10.7.5　接地电阻测量仪法

已建成的管道上的绝缘法兰，在其两侧具有四个测量连接点时，可使用接地电阻测量仪法定量测量其电阻。

测量方法：

① 先测量绝缘法兰两端管道的接地电阻，其测量接线如图 10-20 所示。分别对 a 点和 b 点的接地电阻进行测量，读取并记录仪表读数值 R_a 和 R_b。

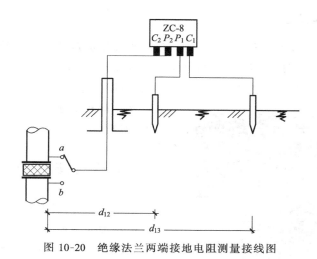

图 10-20　绝缘法兰两端接地电阻测量接线图

② 再测量绝缘法兰回路的总电阻，其测量接线如图 10-21 所示。测量并记录仪表读数值 R_r。当 $R_r \leqslant 1\Omega$ 时，相邻两测量接线点的间隔应不小于 πD；当 $R_r > 1\Omega$ 时，相邻两测量接线点（a 点与 c 点，b 点与 d 点）可合二为一，此时 C_1 与 P_1、C_2 与 P_2 可短接。

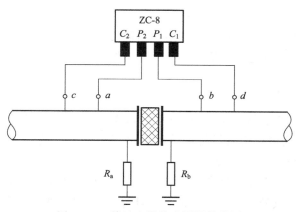

图 10-21　接地电阻仪法测量接线图

数据处理：

实际运行工况下的绝缘法兰的电阻按式（10-18）计算：

$$R = \frac{R_r(R_a + R_b)}{(R_a + R_b) - R_r} \tag{10-18}$$

式中　R——绝缘法兰的电阻，Ω；

　　　R_r——绝缘法兰回路的总电阻，Ω；

　　　R_a——绝缘法兰保护端接地电阻，Ω；

　　　R_b——绝缘法兰非保护端接地电阻，Ω。

10.8　管道外防腐层电阻率测试

10.8.1　电火花检测法

管道外防腐层电火花检漏仪（图 10-22）是利用高压火花放电原理检查防腐层的漏铁微孔和破损。主要用于预制厂内防腐层的质量检验、现场管体施工完在回填土之前的质量检验及防腐层管理中经地面检漏后开挖出管道的防腐层破损位置的检验。

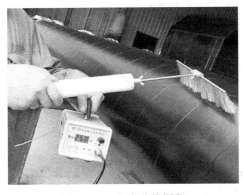

图 10-22　电火花检漏仪

电火花检漏仪分 3 个部分：

① 主机：电源、高压脉冲发生器和报警系统。

② 高压枪：内装整流元件，是主机和探头的连接件。

③ 探头附件：探头分为弹簧式和铜式两种。

电火花检漏的原理是，当电火花检漏仪的高压探头贴近管道移动时，遇到防腐层的破损处，高压将此处的气隙击穿，产生电火花，并放电，同时给检漏仪的报警电路产生一个脉冲电信号，驱动检漏电路声光报警。

电火花检漏仪的检漏电压可根据所检防腐层的类型，按其标准进行选择。通常检验电压按照 $V = 7843\sqrt{\delta}$ 来估计，δ 为防腐层厚度（单位：mm）。粗略地估计一下，对于薄层，检验电压 2000V 是可取的；对于沥青式的厚层，则需 20000V 了。目前石油行业的各类覆盖层的标准中都已给出了电火花检漏的单项指标，可用作参考。

10.8.2　外加电流检测法

对于无分支、无防静电接地装置的任意一段涂层管道，选择测试长度一般为 500～1000m，可使用外加电流检测法测量管道外防腐涂层漏电阻。被测 ac 管段距通电点以大于3000m 为宜，精确测定被测试管段的长度（单位：m）；若 ad 段内埋有牺牲阳极，则应断开所有的牺牲阳极；阴极保护站启动前，先测试 a、c 两点处的自然电位值；阴极保护站供电24h 时后，测试 a、c 两点处的保护电位值，并计算 a、c 两点处的负偏移电位，采用电压降法或补偿法测试 ab 和 cd 两段的管内电流，对此要求 L_{ab} 和 L_{cd} 应小于 L_{ac} 的 5%，又不大于 150m。

按式（10-19）计算管道外防腐涂层漏电阻 ρ_A（单位：$\Omega \cdot m^2$）：

$$\rho_A = \frac{(\Delta V_a + \Delta V_c) L_{ac} \pi D}{2(I_1 - I_2)}$$

（10-19）

式中　ΔV_a、ΔV_b——管道首端 a 点和末端 c 点的负偏移电位，V；

　　　　I_1、I_2——ab 段和 cd 段管内电流绝对值，A；

　　　　L_{ac}——被测 ac 管段的管道长度，m；

　　　　D——管道外径，m。

式（10-19）表明，管道外防腐涂层漏电阻等于测试段管道的接地电阻乘以该段管道的总表面积。此接地电阻根据该段管道阴极保护的平均负偏移电位以及这段管道漏入土壤的总电流，通过欧姆定律计算。

用此法测得的外防腐涂层漏电阻，实质上是三部分电阻的总和，即涂层本身的电阻、阴极极化电阻、土壤过渡电阻。

对于涂层质量不好的管道，极化电阻所占分量增加；而在土壤电阻率较高的地区，涂层质量差的管道/土壤的过渡电阻所占分量也增加。所以，此法测量的结果并不是涂层电阻值，而定义为涂层漏电阻。

此法测量的涂层漏电阻结果能清楚地说明涂层的质量：只有高质量的涂层，才会测出高的漏电阻；而在一般土壤中的阴极极化电阻很小；至于土壤过渡电阻则与许多因素有关，一般也都只占漏电阻值的极小份额。

另一方面，涂层漏电阻这个综合值非常有用，它可直接用于指导阴极保护设计。目前常用的阴极保护计算公式，都是利用漏电阻值。

对于两端装有绝缘性能良好的绝缘法兰，且无其他分流支路的绝缘管道，只有一座阴极保护站，又是单端供电的情况，可采用式（10-20）计算外防腐涂层漏电阻 ρ_A（单位：$\Omega \cdot m^2$）：

$$\rho_A = \frac{(\Delta V_1 + \Delta V_2)L\pi D}{2I} \tag{10-20}$$

式中　ΔV_1、ΔV_2——管道首端（供电端）和末端负偏移电位，V；

　　　　I——阴极保护电流，A；

　　　　L——管道总长，m；

　　　　D——管道外径，m。

10.8.3　间歇电流检测法

对于无分支管道、无防静电接地、具有良好外防腐涂层且两端绝缘的均质管道，可采用间歇电流检测法测量管道外防腐涂层漏电阻。按图 10-23 接线。d_{12} 取 50m，d_{13} 取 200~300m。合上开关 K，向管道一端通电 5s，并测量阴极保护电流 I 和管地电位 u'；断开 K，并立即测量断电后的管地电位 u''；断开 K5s 后，再合上 K，重复上述步骤达五次。

按式（10-21）计算管道接地电阻 R（单位：Ω）：

$$R = \frac{u'' - u'}{I} \tag{10-21}$$

按式（10-22）计算管道接地电阻的平均值 $\overline{R}$（单位：Ω）：

$$\overline{R} = \frac{(R_1 + R_2 + R_3 + R_4 + R_5)}{5} \tag{10-22}$$

将 $\overline{R}$ 代入式(10-23)，用试算法求出单位长度管道外防腐涂层电阻 ρ'_L（单位：$\Omega \cdot m$）：

$$\overline{R} = \sqrt{\rho'_L \rho''_L} \, \mathrm{cth}\left(\sqrt{\frac{\rho''_L}{\rho'_L}} \times L\right) \tag{10-23}$$

式中　ρ''_L——管道纵向电阻率，Ω/m；

　　　L——管道总长，m。

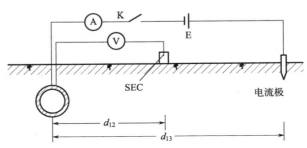

图 10-23　间歇电流检测法测试接线示意图

按式(10-24)计算管道外防腐涂层漏电阻 ρ_A（单位：$\Omega \cdot m^2$）：

$$\rho_A = \rho'_L \pi D \tag{10-24}$$

从物理意义看，管道外防腐涂层漏电阻是单位面积涂层管道与远方大地的电阻。其数值为负偏移电位除以漏电流密度。用间歇电流检测法测出管道的等效接地电阻 $\overline{R}$ 后，按有限长、无分支均质管道的等效接地公式计算出单位长度内的管道对地电阻，即单位长度管道的外防腐涂层漏电阻。该值再乘以管道圆周长，由此可得管道外防腐涂层漏电阻值。

采用间歇电流检测法时，通电点必须设在管道的一端，不能设在中间区段内。此法准确度比外加电流法高，因为采取断续供电，可以减小阴极极化电阻对测量结果的影响，采用等效接地电阻的公式计算涂层漏电阻，更接近于真实的电位分布状况。但此法的操作与数据处理相对较麻烦，而且条件性限制较强。

10.8.4　Pearson 法

该方法是一种比较经典的用于检测埋地管道防腐层上的缺陷的方法，其特点是能在地面上不开挖的情况下操作。在被检管道附近 $10\sim100m$ 的位置上打入一个临时接地棒，在管道和接地棒之间施加一交变信号，这一信号在管道内传输过程中，如果遇有防腐层破损点，在破损点处形成一个电位场。在地面用一个专门的仪表检测这一电位场的信号，便可根据信号的大小和位置，确定防腐层破损点的大小和位置，如图 10-24 所示。

操作时，先将交变信号源连接到管道上，两位检测人员带上接收信号检测设备，通常用"手表""耳机"来观察信号变化，两人牵一测试线，相隔 $6\sim8m$，在管道上方的地面徒步行走，脚上穿有专门的"铁鞋"，便于采集参数。

从图 10-24 中可以看到，如果沿管道走向连续移动两个电极（铁鞋），当它们位于 X_1 时，由于所对应的曲线 1 和曲线 2 的陡度很小，所以，极间电位差 ΔV_{12} 很小；当它们位于 X_3、X_4 点时，且 $X_1 X_2 = X_3 X_4$，若管道防腐层无破损，信号衰减如曲线 1 所示，其间的电位差亦很小，若防腐层在 A 点有了破损，信号衰减如曲线 2 所示，对应的电位差 ΔV_{34} 则很大，即 $\Delta V_{34} > \Delta V_{12}$。如果继续移动两个电极，当电极越过破损点 A

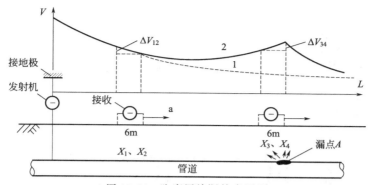

图 10-24 防腐层检漏技术原理

达到另一侧时，极间的电位差则由较大逐渐减小。当两电极分别跨在 A 点的两侧，且与 A 点的距离相等，即 $X_3A = AX_4$ 时，由于 X_3 和 X_4 的电位几乎相同，极间的电位差接近于零。即两电极位于破损点的同一侧时，可以测出最大电位差的点；两电极跨在破损点 A 的两侧时，可测出该点电位差近于零，这样继续下去可找出防腐层上的漏点（也叫破损点）。

但是该方法容易受环境因素的影响，如在电力线平行或跨越平行管、高阻土壤和非均质土壤等地区，其应用将受到限制；而且更为重要的是它不能提供缺陷的破损程度、缺陷处的管道是否遭受腐蚀或是否得到足够的保护以及缺陷修复时间要求等重要信息。

10.8.5　CIPS 和 DCVG 联合检测法

密间隔电位测量法（CIPS）和直流电位梯度法（DCVG）联合检测技术的硬件主要构成如下：

① 信号发射系统：信号发射系统由直流电源、断电器、GPS 定位仪组成。对于有阴极保护的管线，直接采用阴极保护电源；对于无阴极保护的管线，直流电源采用馈电的方法得到，如蓄电池或直流稳压电源，并采用中断器进行中断，以区别直流干扰。

② 测量系统：测量系统由高阻抗毫伏表、饱和硫酸铜电极、GPS 定位仪和拖线电缆（CIPS 测试时采用）组成。

③ 数据处理系统：该部分由数据存储、传送和数据处理组成。

CIPS 和 DCVG 联合检测法采用与馈电相结合的方法，巧妙地解决了 CIPS 和 DCVG 无法在无阴极保护的管线上使用的问题，由电位梯度绝对值大小可以评价防护层的优劣以及老化破损程度，由电位梯度相对值的变化确定防护层缺陷位置，可以在 $\pm 75mm$ 的范围内确定是否存在防护层缺陷。采用 DCVG 法进行测量，确定破损点准确位置以后，可采用 CIPS 测试技术对缺陷定量；不加载信号时，也可用来进行杂散电流的测量；对于阴极保护的管线，通过电位测量可确定管道欠保护和过保护的管段，由此可判定管道的阴极保护效果和管道防护层的优劣。该方法简单实用、经济。

如图 10-25 所示为无阴极保护管线施加馈电后 CIPS 和 DCVG 联合测试曲线。从图中可以看出该段管道总体状况较好，在 250～275m 段有两处缺陷。对于有阴极保护的管线，通过 V_{on}、V_{off} 的测量来确定管道欠保护和过保护的管段，由此可判定管道的阴极保护效果和管道防护层的优劣；对于施加馈电后的原无阴极保护的管线可评价防护层的优劣。

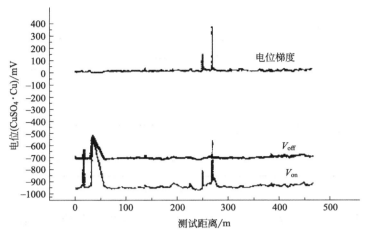

图 10-25　无阴极保护管线施加馈电后 CIPS 和 DCVG 联合测试曲线

10.9　埋地管道外防腐层地面检漏与定位

10.9.1　交流电流衰减法

交流电流衰碱法适用于除钢套管、钢丝网加强的混凝土配重层（套管）外，远离高压交流输电线地区，任何交变磁场能穿透的覆盖层下的管道外防腐层质量检测。对埋地管道的埋深、位置、分支、外部金属构筑物、大的防腐层破损能给出准确的信息；根据电流衰减的斜率，可以定性确定各段管道防腐层质量的差异，为更准确地详查防腐层破损点提供基础。

交流电流衰碱法测试设备为管道电流测绘系统（PCM），包括发射机和接收机两大单元以及配套的电源设备、连接线、接地电极等。根据电磁感应原理，由发射机（信号发生器）连接到管道上输出一个恒定的交流信号，且此信号在管道内传输，管线上的交流电流在管线周围产生一个交变的电磁场，手持式接收机内置天线阵列，可对地下管道定位，并通过被测管道发射的交变磁场在接收机内的天线阵列产生感生电压，根据管道埋深及感生电压值大小，由接收机内的计算软件系统处理后直接显示为被测点的管内电流值。因此该方法适用于处于任何磁力线能穿透的覆盖层下的管道防腐层状况的检测，如铺砌路面、山区石方或冻土下方敷设的管道。但对磁力线有屏蔽的钢套管，以及采用钢丝网加强的混凝土配重层下的管道，该方法不适用。该方法是间接检测方法，在高压输电线附近检测，检测数据易受干扰，检测数据不稳定、波动大。

测量方法：

① 在和管道的连接点，按仪器的使用说明书连接好发射机的输出和电源接线，并保证接地良好。

② 根据需要选定合适的检测频率和输出电流。

③ 检查接收机电池，必要时更换新电池。

④ 调整接收机的接收频率，使其与发射机的检测频率一致。

⑤ 按照使用说明书，设定接收机的定位方式为峰值法或峰谷法，并对管道定位。

⑥ 沿目标管道正上方，使用接收机跳跃式测量并记永发射机施加在管道上的信号电流

值（测量 4Hz 测绘电流时，应先测量管道埋深），并对测量点位置（里程或坐标）予以记录，测量点的间隔根据实际需要确定是加密还是放宽，当两点间的电流量变化较大时，应在这两点之间加密测量点，尽可能找到电流突变点，并在电流衰减异常（斜率增大）的管段位置使用信号旗或其他合适的标志插在地面上作标记。

10.9.2　交流地电位梯度法

交流地电位梯度法（ACVG）采用管道电流测绘系统（PCM）与交流地电位差测量仪（A 字架）配合使用，通过测量土壤中交流地电位梯度的变化，用于埋地管道防腐层破损点的查找和准确定位。对处于套管内破损点未被电解质淹没的管道，本方法不适用。另外，下列情况会使本方法应用困难或测量结果的准确性受到影响：

① A 字架距离发射机较近。

② 测量不可到达的区域，如河流穿越。

③ 覆盖层导电性很差的管段，如铺砌路面、冻土、沥青路面、含有大量岩石回填物。

交流地电位梯度法测试设备包括发射机、接收机、A 字架，以及配套的电源设备、连接线、接地电极等。

测量方法：

① 按交流电流衰减法的测量步骤将发射机接线连接好，并用接收机对管道定位。

② 按仪器的使用说明书将接收机固定在 A 字架上，并与 A 字架接线连接好后，再将 A 字架的两个电极插入地面靠近发射机的接地极附近，这时会以三位数显示分贝值，交流地电位差测量仪箭头应显示远离接地点方向。

③ 在目标管道正上方检测。沿着疑有防腐层破损点的管段的路由和测量仪箭头指示的方向，以一定间隔将 A 字架触地测量，箭头指示无反转表明无破损点，接近破损点时分贝值增大，当走过破损点时，箭头会反向指向破损点，出现该情况要反向移动，用更小的间隔重复测量，直至将 A 字架向前向后稍加移动至箭头变回反向时为止。当 A 字架正好位于破损点正上方时，显示的箭头为两个方向，同时显示的分贝值读数最小，在 A 字架中心划一条垂直线，之后将 A 字架旋转 90°，并沿着垂直线再进一步准确定位，使 A 字架向前向后稍加移动至箭头变回反向为止。这样两条线的交叉点就是管道防腐层破损点位置。

10.9.3　直流地电位梯度法

直流地电位梯度法（DCVG）测量技术适用于埋地管道外防腐层破损点的查找和准确定位；对破损点腐蚀状态进行识别；结合密间隔电位测量法（CIPS）可对外防腐层破损点的大小及严重程度进行定性分类。本方法对套管内破损点未被电解质淹没的管道不适用，另外下列情况会使本方法测量结果的准确性受到影响或应用困难：

① 剥离防腐层下或绝缘物造成电屏蔽的位置，如破损点处外包覆或衬垫绝缘物的管道。

② 测量不可到达的区域，如河流穿越。

③ 覆盖层导电性很差的管段，如铺砌路面、冻土、沥青路面、含有大量岩石回填物。

本方法采用周期性同步通/断的阴极保护直流电流施加在管道上后，利用两根硫酸铜参比电极探杖，以密间隔测量管道上方土壤中的直流地电位梯度，在接近破损点附近电位梯度会增大，破损面积越大，电位梯度也越大，根据测量的电位梯度变化，可确定防腐层破损点位置；通过检测破损点处土壤中电流的方向，可识别破损点的腐蚀活性；依据破损点 $IR\%$

（百分比 IR 降）定性判断破损点的大小及严重程度。其设备主要包括：

① CIPS/DCVG 测量主机一套。

② GPS 卫星同步电流断续器两台或更多。

③ 探管仪。

④ 两根硫酸铜参比电极探杖。

⑤ 配套测量线轴及连接导线。

测量方法：

① 在测量之前，应确认阴极保护正常运行，管道已充分极化。

② 检查测量主机电池电量，并对两硫酸铜电极进行校正。

③ 将两根探杖与 CIPS/DCVG 测量主机相连，按 10.3.4 节密间隔电位测量法对管道定位、设备安装及通断周期设置完毕后，测量人员沿管道行走，一根探杖（主机上标有 PIPE 端）一直保持在管道正上方，另一根探杖放在管道正上方或垂直于管道并与其保持固定间距（1~2m），以 1~3m 间隔进行测量。当两根探杖都与地面接触良好时读数，记录同步断续器接通和断开时直流地电位梯度读数的变化，以及柱状条显示方向或数字的正负。

④ 当接近破损点时，可以看到电位梯度数值会逐渐增大；当跨过这个破损点后，地电位梯度数值则会随着远离破损点而逐渐减小，变化幅度最大的区域即为破损点近似位置。

⑤ 在破损点近似位置，返回复测，以精确确定破损点位置。在管道正上方找出电位梯度读数显示为零的位置；再在与管道走向垂直的方向重复测量一次，两条探杖连线的交点位置就是防腐层破损点的正上方。

⑥ 在确定一个破损点后，继续向前测量时，宜先以每 0.5m 的间隔测量一次，在离开这个梯度场后，若没有出现地电位梯度读数及极性的改变，可按常规间距继续进行测量；否则，说明附近有新的破损点。

⑦ 在确定的破损点位置处，通过观察测量主机上电流方向柱状条的显示方向，对管道在通电和断电状态下，土壤中电流流动的方向分别进行测量与辨别，以判断破损点部位管道的腐蚀活跃性。所测结果按表 10-2 进行填写记录，原则上对破损点腐蚀状态的评价分为阴极/阴极（C/C）、阴极/中性（C/N）、阴极/阳极（C/A）和阳极/阳极（A/A）四种类型。

⑧ 在确定的破损点位置处，测量并记录储存该点的通电电位（V_{on}）、断电电位（V_{off}）、电位梯度（$V_{G,on}$ 和 $V_{G,off}$）、GPS 坐标及里程；应对附近的永久性标志、参照物及它们的位置等信息进行记录，并应在破损点位置处作好标志，尤其是通/断状态下电流均从破损点流出到土壤的点。

数据处理：

① 将现场测量数据下载到计算机中，进行数据处理分析。

② 以距离为横坐标、直流地电位梯度为纵坐标绘出测量段的 DCVG 分布曲线图。

③ 根据破损点位置处测量的数据，按式（10-25）计算表征破损点的大小及严重程度的 $IR\%$ 值，并根据使用经验和对典型破损点的验证开挖结果，分类记录。

$$IR\% = \frac{\Delta V_{on} - \Delta V_{off}}{V_{on} - V_{off}} \times 100\% \tag{10-25}$$

式中　$IR\%$——破损点位置处百分比 IR 降；

$V_{G,on}$——通电状态时测得的直流地电位梯度值，mV；

$V_{G,off}$——断电状态时测得的直流地电位梯度值，mV；

V_{on}——破损点位置处的通电电位，mV；

V_{off}——破损点位置处的断电电位，mV。

根据破损点位置处测量的数据，将测量数据和计算结果填写在表 10-2 中。

表 10-2　破损点 DCVG 测量数据表

编号	位置	管地电位/mV		直流地电位梯度/mV		电流方向		腐蚀状态类型	IR/%	备注
		V_{on}	V_{off}	$V_{G,on}$	$V_{G,off}$	通电	断电			

10.9.4　音频检漏法

音频检漏法适用于一般地段的埋地管道防腐层检漏；不适用于露空管道、覆盖层导电性很差的管道、水下管道、套管内的管道的防腐层地面检漏；水田或沼泽地、高压交流电力线附近的埋地管道，使用本方法进行防腐层检漏比较困难。音频检漏仪主要由发射机、寻管仪（探管仪）、接收机及其配套的电源系统组成。

测量步骤：

① 检查发射机、寻管仪、接收机电源电量是否充足，并在合适的地方将发射机的信号输出端用仪器的短线与管道连接，长线与接地极连接。

② 按仪器的使用说明书调节发射机的输出电流。

③ 按仪器的使用说明书设定寻管仪的寻管方式和接收机的灵敏度。

④ 两位检测人员按使用说明书戴好腕表，接好电缆，在距发射机接入点 30m 以后，沿管顶一前一后行走，前面人员携带寻管仪，后面人员携带接收机，保证两名检测人员一直沿着管顶前进。

⑤ 当接收机的声、电信号越来越强时，预示着前进方向出现破损点，当手持寻管仪者走到破损点正上方时，声、电信号最强；两人继续前进，声、电信号逐步减弱，当破损点位于两人的几何中心点时，信号最弱；两人继续前进，声、电信号又逐步增强，当后面持接收机者位于破损点正上方时，声、电信号第二次达到最强。

⑥ 测量中两次声、电信号最强，一次声、电信号相比最弱的位置，即为防腐层破损点的正上方。确定破损点准确位置后，作好地面标志和记录坐标位置。

10.9.5　内部信号检测法

内部信号检测法是一种借助在管线内部放置移动的信号源，通过检测信号源回馈的信号对管道缺陷和故障点进行定位的方法。该方法具有自动化程度高、检测速度快等特点。但是这些方法对硬件的水平要求较高。

（1）"管道猪"

"磁通猪"：对管壁施加一个强的磁场来检测钢管金属对磁场的损耗，用对泄漏磁通敏感的传感器检测局部金属损耗引起的磁场扰动所形成的漏磁。其使用方法简单、方便且费用低，对管道内流体不敏感，不论液体、气体还是气液两相流体均能检测。但检测精度低，对管材敏感。

"超声猪"：利用超声波投射技术，即短脉冲之间的渡越时间被转换为管壁的壁厚，当有泄漏发生时，钢管壁内的渡越时间减少为零，据此可判断泄漏的发生。"超声猪"的出现在一定程度上弥补了"磁通猪"的缺点。其检测精度高，能提供定量、绝对数据，并且很精确。但该方法使用比较复杂，费用高。

（2）探测球法

基于磁通、超声、涡流、录像等技术的探测球法是20世纪80年代末期发展起来的一项技术，将探测球沿管线内进行探测，利用超声技术或漏磁技术采集大量数据，并将探测所得数据存在内置的专用数据存储器中进行事后分析，以判断管道是否出现被腐蚀、穿孔等情况，即是否有泄露点。该方法检测准确、精度较高，缺点是探测只能间断进行，易发生堵塞、停运的事故，而且造价较高。

10.10　阴极保护系统竣工测试

10.10.1　防腐层完整性测试

防腐层完整性检测是管道完整性管理的重要组成部分，根据现行规范，要定期对管道防腐层的补口质量、防腐层漏点及防腐层绝缘电阻进行检测。防腐层检测的内容及目的主要包括：

① 确认防腐层缺陷点位置及严重程度，为防腐层缺陷点修补提供依据。
② 确定防腐层绝缘电阻，对防腐层老化段大修提供依据。
③ 检测管道的埋深、走向，为管道水工保护提供依据。

其中，检测方法的比较见表10-3，各种方法的适用场合见表10-4。

表 10-3　检测方法比较

序号	检测项目	CIPS/DCVG 测量	PCM 检测	Pearson 法
1	阴极保护有效性	用于评价阴极保护效果，测量 ON/OFF 电位，确定阴极保护不足、过保护的管段，确定阴极保护系的保护度	无法监测评价	无法监测评价
2	防腐层状况	用于防腐层质量总体评价	间接用于防腐层质量总体评价	无法监测评价
3	缺陷分类	用于防腐层质量总体评价	用于定位防腐层缺陷点，但不能判断缺陷点	用于定位防腐层缺陷点，但不能区分其腐蚀状态
4	杂散电流	判定杂散电流的干扰区域，确定杂散电流的流出点、流入点，评估杂散电流的干扰强度	无法检测	无法检测
	综述	用于埋地管道外防腐的完整性直接检测评价，给业主提供全面、合理、科学的维护维修管理方案	只用于缺陷定位	只用于缺陷定位

表 10-4　检测方法的适用场合

序号	适用场合	CIPS/DCVG 测量	PCM 检测	Pearson 法
1	防腐层检漏	适用、较适用	适用、较适用	适用、较适用
2	水下穿越管道	较适用	不适用	不适用

续表

序号	适用场合	CIPS/DCVG 测量	PCM 检测	Pearson 法
3	路面下管道	不适用	较适用	不适用
4	冻土层管道	不适用	较适用	较适用
5	相邻平行管道	较适用	较适用	不适用
6	杂散电流影响区管道	适用	适用	较适用
7	高压电流输电线路下管道	适用	不适用	不适用
8	管道大埋深区域管道	不适用	不适用	不适用
9	岩石区域管道	不适用	较适用	不适用

对于防腐层检测方法，主要包括以下应用：

① 可利用 PCM 测定管内电流大小，根据电流衰减速率，大概判断防腐层漏点所在管段，然后再用 PCM 和 A 字架或 DCVG 方法寻找漏电点。PCM 是通过测量管道的电磁场来测量管中电流的，由于电磁场容易受到周围电磁场的干扰，如高压线、埋地通信线路、管道自身交流感应电压等，所以，其测量精度受环境影响大，通常会用 A 字架测量地表交流电位梯度，根据分贝值大小，综合管道埋深、土壤电阻率及发射机电流、间距等来判断破损点的严重程度，检测时临时接地极离开管道 30m 以上。

② 利用 DCVG 查找管道防腐层破损点，从而确定管道的漏电点或短接点的位置，此方法首先将脉冲信号送到被测管道上，如果管道防腐层有破损，电流将从土壤中通过破损处漏入管道，电流的流动会在周围土壤中产生明显的电位梯度，当探测人员手持两个参比电极在管道正上方探测行走时，伏特计指针将明显摆动，当伏特计指针停止摆动时，两个参比电极的中间即为防腐层漏点位置。

③ 用 CIPS 测量漏点处管道保护电位，判断管道是否处于受保护状态。当通电电位较自然电位更正时，判断该点为阳极区，不能把极化探头埋设在漏点位置（尤其当漏点位置距离测试桩较远时），通过导线与测试桩连接来测量试片的断电电位，因为导线的电阻会减小试片所得到的保护电流，降低试片的极化程度。如果漏点处进行了开挖，可以通过防腐层缺陷点与管道连接，测量此处极化探头的断电电位。

④ 理论上应该优先修复阴极区破损点，但实际上总是优先修复阳极区，如果有连续的阳极区，建议修复时埋设牺牲阳极，为杂散电流的排除提供通道。判断防腐层漏点位置是阳极区时，首先要确认此处没有与管道连接的牺牲阳极。

10.10.2　阴极保护系统有效性测试

阴极保护有效性检测的目的是通过管地电位及其他参数的测定，确认管道得到了充分的阴极保护。其测量结果的分析包括：

① 如果测量时参比电极偏离管道，通电电位读数将偏大。所以，找准管道位置很重要，最准确的管道寻管仪是 DCVG 设备，它不受周围电磁场的干扰。

② 对所有的电位测量结果进行分析，关注电位值低或高的测量位置，并在以后的测量中予以关注，如果测量电位不满足规范要求，要调节设备输出或增加阴极保护设施，并重新对这些点电位进行测量。

③ 当管道沿线安装有多台电源设备而且同步通断难以实现时，可以采用如下方式判断

管道保护是否充分：

  a. 关闭管道沿线所有电源，等待 24h；

  b. 从管道一端开始，开启一台电源并使之处于通、断状态；

  c. 测量该电源影响范围内管道的通、断电电位，依照断电电位判断是否达到保护；

  d. 如果断电电位满足规范要求指标，那么，当多台电源设备同时运行时，只要该点通电电位达到或超过目前的通电电位值，断电电位也会达到或超过目前的断电电位值。

阴极保护有效性检测报告格式：在管道阴极保护有效性检测方案中，应首先对管道的概况进行描述，包括施工年限、防腐层类型、阴极保护形式等。其他需要明确的内容包括：检测目的、检测内容、检测方法、依据标准等，在明确上述内容后，还要有统一的报告格式。

  a. 阳极地床阳极材料、构造；

  b. 恒电位仪额定参数、性能、描述、结论；

  c. 测试桩结构、间隔描述、结论；

  d. 测试桩管地电位测量记录；

  e. 测试桩管地电位曲线，包括自然电位曲线、通电电位曲线、断电电位曲线；

  f. 近间隔电位测量设备、方法描述、结果分析、结论；

  g. 近间隔管地电位测量记录；

  h. 近间隔管地电位曲线，包括通电电位曲线、断电电位曲线；

  i. 管道穿越、绝缘接头、牺牲阳极、阀室及接地描述、分布、结论；

  j. 管地电位曲线，包括开路电位曲线、闭路电位曲线；

  k. 管道沿线土壤电阻率曲线；

  l. 阴极保护状况及整改建议。

10.11　阴极保护系统日常维护检测

10.11.1　主要检测内容

日常阴极保护检测的目的是确认阴极保护系统正常工作。对于外加电流阴极保护系统，测试内容主要为检查恒电位仪输出参数。对于牺牲阳极阴极保护系统，主要包括以下几个方面：

  ① 在靠近阳极处，将参比电极靠近被保护结构，测量结构电位。

  ② 将参比电极放置在两组阳极中间，测量结构电位。

  ③ 将参比电极靠近阳极，测量阳极的开路电位。

  ④ 测试阳极输出电流。

10.11.2　日常电位测试位置

在日常的电位检测中，对于不同的结构类型，有不同的测量位置。

  ① 管道：在测试桩及可以接触到管道的位置，如管道出土入土处。

  ② 地上储罐：将参比电极放置在储罐周围 4 个位置。

  ③ 地下储罐：在储罐中心及两端位置、在注油管和排油管两端位置、在人孔及排气管处，如果发现有短路，要测量所有金属结构电位。

④ 绝缘接头：保持参比电极位置不变，测量绝缘接头两侧管地电位，如果电位差小于 10mV，要进一步验证其绝缘性能。

⑤ 管道交叉处：与保护管道交叉处，测量被交叉管道的电位、经过阳极地床附近其他管道电位。

⑥ 管套穿越处：测量套管两端电位，如果套管短路，要尽快修复。

10.11.3　测量结果分析

① 对于埋地结构，从理论上讲，断电电位不会低于−1.22V（VS CSE），如果测量到的断电电位比−1.22V（VS CSE）更负，要检查阴极保护电源是否同步通断、结构是否受到杂散电流干扰。对于裸金属，保护电位没有限制，但电位低于−1.0V 后，继续提高保护电流只是浪费能源，如果断电电位低于−1.22V（VS CSE），说明结构电源没有同步通断或受杂散电流影响。

② 当管道受到杂散电流干扰时，断电电位测量没有意义，可采用极化探头法进行测量。极化探头的通电电位也会随杂散电流的进出而波动，只是其波动幅度会比管地电位波动幅度小一些。判断结构阴极保护是否充分，依据的是探头的断电电位或探头电位的阴极极化程度。

③ 将测量数据与上一次测量数据进行对比，分析是否发生变化，如果发生变化，分析变化原因。如果发现保护电位不满足规范要求，要及时调整恒电位仪输出或增设新的保护设施。

④ 如果靠近地床处的通电电位比远离地床处通电电位更正（绝对值小），要检查绝缘接头是否良好或是否存在其他漏电现象。

⑤ 建议管道沿线测试桩位置埋设试片并与管道连接，研制专用仪器，记录试片断电时的去极化曲线。日常测量时，测量试片的断电电位，并以此判断阴极。

10.12　杂散电流干扰测试

对于杂散电流进行检测，主要检测内容是管地电位、电压、地表电位梯度、土壤电阻率等，在管道测试桩电位检测时，除了要测量直流电位外，还要测量交流电压，如果直流电位或交流电压大小有波动，还要连续测量，一般要在测试桩处测量 5min，记录管地电位最大值、最小值、平均值以及交流电压最大值、最小值、平均值，如果管地电位或电压波动幅度很大，还要进行 24h 不间断监测以确认杂散电流源的性质及极端干扰强度。对于受静态杂散电流干扰的管道，需要在与其他设施邻近的位置进行近间距电位测量，以寻找杂散电流的流入流出点。对于受动态杂散电流干扰的管道，由于杂散电流的流入、流出位置始终在变化，所以，对杂散电流流入、流出点进行查找意义不大。

在杂散电流检测方案中，要包括管道概况、检测目的、检测内容、检测方法、依据标准等。在明确上述内容后，还要有统一的记录格式。

① 杂散电流干扰状况描述、可能的干扰源分析。

② 恒电位仪输出参数记录。

③ 管道保护参数记录。

④ 管道沿线电位、电压曲线（最大值、最小值、平均值）。

⑤ 管地电位、电压 24h 不间断监测。

⑥ 电压、电位与时间。

⑦ 探头的类型、裸露面积的大小、埋设时间、检测方法描述、结论。

⑧ 最正值、最负值的电位曲线。

⑨ 试片裸露面积的大小、埋设时间、检测方法描述、结论。

⑩ 参比管测量记录。

⑪ 断电电位最大值、最小值的电位曲线。

⑫ 交流电压高于 4V 处交流电密度计算。

⑬ 绝缘接头处电位及电压（当利用站场接地极做排流时）。

⑭ 排流位置电位及电压。

⑮ 杂散电流干扰现状及排流建议方案。

参考文献

［1］ 曹楚南. 腐蚀实验数据的统计分析 ［M］. 北京：化学工业出版社，1988.

［2］ 曹楚南. 腐蚀电化学原理 ［M］. 3版. 北京：化学工业出版社，2008.

［3］ 魏宝明. 金属腐蚀理论及应用 ［M］. 北京：化学工业出版社，2004.

［4］ 龚敏，余祖孝，陈琳. 金属腐蚀理论及腐蚀控制 ［M］. 北京：化学工业出版社，2009.

［5］ Mark E O，Bernard T. 电化学阻抗谱 ［M］. 雍兴跃，张学元，等译. 北京：化学工业出版社，2014.

［6］ 李久青，杜翠薇. 腐蚀试验方法及监测技术 ［M］. 北京：中国石化出版社，2007.

［7］ 宋诗哲. 腐蚀电化学研究方法 ［M］. 北京：化学工业出版社，1988.

［8］ 吴荫顺，方智，何积铨，等. 腐蚀试验方法与防腐蚀检测技术 ［M］. 北京：化学工业出版社，1996.

［9］ 杨列太. 腐蚀监测技术 ［M］. 路民旭，辛庆生，等译. 北京：化学工业出版社，2012.

［10］ 胡士信. 阴极保护工程手册 ［M］. 北京：化学工业出版社，1999.

［11］ 冯洪臣. 管道阴极保护——设计、安装和运营 ［M］. 北京：化学工业出版社，2015.

［12］ 冯洪臣. 阴极保护系统维护 ［M］. 北京：中国石化出版社，2019.

［13］ 冯拉俊，沈文宁，翟哲，等. 地下管道腐蚀与防护技术 ［M］. 北京：化学工业出版社，2019.

［14］ 万晔. 金属的大气腐蚀及其实验方法 ［M］. 北京：化学工业出版社，2014.

［15］ 王忠，陈晖，张铮. 环境试验 ［M］. 北京：电子工业出版社，2015.

［16］ 王树荣，季凡渝. 环境试验技术 ［M］. 北京：电子工业出版社，2016.

［17］ 王佳. 液膜形态在大气腐蚀中的作用 ［M］. 北京：化学工业出版社，2017.

［18］ 何映平. 试验设计与分析 ［M］. 北京：化学工业出版社，2013.

［19］ 罗时光，金红娇. 试验设计与数据处理 ［M］. 北京：中国铁道出版社，2018.

［20］ 何为，薛卫东，唐斌. 优化试验设计方法及数据分析 ［M］. 北京：化学工业出版社，2012.

［21］ 王凤平，李兰杰，丁言伟. 金属腐蚀与防护实验 ［M］. 北京：化学工业出版社，2015.

［22］ 王凤平，敬和民，辛春梅. 腐蚀电化学 ［M］. 2版. 北京：化学工业出版社，2017.

［23］ 庞超明，黄弘. 试验方案优化设计与数据分析 ［M］. 南京：东南大学出版社，2018.

［24］ 陆峰，汤智慧，孙志华，等. 航空材料环境试验及表面防护技术 ［M］. 北京：国防工业出版社，2012.

［25］ 付亚波. 无损检测实用教程 ［M］. 北京：化学工业出版社，2018.

附录
相关标准